计算机组织与结构

第2版

徐　苏◎主编

张　乐　白小明　于海雯◎副主编

清华大学出版社
北　京

内 容 简 介

本书根据教育部高等学校计算机科学与技术教学指导委员会发布的《高等学校计算机科学与技术专业发展战略研究报告暨专业规范》组织编写，内容涵盖了“计算机体系结构与组织”知识领域的核心知识单元和知识点。全书共8章。第1～7章全面讲述了单处理机系统的硬件组织与结构，包括计算机系统概述、数据的机器级表示及运算、汇编级机器组织、存储系统组织与结构、输入输出系统组织、总线与接口组织及CPU组织与结构；第8章介绍了现代并行处理机系统的一些主流技术和体系结构，包括计算机系统的并行性、流水线技术、多处理机系统、集群系统和多核处理器等。

本书可作为各类高等院校计算机专业的教材，也可作为相关专业工程技术人员和计算机爱好者的参考书。

图书在版编目(CIP)数据

计算机组织与结构/徐苏主编. —2版. —北京：清华大学出版社，2023.9
ISBN 978-7-302-64195-7

Ⅰ. ①计… Ⅱ. ①徐… Ⅲ. ①计算机体系结构－高等学校－教材 Ⅳ. ①TP303

中国国家版本馆CIP数据核字(2023)第133631号

责任编辑：刘向威
封面设计：文　静
责任校对：韩天竹
责任印制：刘海龙

出版发行：清华大学出版社
　　网　　址：http://www.tup.com.cn，http://www.wqbook.com
　　地　　址：北京清华大学学研大厦A座　　**邮　　编**：100084
　　社 总 机：010-83470000　　**邮　　购**：010-62786544
　　投稿与读者服务：010-62776969，c-service@tup.tsinghua.edu.cn
　　质量反馈：010-62772015，zhiliang@tup.tsinghua.edu.cn
　　课件下载：http://www.tup.com.cn，010-83470236
印 装 者：三河市人民印务有限公司
经　　销：全国新华书店
开　　本：185mm×260mm　　**印　张**：22　　**字　　数**：539千字
版　　次：2015年5月第1版　　2023年10月第2版　　**印　　次**：2023年10月第1次印刷
印　　数：1～1500
定　　价：69.00元

产品编号：097742-01

1. 计算机学科的课程体系

一个学科的高等教育必须要有先进的教学理念和完整的课程体系，同时与该学科的发展也紧密相关。谈到计算机科学与技术学科的高等教育，就要提到两个国际组织，一是IEEE，二是ACM。IEEE（Institute of Electrical and Electronics Engineers，电气与电子工程师协会）是一个国际性的电子技术与信息科学工程师协会，主要致力于电气、电子、计算机工程以及与信息技术和科学有关的领域的开发和研究。ACM（Association for Computing Machinery，美国计算机协会）是一个致力于工程技术和应用领域中信息技术科学教育的国际计算机组织。国际上最系统、最有影响的计算机专业的教学计划当属IEEE-CS（IEEE属下的计算机学会）与ACM各时期发表的指导性计划，它们对计算机学科教育方面的研究既全面又深入。其中，影响较大的有ACM68课程体系、ACM78课程体系、IEEE-CS83教程和计算机教程1991（简称CC1991）等。ACM68课程体系和ACM78课程体系是基于课程定义的。CC1991是IEEE-CS和ACM合作推出的，它将更多的科学原理引入计算机学科的教学计划设计中，给出了计算机学科的科学定义，解答了计算机学科教育界多年来存在的疑问和争论，同时它采用知识领域（knowledge area）、知识单元（knowledge unit）和知识点（topic）来描述计算机学科的核心知识体系，引导人们去考虑学科的本质和核心，从而制定出既符合各自培养目标又符合学科发展的课程体系。

1998年秋，IEEE-CS和ACM又成立了计算机教程2001（Computing Curricula 2001，CC2001）联合工作组，并于2001年发布了计算机教程2001（即CC2001）。CC2001较好地反映了计算机学科自1991年以来的发展及这个时期社会发展给学科教育带来的影响。它除了继承CC1991的知识描述体系外，又增加了各级课程的设计方法，并给出了一些推荐课程的描述。

从我国计算机学科的教育看，1999年前，我国“计算机专业”主要被分为计算机及应用和计算机软件两个专业。从1999年起，按照宽口径培养人才的需要，这两个专业被合并为一个专业，即计算机科学与技术。我国各高校计算机科学与技术专业的教学计划是在中国计算机学会教育专业委员会和全国高等学校计算机教育研究会的指导下制定的。CC2001推出后，中国计算机学会教育专业委员会和全国高等学校计算机教育研究会给予了密切的关注，在对CC2001进行跟踪研究的基础上，结合我国计算机学科的发展现状和我国计算机教育的具体情况，提出了一个适合我国计算机学科教育的课程体系，即中国计算机科学与技术学科教程CCC2002。

近些年，随着计算机技术的高速发展和在各行业应用的普及，社会对计算机学科领域人才的需求分工越来越细，计算机学科的高等教育也发生了变化，各高校在计算机学科先后设置了软件工程、网络工程、电子商务、信息安全、人工智能、大数据等不同的专业或方向，以满足社会对不同专业人才的需求。从 2001 年开始，IEEE-CS 和 ACM 把计算机学科细分为“计算机科学 CS”“计算机工程 CE”“信息系统 IS”“信息工程 IT”以及“软件工程 SE”。IEEE-CS 联合 ACM 于 2005 年发布了 CC2005，2008 年发布了 CS2008 版本（临时版本），2012 年 2 月开始颁布 CS2013。2020 年 12 月，ACM 和 IEEE-CS 联合全球 20 个国家的 50 位资深专家（包括 5 位中国专家）共同制定了计算机类专业课程体系规范 CC2020。CC2020 采用胜任力模型，融合知识、技能、品行三个方面的综合能力培养。

我国教育部高等学校计算机科学与技术教学指导委员会在分析研究计算机学科国内外发展和社会需求的基础上，发布了《计算机科学与技术专业发展战略研究报告》，提出了适应我国计算机科学与技术专业高等教育的教学规范。这一教学规范对于我国各高校在计算机科学与技术专业人才培养目标的确定和课程体系的制定等方面都给出了指导性建议。

2. 为什么要学习本课程

对于学习汽车工程专业的学生来讲，无论是搞汽车外形设计，还是研究汽车的发动机，都必须对汽车的组成和工作原理有基本的了解。同样，对于计算机专业的学生来讲，了解和掌握计算机的组成及工作原理也是必需的。

目前很多高校计算机专业的学生在不同程度上有着重软轻硬的思想。这主要有两个方面的原因：一方面，近 10 年来，随着各行业管理信息系统建设的发展，社会对软件工程师（尤其是应用软件工程师）的需求越来越大，从事软件设计、软件编程、软件维护等方面的人员成为了 IT 公司、金融、政府及企事业单位紧缺的人才；另一方面，相对软件课程来讲，硬件课程学起来比较枯燥，没有像语言类软件课程有着学完就能使用的立竿见影的效果。例如，很多高校都开设了“Web 程序设计”课程，学生学完该课程后，就能设计网站或制作网页，学生当然很感兴趣。

实际上，在计算机系统中，计算机硬件和计算机软件是相关联的两个部分，硬件为软件的运行提供了一个平台。要编制高质量的软件程序，对计算机有一个整体的了解是十分必要的。对系统软件程序员来讲，系统软件是和硬件紧密相关的。系统软件程序员必须对机器级硬件十分了解，才有可能编制出适应某一机器硬件的系统软件。对应用软件程序员来讲，对机器硬件的了解有助于他们编制更高效和优化的程序。例如，近些年出现的基于多处理器的计算机系统，为并行计算提供了一个支持的平台。对程序员来讲，对计算机硬件实现的并行处理技术的了解，有助于他们充分利用并行计算环境，编制高效的并行程序。

最重要的是，前面已经讲到，计算机学科的教育有一个完整的科学体系，课程的设置也是围绕这一体系来进行的。这一科学体系注重培养学生的科学思维能力、创新实践能力、研究和应用能力以及继续学习的能力。作为学生来讲，应该认真学好每一门课程，掌握计算机学科领域所要求的各方面知识。只有这样，才能对本学科有一个完整的理解，才能成为真正合格的计算机科学与技术专业的学生。

计算机组织与结构是计算机专业一门重要的专业基础课程，也是 CC2001、CC2005、CS2013、CC2020 以及我国计算机科学与技术专业规范中确定的一门核心课程。它对于学生建立计算机整机概念，了解计算机系统的基本组成、结构和工作原理，从而更深刻地理解本学科其他知识领域和知识单元的内容有着非常重要的意义。

3. 本书内容的组织

本书在内容的组织上主要按照我国教育部高等学校计算机科学与技术教学指导委员会发布的《高等学校计算机科学与技术专业发展战略研究报告暨专业规范》中的知识领域"CS-AR 计算机体系结构与组织"所要求的内容进行编写，同时紧跟 IEEE-CS/ACM 颁布的 CS2020，对计算机体系结构和组织(AR)知识模块的内容做了适当调整。各章节涵盖的知识单元主要包括

AR2 数据的机器级表示(核心学时)： 第 2 章
AR3 汇编级机器组织(核心学时)： 第 3 章
AR4 存储系统(核心学时)： 第 4 章
AR5 接口和通信(核心学时)： 第 5 章、第 6 章
AR6 功能组织(核心学时)： 第 7 章
AR7 多处理和体系结构(核心学时)： 第 8 章

本书共 8 章。

第 1 章首先介绍计算机的发展历程；然后介绍按 IEEE 分类法的计算机分类；最后，作为本书的一个"序"，概括性地介绍计算机的硬件组成及计算机的层次结构。

第 2 章首先介绍二进制等基本的进位记数制；其次介绍在计算机中是如何对我们日常处理的数值数据和非数值数据(主要包括字符、汉字等)进行二进制编码表示的；再次介绍数值数据在计算机中的二进制运算方法和实现；最后介绍对计算机中的数据在传递过程中产生的差错进行检测时使用的数据校验码。

第 3 章首先介绍计算机中汇编级指令的格式、地址结构；然后介绍指令和操作数的寻址方式、指令的种类和功能及典型指令系统的组成等；最后对 RISC 进行介绍。

第 4 章首先介绍存储器的组织、分类和分层结构；然后介绍计算机主存储器的组成与工作原理；最后介绍提高存储系统性能的交叉存储技术、高速缓冲存储器及虚拟存储器技术等。

第 5 章首先介绍计算机输入输出系统的组成；然后对计算机输入输出的控制方式进行详细讨论，包括程序控制方式、中断控制方式、DMA 控制方式和通道控制方式等；最后介绍计算机存储设备—磁盘系统以及由磁盘阵列组成的 RAID 技术。

第 6 章首先讲述计算机内部各部件之间的总线互连结构，介绍总线的基本概念、互连结构和控制方式等；然后列举几种现代计算机中常用的 ISA、PCI 等总线标准；最后介绍几种目前在计算机中常用的 USB、IEEE 1394 和 SCSI 等外部总线接口标准。

第 7 章首先介绍 CPU 的功能和组成；再通过一个模型机的例子说明 CPU 的指令周期及执行指令的过程；然后讨论 CPU 控制部件设计的硬布线设计法和微程序设计法两种主要方法；最后以 Intel 公司的 CPU 产品为例，介绍典型 CPU 的发展。

第 8 章首先介绍计算机系统的并行性概念，对计算机中使用的时间重叠、资源重复和资源共享等提高并行性的技术途径进行概要性的介绍；然后分别介绍现代计算机普遍采用的流水线技术和多处理机技术等并行处理技术；最后对近些年发展起来且应用非常广泛的机群系统和多核处理器进行讨论。

4. 本书的主要特色

结合计算机学科教育重基础、重发展、重创新的要求，本书在内容组织和编写上有以下特点。

(1) 首先为学生建立整机的概念。第1章将学生日常所熟悉的实际PC与计算机的基本组成部件进行对比，使学生对计算机整机的组成有一个初步的认识，对组成计算机系统的主要部件的基本功能有一个初步的了解。

(2) 按照从整机到部件、自上而下的思想进行课程内容的组织，使学生在每一章节的学习中都清楚所学章节的内容与整机的关联，同时对计算机组织与结构的各种概念、思想和原理等进行重点讲述。

(3) 围绕各章节的内容，穿插了一些"知识拓展"，介绍一些计算机系统方面的相关知识和技术，使学生开拓视野，增长知识。

(4) 为帮助学生更好地学习本课程，本书专门在"中国大学MOOC"平台上建设了本课程的教学网站。学生可以免费登录本课程网站进行在线学习和参加考试，合格者将获得"中国大学MOOC"平台颁布的证书。

5. 本书的学时安排

本书共8章。第1～7章全面讲述了单处理机系统的硬件组织和结构，包括计算机系统概述、数据的机器级表示及运算、汇编级机器组织、存储系统组织与结构、输入输出系统组织、总线和接口组织及CPU组织与结构；第8章介绍了现代并行处理机系统的一些主流技术和体系结构，包括计算机系统的并行性、流水线技术、多处理机系统、集群系统和多核处理器等。本书建议总学时为60～80学时，各高校按照计算机专业课程体系中课程设置和讲授内容的不同可以灵活调整。

本书于2008年5月在中国铁道出版社出版，2015年5月又由清华大学出版社出版。本次在2015年版本的基础上进行了修订，完善并更新了部分章节的内容，增加了各章节的习题数量。

本书由徐苏担任主编，张乐、白小明、于海雯任副主编。具体分工是徐苏负责编写第1、2、4、5章，白小明负责编写第3、7章，张乐负责编写第6章，于海雯负责编写第8章。由于编者水平有限，本书难免会有疏漏及不足之处，恳请读者和业内人士批评指正，以求不断改进和完善。

编 者

2023年5月

目 录

第1章 计算机系统概述

从1946年世界上第一台电子计算机ENIAC的诞生到现在,计算机的发展已走过了半个多世纪的历程。在这半个多世纪的时间里,人类在计算机技术领域所取得的成就几乎是其他任何技术领域都无法比拟的。单从衡量计算机性能的重要指标之一——运算速度来看,ENIAC的运算速度是每秒5000次,而现代计算机的运算速度已达到E级超算水平,即每秒超过百亿亿次计算。

本章首先介绍计算机的发展历程,其中器件技术是计算机发展的核心;然后介绍计算机的分类和计算机的主要性能指标;最后,作为本书的一个“序”,概括性地介绍计算机的硬件组成及计算机的层次结构。

1.1 计算机的发展历程

计算机技术的飞速发展离不开其所依赖的硬件技术的发展。在计算机领域,人们普遍把计算机的发展划分为5代,而这一划分所依据的正是计算机所使用的基本元器件。可以说,硬件技术是计算机发展的重要物质基础和技术保障。

1. 第零代:机械时代

随着科学的发展,商业、航海和天文学都提出了许多复杂的计算问题,很多人都关心计算工具的发展,希望借助计算工具提高计算效率,于是人们开始研究和设计具有计算能力的“计算机器(calculating machine)”。

世界上第一台以齿轮驱动的计算机器应该是由德国数学家Wilhelm Schickard于1623年设计并建造的计算钟(calculating clock),如图1-1所示。

1642年,法国数学家、物理学家帕斯卡(Blaise Pascal)在年仅19岁时发明了机械加法器Pascaline(见图1-2),以帮助其父亲收税时计算使用。由于成本和计算准确度问题,Pascaline仅售出了50台。Pascaline由一套8个可旋转的齿轮系统组成,只能进行加法运算,可自动进位,并配置了一个可显示计算结果的窗口。虽然现在汽车的仪表盘显示已数字化,但其中的里程表仍然采用了与Pascaline类似的机械工作原理。

1670年,德国数学家、哲学家莱布尼兹(Gottfried Leibniz)改进了Pascaline,发明了一个被称为步进式计算器(stepped reckoner)的计算机器,它具有加、减、乘、除4种运算功能。值得一提的是,虽然在stepped reckoner上使用的是十进制数,但莱布尼兹是首先提

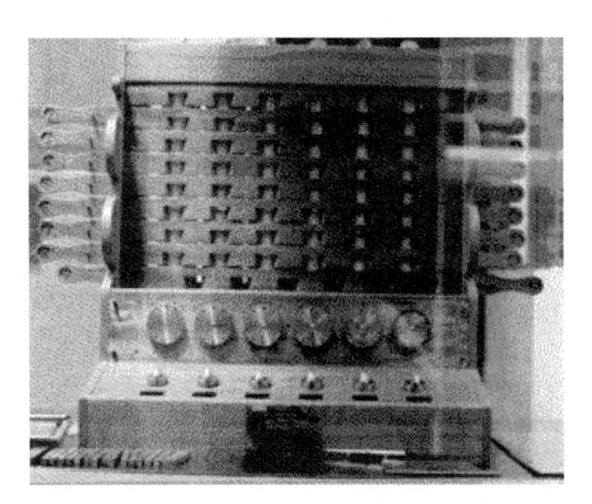

图 1-1 计算钟

图 1-2 8 齿轮的 Pascaline

出使用二进制计算的科学家，这为现代计算机奠定了基础。但是，所有的这些计算设备或工具都不能进行编程计算，也没有存储器，计算过程中的每一步都需要人手工参与才能进行。

尽管像 Pascaline 这类的计算机器一直使用到 20 世纪，但在 19 世纪时就已经开始出现了新型计算工具的设计。这其中，最引人注目的是英国数学家巴贝奇(Charles Babbage)于 1822 年设计的差分机(difference engine)(见图 1-3)。这台机器能够计算数表，如对数表。由于当时数表在航海中的重要性，他得到了英国政府的资助。1833 年，巴贝奇又在差分机的基础上设计了一种多用途的机器，称为分析机(Analytical Engine)。分析机已经具备了执行任意类型的数学运算的能力，同时还包含了现代计算机的许多部件：一个算术处理部件进行计算工作(巴贝其称之为运算逻辑部件——mill)，一个存储器(store)，以及输入输出设备。可以说分析机已经具有现代计算机的概念，但因当时的技术条件限制而未能制造完成。

1888 年，美国统计学家 Herman Hollerith 为人口统计局制造了第一台机电式穿孔卡系统——制表机，它是将机械统计原理与信息自动比较和分析方法结合起来的统计分析机，使美国统计人口所需的时间从过去的 8 年缩短为 2 年。霍勒瑞斯在 1896 年创办了制表机公司,1911 年又组建了一家计算制表记录公司。该公司到 1924 年改名为国际商用机器公司,这就是举世闻名的美国 IBM 公司。

1938 年,德国工程师 Konrad Zuse 成功制造了第一台二进制计算机 Z-1,它是一种纯机械式的计算装置,其机械存储器能存储 64 位数。此后他继续研制 Z 系列计算机,其中 Z-3 型计算机是世界上第一台采用通用程序控制的机电计算机。它使用了 2600 个继电器,采用二进制进行运算,运算一次加法只用 0.3s,如图 1-4 所示。

图 1-3 差分机的一小部分机械部件

图 1-4 Z-3 型计算机

1944 年,美国麻省理工学院科学家 Howard Aiken 研制成功了一台通用型机电计算机 MARK-Ⅰ,如图 1-5 所示,它使用了 3000 多个继电器,总共由 15 万个元件组成,各种导线总长达到 800km。1947 年,艾肯又研制出了运算速度更快的机电计算机 MARK-Ⅱ。

图 1-5 机电计算机 MARK-Ⅰ

至此,在计算机技术上存在着两条发展道路:一是各种机械式计算机的发展道路,二是采用继电器作为计算机电路元件的发展道路。后来建立在电子管和晶体管等电子元件基础上的电子计算机正是受益于这两条发展道路。

2. 第一代：电子管计算机

电子计算机区别于机械式计算机的最主要特点是使用电子元器件作为其存储和控制部件，使其能够依靠电子元器件自动完成计算。电子计算机的发展阶段也正是以其所采用的基本电子元器件及技术作为划分的基础，如表 1-1 所示。

表 1-1 计算机的发展阶段

发展阶段	大致时间	所采用的技术	典型速度
1	1946—1957 年	电子管	几万次
2	1958—1964 年	晶体管	十几到几十万次
3	1965—1971 年	中小规模集成电路	百万次
4	1972—1977 年	大规模集成电路	千万次
	1978—1991 年	超大规模集成电路	亿次
	1991 年至今	特大规模集成电路	十亿次以上

从表 1-1 中可以看出，第一代计算机采用的主要元器件是电子管（又称真空管），它以 1946 年诞生的世界上第一台电子计算机 ENIAC 为标志，如图 1-6 所示。

图 1-6 第一台电子计算机 ENIAC

ENIAC 是由美国宾夕法尼亚大学电子工程系的 John Mauchly 和 Presper Eckert 共同领导设计的。当时正值第二次世界大战期间，美国军方的弹道研究实验室在提供导弹发射数据表的精确性和及时性上遇到了困难，需雇佣几百人进行人工计算。当得知使用电子计算机可以将导弹发射数据表的计算时间从几天缩短为几分钟时，军方决定资助 ENIAC 项目。ENIAC 项目于 1943 年开始正式启动，1946 年 2 月完成。实际建造出来的机器是一个庞然大物，其占地面积为 170m^2，总重量达 30t。机器中约有 18 000 支电子管、1500 个继电器以及其他各种元器件，机器表面则布满电表、电线和指示灯，每小时耗电量约为 140kW。这样一台“巨大”的计算机，每秒可以进行 5000 次加法运算，相当于手工计算速度的 20 万倍。计算一条炮弹的轨道用时只需 30s。ENIAC 原来是计划为第二次世界大战服务的，但它投入运行时战争已经结束，这样一来，它便转向为研制氢弹而进行计算。将 ENIAC 用于有别于其最初建造目的的领域，表明了它的通用性。ENIAC 在 BRL 的管理下继续工作，直到 1955 年被拆除。

第一代电子计算机的主要特点如下。

(1) 采用电子管作为基本元器件,体积庞大,功耗大,可靠性低。

(2) 引入了存储程序的思想,开始使用存储器存储程序,但最初使用的存储设备为汞延迟线或静电存储管,存储容量很小。后来采用磁鼓、磁芯,虽有一定改进,但存储空间仍然有限。

(3) 输入输出设备简单,主要采用穿孔纸带或卡片,速度很慢。

(4) 程序设计语言为机器语言,几乎没有系统软件。

在这一时期,人们主要出于军事和国防尖端技术的需要研制计算机,并进行有关的研究工作,为计算机的发展奠定了一定的基础,其研究成果进一步扩展到民用,后来又转为工业产品,开始逐步形成计算机工业。

典型的第一代计算机有 ENIAC、EDVAC、UNIVAC-Ⅰ、IBM 701、IBM 702、IBM 704、IBM 705、IBM 650 等。

3. 第二代:晶体管计算机

事实上,第一代采用电子管技术的计算机并不是非常可靠,原因是这些电子管被烧坏的速度太快,以至于这种电子管计算机的停机维修时间常常比正常运行的时间还多。

1948 年,贝尔实验室的三位研究员 John Bardeen、Walter Brattain 和 William Shockley 发明了晶体管。这项影响深远的发明让他们共同获得了 1956 年度的诺贝尔物理学奖。这种新型的技术不但掀起了电子器件、电视和无线电广播等领域的革命,也推动计算机的发展进入了一个新的时代。

第二代电子计算机的主要特点如下。

(1) 采用晶体管代替电子管作为基本元器件。与电子管相比,晶体管具有体积小、重量轻、耗电少、速度快、寿命长等优点,这使计算机的设计结构和性能都产生了飞跃。

(2) 采用磁芯存储器作为主存,磁盘和磁带作为辅存,使存储容量增大,可靠性提高,为系统软件的发展创造了条件。

(3) 提出了操作系统的概念,开始出现汇编语言,并产生了 COBOL、FORTRAN 等编程语言以及批处理系统。

在这一时期,计算机应用领域进一步扩大,除科学计算外,还用于数据处理和实时控制等领域。同时,这一时期的计算机产品开始重视继承性,形成了适应一定应用范围的计算机"族"。这是系列机思想的萌芽,它可以缩短新机器的研制周期,降低生产成本。

典型的第二代计算机有 IBM 7040、IBM 7070、IBM 7090、IBM 1401、UNIVAC-LARC、CDC 6600 等。

4. 第三代:集成电路计算机

晶体管的采用使计算机的体积得以大大缩小,可靠性大大提高。然而随着计算机功能的不断增强,所使用的晶体管数量也随之增加,这在一定程度上又影响了计算机的性能及可靠性,从而限制了计算机的进一步发展。在 20 世纪 40 年代电子管所曾碰到的应用窘境,又戏剧性地呈现在晶体管面前。新的现实促使科学家开始寻找新的解决办法，导致了第三代电子器件——集成电路的出现。

1952 年，英国皇家雷达研究所的 Dummer 首先提出了集成电路设想：根据电子线路的要求，将电子线路所需要的晶体管、晶体二极管和其他必要元件统统完整地制作(集成)在单块半导体晶片上，从而构成一个具有预定功能的电子线路。但是由于当时缺乏先进的工业手段，Dummer 的设想无法实现。

1958 年，美国科学家 Jack Kilby 和 Robert S. Noyce 同时发明了集成电路(见图 1-7)，并分别在德克萨斯仪器公司和仙童公司研制成功了第一块集成电路，从而开创了第三代乃至以后计算机发展的新纪元。早期的集成电路虽然只能在单块硅片上集成十几到几十个晶体管，但是这些集成电路的尺寸已经比分立元件的晶体管还要小。使用集成电路的计算机速度更快，体积更小，且价格也更加便宜。

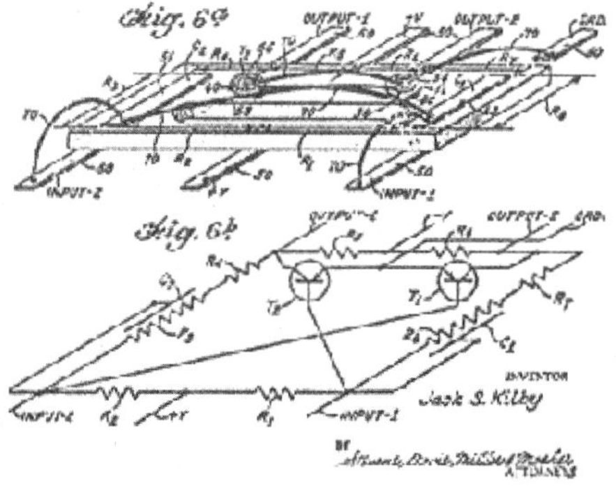

图 1-7 基尔比和他 1959 年申请专利备案的集成电路线路图

第三代电子计算机的主要特点如下。

(1) 采用集成电路取代晶体管作为基本元器件。

(2) 采用半导体存储器作为计算机的主存储器，存储容量进一步扩大，而体积更小，可靠性更高。

(3) 操作系统功能进一步明确和完善，高级语言进一步发展，使计算机功能更强。

(4) 计算机的研制生产开始系列化、通用化和标准化，应用范围扩大到企业管理和辅助设计等领域。

系列化：即同一公司在不同时期生产的计算机采用相同的系统结构，在指令系统、数据格式、字符编码、控制方式、输入输出等方面保持统一，从而保证了程序兼容(称为向前兼容)。这种向前兼容在很大程度上可以保护用户的投资，尤其是软件方面的投资。当用户进行计算机更新时，原来在低档计算机上编写的程序可以直接使用在高档计算机上。这一时期典型的系列计算机为 IBM 360/370。

通用化：机器指令系统丰富，兼顾科学计算、数据处理、实时控制等方面，可以适应各种应用的需要。

标准化：采用标准的输入输出接口，因而各个机型的外部设备都是通用的。除各个型号计算机的 CPU 独立设计以外，存储器、外部设备等都采用标准部件组装。

典型的第三代计算机有 IBM 360、PDP-Ⅱ、Nova 1200 等。

5. 第四代：大规模和超大规模集成电路计算机

随着芯片技术和半导体制造工艺的不断发展，半导体芯片的集成度越来越高。所谓集成度，是指单个芯片上所容纳的晶体管数量。集成电路技术的发展可以分为如表1-2所示的几个阶段，其中大规模集成电路标志着第四代计算机的开始。

表1-2 集成电路发展阶段

阶段名称	单块芯片集成的晶体管数量
小规模集成电路(SSI)	10～100
中规模集成电路(MSI)	100～1000
大规模集成电路(LSI)	1000～10 000
超大规模集成电路(VLSI)	10万以上
特大规模集成电路(ULSI)	1000万以上

集成度的提高大大促进了计算机的发展。尤其是进入20世纪70年代以后，大规模和超大规模集成电路的发展使计算机进入了一个飞速发展的年代。1997年，为纪念第一台电子计算机诞生50周年，宾夕法尼亚大学的学生制造了一个单芯片的ENIAC。原来那个占地150m^2、重30t的庞然大物被微缩到只有拇指指甲大小的一块芯片上。

大规模和超大规模集成电路技术的发展使计算机系统设计者有了很大的施展空间，也使第四代计算机从各方面性能上讲都有了很大提高，主要体现在以下几个方面：

(1) 在计算机体系结构上，出现了虚拟存储器技术、流水线技术、高速缓冲存储器技术及各种并行处理技术等；

(2) 在计算机内存配置上，容量和速度都大大提高；

(3) 计算机外围设备的种类越来越丰富，从文字处理发展到图像、声音等多媒体信息的处理；

(4) 系统软件功能越来越强，从单用户、单道程序系统发展到多用户、多道程序系统，从字符界面的命令行操作系统发展到图形界面的视窗操作系统；

(5) 应用软件越来越丰富，在办公自动化、数据处理、图像处理、语音识别和人工智能等领域大显身手，尤其是随着微型计算机技术的发展，计算机价格越来越便宜，计算机从机房走向千家万户；

(6) 20世纪80年代计算机网络的发展和20世纪90年代互联网技术的发展，一方面使计算机的应用越来越普及，另一方面在很大程度上改变了人们的生活和工作方式。

值得一提的是20世纪70年代发展起来的微型计算机技术。1971年，Intel公司利用VLSI技术制造出世界上第一个微处理器芯片Intel 4004，第一次将一个4位CPU的全部电路和功能集成到一块半导体芯片上。第二年，Intel公司又制造出8位的微处理器8008，其后又推出了8080、8085。1978年和1979年，Intel公司又分别推出了16位的微处理器8086和8088。到了1981年，IBM公司使用Intel公司的8088微处理器作为CPU，微软的MS-DOS作为操作系统，生产出一台具有里程碑意义的微型计算机IBM PC，从而开创了微型计算机发展的新纪元。其后，随着微处理器80286、80386、80486和Pentium等的不断推出，一代又一代新型微型计算机也不断推向市场，直到今天的基于PIV、酷睿微处理器的计算机。这一切都得益于集成电路技术的发展！

表 1-3 给出了不同时期微处理器芯片的性能参数。

表 1-3 不同时期微处理器芯片的性能参数

型号	Intel 4004	Intel 8008	Intel 8086	Pentium	PIV	Corei7/i5/i3
发布时间/年	1971	1972	1978	1993	2000	2008
时钟频率	108kHz	108kHz	5MHz	166MHz	1.8GHz	3.3GHz
总线宽度/位	4	8	16	32	64	64
晶体管数	2300	3500	29 000	3.1 百万	42 百万	7 亿
工艺/μm	10	10	3	0.8	0.18	32nm
可寻址存储器	640B	16KB	1MB	4GB	64GB	64GB
虚拟存储器	—	—	—	64TB	64TB	64TB

6. 第五代计算机

对于前四代计算机，计算机界普遍采用的是按计算机所使用的基本元器件进行划分，即电子管计算机、晶体管计算机、中小规模集成电路计算机、大规模和超大规模集成电路计算机。对于人类是否已进入第五代计算机的发展阶段，或到底什么样的技术标志着第五代计算机的开始，尚无统一的定论。

在计算机领域，作为第一台电子计算机的诞生国美国，其计算机技术一直处于世界领先水平。日本虽然是工业发达国家，但从计算机整体发展水平看，一直以来落后于美国。然而日本并不甘落后，1981 年 10 月，日本首先向世界宣告开始研制第五代计算机，并于 1982 年 4 月制订了为期 10 年的《第五代计算机技术开发计划》。随后，美国和欧洲一些国家也先后提出了发展第五代计算机的计划。

第五代计算机又称新一代计算机或人工智能计算机，是一个能把信息采集、存储、处理、通信同人工智能结合在一起的智能计算机系统。它除了能进行数值计算及信息处理外，还能面向知识处理，具有形式化推理、联想、学习和解释的能力；能够帮助人们进行判断、决策、开拓未知领域和获得新的知识；人和计算机之间可以直接通过自然语言（声音、文字）或图形图像交换信息。

第五代计算机是为适应未来社会信息化的要求而提出的，与前四代计算机有着本质的区别，是计算机发展史上的一次重要变革。当前电子计算机存在的主要不足有：首先，目前的电子计算机虽然已具有一些相当幼稚的“智能”，但它不能进行联想（即根据某一信息，从记忆中取出其他相关信息的功能）、推论（针对所给的信息，利用已记忆的信息对未知问题进行推理得出结论的功能）、学习（将对应新问题的内容，以能够高度灵活地加以运用的方式进行记忆的功能）等人类头脑最普通的思维活动；其次，目前电子计算机虽然已能在一定程度上配合、辅助人类的脑力劳动，但是，它还不能真正听懂人的语音，读懂人的文章，还需要由专家用电子计算机懂得的特殊“程序语言”同它进行“对话”，这就大大限制了电子计算机的应用和普及；最后，目前很多领域都需要海量、高速的计算，例如原子反应堆事故和核聚变反应的模拟实验、资源探测卫星发回的图像数据的实时解析、飞行器的风洞实验、天气预报、地震预测等都要求极高的计算速度和精度，对现代计算机的性能提出了更高的要求。

随着 2016 年 AlphaGo 战胜人类顶尖围棋高手，人们对人工智能的研究和应用被推向了高潮。人工智能是以计算机科学为基础，由计算机、心理学、哲学等多学科交叉融合的新兴交叉学科，它是研究用于模拟、延伸和扩展人的智能的理论、方法、技术及应用系统的一门新的技术科学，旨在了解智能的实质，并生产出一种新的、能以与人类智能相似的方式做出反应的智能机器，该领域的研究包括机器人、语言识别、图像识别、自然语言处理和专家系统等。目前，人工智能理论和技术日趋成熟，应用领域也不断扩大。相信在不久的将来，人工智能技术的应用将对人类社会产生巨大的影响。

这里再介绍一下我国计算机技术的发展概况。我国从1956年开始研制计算机，1958年研制成功了第一台电子管计算机103机，1959年又研制成功了运行速度为每秒1万次的104机。103机和104机的研制成功填补了我国在计算机技术领域的空白，为促进我国计算机技术的发展做出了贡献。1965年，中国科学院计算技术研究所研制成功了第一台大型晶体管计算机109乙机，之后推出109丙机，该机在我国两弹试验中发挥了重要作用。

1971年，我国开始研制以集成电路为主要器件的DJS系列计算机。1974年，清华大学等单位联合设计、研制成功了采用集成电路技术的DJS-130小型计算机，运算速度达每秒100万次。20世纪70年代，该系列计算机在我国很多行业和部门得到了广泛应用。

在微型计算机方面，1985年，电子工业部计算机工业管理局研制成功了与IBM PC兼容的长城0520CH微型计算机。此后我国的长城系列、方正系列、联想系列等微型计算机如雨后春笋般涌现，为我国计算机的普及应用做出了较大贡献，也使以联想公司为代表的中国计算机公司成为了一个有着巨大影响力的跨国公司，走在了世界先进计算机技术的行列。

在巨型计算机研制方面，1983年，国防科技大学研制成功了运算速度为每秒亿次的银河-Ⅰ巨型机，这是我国高性能计算机研制领域的一个重要里程碑。1992年，国防科技大学又推出了银河-Ⅱ通用并行巨型机，峰值速度达每秒10亿次。银河-Ⅱ为共享主存储器的四处理器向量机，其向量中央处理器是采用中小规模集成电路自行设计的，总体上达到20世纪80年代中后期国际先进水平，主要用于中期天气预报、石油勘探和核工业领域等。1997年6月，国防科技大学研制成功了银河-Ⅲ百亿次并行巨型计算机系统，采用可扩展分布共享存储并行处理体系结构，由130多个处理结点组成，峰值性能为每秒130亿次浮点运算，系统综合技术达到20世纪90年代中期国际先进水平。

1995年，曙光公司推出了国内第一台具有大规模并行处理器(MPP)结构的并行机曙光1000(含36个处理机)，峰值速度为每秒25亿次浮点运算，实际运算速度上了每秒10亿次浮点运算这一高性能台阶。曙光1000与美国Intel公司1990年推出的大规模并行机的体系结构和实现技术相近，这是我国独立研制的第一套大规模并行机系统，打破了国外在大规模并行机技术方面的封锁和垄断，使我国在这一领域的水平与国外的差距缩小到5年左右。1997—1999年，曙光公司先后在市场上推出了具有机群结构(cluster)的曙光1000A、曙光2000-Ⅰ和曙光2000-Ⅱ等超级服务器，峰值计算速度已突破每秒1000亿次浮点运算，机器规模已超过160个处理器。1999年，国家并行计算机工程技术研究中心研制的神威Ⅰ计算机通过了国家级验收，并在国家气象中心投入运行。系统有384个运算处理单元，峰值运算速度达每秒3840亿次。2000年，曙光公司推出了每秒3000亿次浮点运算的曙光3000超级服务器。2003年，百万亿次数据处理超级服务器曙光4000L通过国家验收，再一次刷新了国产超级服务器的历史纪录，使国产高性能机产业再上了一个新台阶。

2004年，中国研制的超级计算机曙光4000A第一次正式进入国际超级计算机排行榜前10名，位居第10。2008年，曙光5000A的浮点运算峰值处理能力达到每秒230万亿次，实测 Linpack 速度达到每秒 180.6 万亿次，再次跻身世界超级计算机排行榜的前 10 名。2009 年 10 月，国防科技大学研制成功了天河一号超级计算机，由 103 台机柜组成，包含 6144 个英特尔 CPU 和 5120 个 GPU，系统峰值性能为每秒 1206 万亿次，Linpack 测试性能达到每秒 560 万亿次，在全球 500 强中排名第五。2010 年 5 月，曙光公司和中国科学院计算技术研究所合作研制成功了曙光星云超级计算机，系统峰值性能约为每秒 3000 万亿次，Linpack 测试性能达到每秒 1271 万亿次，在全球 500 强中排名第二。2013 年 5 月，由国防科技大学研制的天河二号超级计算机系统以峰值计算速度每秒 5.49 亿亿次、持续计算速度每秒 3.39 亿亿次双精度浮点运算的优异性能位居榜首，成为全球最快的超级计算机。值得一提的是，在 2014 年 6 月 23 日公布的全球 500 强榜单中，中国"天河二号"以比第二名美国"泰坦"快近一倍的速度连续第三次获得冠军。

知识拓展

量子计算机

量子计算机是一种可以实现量子计算的机器，它通过量子力学规律来实现数学和逻辑运算、处理和存储信息。如同传统计算机通过集成电路的基本单元电路的两种状态来表示 0 或 1 一样，量子计算机也有着自己的基本单位——量子比特，它通过量子的两态来表示 0 或 1。

量子计算机也和传统计算机一样由许多硬件和软件组成，软件方面包括量子算法、量子编码等，硬件方面包括量子晶体管、量子存储器、量子效应器等。

量子计算机主要基于以下原理。

(1) 量子比特。传统计算机表示信息的基本单元是比特，比特有两种状态，用 0 与 1 表示。在量子计算机中，基本信息单位是量子比特，用两个量子态代替传统比特状态的 0 和 1。

(2) 态叠加原理。量子计算机的核心技术之一是态叠加原理，属于量子力学的基本原理。在一个体系中，每一种可能的运动方式就被称作态。量子力学的叠加不同于传统力学的叠加，它呈现的是不确定性。

(3) 量子纠缠。当两个粒子互相纠缠时，一个粒子的行为会影响另一个粒子的状态，此现象与距离无关。因此，当其中一个粒子状态发生变化，即此粒子被操作时，另一个粒子的状态也会相应地随之改变。

(4) 量子并行原理。量子并行计算是量子计算机能够超越传统计算机的最重要的技术。量子计算机以指数形式存储数字，通过将量子位增至 300 个，就能存储比宇宙中所有原子还多的数字，并能同时进行运算。

从 2015 年开始，人类对量子计算机及相关技术的研究走上了快车道。

2015 年，谷歌公司联合 NASA 和加州大学宣布实现了 9 个超导量子比特的高精度操纵。

2016 年，中国科学院潘建伟团队首次实现了 10 个光量子的纠缠操纵。

2017 年 3 月，IBM 宣布将于年内推出全球首个商业"通用"量子计算服务。

2017 年 5 月，中国科学院潘建伟团队构建了光量子计算机实验样机，其计算能力已超越早期传统计算机。

2020 年 12 月，潘建伟团队成功构建了 76 个光子的量子计算原型机——九章，其求解数学算法高斯玻色取样只需 200 秒，而当时世界上最快的超级计算机要用 6 亿年。这一突破使中国成为全球第二个实现“量子优越性”的国家。

2021 年 11 月，据英国《新科学家》杂志网站报道，IBM 公司宣称，其已经研制出了一台能运行 127 个量子比特的量子计算机——鹰，这是迄今为止全球最大的超导量子计算机。

2022 年 8 月，据共同社报道，日本分子科学研究所的团队实现了量子计算机“双量子位门”中的全球最高速，比谷歌公司此前的世界纪录快一倍以上。

1.2 计算机的种类

计算机按照其用途分为通用计算机和专用计算机。专用计算机主要是为某一专用领域设计的，在这一领域具有高性能或适应性。如一些专为图像处理设计的计算机，具有很高的图像处理速度；再如工控机，专为一些环境较为恶劣的工业控制领域而设计，具有防尘、防振、高可靠性等特点。通用计算机则不是专为某一领域而设计的，它能适应各种应用的要求。

对计算机种类的划分，更为传统和普遍的方法是 1989 年 IEEE 科学巨型机委员会提出的运算速度分类法，将计算机分为巨型机、大型机、小型机、微型机和工作站。

(1) 巨型机。巨型机有极高的速度和极大的容量，主要应用于国防尖端技术、空间技术、大范围长期性天气预报、石油勘探等领域。目前巨型机的运算速度已超过每秒万亿次。这类计算机在技术上朝两个方向发展：一是开发高性能元器件，特别是缩短时钟周期，提高单机性能。二是采用多处理器结构，构成超级并行计算机，通常由 100 台以上的处理器组成超级并行巨型计算机系统。它们通过同时解算一个题目来达到高速运算的目的。

巨型机的研制水平、生产能力及其应用程度已成为衡量一个国家经济实力与科技水平的重要标志。

(2) 大型机。大型机具有很强的综合处理能力，性能高，管理能力强。作为通用计算机，大型机主要应用在政府、银行、大企业等部门或行业，作为中心数据库服务器或应用服务器等，可同时支持几十个大型数据库和上万个用户使用。

(3) 小型机。小型机相对大型机来说规模更小，性能也次之，但由于其可靠性高、易于维护等特点得到了广泛应用。在 20 世纪七八十年代，小型机的发展非常迅猛，很多行业和部门都使用了小型机，国际上一些大的计算机公司，如 IBM、HP、DEC 等纷纷推出了自己的小型机系列。从 20 世纪 90 年代开始，随着微型计算机的性能不断提高和成本不断降低，小型机市场受到了很大冲击，一些原来使用小型机的场合被高性能微机服务器所取代。

目前，小型机主要采用的是基于 RISC 技术的 CPU 和类 UNIX 操作系统。

(4) 微型机。1971 年，美国 Intel 公司生产出了世界上第一块微处理器芯片 Intel 4004。1981 年，美国 IBM 公司使用 Intel 8088 微处理器生产出了具有里程碑意义的微型计算机 IBM PC，从而揭开了微型计算机大发展的序幕。微型计算机技术在短短 30 多年的时间里发展迅猛，平均每 2 年芯片的集成度就提高一倍，平均 2～3 年产品就更新换代一次，几乎每个月都有相关周边新产品出现。

随着互联网的普及,微型机已经像家用电器一样走向千家万户。

(5) 工作站。工作站也是一台独立的计算机,性能一般介于小型机和微型机之间。它往往作为独立的计算机(或联网)应用于一些具有特殊要求的领域,如电影动画特技制作和制造业机械CAD就广泛使用了图形工作站。

当然,计算机的分类不是一成不变的。一方面,性能的划分是相对的,例如在某一时期按性能划分为大型机的计算机可能在若干年后还不如一般微型机的性能;另一方面,随着计算机新技术的不断出现,新类型的计算机系统也不断被推出,例如近些年被广泛应用的嵌入式计算机系统就可以看成一种新型的计算机系统。

但是,随着技术的进步,各种型号的计算机性能指标都在不断地改进和提高,以至于过去一台大型机的性能可能还比不上今天一台微型计算机。按照巨、大、小、微、工作站的标准来划分计算机的类型也有其时间的局限性,因此计算机的类别划分很难有一个精确的标准。在此可以根据计算机的综合性能指标,结合计算机应用领域的分布将其分为如下5大类。

(1) 高性能计算机。高性能计算机也就是俗称的超级计算机,或者以前说的巨型机。目前国际上对高性能计算机最为权威的评测是全球超级计算机500强,通过测评的计算机是目前世界上运算速度和处理能力均堪称一流的计算机。2009年10月,国防科技大学研制成功了天河一号超级计算机,由103台机柜组成,包含6144个英特尔CPU和5120个GPU,系统峰值性能为每秒1206万亿次,Linpack测试性能达到每秒560万亿次,在全球超级计算机500强中排名第五。2013年5月,由国防科技大学研制的天河二号超级计算机系统以峰值计算速度每秒5.49亿亿次、持续计算速度每秒3.39亿亿次双精度浮点运算的优异性能位居全球超级计算机500强榜首,成为全球最快的超级计算机。2016—2017年,由国家并行计算机工程技术研究中心研制的“神威·太湖之光”蝉联全球超级计算机500强冠军。在最新的2022年全球超级计算机500强榜单上,美国的Frontier成为全球速度最快的超级计算机,运算速度达到每秒1.102exaflops(1exaflop=100亿亿次浮点计算/s)。

(2) 微型计算机。大规模集成电路及超大规模集成电路的发展是微型计算机得以产生的前提。通过集成电路技术将计算机的核心部件运算器和控制器集成在一块大规模或超大规模集成电路芯片上,统称为中央处理器(central processing unit,CPU)。CPU是微型计算机的核心部件,是微型计算机的心脏。目前微型计算机已广泛应用于办公、学习、娱乐等社会生活的方方面面,是发展最快、应用最为普遍的计算机。人们日常使用的台式计算机、笔记本电脑、掌上电脑等都是微型计算机。

(3) 工作站。工作站是一种高档的微型计算机,通常配有高分辨率的大屏幕显示器及容量很大的内存储器和外部存储器,主要面向专业应用领域,具备强大的数据运算与图形、图像处理能力。工作站主要是为满足工程设计、动画制作、科学研究、软件开发、金融管理、信息服务、模拟仿真等专业领域而设计开发的高性能微型计算机。

需要指出的是,这里所说的工作站不同于计算机网络系统中的工作站概念,计算机网络系统中的工作站仅是网络中的任何一台普通微型计算机或终端,只是网络中的任一用户节点。

(4) 服务器。服务器是指在网络环境下为网上多个用户提供共享信息资源和各种服务的一种高性能计算机,需要安装网络操作系统、网络协议和各种网络服务软件。服务器主要为网络用户提供文件、数据库、应用及通信方面的服务。

（5）嵌入式计算机。嵌入式计算机是指嵌入对象体系中，实现对象体系智能化控制的专用计算机系统。嵌入式计算机系统是以应用为中心，以计算机技术为基础，软硬件可裁剪，适用于应用系统对功能、可靠性、成本、体积、功耗有严格要求的专用计算机系统。它一般以嵌入式微处理器、外围硬件设备、嵌入式操作系统以及用户的应用程序 4 个部分组成，用于实现对其他设备的控制、监视或管理等功能。例如，人们日常生活中使用的电冰箱、全自动洗衣机、空调、电饭煲、数码产品等都采用嵌入式计算机技术。

1.3 计算机的性能与评测

计算机的性能指标是衡量计算机性能优劣的技术指标，其中最主要的是运算速度。对计算机性能指标的衡量，国际上有多种评测体系和方法。

1.3.1 计算机的性能指标

计算机的性能指标主要包括吞吐量、响应时间、CPU 时钟周期、主频、CPI、CPU 执行时间、MIPS、MFLOPS、GFLOPS、TFLOPS、PFLOPS 等。

1. 吞吐量

在一个评价期间内，计算机系统完成的所有工作负载称为吞吐量。

2. 响应时间

响应时间指用户输入一个作业（或事务）至输出开始之间的间隔时间。

3. 主频/CPU 时钟周期

主频是指 CPU 内核工作的时钟频率，一般以 MHz 或 GHz 为单位。很多人认为 CPU 的主频就是其运行速度，其实不然。CPU 的主频表示在 CPU 内数字脉冲信号震荡的速度，与 CPU 实际的运算能力并没有直接关系。主频和实际的运算速度存在一定的关系（在同一个系列计算机中，同样条件下，主频越高，速度越快），但目前还没有一个确定的公式能够定量衡量两者的数值关系，因为 CPU 的运算速度还要看 CPU 流水线各方面的性能指标，如缓存、指令集，CPU 的位数等。

CPU 时钟周期是一个时间的量，一般以 μs 或 ns 为单位。主频的倒数就是 CPU 时钟周期，这是 CPU 中最小的时间元素。每个操作至少需要一个时钟周期。

4. CPI

CPI（cycle per instruction，每条指令执行需要的时钟周期数）指 CPU 的指令时钟数，表示每条计算机指令执行所需的时钟周期数。由于不同指令的功能不同，造成指令执行时间不同，即指令执行所用的时钟数不同，所以 CPI 应该是一个平均值。

5. CPU 执行时间

CPU 执行时间是指 CPU 全速工作时完成某进程所花费的时间，计算公式为

$$\text{CPU 执行时间} = \frac{\text{CPU 时钟周期数}}{\text{时钟频率}} \tag{1.1}$$

$$\text{MIPS} = \frac{\text{指令条数}}{\text{执行时间} \times 10^6} \tag{1.2}$$

$$\text{MFLOPS} = \frac{\text{浮点操作次数}}{\text{执行时间} \times 10^6} \tag{1.3}$$

$$\text{GFLOPS} = \frac{\text{浮点操作次数}}{\text{执行时间} \times 10^9} \tag{1.4}$$

$$\text{TFLOPS} = \frac{\text{浮点操作次数}}{\text{执行时间} \times 10^{12}} \tag{1.5}$$

$$\text{PFLOPS} = \frac{\text{浮点操作次数}}{\text{执行时间} \times 10^{15}} \tag{1.6}$$

1.3.2 计算机的性能评测

对计算机系统性能的评测可以帮助用户进行计算机的选型。国际上曾出现过很多种评测体系,其中应用较广泛的包括 TPC 评测体系和 SPEC 评测体系等。

1. TPC 评测体系

TPC(Transaction processing Performance Council,事务处理性能委员会)是由数十家会员公司创建的非盈利组织,总部设在美国。TPC 的成员主要是计算机软硬件厂家,而非计算机用户,其职责是制定计算机事务处理能力测试标准,监督其执行,并管理测试结果的发布。

TPC 不给出基准程序的代码,而只给出基准程序的标准规范。任何厂家或其他测试者都可以根据规范,最优地构造出自己的测试系统(测试平台和测试程序)。为保证测试结果的完整性,被测试者(通常是厂家)必须提交给 TPC 一套完整的报告,包括被测系统的详细配置、分类价格和包含 5 年维护费用在内的总价格。该报告必须由 TPC 授权的审核员核实。TPC 在全球只有不到 10 名审核员,全部在美国。

2. SPEC 评测体系

SPEC(Standard Performance Evaluation Corporation,标准性能评估组织)是一个全球性的第三方非营利性组织,致力于建立、维护和认证一套应用于计算机系统性能评测的标准化基准套件,包括 10 大测试基准、几十种测试模型等,如被广泛引用的针对 CPU 性能评测的 SPEC CPU2000、SPEC CPU2006 和针对 Web 服务器性能评测的 SPEC web2005 等。

SPEC CPU2000 是一组针对 CPU 和内存的测试,它的主要测试对象是 CPU 和内存。SPEC CPU2000 由许多源代码程序组成,分成"整数"和"浮点数"两组。SPECint2000 是"整数"部分,而 SPECfp2000 则是"浮点数"部分。"整数"部分有 12 个程序,使用 C 或 C++ 语言,它们不使用 CPU 的浮点单元;而"浮点数"部分有 14 个程序,使用 FORTRAN 77/90 和 C 语言,这些程序的主要运算是浮点数的。

SPECint2000 和 SPECfp2000 的结果以执行时间为准。每个程序的执行时间和一个参考平台(Sun Ultra5/10 300MHz)相比,计算出其倍数。如果执行时间和参考平台相同,结果就是100;如果只花了一半时间完成,结果就是200。"整数"部分12个程序的结果取其平均值,得到的就是SPECint2000的测试结果。"浮点数"的14个程序也是一样。

SPEC web2005测试的原理是:通过多台客户机向服务器发出HTTP GET请求,请求调用Web服务器上的网页文件,这些文件从数千字节到数兆字节不等。在相同的时间里,服务器回答的请求越多,就表明服务器对客户端的处理能力越强,系统的Web性能就越好。

知识拓展

摩尔定律

摩尔定律是前Intel联合创始人戈登·摩尔(Gordon Moore)首先提出的,其内容是:集成电路(IC)芯片中所能集成的晶体管数量每18个月翻一番,性能也随之提升一倍。

1965年,摩尔在为撰写一篇有关集成电路的文章而整理材料和绘制数据时,发现了一个惊人的趋势:集成电路芯片的集成度呈现很有规律的几何增长,新一代芯片的容量大体为前一代的两倍,而新一代芯片的产生大约需要一年时间。于是摩尔总结得出结论:集成电路芯片中所能容纳的晶体管数量每年增加一倍。摩尔的这一发现发表在当年第35期《电子》杂志上,这是他一生中最为重要的文章,这篇不经意之作也是迄今为止半导体发展史上最具有意义的论文。

"当时我在写一篇集成电路的文章,要旨是集成电路技术使电子产品更为便宜。我在文章中描绘了它增长方面的复杂性:芯片的容量会逐年递增。从60个元件扩展到64 000个,每年翻番,而价格上则相应地逐年递减,当时买一个元件的价格10年后可买一个集成芯片,这是一个长期推断。它的事实曲线比我想象得更好"。

摩尔总结的这一规律由于其可预见性和重要性被正式定义为摩尔定律。1975年,摩尔对这一结论做了一些修正,将翻番的时间从一年调整为两年。实际上,后来更准确的时间是18个月。

摩尔定律不是一条简明的自然科学定律,而是一条融自然科学、高技术、经济学、社会学等学科为一体的、多学科的、开放性的规律。尤其是摩尔定律的经济学效益,使其成了Intel公司的发展指针。

如今人们最关心的就是摩尔定律何时终止。摩尔本人认为它还会延续今后几代产品。"我没有去估算具体的速率,但可能会慢一半左右。翻一番的时间将会是三年而不是18个月。"

2006年1月,Intel制造出了世界上首款采用45nm生产工艺的芯片。该芯片只有指甲大小,上面却有10亿个晶体管,且这些晶体管只有45nm宽,比红血球还要小1000倍左右。这为今后推出更高性能、更高效率的处理器打下了基础。

2007年初,IBM宣布在制造环境中实现了一种突破性的芯片堆叠技术,将传统上并排安装在硅片上的芯片和内存设备以堆叠的方式相互叠加在一起,最终实现了一种紧凑的组件层状结构,大大减小了芯片的体积,并提高了数据在芯片上各个功能区之间的传输速度。这种被称为"穿透硅通道(Through-Silicon Vias,TSV)"的技术可以大大缩小不同芯片组件之间的距离,从而设计出速度更快、体积更小和能耗更低的系统。此举也许会令摩尔定律不仅延续,而且可能突破原来预期的极限。

1.4 计算机的基本组成

计算机经历了几十年的发展，虽然性能越来越高，适应各种应用的产品越来越丰富，但从其基本的硬件组成上讲，仍然采用的是当初冯·诺依曼(Von Neumann)结构设计的。无论是巨型机、大型机，还是小型机、微型机，它们主要的不同在于性能的高低，而从硬件组成上讲是基本相同的。

那么，一台完整的计算机主要由哪些硬件组成呢？以微型机为例，通过对其进行彻底"解剖"，看看日常使用的计算机中包含了哪些部件。

图 1-8 是 1981 年 IBM 公司生产的一台具有里程碑意义的 IBM PC(今天讲的 PC 或个人电脑正是从该计算机的名字得来的)。之所以说它具有里程碑的意义，一方面是因为它的推出彻底改变了人们使用计算机的工作模式，使计算机从神秘的空调房走到了办公桌，走向了家庭；另一方面，因为它的廉价和易于维护，使计算机得以普及，使计算机的应用得到了前所未有的发展。虽然，从今天的角度来看，IBM PC 的配置会让人觉得不可思议，这种配置的计算机能干什么？但在当时，它确实让很多人激动。

- Intel 8088 CPU，4.77MHz
- 64KB内存
- 640×480分辨率单色显示器
- 5.25in软驱
- 键盘
- DOS操作系统

图 1-8　1981 年生产的 IBM PC

再来看看今天使用的 PC 机(如图 1-9 所示)，多核 CPU，DDR 内存，SATA 硬盘，液晶显示器，光电鼠标，人体工程学功能键盘，音响系统，Windows 10 操作系统等。根据应用的需要，各种硬件配置还会更高。

- Intel酷睿i7/i5/i3 CPU
- 8/16GB DDR3内存
- 1TB 7200转高速 SATA硬盘
- 21/24/27″宽屏液晶显示器
- 10/100/1000 M集成网卡
- 光电鼠标/人体工程学功能键盘
- 高品质音响系统
- Windows 10操作系统

图 1-9　现代 PC

从 IBM PC 到现代 PC，虽然只有短短 40 年的时间，计算机技术却取得了突飞猛进的发展，性能已得到了大大提高。然而，从专业角度去看，它们的硬件组成及功能结构却是相同的。下面以现代 PC 为例，对其进行进一步的剖析。

从外观看，一台台式 PC 至少包括机箱、显示器、键盘和鼠标等(有的 PC 还会配上音箱系统)。打开机箱,里面还有电源、主板、硬盘、光驱、显卡、网卡等,主板上又有CPU、内存等,这么多的东西让人眼花缭乱。图1-10是实际主板的构成图。

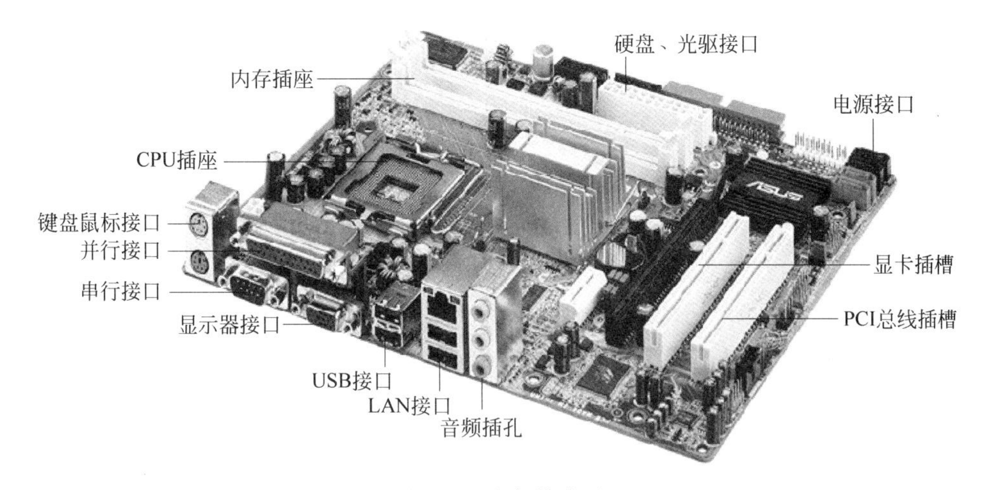

图1-10　主板构成图

将以上所罗列的设备及部件整理一下,可以得到如图1-11所示的计算机硬件组成结构图。

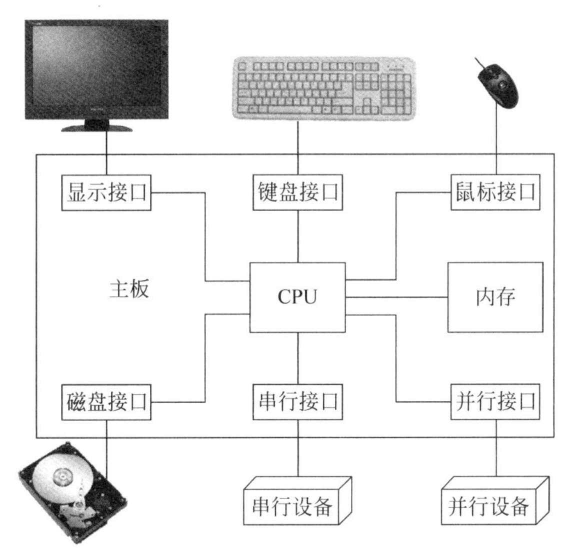

图1-11　计算机硬件组成结构

从图1-11中可以看出,从功能结构上讲,计算机硬件主要由CPU、存储器、输入输出接口及设备三大部分组成。而从设计和实现上讲,CPU、存储器(目前在计算机中是以内存的方式出现)直接插在主板上,同时在主板上还集成了一些输入输出接口电路。显示器作为标准输出设备,键盘和鼠标则作为标准输入设备,分别与主板上对应的接口相连。另外,磁盘(包括软盘和硬盘)、光盘等从功能上讲属于计算机的辅助存储器(将在第4章详细介绍),但从操作系统的角度上讲,是将它们作为输入输出设备进行管理的。

其实,计算机的这种组成结构也正符合其"计算"的要求。人们为解算某一问题编制程序,然后交给计算机运行程序,并最终将运行结果返回。这一过程正需要不同的设备或部件配合完成，如下所示：

输入设备将人们编制的程序和需要处理的数据输入计算机

↓

计算机 CPU 运行程序和处理数据

↓

运行结果通过输出设备输出

另外，CPU、存储器和输入输出接口及设备间需要进行数据的通信，因此，它们之间需要通过某种方式连接起来。在现代计算机中，普遍采用的是一种总线连接方式，如图 1-12 所示。

总线是一组信号线，它主要包括 CPU、存储器和输入输出接口及设备间需要进行传输的数据信号、地址信号和控制信号等。采用总线连接方式，可以有效减少这些部件之间重复连接的信号线的数量，提高通信的效率。有关总线的内容将在第 6 章详细介绍。

在计算机的各个组成部件中，CPU 是最核心的部件，计算机各个部件所进行的所有操作和运算都是在 CPU 控制下完成的。而从功能结构上讲，CPU 又由运算器和控制器两大部分构成。因此又可以说，计算机是由五大部件构成，即运算器、控制器、存储器、输入输出接口与设备。

1. 运算器

计算机的一个最大特点就是具有很强的运算能力。运算器就是计算机内用于完成各种运算的部件，其基本结构如图 1-13 所示。

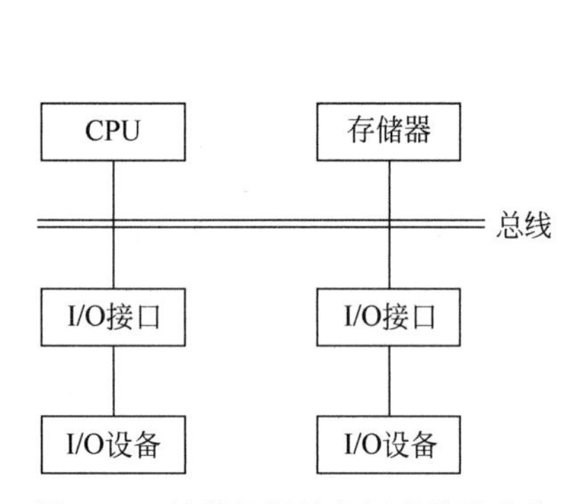

图 1-12 计算机硬件之间的总线连接

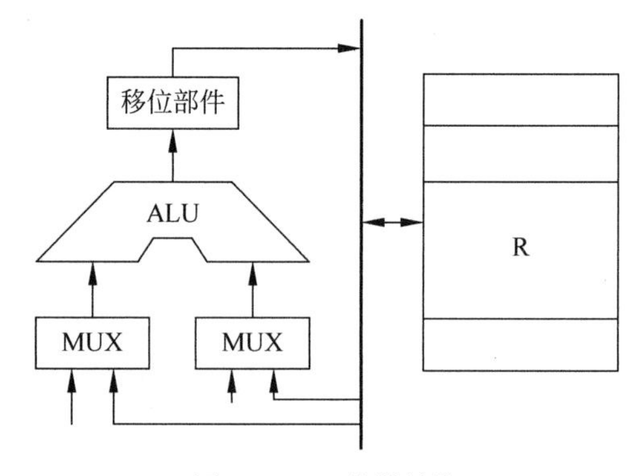

图 1-13 运算器结构

运算器中有一个核心部件——算术逻辑运算单元 ALU，它能完成各种算术运算和逻辑运算。最基本的算术运算主要包括加、减、乘、除等，逻辑运算主要包括与、或、非、异或及移位运算等。通过这些最基本的算术、逻辑运算可以实现各种复杂的运算。ALU 一般有两个输入端，它能一次完成两个操作数的运算。另外在运算器中还会设置一些通用寄存器 R，用于暂时存放运算中产生的中间结果。

2. 控制器

控制器是计算机的指挥中心，它按照人们预先编好的程序进行工作，根据程序中指令的要求，有序地向计算机中的各个部件发出控制信号，使各个部件有条不紊地工作，从而完成指令所要求的功能。控制器的基本结构如图 1-14 所示。

控制器主要包括程序计数器 PC、指令寄存器 IR、指令译码器 ID、地址生成器 AG、地址寄存器 AR、时序部件 CP 和控制信号产生部件等。

程序计数器实际上是一个地址寄存器,其中存放的是下一条要执行的指令在存储器中的单元地址(见图 1-15)。按照冯·诺依曼存储程序的思想,要执行的程序指令是事先存放在存储器中的(这里指的是计算机主存储器),然后由 CPU 从存储器中一条一条将指令取出并执行。程序的执行是在操作系统的控制下完成的。当要运行一个程序时,首先由操作系统将该程序从计算机外部存储器调入主存储器中,然后将为程序动态分配的存储单元首地址(程序要执行的第一条指令所在存储单元的地址)送入 PC 中,这样就开始了该程序的执行。程序在存储器中一般是按其编写的顺序存放的,若当前执行的指令是一条顺序指令,则由 PC 加 1 自动生成下一条指令的地址;若当前执行的指令是一条转移或转子指令时,则由该指令生成要转向的指令地址并发送给 PC。

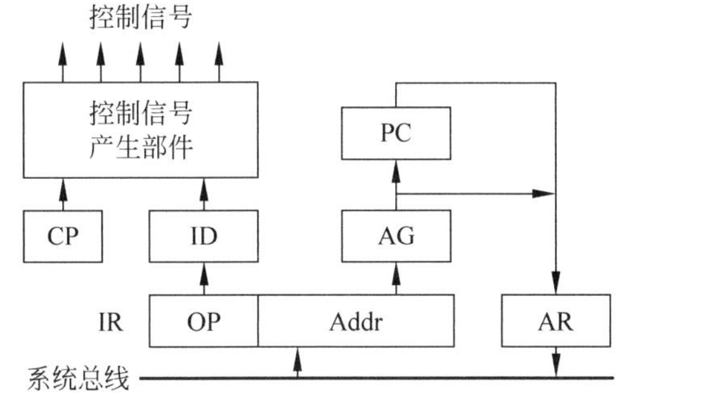

图 1-14 控制器的基本结构

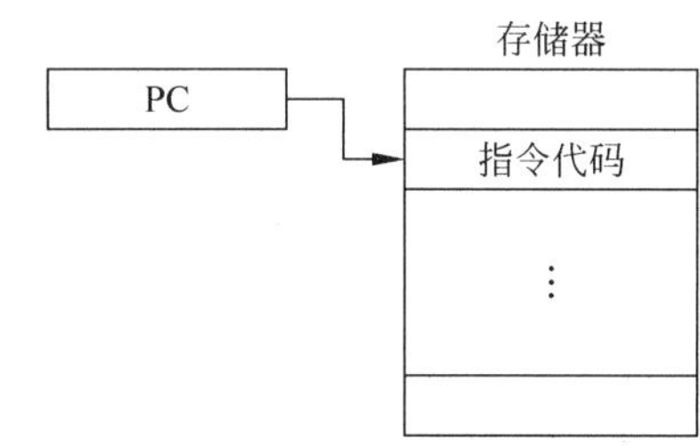

图 1-15 PC 的功能

指令寄存器(instruction register,IR)主要用于存放由 PC 指向的从存储器中取出的指令代码。指令寄存器一般为一个指令字长,它主要由两个字段组成,一是指令操作码 OP 字段,二是操作数或转移地址 Addr 字段。OP 字段用于指出该指令是一条什么样的指令,如加法、移位等。Addr 字段根据指令的不同功能有所不同。对于顺序指令,Addr 字段用于指出操作数的类型及存放的位置或地址;而对于转移或转子指令,Addr 字段则用于指出要转向的指令的地址。

指令译码器(instruction decoder,ID)用于对指令寄存器中的 OP 字段进行译码,并将译码结果输出给控制信号产生部件,如图 1-16 所示。例如,假设某计算机共有 64 条指令,采用定长操作码编码,即所有指令的 OP 字段均为 6 位二进制,则该计算机指令译码器的一种简单设计就是采用一个 6/64 译码器,即 6 位输入,产生 64 个输出,且同时只有一个输出有效。在进行指令系统设计时,为每一条指令分配一个不同的 6 位二进制代码。当某条指令执行时,译码器的输入是该指令的 6 位 OP 代码,则其对应的输出有效。此输出用于"通知"控制信号产生部件当前执行的是该指令。

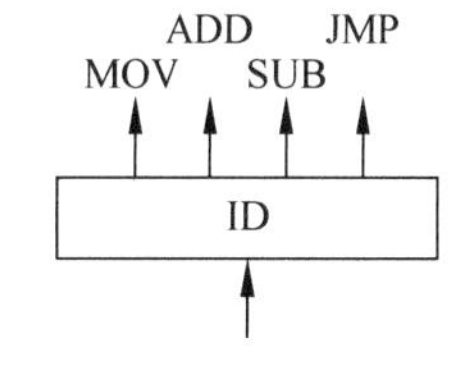

图 1-16 译码器的功能

地址生成器(address generator,AG)主要用于生成操作数在存储器中的单元地址,从而为取该操作数做好准备。为了编程的灵活性,几乎所有计算机的指令系统都提供了多种操作数寻址方式,不同的寻址方式生成操作数实际地址的方法有所不同,设置地址生成器的目的就是为了支持各种寻址方式的实现。有关寻址方式的内容将在第3章详细讲述。

地址寄存器(address register,AR)主要有两个用途：一是用于存放由地址生成器按寻址方式进行计算得到的操作数在存储器中的地址；二是用于存放由当前转移或转子指令产生的要转向的指令的地址。对CPU来说,无论是从存储器中取指令还是取操作数,都属于访存操作。访存操作的第一步就是要给出所要访问的存储单元地址,而该地址由地址寄存器保存。

最后,所有指令的执行都是在一定的操作控制信号的控制下完成的。操作控制信号产生部件就是根据指令译码的结果,产生当前指令执行过程中所需的全部操作控制信号。这些控制信号在时序部件产生的时序下按照一定的顺序逐个产生,从而控制不同的部件完成相应的操作。

3. 存储器

存储器是计算机重要的组成部件之一,主要用来存储程序和数据。现代计算机普遍采用冯·诺依曼体系结构,而冯·诺依曼计算机的特点之一就是"存储程序"。所谓存储程序,是指任何要运行的程序必须事先存入存储器中,由CPU从存储器中将程序指令一条条取出并执行。因此,存储器是现代计算机不可或缺的部件。

从物理上讲,存储器是由具有一定记忆功能的物理器件构成的,如目前计算机内存普遍采用的半导体存储器和计算机外存采用的磁介质存储器或光存储器等。这些物理器件是通过自身的一些物理特性来表示和存储二进制0、1信息的。例如,在第4章将会讲到一种静态半导体存储器,它的每个存储单元电路(存储1位二进制信息)是依靠三极管的导通和截止两种状态来分别表示0和1的。

从逻辑上讲,存储器是由一个个存储单元构成的,它也正是利用这一个个的存储单元来存储或记忆二进制信息的。存储器所有存储单元的总数称为存储器的存储容量,通常用单位KB(千字节)、MB(兆字节)、GB(吉字节)等表示。存储容量越大,表示存储器能够存储记忆的信息量越大。

4. 输入输出接口与设备

输入输出系统由输入输出设备和与设备配套的适配器(adaptor)或接口电路组成。

计算机的输入输出设备又称为外围设备,它们主要完成人机间的信息交换。人们通过输入设备将以某种形式表示的信息转换为计算机内部所能接收和识别的二进制数据,由计算机运算处理后,将产生的结果通过输出设备以人或其他计算机所能接收和识别的信息形式输出。现代计算机的标准输入设备包括键盘、鼠标等,标准输出设备有显示器等。除此之外,还有各种各样满足不同用途的输入输出设备,如打印机、绘图仪、扫描仪、光笔以及各种图像输入输出设备、语音输入输出设备等。

由于输入输出设备种类繁多,在处理速度、数据格式、机械及电器特性等方面差异较大,因此,CPU与输入输出设备间的数据交换通常是通过相应的输入输出适配器(又称输入输出接口)来实现的。例如,CPU对显示器的输出控制就是通过显卡(又称显示器适配卡)来完成的。

除了上述各部件外,计算机系统中还必须有总线。系统总线是构成计算机系统的骨架,是多个系统部件之间进行数据传送的公共通路。借助系统总线，计算机可在各系统部件之间实现传送地址、数据和控制信息的操作。

知识拓展

冯·诺依曼和非冯·诺依曼体系结构

在最早期的电子计算机中，编程就是利用各种导线进行接插连线。由于没有计算机分层的概念，对早期的计算机每进行一次编程都是一项非常大的布线工程。

在ENIAC计算机研制的同时，冯·诺依曼与莫尔小组也在合作研制EDVAC计算机。EDVAC计算机首次采用了存储程序的思想，这种采用存储程序的计算机就称为冯·诺依曼计算机。冯·诺依曼结构的计算机具有以下一些特点。

(1) 计算机由运算器、控制器、存储器、输入设备和输出设备五部分组成。

(2) 采用存储程序的方式，要执行的程序和数据事先存放在存储器中。

(3) 采用二进制编码表示数据。

(4) 程序是指令的集合，指令在存储器中按执行顺序存放。

虽然现代计算机普遍采用冯·诺依曼体系结构设计，但冯·诺依曼计算机中CPU与存储器之间的单一通道这一瓶颈问题使计算机性能的提高受到了限制。因此，人们不断努力，试图突破冯·诺依曼结构的限制，因此在历史上也曾出现过一些非冯·诺依曼结构计算机的研究或对冯·诺依曼结构的一些改进，如利用人脑模型思想作为计算模式的神经网络计算机、利用生物学和DNA演化思想开发的基因算法、量子计算和并行计算机等。在这些新的体系结构中，并行计算的概念是目前最成功和最流行的。

1.5　计算机语言

计算机语言是人与计算机进行交流的语言，通过计算机语言，人们可以告知或命令计算机需要做什么，要完成什么样的工作等。计算机语言主要供人们编写计算机软件程序，因此又称为程序设计语言。

计算机语言按照与硬件的相关程度，由高到低分为机器语言、汇编语言和高级语言。机器语言属于硬件机器级语言，是一种用二进制代码表示的、能够被计算机硬件直接识别和执行的语言。不同计算机(主要是CPU)的机器语言是不同的。由于机器语言不便于程序员掌握和使用，因此现在很少使用机器语言编制程序。

汇编语言是一种采用助记符表示的程序设计语言。汇编语言的指令和机器语言的指令在很大程度上是一一对应的，它不能被计算机的硬件直接识别，却便于程序员记忆。用汇编语言编写的程序首先由一个系统软件——汇编程序——翻译成机器语言，然后在计算机上执行。汇编语言的语法、语义结构等和机器语言基本一致，同样与机器紧密相关。用汇编语言编写程序同样比较复杂，且所编制的程序代码难以移植。

高级语言是与机器无关的程序设计语言，它具有更强的表达能力，采用一种更接近自然的表达方式表示数据的运算和程序的控制结构等，使程序员容易学习掌握。目前的应用软件主要使用高级语言编制实现。随着视窗系统的推出和近些年多媒体技术的应用、发展，高级语言正向着面向对象、可视化的方向发展，使程序设计的效率更高。

在各种层次的计算机语言中,机器语言是硬件可直接识别的语言,其他各种语言可看成是相应虚拟机的机器语言。某一层次的虚拟机能够直接理解的语言称为该层的虚拟机语言。虚拟机语言层次越高,语言的表达能力就越强。处在某一级虚拟机的程序员只需知道这一级的语言及虚拟机属性,其下层的特性无须知道,即下层的特性对程序员来说是透明的。

用程序设计语言编写的程序称为源程序。高级语言的源程序可以通过两种方式转换成机器语言程序:一种是通过编译程序在运行之前将源程序转换成机器语言程序;另一种是通过解释程序进行解释执行。

1.6 计算机系统的分层组织结构

从一般使用者的角度来看,计算机系统是由硬件和软件组成的,而软件根据其在计算机系统中所起的作用又可进一步分为系统软件和应用软件。系统软件是指能够对计算机硬件资源进行管理,对用户方便使用计算机硬件资源提供服务的软件,其核心就是操作系统。应用软件则是人们使用各种计算机语言为解决各种应用问题而编制的程序。因此,从这一层面上看,计算机系统自下而上可以看成是由三个层次构成的,即计算机硬件、系统软件和应用软件,其中下层为上层功能的实现提供支持。

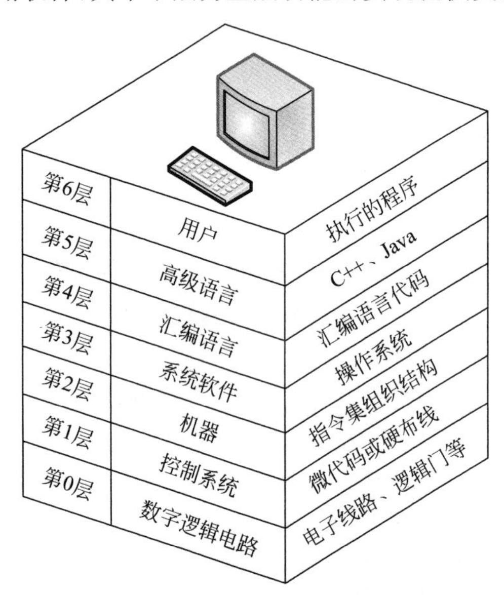

图 1-17 计算机系统的分层组织结构

而从计算机设计者的角度看,计算机系统可以进一步划分为不同的层次。这种划分可以看成是概念上的划分,但却是十分有意义的。可以设想计算机是按照不同的层次结构来建造的,每个层次都实现某项特定的功能,并有一个特定的假想机器与之对应。对应计算机每个层次的这种假想机器称为虚拟机。每层的虚拟机都执行自己特有的指令集,必要时还可以调用较低层次的虚拟机来完成各种任务。图 1-17 是一个业界普遍接受的、代表不同抽象的虚拟机的计算机系统分层组织结构图。

第 6 层是用户层,也是面向一般用户的层次。换句话说,一般用户在使用计算机时所看见的就是这一层次。在这一层次上,用户可以运行各种应用程序,如字处理程序、制表程序、财务处理程序、游戏程序等。对用户层而言,其他各较低的层次可以是不可见的。也就是说,用户不必了解各底层是如何实现的。

第 5 层是高级语言层,它由各种高级语言组成,如 C、C++、Java、Web 编程语言等。这些高级语言供该层用户为完成某一特定任务而编写高级语言程序。一方面,所编写的这些高级语言程序提供给上层用户层的用户使用;另一方面,这些高级语言程序是通过编译或解释成低级语言来实现的。虽然使用这些高级语言编写程序代码的程序员需要了解所使用语言的语法、语义及各种语句等，但这些语法、语义的实现及语句的执行过程对他们来讲是透明的。

第 4 层是汇编语言层，它包括各种类型的汇编语言。每台计算机都有自己的汇编语言，上层的高级语言首先被翻译成汇编语言，再进一步翻译成计算机可直接识别的机器语言。计算机通过执行机器语言程序来最终完成用户所要求的功能。

第 3 层是系统软件层，其核心就是操作系统。操作系统对用户程序使用计算机的各种资源（CPU、存储器、输入输出设备等）进行管理和分配。例如，当某一用户程序需要运行时，首先由操作系统将其调入内存中，这其中需要操作系统为其分配内存空间进行存储。再如，某程序需要使用某一输出设备进行结果的输出时，需要操作系统为其提供对该设备的控制等。

第 2 层是机器层，这是面向计算机体系结构设计者的层次。计算机系统设计者首先要确定计算机的体系结构，如计算机的硬件包含哪些部件，采用什么样的连接结构和实现技术等。在这一层次上提供的是机器语言，也是机器唯一能直接识别的语言，其他各种语言的程序最终都必须翻译成机器语言，由计算机通过其硬件实现相应的功能。

第 1 层是控制系统层，这一层的核心是计算机硬件控制单元。控制单元会逐条接收来自上层的机器指令，然后分析译码，产生一系列的操作控制信号，并由这些控制信号控制下层的逻辑部件按照一定的时间顺序有序地工作。

第 0 层是数字逻辑电路层，所面对的是计算机系统的物理构成：各种逻辑电路和连接线路，它们是组成计算机硬件的基础。

计算机系统的各个层次并不是孤立的，而是互相关联、互相协作的。一般来讲，下层为上层提供服务或执行上层所要求的功能，而上层通过使用下层提供的服务完成一定的功能。计算机这种层次划分的好处是：某一个层次的设计者可以专注于该层功能的实现，通过采用各种技术，提高各层次的性能，从而提高计算机系统的整体性能。

从功能上讲，任何可以利用软件实现的功能都可以利用硬件实现；反之，任何可以利用硬件实现的功能同样也可以利用软件实现。这就是所谓的硬件和软件等效原理。计算机中的任何操作可以由软件实现，也可以由硬件实现。某台计算机的功能是采用硬件实现还是采用软件实现，取决于计算机的性能价格比。当研制一台计算机的时候，设计者必须明确软硬件的功能划分。随着大规模集成电路和计算机体系结构的发展，由硬件实现的功能范围逐步扩大，这也就使计算机的处理速度越来越快，性能越来越高。

目前，计算机在机器语言级是由硬件直接实现的，即由硬件实现对机器指令的解释和执行。随着技术的发展，今后的计算机将由硬件直接实现更高级的功能，如通过硬件直接解释执行高级语言的语句，而不需要先经过编译程序的处理。因此传统的软件部分今后完全有可能“固化”，即通过所谓固件的方式实现。

本章小结

本章主要讲述了以下内容。

(1) 计算机的发展历程。从机械计算机发展到电子计算机，电子计算机按所使用的电子元器件划分发展阶段：电子管计算机、晶体管计算机、中小规模集成电路计算机、大规模和超大规模集成电路计算机。

（2）计算机的种类。按照1989年IEEE科学巨型机委员会提出的运算速度分类法，可将计算机分为巨型机、大型机、小型机、工作站和微型计算机；根据计算机的综合性能指标，可将计算机分为高性能计算机、微型计算机、工作站、服务器和嵌入式计算机。

（3）计算机的性能指标。主要包括吞吐量、响应时间；CPU时钟周期、主频、CPI、CPU执行时间；MIPS、MFLOPS、GFLOPS、TFLOPS、PFLOPS等。

（4）计算机的硬件组成。主要包括中央处理器、存储器和输入输出系统，其中CPU主要由运算器和控制器组成，这也是冯·诺依曼提出的计算机组成结构。

（5）计算机语言。由低到高分为机器语言、汇编语言和高级语言。

（6）计算机系统的层次结构。从计算机的基本硬件开始分为数字逻辑层、控制层、机器层、系统软件层、汇编语言层、高级语言层和用户层。

习题

一、名词解释

1. 集成电路　　2. 系列机　　3. 通用机　　4. 虚拟机

二、选择题

1. 世界上第一台电子计算机ENIAC中使用的基本元器件是（　　）。

A. 机械装置　　B. 电子管　　C. 晶体管　　D. 集成电路

2. 现代计算机中使用的基本元器件是（　　）。

A. 电子管　　B. 晶体管　　C. SSI和MSI　　D. LSI和VLSI

3. 按照1989年IEEE科学巨型机委员会提出的运算速度分类法，计算机种类中不包括（　　）。

A. 巨型机　　B. 小型机　　C. 小巨型机　　D. 微型机

4. 运算器中一般应包含（　　）。

A. ALU和寄存器组　　B. ALU和IR

C. ALU和DR　　D. ALU和AR

5. 冯·诺依曼计算机工作的基本特点是（　　）。

A. 多指令流单数据流　　B. 多指令流多数据流

C. 堆栈操作　　D. 按地址访问并顺序执行指令

6. 2017年公布的全球超级计算机500强排名中，我国"神威·太湖之光"超级计算机蝉联第一，其浮点运算速度为93.0146 PFLOPS，说明该计算机每秒钟内完成的浮点操作次数约为（　　）。（2020年全国硕士研究生入学统一考试计算机学科专业基础综合试题）

A. 9.3×10^{13}次　　B. 9.3×10^{15}次　　C. 9.3千万亿次　　D. 9.3亿亿次

7. 计算机硬件能够直接执行的是（　　）。

Ⅰ. 机器语言程序　　Ⅱ. 汇编语言程序　　Ⅲ. 硬件描述语言程序

A. 仅Ⅰ　　B. 仅Ⅰ、Ⅱ　　C. 仅Ⅰ、Ⅲ　　D. Ⅰ、Ⅱ、Ⅲ

三、综合题

1. 什么是摩尔定律？它对计算机集成电路技术的发展有何影响？

2. 解释 SSI、MSI、LSI 和 VLSI 的区别。

3. 计算机是如何进行分类的?

4. 计算机从硬件上讲包括哪些主要部件?

5. 阐述 CPU 中的运算器和控制器的基本结构。

6. 指令译码器是如何工作的?

7. 阐述冯·诺依曼体系结构的特点。

8. 计算机是如何划分层次的?划分层次有何意义?

9. 什么是硬件和软件等效原理?

10. 查阅资料,简要概括一下我国在处理器芯片技术领域的发展情况。

11. 查阅资料,简要概括当前计算机集成电路技术在芯片集成度方面的发展情况。

12. 查阅资料,进一步说明计算机系统性能评测的方法和指标体系。

13. 衡量 CPU 性能指标的其中一个参数是 CPI。查阅有关资料,了解 CPI 的含义。

14. 衡量 CPU 性能指标的其中一个参数是 MIPS。查阅有关资料,了解 MIPS 的含义。

15. 假设您现在要为自己购置一台计算机,请说明您使用这台计算机的用途,并列出您所知道的现在计算机的性能配置情况(如 CPU、主板、内存等)。

第2章 数据的机器级表示及运算

早期的计算机主要用于科学计算，以帮助人们提高计算速度，为此，在计算机中必须使用一定的方法表示数值数据，并完成各种运算。紧接着，人们使用计算机来处理各种文字信息，以提高对文本处理的效率，这样，在计算机中又必须使用一定的方法表示字符等非数值数据。随着计算机在各种应用领域的发展，计算机所能表示的信息种类越来越多，如声音、图形、图像、视频和动画等。但无论什么样的信息或数据，在计算机中都是通过二进制编码的方法来表示的。

本章首先介绍二进制等基本的进位记数制；再介绍在计算机中是如何对人们日常处理的数值数据和非数值数据(主要包括字符、汉字等)进行二进制编码表示的；然后介绍数值数据在计算机中的二进制运算方法和实现；最后介绍对计算机中的数据在传递过程中产生的差错进行检测而使用的数据校验码。

2.1 数制及转换

生活中的数值计算是采用十进制进行的，而在计算机中采用的却是二进制。另外，为了方便地表示二进制，人们又设计了其他进位记数制，如十六进制、八进制等。

2.1.1 进位记数制

将数字符号按序排列成数位，并遵照某种由低位到高位的进位方式记数来表示数值的方法，称为进位记数制，简称记数制。

无论使用哪种进位记数制，数值的表示都包含两个基本要素：基数和位权。

一种进位记数制允许使用的基本数字符号的个数称为这种进位记数制的基数。一般而言，K 进制数的基数为 K，可供选用的基本数字符号有 K 个，它们分别为 $0 \sim K-1$，每个数位计满 K 就向其高位进 1，即“逢 K 进 1”。

进位记数制中每位数字符号所表示的数值，等于该数字符号值乘以一个与数字符号所处位置有关的常数，这个常数就称为位权，简称权。位权的大小是以基数为底、数字符号所处位置的序号为指数的整数次幂。各数字符号所处位置的序号记法为：以小数点为基准，整数部分自右向左依次为 0，1，…递增，小数部分自左向右依次为 −1，−2，…递减。

任何进制数的值都可以表示成该进制数中各位数字符号值与相应位权乘积的累加形式，该形式称为按权展开的多项式和。一个 K 进制数 $(N)_K$，用按权展开的多项式和形式可表示为

$$(N)_K = D_m K^m + D_{m-1} K^{m-1} + \cdots + D_1 K^1 + D_0 K^0 + D_{-1} K^{-1} + D_{-2} K^{-2} + \cdots + D_{-n} K^{-n} \quad (2.1)$$

例如，十进制数$(123.4)_{10}$可表示为

$$(123.4)_{10} = 1 \times 10^2 + 2 \times 10^1 + 3 \times 10^0 + 4 \times 10^{-1}$$

任何进制数按权展开的多项式和的值，就是该进制数所对应的十进制数的值。换言之，任何进制与十进制数的转换只需求该进制数的按权展开的多项式和的值即可。

1. 二进制数

计算机内部使用的是二进制。所有的数值数据和非数值数据，都由二进制 0、1 这两个数字符号组合而成，它们统称为“二进制代码”。二进制的基数为 2，只有 0 和 1 两个数字符号，进位规则是“逢 2 进 1”，用按权展开的多项式和形式可表示为

$$(N)_2 = D_m 2^m + 2^{m-1} D_{m-1} + \cdots + 2^1 D_1 + 2^0 D_0 + 2^{-1} D_{-1} + 2^{-2} D_{-2} + \cdots + 2^{-n} D_{-n} \quad (2.2)$$

例如，二进制数$(1011.1)_2$可表示为

$$(1011.1)_2 = 1 \times 2^3 + 0 \times 2^2 + 1 \times 2^1 + 1 \times 2^0 + 1 \times 2^{-1}$$

计算机内部采用二进制表示，具有以下优点。

(1) 技术容易实现。实际上，一个二进制“位”0 或 1 在计算机中是通过电子器件的两种状态来表示的，如电子开关的“开”和“关”、三极管的“导通”和“截止”、电位的“高”和“低”等两种状态，而这正符合电子器件的状态特性。

(2) 运算规则简单。两个一位二进制数的加、减运算规则各仅有 4 种，如加法：

$$0+0=0$$
$$0+1=1$$
$$1+0=1$$
$$1+1=0\text{（向高位进 1）}$$

(3) 与逻辑量吻合。逻辑量 1、0 表示一个事物的正、反两个方面，如是/非、真/假、对/错等。

2. 十六进制数

二进制数位数多、数字符号单调，不便于书写和记忆。在计算机应用中，通常用与二进制数有简单对应关系的十六进制数作为数据的书写形式。

十六进制的基数为 16，由 0～9、A～F 共 16 个数字、字母符号组成。其中，0～9 共 10 个数字符号，含义与十进制数相同，A～F 字母符号的值分别对应十进制数的 10～15，进位规则是“逢 16 进 1”，用按权展开的多项式和形式可表示为

$$(N)_{16} = 16^m D_m + 16^{m-1} D_{m-1} + \cdots + 16^1 D_1 + 16^0 D_0 + 16^{-1} D_{-1} + 16^{-2} D_{-2} + \cdots + 16^{-n} D_{-n} \quad (2.3)$$

例如，十六进制数$(28A.C)_{16}$可表示为

$$(28A.C)_{16} = 2 \times 16^2 + 8 \times 16^1 + 10 \times 16^0 + 12 \times 16^{-1}$$

3. 八进制数

早期也常用八进制数作为计算机应用中数据的书写形式。

八进制的基数为 8，由 0～7 共 8 个数字组成，进位规则是“逢 8 进 1”，用按权展开的多项式和形式可表示为

$$(N)_8 = 8^m D_m + 8^{m-1} D_{m-1} + \cdots + 8^1 D_1 + 8^0 D_0 + 8^{-1} D_{-1} + 8^{-2} D_{-2} + \cdots + 8^{-n} D_{-n} \quad (2.4)$$

例如，八进制数$(35.7)_8$ 可表示为

$$(35.7)_8 = 3 \times 8^1 + 5 \times 8^0 + 7 \times 8^{-1}$$

2.1.2 数制的转换

1. 二进制数、十六进制数转换成十进制数

如前所述，任何进制数只要求得其按权展开的多项式之和，该和值便是对应的十进制数。所以，二进制数或十六进制数转换为十进制数可以使用以下的“加权求和法”。

具体方法为：将要转换的二进制数或十六进制数表示成按权展开的多项式和的形式，然后逐项相加，所得的和值便是对应的十进制数。

【例 2.1】 将二进制数$(1011.1)_2$ 转换成对应的十进制数。

解 $(1011.1)_2 = 1\times2^3+0\times2^2+1\times2^1+1\times2^0+1\times2^{-1}=11.5$

【例 2.2】 将十六进制数$(3C.8)_{16}$ 转换成对应的十进制数。

解 $(3C.8)_{16}=3\times16^1+12\times16^0+8\times16^{-1}=60.5$

2. 十进制数转换成二进制数

十进制数转换成二进制数，相对二进制数转换成十进制数来要复杂一点。其中，十进制数的整数部分和小数部分要用不同的方法加以处理。

十进制数的整数部分采用“除 2 取余”法进行转换。

具体方法为：将要转换的十进制整数除以二进制的基数 2，取商的余数作为二进制整数最低位的系数 K_0，继续将商的整数部分除以 2，再取商的余数作为二进制整数次低位的系数 K_1，…，这样依次相除，直至商为 0 为止，最后一位余数作为二进制整数最高位的系数 K_n。余数序列 $K_nK_{n-1}\cdots K_1K_0$ 便构成了对应的二进制数。

【例 2.3】 将十进制数 43 转换成对应的二进制数。

解

	余数	二进制数位
2⌊43		
2⌊21	1	K_0
2⌊10	1	K_1
2⌊5	0	K_2
2⌊2	1	K_3
2⌊1	0	K_4
0	1	K_5

所以，$(43)_{10}=(101011)_2$。

十进制的小数部分采用“乘 2 取整法”进行转换。

具体方法为：将要转换的十进制小数部分乘以二进制的基数 2，取积的整数部分作为二进制小数的最高位的系数 K_{-1}，继续将积的小数部分乘以 2，再取积的整数部分作为二进制小数次高位的系数 K_{-2}……这样依次相乘，直至积的小数部分为 0 或达到所需精度为止，最后一位积的整数部分作为二进制小数最低位的系数 K_{-m}。积的整数部分序列 $0.K_{-1}K_{-2}\cdots K_{-m+1}K_{-m}$ 便构成了对应的二进制数。

【例 2.4】 将十进制数 0.6875 转换成对应的二进制数。

解

	积的整数部分	二进制数位
0.6875		
× 2		
1.375	1	K_{-1}
0.375		
× 2		
0.75	0	K_{-2}
× 2		
1.5	1	K_{-3}
0.5		
× 2		
1	1	K_{-4}

所以，$(0.6875)_{10}=(0.1011)_2$。

进行数制转换时，整数部分经转换后必定仍为整数，小数部分经转换后也仍为小数。所以，对于既有整数部分，又有小数部分的十进制数，可按上述方法分别进行转换，然后组合在一起即为所转换的结果。

3. 二进制数与十六进制数的相互转换

十六进制数与二进制数存在着简单的转换关系，每 1 位十六进制数正好对应 4 位二进制数，它们的对应关系如表 2-1 所示。

表 2-1　十六进制数和二进制数的对应关系

十六进制	二进制	十六进制	二进制
0	0000	8	1000
1	0001	9	1001
2	0010	A	1010
3	0011	B	1011
4	0100	C	1100
5	0101	D	1101
6	0110	E	1110
7	0111	F	1111

由于 1 位十六进制数正好对应 4 位二进制数，所以二进制数转换成十六进制数时，只要以小数点为界，整数部分向左、小数部分向右分成 4 位一组，各组分别用对应的 1 位十六进制数表示，即可得到所求的十六进制数。两头的分组不足 4 位时，在小数点左边的高位和小

数点右边的低位可用 0 补足。

【例 2.5】 将二进制数 1011010.10111 转换成对应的十六进制数。

解 在二进制数 1011010.10111 小数点左边的高位补 1 个 0，小数点右边的低位补 3 个 0，则

$$
1011010.10111 = \underbrace{0101}_{5}\ \underbrace{1010}_{A}.\underbrace{1011}_{B}\ \underbrace{1000}_{8}
$$

所以，$(1011010.10111)_2=(5A.B8)_{16}$。

同理，将十六进制数的每 1 位转换成对应的 4 位二进制数，便可实现十六进制数到二进制数的转换。

八进制数与二进制数之间的转换方法和十六进制数与二进制数之间的类似，所不同的只是 1 位八进制数对应 3 位二进制数。

至于十六进制与十进制数之间的转换，同样可用按权展开的多项式之和，以及整数部分用“除基取余”法、小数部分用“乘基取整”法来实现。不过，此时的基数为 16。当然，更简单实用的方法是借二进制数作为过渡，用“十六↔二↔十”的转换方法来实现。

2.2 数值数据的机器表示

数值数据是一种有正负之分的带符号数，在日常生活中，通常用正号＋表示正数，用负号－表示负数。数值数据的符号连同其数值部分一起编码成二进制数，不同的编码形式产生了不同的机器表示法。

2.2.1 数据的机器数表示

数据的机器数表示指计算机硬件能够直接表示、存储和处理的数据形式。数值数据是带符号数，即有正负之分。在计算机中，数的符号(＋或－)和数的值一样都要采用二进制 0、1 编码。对数值数据的编码表示常用的有原码、补码、反码和移码表示等。这几种表示法都将数据的符号数码化。为了区分一般书写时表示的数和机器中编码表示的数，称前者为真值，后者为机器数。机器数包含两部分：符号位和数值部分。

1. 原码表示法

原码表示法是一种比较直观的表示方法，其具体表示方法是：符号位表示该数的符号，正(＋)用“0”表示，负(－)用“1”表示，而数值部分保持与其真值相同。

设纯小数的原码形式为 $x=x_0.x_1x_2\cdots x_n$，则原码表示的定义为

$$
[x]_{原}=\begin{cases} x & 1>x\geqslant 0 \\ 1-x=1+|x| & 0\geqslant x>-1 \end{cases} \tag{2.5}
$$

式中$[x]_{原}$是机器数，x 是真值。

【例 2.6】 $x=+0.1001$，则$[x]_{原}=0.1001$；

$x=-0.1001$，则$[x]_{原}=1.1001$。

设纯整数的原码形式为 $x=x_0x_1x_2\cdots x_n$，则原码表示的定义为

$$[x]_{原}=\begin{cases}x & 2^n>x\geqslant 0\\ 2^n-x=2^n+|x| & 0\geqslant x>-2^n\end{cases} \tag{2.6}$$

原码表示法有两个特点。

(1) 零的表示有"+0"和"−0"之分，故有两种形式：

$$[+0]_{原}=0.000\cdots 0$$
$$[-0]_{原}=1.000\cdots 0$$

(2) 当真值为正数时，符号位 x_0 的取值为0；当真值为负数时，x_0 为1。

原码表示法的优点是比较直观、简单易懂，但它的最大缺点是加法运算复杂。这是因为，当两数相加时，如果是同号则数值相加；如果是异号，则要进行减法。而在进行减法运算时，还要比较绝对值的大小，然后减去小数，最后还要给结果选择恰当的符号。显然，利用原码作加减法运算是不太方便的。另外，原码的零是不唯一的。

2. 补码表示法

补码表示法是计算机中实际采用的一种编码方法，与原码表示法相同的是其符号位表示该数的符号，正(+)用0表示，负(−)用1表示，但数值部分有所不同。

设纯小数的补码形式为 $x=x_0.x_1x_2\cdots x_n$，则补码表示的定义为

$$[x]_{补}=\begin{cases}x & 1>x\geqslant 0\\ 2+x=2-|x| & 0>x\geqslant -1\end{cases} \tag{2.7}$$

对于0，在补码表示情况下只有一种表示形式，即

$$[+0]_{补}=[-0]_{补}=0.000\cdots 0$$

【例2.7】　$x=+0.1001$，则 $[x]_{补}=0.1001$；

$x=-0.1001$，则 $[x]_{补}=1.0111$。

对于纯整数 $x=x_0x_1x_2\cdots x_n$，补码表示的定义是

$$[x]_{补}=\begin{cases}x & 2^n>x\geqslant 0\\ 2^{n+1}+x=2^{n+1}-|x| & 0>x\geqslant -2^n\end{cases} \tag{2.8}$$

补码有两条重要的性质。

(1) 补码的零是唯一的。

(2) 补码的减法可以化为加法实现，即

$$\begin{aligned}[X+Y]_{补}&=[X]_{补}+[Y]_{补}\\ [X-Y]_{补}&=[X]_{补}+[-Y]_{补}\end{aligned} \tag{2.9}$$

采用补码表示法进行加减法运算比原码更加方便。因为不论数是正还是负，机器总是做加法，减法运算可转换成加法运算实现。

但根据补码定义，正数的补码与原码形式相同，而求负数的补码要减去[x]。为了用加法代替减法，结果还得在求补码时做一次减法，这显然是不方便的。从下面介绍的反码表示法中可以获得求负数补码的简便方法，解决负数的求补问题。

3. 反码表示法

反码表示法中,符号的表示法与原码相同;而对于数值部分,正数的反码与正数的原码数值部分相同,负数的数值部分则通过将负数原码的数值部分各位取反(0 变 1,1 变 0)得到。

设纯小数的反码形式为 $x=x_0x_1x_2\cdots x_n$,则反码表示的定义为

$$[x]_{反}=\begin{cases}x & 1>x\geqslant 0\\ 2-2^{-n}+x=2-|x| & 0\geqslant x>-1\end{cases}\tag{2.10}$$

【例 2.8】 $x=+0.1001$,则 $[x]_{反}=0.1001$;

$x=-0.1001$,则 $[x]_{反}=1.0110$。

对于 0,在反码情况下有两种表示形式,即

$$[+0]_{反}=0.000\cdots0$$

$$[-0]_{反}=1.111\cdots1$$

对于纯整数 $x=x_0x_1x_2\cdots x_n$,反码表示的定义是

$$[x]_{反}=\begin{cases}x & 2^n>x\geqslant 0\\ 2^{n+1}-1+x & 0\geqslant x>-2^n\end{cases}\tag{2.11}$$

通过比较小数与整数的反码与补码的公式可得到

$$[x]_{补}=[x]_{反}+2^{-n} \qquad 0>x\geqslant -1$$

$$[x]_{补}=[x]_{反}+1 \qquad 0>x\geqslant -2^{-n}$$

这就是通过反码求补码的重要公式。这两个公式告诉我们,若要将一个负数用补码表示,其方法是:符号位置 1,数值部分各位变反,末位加 1。

4. 移码表示法

移码主要用于表示后面要讲到的浮点数的阶码,而且通常表示的是纯整数。

对于纯整数 $x=x_0x_1x_2\cdots x_n$,移码表示的定义为

$$[x]_{移}=2^n+x \qquad 2^n>x\geqslant -2^n\tag{2.12}$$

【例 2.9】 $x=+1001$,则 $[x]_{移}=11001$;

$x=-1001$,则 $[x]_{移}=00111$。

通过对比补码和移码发现,对任意一个真值,其补码和移码的机器数表示中,数值部分相同,而符号恰恰相反。其实,用移码表示的机器数,当真值为正数时,其符号位为 1;当真值为负数时,其符号位为 0。

2.2.2 定点数和浮点数

日常表示的数据类型主要有两种:一是一般的数据表示形式,如 125、98.6 等;二是科学计数法表示的数据形式,如 1.25×10^8 等。这两种数据类型对应在计算机中的表示形式就是定点数和浮点数。

1. 定点数的表示方法

作为一个一般的十进制数据，在计算机中除了要表示其数值外，还要表示其符号（正或负）和小数点。符号可以使用一位二进制数表示，如"0"表示正号，"1"表示负号。而对于小数点则需要采取一些特殊的处理方法。

定点数指数据的小数点位置是固定不变的。由于定点数的小数点位置是固定的，因此小数点"."就不需要表示出来了。在计算机中，定点数主要分为两种：一是定点整数，即纯整数；二是定点小数，即纯小数。

假设用一个 $n+1$ 位二进制来表示一个定点数 x，其中一位 x_0 用来表示数的符号位，其余 n 位数代表它的数值。这样，对于任意定点数 $x=x_0x_1x_2\cdots x_n$，其在机器中的定点数表示如图 2-1 所示。

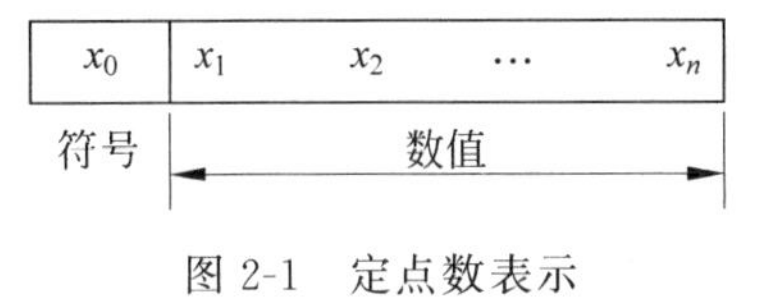

图 2-1 定点数表示

如果数 x 表示的是纯小数，那么小数点位于 x_0 和 x_1 之间，其数值范围为

$$0\leqslant|x|\leqslant 1-2^{-n}$$

如果数 x 表示的是纯整数，那么小数点位于最低位 x_n 的右边，其数值范围为

$$0\leqslant|x|\leqslant 2^n-1$$

在采用定点数表示的机器中，对于非纯整数或纯小数的数据在处理前必须先通过合适的比例因子转换成相应的纯整数或纯小数，运算结果再按比例转换回去。目前计算机中多采用定点纯整数表示，因此将定点数表示的运算简称为整数运算。

2. 浮点数的表示方法

使用定点纯整数或纯小数表示数据，其优点是表示方法简单，处理容易。但由于在计算机中表示数据的二进制位数（称为字长）是有限的，因此定点数所表示的数据范围也是很有限的，对于一些很大的数据就无法表示。例如，使用 16 位二进制表示纯整数，其表示范围仅为：0～16 383（正数）。为此，人们吸取生活中十进制数据的科学计数法的思想，采用一种称为浮点数的表示法来表示更大的数。

在浮点数表示中，数据被分为两部分：尾数和阶码。尾数表示数的有效数位，阶码则表示小数点的位置。加上符号位，浮点数据可以表示为

$$N=(-1)^S MR^E \tag{2.13}$$

其中，M(Mantissa)是浮点数的尾数，R(Radix)是基数，E(Exponent)是阶码，S(Sign)是浮点数的符号位，浮点数在计算机中的表示如图 2-2 所示。

S	E_0	E_1 E_2 … E_m	M_1 M_2 … M_n
数符	阶符	阶码	尾数

图 2-2 浮点数表示

在计算机中，基数 R 取 2，是个常数，在系统中是约定的，不需要表示出来；阶码 E 用定点整数表示，它的位数越长，浮点数所能表示的数的范围越大；尾数 M 用定点小数表示，它的位数越长，浮点数所能表示的数的精度越高。

3. 浮点数的 IEEE 754 标准

早期的机器很多都支持浮点数表示，然而各自采用自己定义的表示形式，没有一个统一的标准，这给不同机器之间程序的移植带来了一定的困难。

1985 年 Intel 打算为其 8086 微处理器配置一种浮点运算协处理器 8087FPU。Intel 公司请来了加州大学伯克利分校的 William Kahan 为其设计浮点数格式，Kahan 又找来了两位专家协助他，于是就有了 KCS 组合(Kahan，Coonan and Stone)。他们共同完成了 Intel 的浮点数格式设计，而且完成得非常出色，以至于 IEEE 决定采用一个非常接近 KCS 的方案作为 IEEE 的标准浮点格式，也即 IEEE 754 标准。目前，几乎所有支持浮点运算的计算机都采用该标准，这也为程序的移植带来了方便。

IEEE 754 标准从逻辑上采用上述的三元组$\{S,E,M\}$表示一个浮点数 N，如图 2-3 所示。

N 的实际值 n 由下列式子表示：

$$n=(-1)^{s}m2^{e} \tag{2.14}$$

其中 n、s、e、m 分别为 N、S、E、M 对应的实际数值。

IEEE 754 标准规定了三种浮点数格式：单精度、双精度、扩展精度。前两者正好对应 C 语言里的 float、double 或者 FORTRAN 里的 real、double 精度类型。

单精度浮点数 N 共 32 位，其中 S 占 1 位，E 占 8 位，M 占 23 位，如图 2-4 所示。

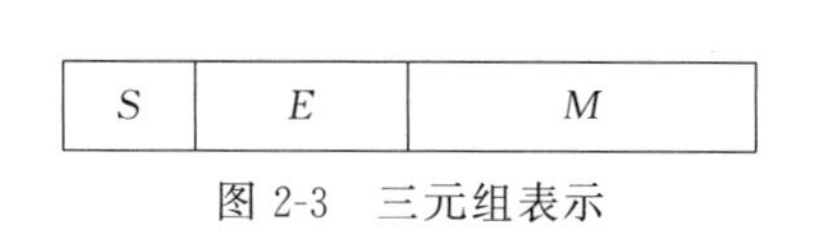

图 2-3 三元组表示

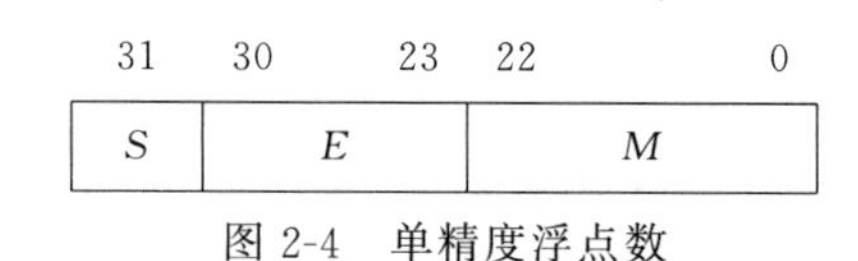

图 2-4 单精度浮点数

双精度浮点数 N 共 64 位，其中 S 占 1 位，E 占 11 位，M 占 52 位，如图 2-5 所示。

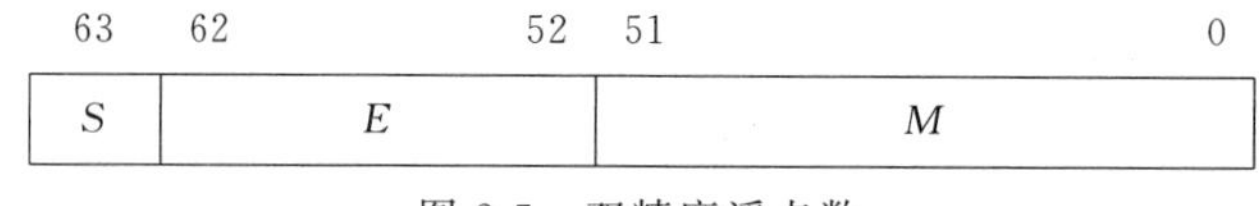

图 2-5 双精度浮点数

值得注意的是，M 虽然是 23 位或者 52 位，但它们只是表示小数点之后的二进制位数，也就是说，假定 M 为“010110011…”，在二进制数值上其实是“.010110011…”。而事实上，标准规定小数点左边还有一个隐含位 1，也就是说 $m=1.M$，这一位并不需要存储，却可以提高一位尾数的精度。

对于浮点数而言，它还有一个特点，就是：一个数的浮点数表示可以不是唯一的。例如十进制数 123 可以表示成 1.1111011×2^{7}、0.11111011×2^{8}、0.011111011×2^{9} 等多种浮点数形式。为了保证一个数的浮点表示在机器中是唯一的，IEEE 754 标准规定：当 E 的二进制位不全为 0，也不全为 1 时，其尾数 m 必须是上述 $1.M$ 的表示形式，这称为浮点数的规格化表示。

此时 e 是采用移码表示的整数，e 值计算公式如下：

$$e=E-\text{bias},\quad \text{bias}=2^{k-1}-1 \tag{2.15}$$

其中，bias 为偏移值，k 为 E 的位数，对单精度浮点数来说，$k=8$，则 bias$=127$，即 $e=$

$E-127$；对双精度浮点数来说，$k=11$，则 bias=1023，即 $e=E-1023$。

当一个浮点数的尾数为0，不论其阶码为何值，或者当阶码的值遇到比它能表示的最小值还小时，不管其尾数为何值，计算机都把该浮点数看成零值，称为机器零。

当阶码 E 为全0且尾数 M 也为全0时，表示的真值为零，结合符号位 S 为0或1，有正零和负零之分。当阶码 E 为全1且尾数 M 也为全0时，表示的真值为无穷大，结合符号位 S 为0或1，有正无穷和负无穷之分。这样在单精度浮点数表示中，要除去 E 用全0和全1表示零和无穷大的特殊情况，指数的偏移值不选128而选127。对于规格化浮点数，E 的范围变为1～254，真正的指数值 e 则为−126～+127。同样，在双精度位浮点数表示中，要除去 E 用全0和全1表示零和无穷大的特殊情况，指数的偏移值不选1024，而选1023。对于规格化浮点数，E 的范围变为1～2046，真正的指数值 e 则为−1022～+1023。

【例2.10】 将十进制数43.6875转换成IEEE 754标准的单精度浮点数的二进制存储格式。

解 将十进制数43.6875转换成二进制数得

$$(43.6875)_{10}=(101011.1011)_2$$

再转换成浮点表示形式，其中尾数为 $1.M$ 的形式

$$101011.1011=1.010111011\times 2^5,\quad e=5$$

于是得到

$$S=0,\quad E=5+127=132,\quad M=010111011$$

最后得到十进制数43.6875的单精度浮点数的二进制存储格式为

0 10000100 01011101100000000000000

【例2.11】 若浮点数 x 的IEEE 754标准存储格式为 $(41360000)_{16}$，求其浮点数的十进制值。

解 将 $(41360000)_{16}$ 展开为二进制形式是

0 10000010 01101100000000000000000

符号位　$S=0$

指数　$e=E-127=10000010-01111111=00000011=(3)_{10}$

尾数　$m=1.M=1.01101100000000000000000=1.011011$

于是有

$$x=(-1)^s\times m\times 2^e=+1.011011\times 2^3=+1011.011=(11.375)_{10}$$

知识拓展

位、字节、字的概念

位：又称二进制位(b)，其英文单词为bit，是二进制数binary digit的缩写。“位”是计算机中最小的数据单位，每一位的状态只有两个，即0或1。

字节(B)：英文单词为Byte，1964年，IBM System/360大型机的设计者建立了一套以8位为一组作为计算机存储器编址的基本单元的约定，他们称这种8位的组合为一个字节。在机器中，一个字节常常可以被分为两半，每半4位，称为半字节(nibble)，高4位称为高半字节，低4位称为低半字节。1个字节可以存储1个英文字母或者半个汉字，换句话说，1个汉字占据2个字节的存储空间。现代计算机的编址单位就是字节，例如，我们注意到，厂家

在列出机器的配置时，其中有一项是机器的内存，往往用多少MB表示，这里的B指的就是Byte字节的意思。

字：英文单词为Word，一个字由若干个相邻的字节组成，字的位数称为字长。字长通常是8的整数倍，如16位、32位、64位等。字长对一台机器来说具有特殊的意义，它往往代表了该机器进行数据处理和运算的能力。一般来说，若某机器（主要指CPU）为64位，一方面指该机器CPU的数据总线为64位，另一方面指该机器CPU内部的结构为64位，这里包括其内部的数据通路、运算部件及寄存器等。

另外，在计算机中常常会涉及一些计量单位如下：

$1K=2^{10}$

$1M=2^{20}$

$1G=2^{30}$

$1T=2^{40}$

2.3 非数值数据的机器表示

非数值数据主要是指如字符（串）、十进制数串、汉字、图形、图像等不计其数值大小的数据类型，对这些数据类型，在计算机中同样要采用一定的编码方式进行表示。

2.3.1 二进制编码的十进制数

现代计算机除了能将人们日常生活中的十进制数转换为上述二进制形式表示和处理外，还能直接使用二进制编码的方式表示十进制数位，常用的表示方法就是二进制编码的十进制数（binary-coded decimal），简称BCD码。

BCD码是将一个十进制数的每个十进制数字编码成一个4位的二进制数，并且使用了3个4位二进制编码表示符号，其中1111表示无符号数，1100表示正数，而1101则表示负数。十进制数的BCD编码方式如表2-2所示。

表2-2 BCD编码方式

十进制数字	BCD码	十进制数字	BCD码
0	0000	7	0111
1	0001	8	1000
2	0010	9	1001
3	0011	正数	1100
4	0100	负数	1101
5	0101	无符号数	1111
6	0110		

从表2-2中可以看出，还有6个二进制编码（1010～1111）没有用于数字编码，虽然看起来几乎有40%的资源浪费，但是在表示精度方面却得到了很大的提高。例如，十进制数0.3在按2.2节讲的方法转换为二进制时是一个循环小数0.0100110011001…，截取8位存储则为0.01001100，如果再从二进制转换回十进制却为0.296 875，结果造成了约1.05%的误

差。而若采用BCD码表示,十进制数0.3可直接存储为11110011(这里假定数据格式中隐含了小数点),根本就没有误差。

因为一个十进制数字的BCD编码只占一个4位的空间,所以在存储一个十进制数串时可以采取一种称为压缩十进制数串形式表示,具体方法:十进制数串的每个数字的BCD码连续存储,最后4位存储符号。

【例2.12】 利用压缩的BCD编码存储-1265。

解 -1265的BCD编码为

0001 0010 0110 0101

使用三个字节存储,其中在最低位数字后面加上符号,在高位补0,如图2-6所示。

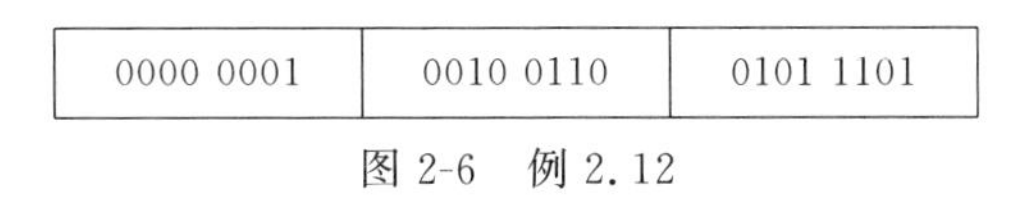

0000 0001	0010 0110	0101 1101

图2-6 例2.12

2.3.2 字符编码

现代计算机不仅要求能处理数值数据,还要求能处理非数值数据。非数值数据最常见的就是字符信息,如英文字母、标点符号、十进制数位以及诸如$、%、+等符号和一些控制信息。在计算机中对于这一类数据的表示,同样采用的是二进制编码的方法。国际上出现了一些不同的编码方法,并在不同的领域或场合得以应用,以下列举几种常见的编码方法。

1. EBCDIC码

IBM公司在开发IBM System360计算机之前,使用了一种6位的扩展BCD码来表示字符和数字。但是,这种编码方式所表示的字符很有限,例如,小写字符就无法表示。因此,IBM System360系统的设计者进一步将BCD码扩展为8位,使用了一种扩展的二-十进制编码的交换码(extended binary coded decimal interchange code),简称EBCDIC。表2-3按照区位-数字的形式给出了EBCDIC代码。字符表示采用在区位后面添加数字位的方法。例如,字符a是1000 0001,数字3是1111 0011。大写字母和小写字母的区别仅仅在第2位不同,只需简单地进行1位数字的翻位,即可实现大小写字母之间的转换。

表2-3 EBCDIC编码

区位\数字	0000	0001	0010	0011	0100	0101	0110	0111	1000	1001	1010	1011	1100	1101	1110	1111
0000	NUL	SCH	STX	ETX	PF	HT	LC	DEL		RLF	SMM	VT	FF	CR	SR	SI
0001	DLE	DC1	DC2	TM	RES	NL	BS	IL	CAN	EM	CC	CU1	IFS	IGS	IRS	IUS
0010	DS	SOS	FS		BYP	LF	ETB	ESC			SM	CU2		ENQ	ACK	BEL
0011			SYN		PN	RS	UC	EQT				CU3	DC4	NAK		SUB
0100	SP										[	。	<	(	+	!
0101	&										]	$	*	)	;	^
0110	—	/									|	,	%	—	>	?
0111	—										:	#	@	'	=	"
1000		a	b	c	d	e	f	g	h	i						
1001		j	k	l	m	n	o	p	q	r						

续表

数字 区位	0000	0001	0010	0011	0100	0101	0110	0111	1000	1001	1010	1011	1100	1101	1110	1111
1010		—	s	t	u	v	w	x	y	z						
1011																
1100	{	A	B	C	D	E	F	G	H	I						
1101	}	J	K	L	M	N	O	P	Q	R						
1110	\		S	T	U	V	W	X	Y	Z						
1111	0	1	2	3	4	5	6	7	8	9						

2. ASCII 码

目前国际上普遍采用的字符系统是 7 位的美国国家信息交换标准字符码(American standard code for information interchang,ASCII 码)。ASCII 码是从使用了几十年的电传打字设备的编码方案中直接衍生出来的,这些电传设备使用 19 世纪 80 年代发明的 5 位摩尔编码。到了 20 世纪 60 年代,这种 5 位编码方式的局限性已经变得非常明显,国际标准化组织(ISO)就设计了一种 7 位的编码方案,并于 1967 年正式公布,这就是现在所称的 ASCII 码。

ASCII 定义了 10 个十进制数字、52 个英文字母(大小写)、32 个控制字符和 32 个特殊符号(如 $、%、+、=)等,共 128 个元素,另加一位奇偶校验位,共 8 位表示一个符号。表 2-4 列出了 7 位的 ASCII 码字符编码表。

ASCII 码规定 8 个二进制位的最高一位为 0,余下的 7 位可以给出 128 个编码,表示 128 个不同的字符。其中 95 个编码对应着计算机终端能输入并且可以显示的 95 个字符,打印机设备也能打印这 95 个字符,包括大小写各 26 个英文字母、0～9 这 10 个数字符号、通用的运算符和标点符号+、-、*、/、>、=、< 等。

表 2-4 ASCII 字符编码表

$b_6 b_5 b_4$ $b_3 b_2 b_1 b_0$	000	001	010	011	100	101	110	111
0000	NUL	DEL	SP	0	@	P		p
0001	SOH	DC1	!	1	A	Q	a	q
0010	STX	DC2	"	2	B	R	b	r
0011	ETX	DC3	#	3	C	S	c	s
0100	EOT	DC4	$	4	D	T	d	t
0101	ENQ	NAK	%	5	E	U	e	u
0110	ACK	SYN	&	6	F	V	f	v
0111	DEL	ETB		7	G	W	g	w
1000	BS	CAN	(	8	H	X	h	x
1001	HT	EM	)	9	I	Y	i	y
1010	LF	SUB	*	:	J	Z	j	z
1011	VT	ESC	+	;	K	[	k	{
1100	FF	FS	,	<	L	\	l	|
1101	CR	GS	-	=	M	]	m	}
1110	SO	RS	.	>	N		n	~
1111	SI	US	/	?	O	_	o	DEL

另外的33个字符，其编码值为0～31和127，则不对应任何一个可以显示或打印的实际字符，它们被用作控制码，控制计算机某些外围设备的工作特性和某些计算机软件的运行情况。

随着计算机硬件性能变得越来越可靠，对奇偶校验位的需求开始减弱。在20世纪80年代，微型计算机和外围设备的制造商开始利用奇偶校验位来提供扩展的字符集。

字符串是指连续的一串字符，通常情况下，它们占用主存中连续的多个字节，每个字节存储一个字符。当主存字由2个或4个字节组成时，在同一个主存字中既可按从低位字节向高位字节的顺序存放字符串的内容，也可按从高位字节向低位字节的顺序存放字符串的内容。这两种存放方式都是常用方式，不同的计算机可以选用其中任何一种。

3. 统一字符编码标准

无论是EBCDIC码还是ASCII码，都是建立在拉丁语系字母的基础上的。因此，这些编码方式在对非拉丁字母提供数据表示的能力方面受到了很大限制，而全球大多数人都使用非拉丁语系。随着全世界所有国家都开始使用计算机，每个国家都在设计出一套能够有效地表示自己本国语言的编码。然而，这些编码都不能与其他国家的编码相互兼容，这样也就在融入全球经济的道路上设置了另一种障碍。

为了防止这种情况继续恶化，1991年成立了一个由工业和社会领导人组成的协会，并建立了一种新的国际信息交换代码，称为统一字符编码(Unicode)。

Unicode是一个16位编码的字符表，可以向下兼容ASCII码和拉丁-1字符集，并且与ISO/IEC10646-1国际字母表相一致。因为Unicode的基础是16位编码，所以能够对全世界所使用的每一种语言的大多数字符进行编码。如果这16位编码仍不够用，Unicode还定义了一种扩展机制，允许人们对更多的字符进行编码。

Unicode的编码空间由五部分组成，如表2-5所示。

表2-5　统一字符编码空间

字符类型	字符集说明	字符数目	十六进制数值
字母表	拉丁字母、希腊字母等	8192	0000—1FFF
符号	特殊符号、数学符号等	4096	2000—2FFF
CJK	中文、日文、韩文 语音符号和标点符号等	4096	3000—3FFF
Han	统一的中文、日文和韩文	40960	4000—DFFF
Han的扩展		4096	E000—EFFF
用户定义		4095	F000—FFFE

Unicode有两套标准，一套是UCS-2(Unicode-16)，用2个字节为字符编码；另一套是UCS-4(Unicode-32)，用4个字节为字符编码。以目前常用的UCS-2为例，它可以表示的字符数为$2^{16}=65\,535$，基本上可以容纳所有的欧美字符和绝大部分的亚洲字符。在Unicode里，所有的字符被一视同仁。

目前，统一字符编码已成为美式计算机系统唯一使用的字符编码，其他大多数计算机制造商也都在一定程度上支持统一字符编码。

2.3.3 汉字的表示方法

普通的计算机键盘上主要分布的是0～9数字键、A～Z字母键和一些功能键及控制键等。对数字和字母等符号的编码，计算机采用的是ASCII码。从键盘输入的值首先以键盘扫描码的形式被主机接收，然后由操作系统中的键盘中断处理程序转换为相对应的值的ASCII码。

但是在键盘上无法直接布置下成千上万的汉字，要让计算机能对汉字进行处理，必须解决两个问题，一是汉字的编码问题，二是汉字的输入问题。

1. 汉字的输入方法

为了能直接使用普通标准键盘把汉字输入计算机，就必须首先为汉字设计相应的输入编码方法，即一个汉字对应的键盘上的键的组合。当前采用的汉字输入编码方法主要有以下三类。

(1) 数字编码。常用的是国标区位码，即用数字串代表一个汉字输入码。区位码是将国家标准局公布的6763个两级汉字分为94个区，每个区分94位，实际上把汉字表示成二维数组，每个汉字在数组中的下标就是区位码。区码和位码各两位十进制数字，因此输入一个汉字需按键4次。例如，“中”字位于第54区48位，区位码为5448。

数字编码输入的优点是无重码，且输入码与内部编码的转换方便，缺点是代码难以记忆。

(2) 拼音码。拼音码是以汉语拼音为基础的输入方法。凡掌握汉语拼音的人，不需要训练记忆，即可使用。但汉字同音字太多，输入重码率很高，因此按拼音输入后还必须进行同音字选择，影响了输入速度。

(3) 字形编码。字形编码是用汉字的形状来进行的编码。汉字数虽多，但都是由一笔一画组成的，而组成汉字的部件和笔画是有限的。把汉字的笔画部件用字母或数字进行编码，按笔画的顺序依次输入，就能表示一个汉字。例如五笔字型编码是最有影响的一种字形编码方法，这种编码方法重码率较低，因此，一旦学习掌握，则输入速度较快。

除了上述三种编码方法之外，为了加快输入速度，在上述方法的基础上又进一步发展了词组输入、联想输入等多种快速输入方法。但它们都是通过键盘进行输入的。今后理想的输入方式是利用语音或图像识别技术，使计算机能认识汉字，听懂汉语，并将其自动转换为机内代码表示。目前这种理想已经成为现实，只是识别率和识别速度有待提高。

2. 汉字编码

汉字输入编码是为方便人们通过键盘进行汉字的输入而设计的编码，目前，这种编码不下几十种，也没有一个统一的标准。但无论采用哪种编码方法进行汉字的输入，在计算机中必须采用一种唯一的表示法来存储和处理汉字。

目前计算机处理汉字所用的编码标准是我国于1980年颁布的国家标准GB 2312—1980，即《中华人民共和国国家标准信息交换汉字编码》，简称国标码。国标码的主要用途是作为汉字信息交换码使用。GB 2312—1980一共收录了7445个字符，包括6763个汉字和682个其他符号。汉字区的内码范围高字节从B0～F7，低字节从A1～FE，占用的码位是72×

94=6768。其中有5个空位是D7FA～D7FE。GB 2312—1980支持的汉字太少,1995年的汉字扩展规范GBK 1.0收录了21 886个符号,它分为汉字区和图形符号区。汉字区包括21 003个字符。2000年的GB 18030是取代GBK 1.0的正式国家标准。该标准收录了27 484个汉字,同时还收录了藏文、蒙文、维吾尔文等主要的少数民族文字。现在的PC平台必须支持GB 18030—2000,对嵌入式产品暂不作要求,手机、MP3一般只支持GB 2312—1980。

国标码与ASCII码属同一制式,可以认为它是扩展的ASCII码。在7位ASCII码中可以表示128个信息,其中字符代码有94个。国标码是以94个字符代码为基础,其中任何两个代码组成一个汉字交换码,即由两个字节表示一个汉字字符。第一个字节称为"区",第二个字节称为"位"。这样,该字符集共有94个区,每个区有94位,最多可以组成94×94=8836个汉字。

在国标码表中,共收录了一、二级汉字和图形符号7445个。其中图形符号682个,分布在1～15区;一级汉字(常用汉字)3755个,按汉语拼音字母顺序排列,分布在16～55区;二级汉字(不常用汉字)3008个,按偏旁部首排列,分布在56～87区;88区以后为空白区,以待扩展。

3. 汉字字模码

当要将汉字在显示器上显示或在打印机上打印输出时,是将汉字作为一种图形元素来对待的。因为对于显示器或打印机等输出设备来说,所有输出的内容,无论是文本还是图形、图像,都是通过点阵的方式来形成的,汉字也不例外。

对要输出的汉字,计算机是采用汉字字模码来表示的。汉字字模码是用点阵表示的汉字字形代码,它是汉字的输出形式。

根据汉字输出的不同要求,点阵的多少也不同。简易型汉字为16×16点阵,提高型汉字为24×24点阵、32×32点阵,甚至更高。字模点阵的信息量很大,所占存储空间也很大。以16×16点阵为例,每个汉字都要占用32个字节,国标两级汉字要占用256KB。因此字模点阵只能用来构成汉字库,不能用于机内存储。字库中存储了每个汉字的点阵代码。当显示输出或打印输出时才检索字库,输出字模点阵,得到字形。图2-7表示出了"王"字的点阵及代码。

应注意的是,汉字的输入编码、汉字编码和汉字字模码是计算机中用于输入、存储和输出三种不同用途的编码,不要混为一谈。

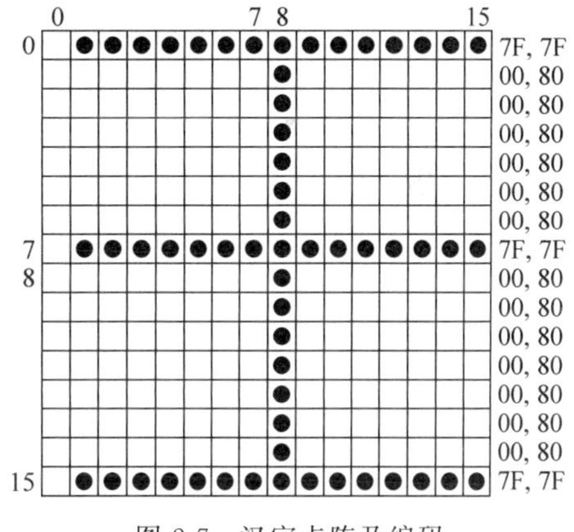

图 2-7 汉字点阵及编码

2.4 定点数的运算及实现

定点数的运算主要包括定点数的加、减、乘、除等运算。从本节的讲述将会看到,二进制的减、乘、除等运算实际上是通过加和移位运算来实现的。另外,不同运算的算法会带来不同的运算及实现的复杂度。

2.4.1 定点数的加减运算

计算机中的定点数是以补码形式表示的。因此,这里主要介绍补码的加减运算。

1. 补码的加法运算

根据补码的性质,可以得出以下结论:

(1) 用补码表示的两个数相加,其结果仍为补码。

(2) $[x+y]_{补}=[x]_{补}+[y]_{补}$。

(3) 符号位与数值位一同参加运算。

下面以纯小数的补码加法运算为例加以说明。

【例 2.13】 两个相加的数均为正数,设 $x=0.1001$,$y=0.0110$,则有

$$[x+y]_{补}=[0.1001+0.0110]_{补}=[0.1111]_{补}=0.1111$$

$$[x]_{补}+[y]_{补}=[0.1001]_{补}+[0.0110]_{补}=0.1001+0.0110=0.1111$$

即

$$[x+y]_{补}=[x]_{补}+[y]_{补}$$

【例 2.14】 两个相加的数一正一负,设 $x=0.1001$,$y=-0.0110$,则有

$$[x+y]_{补}=[0.1001+(-0.0110)]_{补}=[0.0011]_{补}=0.0011$$

$$[x]_{补}+[y]_{补}=[0.1001]_{补}+[-0.0110]_{补}=0.1001+1.1010=0.0011$$

同样

$$[x+y]_{补}=[x]_{补}+[y]_{补}$$

【例 2.15】 两个相加的数均为负数,设 $x=-0.1001$,$y=-0.0110$,则有

$$[x+y]_{补}=[(-0.1001)+(-0.0110)]_{补}=[-0.1111]_{补}=1.0001$$

$$[x]_{补}+[y]_{补}=[-0.1001]_{补}+[-0.0110]_{补}=1.0111+1.1010=1.0001$$

同样满足关系

$$[x+y]_{补}=[x]_{补}+[y]_{补}$$

2. 补码的减法运算

根据补码的性质,还可以得出以下结论:

(1) 用补码表示的两个数相减,其结果仍为补码。

(2) $[x-y]_{补}=[x]_{补}+[-y]_{补}$。

(3) 符号位与数值位一同参加运算。

【例 2.16】 设 $x=0.1001$,$y=0.0110$,则有

$$[x-y]_{补}=[0.1001-0.0110]_{补}=[0.0011]_{补}=0.0011$$

$$[x]_{补}+[-y]_{补}=[0.1001]_{补}+[-0.0110]_{补}=0.1001+1.1010=0.0011$$

从上述结论(2)可以看出,由于补码的减法运算可以转换为加法实现,所以计算时可以先求出 $-y$ 的补码,再做加法运算,这样在计算机中实现时,只需一个加法器即可完成加、减

法运算，这也是计算机中使用补码表示的主要原因之一。

3. 二进制补码加法器的实现

补码的二进制加法是通过逐位加及进位实现的。加法器的基本电路是实现一位加法的全加器，如图 2-8 所示。全加器的输入有三个：两个相加数 x_i、y_i 和一个低位来的进位位 C_{i+1}；输出有两个：本位和 z_i 和向高位的进位位 C_i。输入和输出之间的逻辑关系可以通过表 2-6 表征。

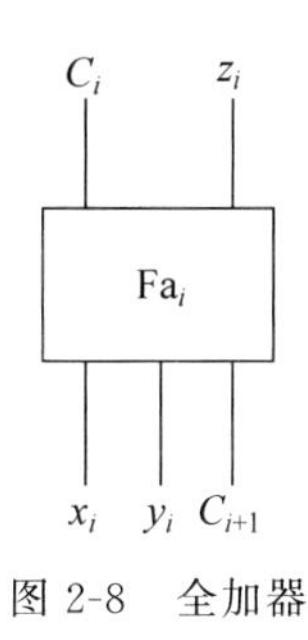

图 2-8 全加器

表 2-6 全加器真值表

输入			输出	
x_i	y_i	C_{i+1}	z_i	C_i
0	0	0	0	0
0	0	1	0	1
0	1	0	0	1
0	1	1	1	0
1	0	0	0	1
1	0	1	1	0
1	1	0	1	0
1	1	1	1	1

经逻辑设计化简，可得以下输入输出关系式

$$\begin{aligned} z_i &= x_i \oplus y_i \oplus C_{i+1} \\ C_i &= x_i y_i + (x_i + y_i) C_{i+1} \end{aligned} \tag{2.16}$$

构成一个多位的加法器可以将上述一位全加器电路串联起来，将最低位的进位输入端置 0，其余位的进位输入端连接到低一位全加器的进位输出端。低位的进位输出像波的传播一样传递到高位，这样的加法器电路称为行波进位加法器，或串行进位加法器。能同时实现补码加、减法的加法器，如图 2-9 所示。

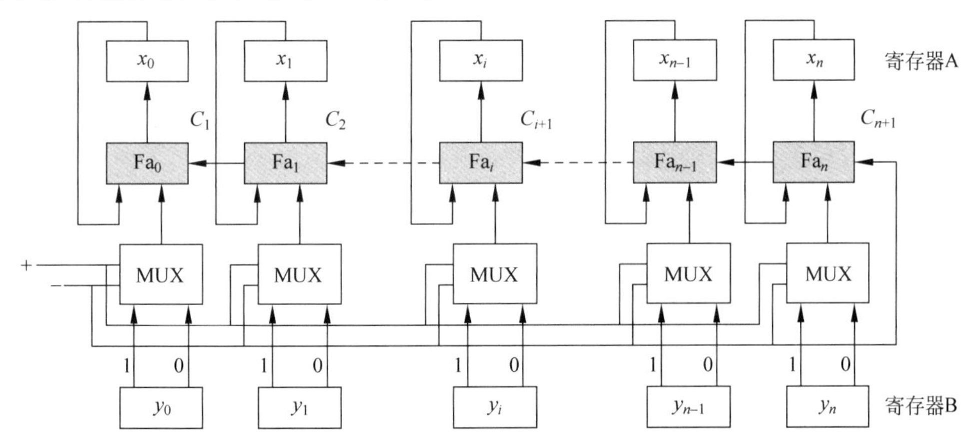

图 2-9 补码运算加法器

图 2-9 中，有两个 $n+1$ 位的寄存器 A 和 B，一个 $n+1$ 位的二选一多路开关 MUX 和 $n+1$ 个全加器。参加运算的两个相加数事先分别存放在寄存器 A 和 B 中，运算结果存放在 A 中。

当进行补码加时，“+”、“−”控制端为 10，控制选择寄存器 B 的“1”端输出到全加器的一个输入端，实现 $x_0x_1\cdots x_i\cdots x_{n-1}x_n$ 加 $y_0y_1\cdots y_i\cdots y_{n-1}y_n$（此时 $C_{n+1}=0$），即$[x]_补+[y]_补$。而当进行补码减时，“+”、“−”控制端为 01，控制选择寄存器 B 的“0”端输出到全加器的一个输入端，实现 $x_0x_1\cdots x_i\cdots x_{n-1}x_n$ 加 $y_0y_1\cdots y_i\cdots y_{n-1}y_n$ 的反码并末位加 1（此时 $C_{n+1}=1$），即$[x]_补+[-y]_补$。

行波进位加法器逻辑关系清晰，电路实现简单。但由于其进位位是由低到高一位一位串行生成的，因此，电路延迟时间长，运算速度慢。一种改进的方法是采用先行进位法，具体做法是：将 n 位相加的二进制位进行分组，每若干位分成一组，组内所有位的进位位同时生成，组间则仍然是串行进位。通过这种多级分组的方法，可以大大提高加法器的运算速度。

4. 十进制加法器的实现

二进制编码的十进制数可以直接运算。但要注意的是，其运算结果需要进行修正。具体修正规则是：如果两个一位 BCD 码相加之和小于或等于$(1001)_2$，即十进制 9，则不需要修正；如相加之和大于$(1001)_2$，则需要进行加 6 修正，并向高位进位。

【例 2.17】 ① 2+6=8　　② 4+9=13

①
```
  0010
 +0110
 -----
  1000
不需要修正
```

②
```
  0100
 +1001
 -----
  1101
 +0110   加 6 修正
 -----
 10011
```

因此，十进制加法器可在二进制加法器的基础上加上适当的“校正”逻辑来实现，该校正逻辑可将二进制的“和”改变成所要求的十进制格式。图 2-10 是实现一位十进制 BCD 码加法的单元电路。

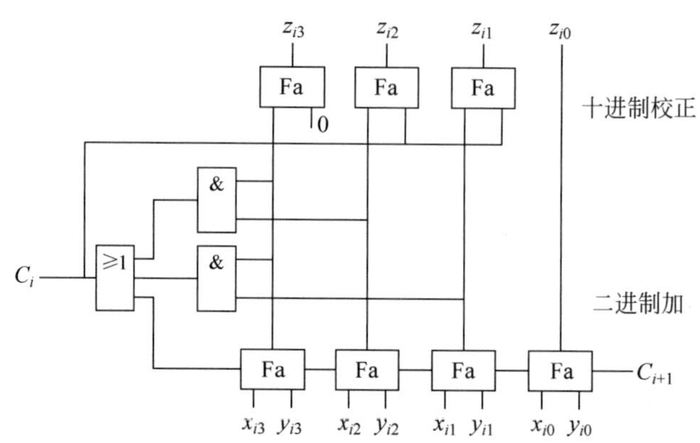

图 2-10　十进制 BCD 码加法单元电路

5. 加减运算的溢出判别

下面给出两个补码运算的例子。

【例 2.18】 设 $x=0.1101$，$y=0.0110$，则有

$[x+y]_补=[x]_补+[y]_补=[0.1101]_补+[0.0110]_补=0.1101+0.0110=1.0011$

两个正数相加结果怎么变成了负数？

【例 2.19】 设 $x=-0.1011$，$y=-0.1001$，则有

$$[x+y]_{补}=[x]_{补}+[y]_{补}=[-0.1011]_{补}+[-0.1001]_{补}$$
$$=1.0101+1.0111=0.1100$$

两个负数相加结果怎么变成了正数？

以上两个运算的结果肯定是错误的，原因何在呢？

其实，在计算机中，任何种类的数据表示由于受到计算机字长的限制，其表示的数据都是有一定范围的。例如，8 位二进制补码表示的纯整数的范围是－128～＋127（即 10000000～01111111）；16 位二进制补码表示的纯整数的范围是－4096～＋4095（即 1000000000000000～0111111111111111）。如果运算结果超出了表示范围，则称为产生了溢出。其中，若运算结果比最大的正数还大，则为正溢出；若运算结果比最小的负数还小，则为负溢出。

显然，当发生溢出时，其运算结果已不正确了，再继续后续的运算已毫无意义了。那么，机器是如何判断是否产生了溢出呢？下面介绍三种溢出的判别方法。

（1）符号位判别法。

从前面的两个例子可以注意到：两个正数相加的结果为负数，说明产生了溢出；两个负数相加结果为正数，也说明产生了溢出。将这两点归纳起来就是：当符号相同的两个数相加时，如果结果的符号与相加数的符号不同，则为溢出，而一正一负的两个数相加是不会产生溢出的。

对此结论，可以用逻辑关系式表达。设 x_0、y_0 分别为两个相加数的符号位，z_0 为运算结果的符号位，则溢出条件为

$$V=\overline{x_0}\,\overline{y_0}z_0+x_0y_0\overline{z_0} \tag{2.17}$$

若 $V=1$，则说明产生了溢出；若 $V=0$，则无溢出。

如图 2-11 所示是采用符号位判别法进行溢出判别的逻辑电路图。

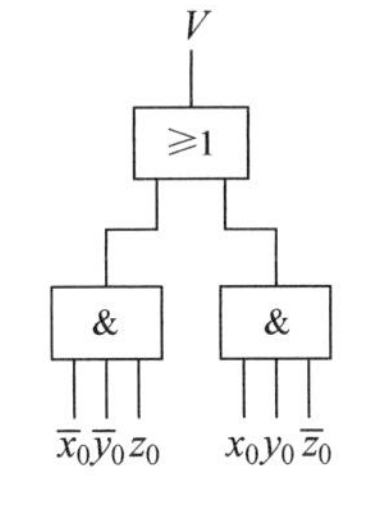

图 2-11　符号位判别法

（2）进位位判别法。

再来考察一下上述两个例子。对例 2.18、例 2.19 分别列竖式计算如下：

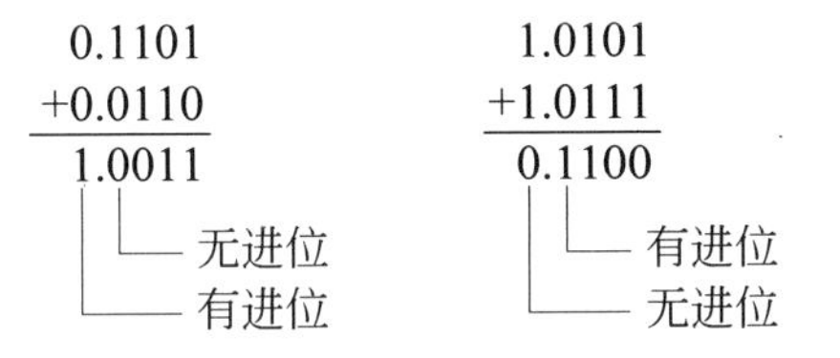

设两相加数的结果的符号位和数值部分最高位的进位位分别为 C_0、C_1。当两个正数相加且发生溢出时，$C_0=1$，$C_1=0$，即符号位产生了进位，而数值部分最高位未产生进位；当两个负数相加且发生溢出时，$C_0=0$，$C_1=1$，即符号位未产生进位，而数值部分最高位产生了进位。将这两点归纳起来就是：当两个补码相加时，如果符号位和数值部分最高位的进位位 C_0C_1 不同，则为溢出，相同则未溢出。

对此结论，可以用逻辑关系式表达。设 C_0、C_1 分别为结果的符号位和数值部分最高位的进位位，则溢出条件为

$$V=C_0\oplus C_1 \tag{2.18}$$

若 $V=1$，则说明产生了溢出；若 $V=0$，则无溢出。

如图 2-12 所示是采用进位位判别法进行溢出判别的逻辑电路图。

(3) 双符号位法。

两个相加数均使用两位符号位,00 表示正数,11 表示负数。对例 2.18、例 2.19 分别使用两位符号位列竖式计算如下:

$$\begin{array}{r} 00.1101 \\ +00.0110 \\ \hline 01.0011 \end{array} \qquad\qquad \begin{array}{r} 11.0101 \\ +11.0111 \\ \hline 10.1100 \end{array}$$

可以得出以下结论:当两个正数相加时,若结果的两个符号位相同,则无溢出;若不同,则有溢出,且为 01 时是正溢出,为 10 时是负溢出。

设运算结果的两个符号位为 $z_0 z_0'$,则溢出条件为

$$V = z_0 \oplus z_0' \tag{2.19}$$

若 $V=1$,则说明产生了溢出;若 $V=0$,则无溢出。

图 2-13 是采用双符号位判别法进行溢出判别的逻辑电路图。

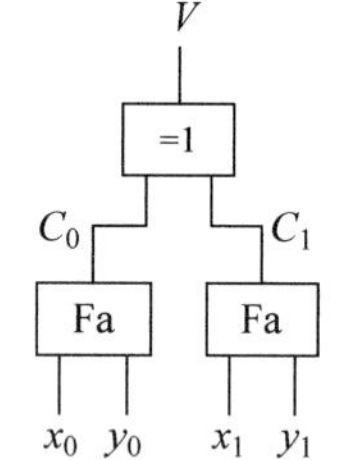

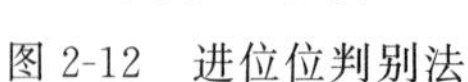
图 2-12 进位位判别法

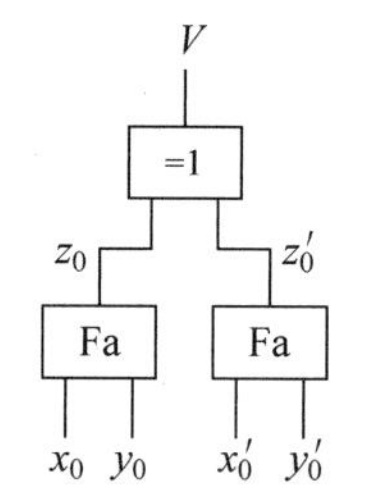

图 2-13 双符号位判别法

使用双符号位的补码又称补码变形码,其纯小数定义为

$$[x]_{补} = 4 + x \qquad (\text{mod } 4) \tag{2.20}$$

其纯整数定义为

$$[x]_{补} = 2^{n+2} + x \qquad (\text{mod } 2^{n+2}) \tag{2.21}$$

2.4.2 定点数的乘法运算

1. 原码一位乘法

原码乘法是将符号位与数值部分分开进行运算,运算结果的数值部分是两相乘数的数值部分之积,而符号位则是两相乘数的符号位的异或。

设$[x]_{原}=x_0 x_1 x_2 \cdots x_n$,$[y]_{原}=y_0 y_1 y_2 \cdots y_n$,则

$$[xy]_{原} = (x_0 \oplus y_0) \mid (x_1 x_2 \cdots x_n)(y_1 y_2 \cdots y_n) \tag{2.22}$$

为了在计算机中实现原码一位乘法,先考察一下手工完成二进制乘法的方法和步骤,见例 2.20。

【例 2.20】 $x=0.1001$,$y=0.1101$,计算 xy。

解

$$\begin{array}{rl} 1001 & \\ \times 1101 & \\ \hline 1001 & \quad 位积\ 1 \\ 0000 & \quad 位积\ 2 \\ 1001 & \quad 位积\ 3 \\ 1001 & \quad 位积\ 4 \\ \hline 01110101 & \end{array}$$

即 $xy=0.01110101$。

手工计算时，是将乘数 y 从低到高逐位乘以被乘数 x，每次得到的位积都相对上一个位积左移一位，最后将所有位积一次性相加，即得乘积。

考虑到机器硬件的特点，在计算机中实现乘法运算时，必须对手工过程进行以下调整：

(1) 硬件实现时需要使用三个寄存器分别存放乘数、被乘数和部分积。

(2) 机器中的运算器一般一次只能完成两个数的相加，手工一次性相加可以改为逐次加。即当得到两个位积时，进行一次相加，得到一个部分积；以后每得到一个位积，都将其与上次的部分积相加，得到新的部分积；最后一次的部分积即为乘积。

(3) 手工计算时，每次得到的位积都相对上一次位积左移一位，由于最后的乘积是乘数或被乘数的两倍，因此，加法器的位数也必须加倍。通过观察手工计算可以看出，每次部分积的最低位并不参加运算。因此，在计算机实现时，可以每次将部分积右移一位，部分积的最低位直送即可。这样的话，加法器的位数与乘数或被乘数的位数相同。

(4) 部分积右移时，将乘数寄存器同时右移一位，这样一方面可以每次根据乘数寄存器的值决定本次位积的值(若最低位为 1，则本次位积为被乘数；若最低位为 0，则本次位积为 0)；另一方面，乘数寄存器的最高位每次可以接受部分积右移出来的一位。

(5) 运算完成后，部分积寄存器和乘数寄存器中分别存放的是最后乘积的高半部和低半部。

如例 2.21 是经过以上调整后计算机实现原码一位乘的过程。

【例 2.21】 $x=0.1001$，$y=0.1101$，计算 xy。

解　部分积初值为 0，且使用双符号位，运算过程如下：

	部分积	乘数
	00　0000	1　1　0　$\underline{1}$
$+x$	00　1001	
	00　1001	
右移 1 位	00　0100	1　1　1　$\underline{0}$
$+0$	00　0000	
	00　0100	
右移 1 位	00　0010	0　1　1　$\underline{1}$
$+x$	00　1001	
	00　1011	
右移 1 位	00　0101	1　0　1　$\underline{1}$
$+x$	00　1001	
	00　1110	
右移 1 位	00　0111	0　1　0　1
	乘积高位	乘积低位

即 $xy=0.01110101$。

计算机中的原码一位乘可以通过循环迭代的方法实现，其中每次得到的部分积 P_i 为

$$P_0=0$$

$$P_1=(P_0+xy_n)2^{-1}$$

$$P_2=(P_1+xy_{n-1})2^{-1}$$

$$\vdots$$

$$P_{i+1}=(P_i+xy_{n-i})2^{-1}$$
$$\vdots$$
$$P_n=(P_{n-1}+xy_1)2^{-1}$$

P_n 为乘积。

实现原码一位乘法的逻辑电路原理框图如图 2-14 所示。

图 2-14 中，R0、R1、R2 三个寄存器分别存放被乘数、部分积和乘数，其中 R1 的初值为 0。当乘法开始时，根据 R2 的最低位 y_n 的值决定本次是将 R0 的内容还是将 0 与 R1(上次部分积)相加，结果送回 R1，然后将 R1、R2 联合右移一位，得到新的部分积。如此重复 n 步，最后的乘积存在 R1、R2 中。

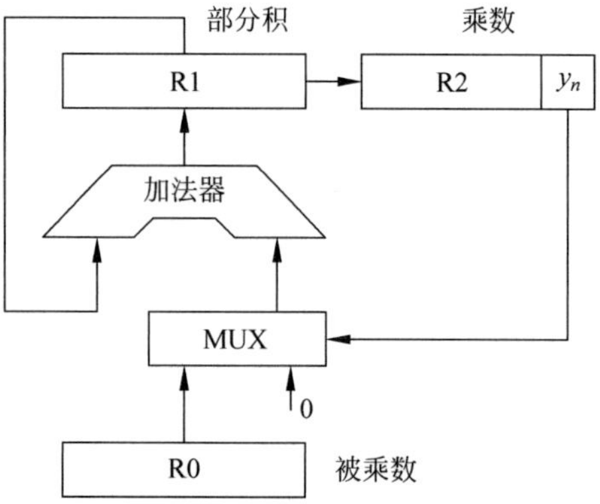

图 2-14 原码一位乘法逻辑电路原理框图

2. 补码一位乘法

数据在计算机中是以补码的形式存储的，在用原码实现乘法时，需要先将补码转换成原码，相乘之后再将原码的结果转换回补码。为了避免这种转换，很多计算机采用补码直接乘。

与原码一位乘不同的是，补码一位乘的两个乘数和被乘数的符号位是直接参加运算的。下面介绍一种布斯乘法，该算法是由布斯(Booth)最早提出的，故以其名字命名。

设 $[x]_补=x_0.x_1x_2\cdots x_n$，$[y]_补=y_0.y_1y_2\cdots y_n$，则有

$$
\begin{aligned}
[xy]_补&=[x]_补(-y_0+0.y_1y_2\cdots y_n)\\
&=[x]_补(-y_0+2^{-1}y_1+2^{-2}y_2+\cdots+2^{-n}y_n)\\
&=[x]_补[-y_0+(y_1-2^{-1}y_1)+(2^{-1}y_2-2^{-2}y_2)+\cdots+(2^{-n+1}y_n-2^{-n}y_n)]\\
&=[x]_补[(y_1-y_0)+2^{-1}(y_2-y_1)+\cdots+2^{-n+1}(y_n-y_{n-1})+2^{-n}(0-y_n)] \quad (2.23)
\end{aligned}
$$

根据式(2.23)可以通过迭代公式计算补码一位乘，其中每次得到的部分积 P_i 为

$$
\begin{aligned}
&[P_0]_补=0\\
&[P_1]_补=\{[P_0]_补+(y_{n+1}-y_n)[x]_补\}2^{-1} \qquad y_{n+1}=0\\
&[P_2]_补=\{[P_1]_补+(y_n-y_{n-1})[x]_补\}2^{-1}\\
&\vdots\\
&[P_i]_补=\{[P_{i-1}]_补+(y_{n-i+2}-y_{n-i+1})[x]_补\}2^{-1}\\
&\vdots\\
&[P_n]_补=\{[P_{n-1}]_补+(y_2-y_1)[x]_补\}2^{-1}\\
&[xy]_补=[P_{n+1}]_补=[P_n]_补+(y_1-y_0)[x]_补
\end{aligned}
$$

由此得到布斯一位乘法的运算步骤如下。

(1) 初始部分积为 0。

(2) 根据乘数寄存器的最低两位决定：若为 00 或 11，则将上次部分积直接右移一位；若为 01，则将上次部分积加 $[x]_补$，然后右移一位；若为 10，则将上次部分积加 $[-x]_补$，然后右移一位。得到新部分积。

(3) 如此重复 $n+1$ 步,最后一步不移位。

【例 2.22】 $x=0.1001, y=0.1101$,计算$[xy]_{补}$。

解 计算过程如下。

	部分积	乘数	
	00 0000	0. 1 1 0 1 0	末尾补 0
$+[-x]_{补}$	11 0111		
	11 0111		
右移 1 位	11 1011	1 0 1 1 0 1	
$+[x]_{补}$	00 1001		
	00 0100		
右移 1 位	00 0010	0 1 0 1 1 0	
$+[-x]_{补}$	11 0111		
	11 1001		
右移 1 位	11 1100	1 0 1 0 1 1	
右移 1 位	11 1110	0 1 0 1 0 1	
$+[x]_{补}$	00 1001		
	00 0111		
$[x \cdot y]_{补}$ =	00 0111	0 1 0 1	最后一步不移位

为了提高乘法的运算速度,计算机设计者提出了各种并行算法,如两位乘法、多位乘法、阵列乘法等,读者有兴趣可参阅相关资料。

2.4.3 定点数的除法运算

1. 原码一位除法

原码除法是将符号位与数值部分分开进行运算,商的数值部分是两相除数的数值部分相除之后的结果,而商的符号位则是两相除数的符号位的异或。

设$[x]_{原}=x_0x_1x_2\cdots x_n$,$[y]_{原}=y_0y_1y_2\cdots y_n$,则

$$[x/y]_{原}=(x_0 \oplus y_0) \mid (x_1x_2\cdots x_n)/(y_1y_2\cdots y_n) \tag{2.24}$$

为了在计算机中实现原码一位除法,先考察一下手工完成二进制除的方法和步骤,如例 2.23 所示。

【例 2.23】 $x=0.1011, y=0.1101$,计算 x/y。

解

```
          1101
      ┌───────
 1101 │ 10110
          1101
      ────────
         10010
          1101
      ────────
         10100
          1101
      ────────
          0111
```

或者

```
          0.1101
        ┌──────────
 0.1101 │ 0.10110
          0.01101
          ──────────
          0.010010
          0.001101
          ──────────
          0.00010100
          0.00001101
          ──────────
          0.00000111
```

即商为 0.1101,余数为 0.00000111。

手工进行二进制除法的方法是：判断余数(第一次为被除数)与除数的大小,若余数小,则商为 0,并在余数末尾补 0,再用余数和右移一位的除数比较,若余数大,则商 1,并做减法,得新余数。重复上述步骤,直到除尽或已得到的商的位数满足精度要求为止。

在计算机中实现原码一位除需要对手工过程做以下改进。

(1) 硬件实现时需要使用三个寄存器分别存放被除数(余数)、除数和商。

(2) 为使加法器的位数不增加,可以将手工过程中的右移除数改为左移余数,左移出去的余数的高位都是无用的 0,对运算不会产生任何影响。

(3) 手工过程中的商 0 或 1 是通过计算者用观察比较的办法确定的,而在计算机中,只能用做减法后判断结果的符号位来确定。当差为负时,则商为 0,同时还应把除数加回到差上去,恢复余数为原来的正值之后再将其左移一位。若差为正,则商为 1,并将余数左移一位。这种方法称为原码一位除的恢复余数法。

恢复余数法的缺点是：每次当将余数减去除数得到的差为负数时,又要将除数加回到差上去,多增加了运算步骤。

对恢复余数法改进的一种方法是加减交替法,其运算规则为：每次将余数(第一次为被除数)减去除数,若余数为正,则商为 1,并将余数左移一位,减除数,得新余数；若余数为负,则商为 0,并将余数左移一位,加除数,得新余数。

例 2.24 是原码一位除的加减交替法的运算过程。

【例 2.24】 $x=0.1011$, $y=0.1101$,计算 x/y。

解 商初值为 0,被除数(余数)使用双符号位。

$$[y]_{补}=00.1101,\quad [-y]_{补}=11.0011$$

	被除数(余数)	商	
	00 1011	0. 0 0 0 0	
$+[-y]_{补}$	11 0011		
	11 1110	0 0 0 0 0	差为负,商 0
左移 1 位	11 1100	0 0 0 0 0	
$+[y]_{补}$	00 1101		
	00 1001	0 0 0 0 1	差为正,商 1
左移 1 位	01 0010	0 0 0 1 0	
$+[-y]_{补}$	11 0011		
	00 0101	0 0 0 1 1	差为正,商 1
左移 1 位	00 1010	0 0 1 1 0	
$+[-y]_{补}$	11 0011		
	11 1101	0 0 1 1 0	差为负,商 0
左移 1 位	11 1010	0 1 1 0 0	
$+[y]_{补}$	00 1101		
	00 0111		
	00 0111	0 1 1 0 1	差为正,商 1

x/y 的商为 0.1101，余数为 0.0111。

实现原码一位除的逻辑电路原理框图如图 2-15 所示。

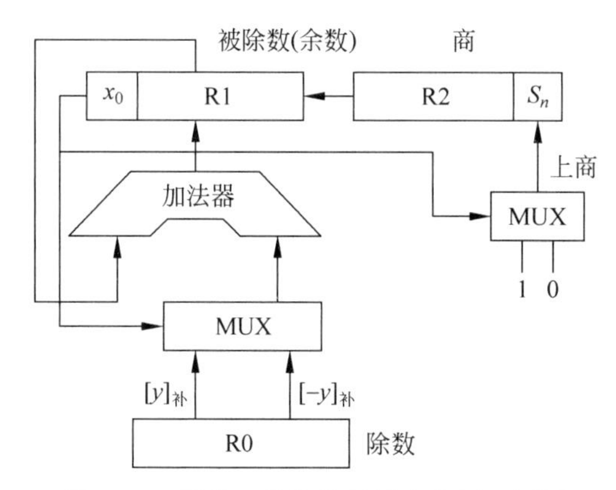

图 2-15　原码一位除的逻辑电路原理框图

2. 补码一位除法

进行补码一位除时，被除数和除数的符号位一起参加运算。

相对原码除来讲，补码除的运算规则更复杂。当除数和被除数用补码表示时，判别是否够减，要比较它们的绝对值的大小。因此，若两数同符号，要用减法，若异号，则要用加法。对于判断是否够减，及确定本次商 1 或商 0 的规则，还与结果的符号有关。当商为正时，商的每一位上的值与原码表示一致；而当商为负时，商的各位应是补码形式的值，一般先按各位的反码值上商，除完后，再用在最低位上加 1 的办法求出正确的补码值。

在被除数的绝对值小于除数的绝对值(即商未溢出)的情况下，补码一位除法的运算规则如下。

(1) 如果被除数与除数同号，用被除数减去除数；若两数异号，用被除数加上除数。如果所得余数与除数同号，则商 1，否则商 0，此即商的符号位。

(2) 求商的数值部分。如果上次商 1，将余数左移一位后减去除数；如果上次商 0，将余数左移一位后加上余数。然后判断本次操作后的余数，如果余数与除数同号，则商 1，否则商 0。

(3) 如此重复执行 $n-1$ 次(设数值部分有 n 位)。

补码一位除的例子就不再举了。

以上介绍的定点乘和定点除法都属于串行运算方法，即通过“加(减)—移位”操作来实现乘除运算。这些方法的特点是算法简单，硬件实现容易。本书中介绍这些方法的目的是使读者能建立计算机运算的设计思想，初步了解机器硬件是如何实现一定的算法的。随着人们对机器运算速度的不断追求，计算机设计者提出了各种并行算法，以不断提高机器的乘除运算速度，从而提高 CPU 的整体性能。读者有兴趣可参阅相关资料。

2.5 浮点数的运算

浮点数由阶码和尾数两个部分组成，因此浮点数的加减和乘除运算具有不同于定点数的运算方法，在溢出判别上也有所不同。

2.5.1 浮点数的加减运算

二进制浮点数的表示形式为

$$N=2^{E}M$$

其中，M 为浮点数的尾数，一般为纯小数，在计算机中通常采用补码表示；E 为阶码，为纯整数，用补码或移码表示。浮点数的运算实际上最终转化为定点数的运算来完成。但由于浮点数表示的特殊性，其运算又比单纯的定点数运算更复杂。

浮点数的加减运算分以下5个步骤完成：

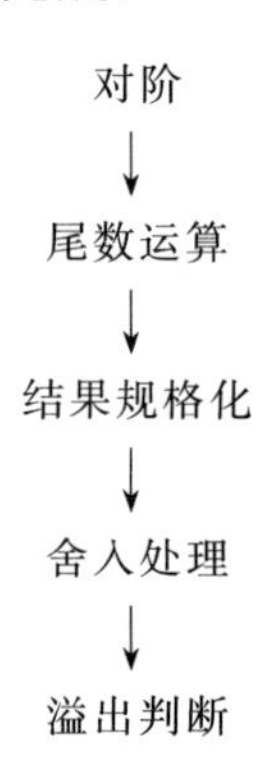

设两浮点数 X、Y 进行加减运算，其中 $X=2^{E_x}M_x$，$Y=2^{E_y}M_y$。

1. 对阶

所谓对阶是指将两个进行运算的浮点数的阶码对齐的操作。对阶的目的是使两个浮点数的尾数能够进行加减运算。因为，当进行 $2^{E_x}M_x$ 与 $2^{E_y}M_y$ 加减运算时，只有使两浮点数的指数值部分相同，才能将相同的指数值作为公因数提出来，然后进行尾数的加减运算。

对阶的具体方法是：首先求出两浮点数阶码的差，即 $\Delta E=E_x-E_y$，将小阶码加上 ΔE，使之与大阶码相等，同时将小阶码对应的浮点数的尾数右移相应位数，以保证该浮点数的值不变。对阶时需要注意：

(1) 对阶的原则是小阶对大阶，之所以这样做是因为若大阶对小阶，则尾数的数值部分的高位需移出，而小阶对大阶移出的是尾数的数值部分的低位，这样损失的精度更小。

(2) 若 $\Delta E=0$，说明两浮点数的阶码已经相同，无须再做对阶操作了。

(3) 采用补码表示的尾数右移时，符号位保持不变。

(4) 由于尾数右移时是将最低位移出，会损失一定的精度，为减少误差，可先保留若干移出的位，供以后舍入处理用。

2. 尾数运算

尾数运算就是完成对阶后的尾数相加减。这里采用的就是前面讲过的纯小数的定点数加减运算。

3. 结果规格化

在机器中，为保证浮点数表示的唯一性，浮点数在机器中都是以规格化形式存储的。对于 IEEE 754 标准的浮点数来说，就是尾数必须是 1.M 的形式。由于在进行上述两个定点小数的尾数相加减运算后，尾数有可能是非规格化形式，为此必须进行规格化操作。

规格化操作包括左规和右规两种情况。

(1) 左规操作。将尾数左移，同时阶码减值，直至尾数成为 1.M 的形式。例如，浮点数 0.0011×2^5 是非规格化的形式，需进行左规操作，将其尾数左移 3 位，同时阶码减 3，就变成 1.1100×2^2 规格化形式了。

(2) 右规操作。将尾数右移 1 位，同时阶码增 1，便成为规格化的形式了。要注意的是，右规操作只需将尾数右移一位即可，这种情况出现在尾数的最高位(小数点前一位)运算时出现了进位，使尾数成为 10.xxxx 或 11.xxxx 的形式。例如，10.0011×2^5 右规一位后便成为 $1.0001\underline{1}\times2^6$ 的规格化形式了。

4. 舍入处理

浮点运算在对阶或右规时，尾数需要右移，被右移出去的位会被丢掉，从而造成运算结果精度的损失。为了减少这种精度损失，可以将一定位数的移出位先保留起来，称为保护位，在规格化后用于舍入处理。

IEEE 754 标准列出了 4 种可选的舍入处理方法：

(1) 就近舍入(round to nearest)。就近舍入是 IEEE 754 标准列出的默认舍入方式，其含义相当于日常所说的“四舍五入”。例如，对于 32 位单精度浮点数来说，若超出可保存的 23 位的多余位大于或等于 100…01，则多余位的值超过了最低可表示位值的一半，这种情况下，舍入的方法是在尾数的最低有效位上加 1；若多余位小于或等于 011…11，则直接舍去；若多余位为 100…00，此时再判断尾数的最低有效位的值，若为 0 则直接舍去，若为 1 则再加 1。

(2) 朝 $+\infty$ 舍入(round toward $+\infty$)。对正数来说，只要多余位不为全 0，则向尾数最低有效位进 1；对负数来说，则是简单地舍去。

(3) 朝 $-\infty$ 舍入(round toward $-\infty$)。与朝 $+\infty$ 舍入方法正好相反，对正数来说，只是简单地舍去；对负数来说，只要多余位不为全 0，则向尾数最低有效位进 1。

(4) 朝 0 舍入(round toward 0)。即简单地截断舍去，而不管多余位是什么值。这种方法实现简单，但容易形成累积误差，且舍入处理后的值总是向下偏差。

5. 溢出判断

与定点数运算不同的是，浮点数的溢出是以其运算结果的阶码的值是否产生溢出来判断的。若阶码的值超过了阶码所能表示的最大正数，则为上溢，进一步，若此时浮点数为正数，则为正上溢，记为$+\infty$，若浮点数为负数，则为负上溢，记为$-\infty$；若阶码的值超过了阶码所能表示的最小负数，则为下溢，进一步，若此时浮点数为正数，则为正下溢，若浮点数为负数，则为负下溢。正下溢和负下溢都作为 0 处理。

要注意的是，浮点数的表示范围和补码表示的定点数的表示范围是有所不同的，定点数的表示范围是连续的，而浮点数的表示范围可能是不连续的，如图 2-16 所示。

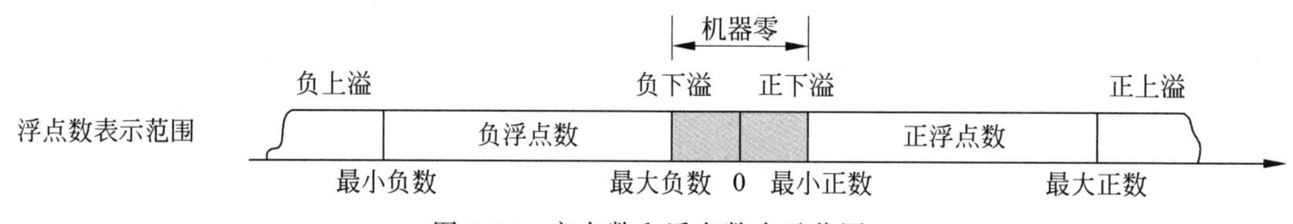

图 2-16 定点数和浮点数表示范围

【例 2.25】 设两浮点数的 IEEE 754 标准存储格式分别为

$x=0\ 10000010\ 01101100000000000000000$，$y=0\ 10000100\ 01011101100000000000000$，求 $x+y$，并给出结果的 IEEE 754 标准存储格式。

解 对于浮点数 x：

符号位 $S=0$

指数 $e=E-127=10000010-01111111=00000011=(3)_{10}$

尾数 $m=1.M=1.01101100000000000000000=1.011011$

于是有

$$x=(-1)^s\times m\times 2^e=+1.01101100000000000000000\times 2^3$$

对于浮点数 y：

符号位 $S=0$

指数 $e=E-127=10000100-01111111=00000011=(5)_{10}$

尾数 $m=1.M=1.01011101100000000000000=1.010111011$

于是有

$$y=(-1)^s\times m\times 2^e=+1.01011101100000000000000\times 2^5$$

(1) 对阶。

$$E=E_x-E_y=3-5=-2$$

$$x=1.01101100000000000000000\times 2^3=0.01011011000000000000000\ \underline{00}\times 2^5$$

(2) 尾数相加。

$$\begin{aligned}x+y&=0.01011011000000000000000\ \underline{00}\times 2^5+1.01011101100000000000000\times 2^5\\&=1.10111000100000000000000\times 2^5\end{aligned}$$

结果的 IEEE 754 标准存储格式为 0 10000100 10111000100000000000000。

实现浮点运算的加法器逻辑电路原理框图如图 2-17 所示。

图 2-17 中，三个寄存器 R0、R1 和 R2 分别存放两个参加运算的浮点数和结果。第一步对阶，首先由 ΔE 加法器求出两个浮点数阶码的差值，然后由控制电路控制选择小阶码浮点数的尾数进入右移寄存器进行对阶时的右移，右移结果送入尾数加法器的一个输入端，大阶码浮点数的尾数则直接送入加法器的另一个输入端。第二步尾数相加减。第三步规格化，由尾数加法器产生的结果经规格化部件，一方面送移位寄存器进行尾数移位，另一方面控制选择大阶码进行阶码的增或减操作。第四步由舍入部件对规格化后的尾数进行舍入处理，并将结果送结果寄存器的尾数字段。第五步溢出处理，由溢出判别部件对规格化后的阶码进行溢出判别，若未溢出，则将结果送结果寄存器的阶码部分。

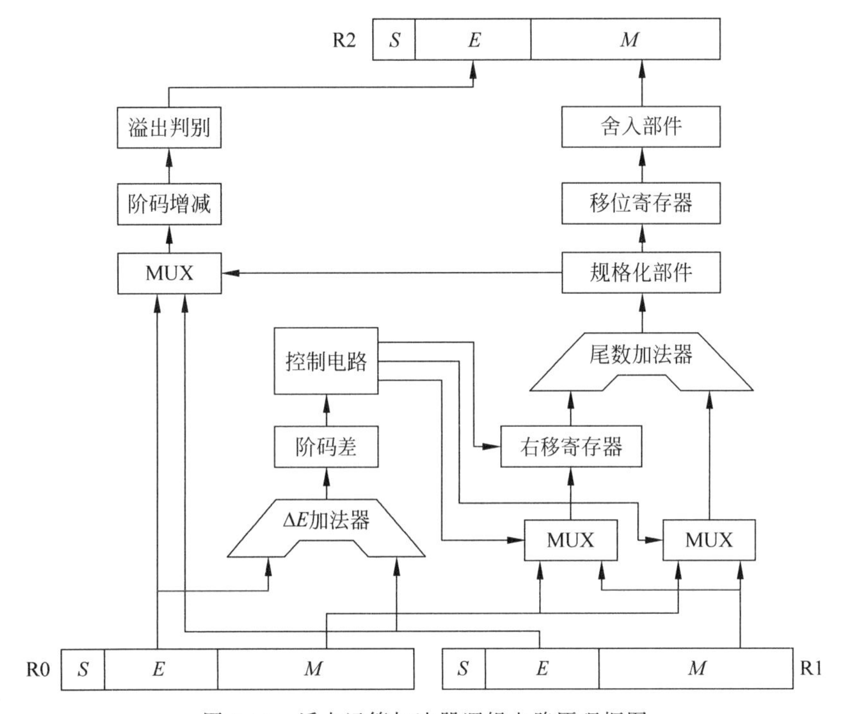

图 2-17 浮点运算加法器逻辑电路原理框图

2.5.2 浮点数的乘除运算

设两个浮点数 $X=2^{E_x}M_x$，$Y=2^{E_y}M_y$，则

$$\begin{aligned}XY&=(2^{E_x}M_x)(2^{E_y}M_y)\\&=2^{E_x+E_y}(M_x\times M_y)\end{aligned}$$

由此可见，浮点数乘法的基本规则是：两浮点数相乘，乘积的阶码是相乘两数阶码之和，乘积的尾数是相乘两数尾数之积。简单来说就是：阶码相加，尾数相乘。

同样

$$X/Y=(2^{E_x}M_x)/(2^{E_y}M_y)$$
$$=2^{E_x-E_y}(M_x/M_y)$$

由此可得浮点数除法的基本规则是：两浮点数相除，商的阶码是相除两数阶码之差，商的尾数是相除两数尾数之商。简单来说就是：阶码相减，尾数相除。

浮点数的乘除运算比加减运算少了对阶这一步，一般由以下5个步骤完成：

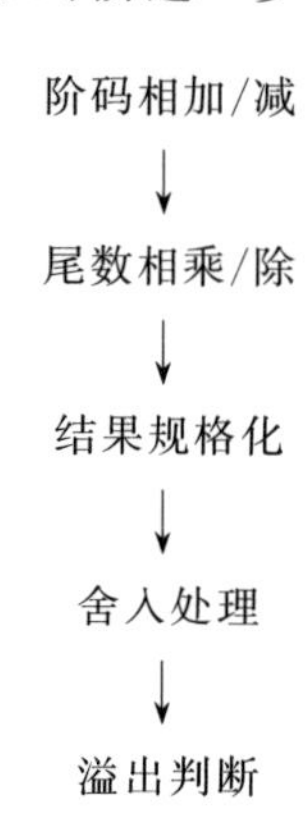

其中，阶码相加/减进行的是定点整数的加、减运算，尾数相乘/除进行的是定点小数的乘、除运算。结果规格化、舍入处理和溢出判断等与前面的浮点数的加减运算相同，此不再赘述。

2.6 数据校验码

数据在计算机系统中的生成、处理、存储和传输过程中都可能会发生错误，例如将数据存入存储器中产生的错误，数据在数据通道中传输时产生的错误等。这些错误都属于硬件错误，又称为物理差错。虽然可以通过提高硬件的可靠性等手段减少和避免这种错误，但不管怎样，都无法将发生物理差错的概率降为零，尤其是现代机器要求数据存储的密度越来越高，数据传输速度越来越快，这在一定程度上会加大发生数据差错的可能性。

根据物理差错的种类，可将其分为随机错和突发错。随机错是指由于硬件设备或物理传输介质自身原因产生的差错，这种错误是随机发生的，往往是一次发生一位或若干位的错误。突发错是指由于外界的干扰产生的差错，这种错误是突发的，往往是一次发生大片数据的差错。

为了减少这种物理差错，一种常用的方法是数据编码，即对要存储或传输的数据进行编码，使之具有检测或纠正差错的能力，这种编码称为数据校验码。数据校验码的基本思想是：在数据位的基础上，额外增加若干位的冗余位(又称校验位)，使编码后的数据符合某种规律，符合这种规律的编码属于合法码，不符合这种规律的编码属于非法码，通过检测一个数据编码的合法性，就可以判断差错的发生，进一步进行差错的定位，从而纠正错误。具有检测错误能力的编码称为检错码，具有纠正错误能力的编码称为纠错码。常用的数据校验码包括奇偶校验码、汉明校验码和循环冗余校验码等。

2.6.1　奇偶校验码

奇偶校验码是一种最简单的数据校验码，是奇校验码和偶校验码的统称，属于检错码。它的编码规则是：在数据位的基础上增加一位冗余位，使数据编码码的合法码中 1 的个数恒为奇数或偶数。若为奇数，则为奇校验码；若为偶数，则为偶校验码。例如：

数据位：1 0 0 1 1 1 0 1→1 0 0 1 1 1 0 1 $\underline{1}$ 偶校验码

数据位：1 0 0 1 1 1 0 1→1 0 0 1 1 1 0 1 $\underline{0}$ 奇校验码

其中 $\underline{1}$、$\underline{0}$ 为冗余位。

从检纠错能力上讲，奇偶校验码可以检测发生奇数位错的情况，但不能纠错。由于同时发生多位错的概率远比发生一位错的低，所以一般认为奇偶校验码具有检测发生一位错的能力，但不能进行错误定位，即不能纠正错误。

下面以偶校验为例，对奇偶校验码的校验方法和实现原理进行进一步讨论。

设 8 位数据位 $D=D_1D_2D_3D_4D_5D_6D_7D_8$，则偶校验编码为 $D_1D_2D_3D_4D_5D_6D_7D_8P$，其中偶校验位

$$P=D_1\oplus D_2\oplus D_3\oplus D_4\oplus D_5\oplus D_6\oplus D_7\oplus D_8$$

偶校验检测位为

$$P^*=D_1\oplus D_2\oplus D_3\oplus D_4\oplus D_5\oplus D_6\oplus D_7\oplus D_8\oplus P$$

若 $P^*=0$，则无错；若 $P^*=1$，则有错。

【例 2.26】 设数据位 $D_1D_2D_3D_4D_5D_6D_7D_8=01001110$，求其偶校验编码。

解　$P=D_1\oplus D_2\oplus D_3\oplus D_4\oplus D_5\oplus D_6\oplus D_7\oplus D_8=0\oplus 1\oplus 0\oplus 0\oplus 1\oplus 1\oplus 1\oplus 0=0$

因此，偶校验编码为 01001110 $\underline{0}$。

奇偶校验码常用于计算机中的内存校验。具体做法是：以字节为单位进行编码，即每 8 位二进制数据位附加 1 位校验位，共 9 位编码。每次将 9 位编码写入内存单元中，以后每读出的 9 位数据若为合法码，则说明未发生差错，若为非法码，则说明发生了差错。

可以通过如图 2-18 所示的电路分别实现偶校验位的生成和偶校验的检测。

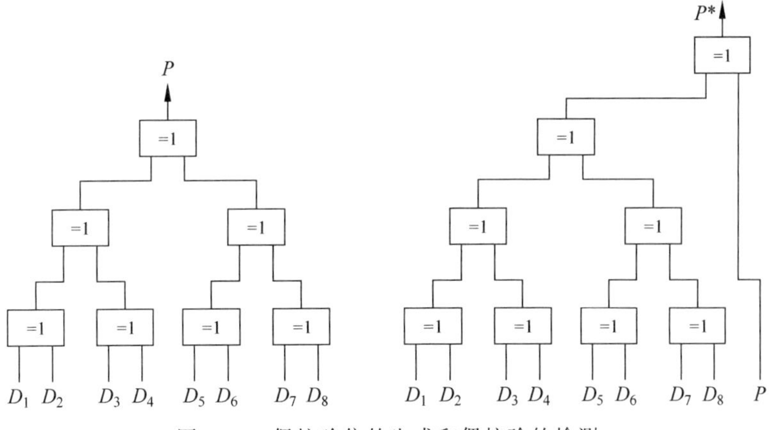

图 2-18　偶校验位的生成和偶校验的检测

2.6.2 汉明校验码

汉明校验码(汉明码)是由 Richard Hamming 于 1950 年提出的,属于纠错码,它不仅具有检错能力,而且能进行错误定位,从而纠正错误。能进行错误定位意味着能知道是哪位发生了错误,对二进制而言,只需将发生错误的位变反即可纠正该位的错误。

汉明校验码的基本思想是:对原数据码按某种规律分成若干组,每组安排一个校验位进行奇偶校验,这样就可产生多位检错信息;用不同的二进制组合指出错误的所在,从而达到纠错的目的。这里介绍一种具有纠正 1 位错能力的汉明码的编码方法及实现。

设有效数据位为 k 位,现设置校验位为 r 位。r 位二进制共有 2^r 个不同组合(码点),若要求这 2^r 个不同组合能够分别指出 $k+r$ 个数据位和校验位具体是哪一位出错,则应满足关系:

$$2^r \geqslant k+r+1 \tag{2.25}$$

其中还有一个码点用于指出"无错"。

根据式(2.25),可以得到数据位 k 与校验位 r 的对应关系如表 2-7 所示。

表 2-7 数据位 k 与校验位 r 的对应关系

数据位 k 值	校验位 r 值	数据位 k 值	校验位 r 值
1	2	12～26	5
2～4	3	27～57	6
5～11	4		

设 $m=k+r$,即数据码和校验码共 m 位,它们共同组成汉明码 $H_m H_{m-1} \cdots H_2 H_1$,则数据码和校验码的编码规则如下:

(1) 位置安排。每个校验位 P_i 在汉明码中被安排在位号为 2^{i-1} 的位置,其余各位为数据位,按从低到高逐位排列。

(2) 编码。汉明码的每一位码 H_i(包括数据位和校验位)由多个校验位校验,其关系是被校验的每一位位号要等于校验它的各校验位的位号之和。

按此原则,实际是将汉明码校验分成 r 组的奇偶校验,每个校验位 P_i 组成一组奇偶校验,按奇偶校验的方法进行编码,因此,汉明校验码又称为分组奇偶校验码。

下面以一种(7,4)汉明码为例介绍汉明码的编码及检纠错方法。

所谓(7,4)汉明码是指其数据位 4 位,校验位 3 位,数据编码共 7 位。设 4 位数据位为 $D_1D_2D_3D_4$、3 位校验位为 $P_1P_2P_3$,它们组成的 7 位汉明码为 $H_7H_6H_5H_4H_3H_2H_1$。根据上述汉明码的编码规则,3 位校验位 P_1、P_2、P_3 分别安排在 2^0、2^1 和 2^2 的位置,即对应 H_1、H_2 和 H_4,4 位数据位 D_1、D_2、D_3、D_4 则对应剩下的 H_3、H_4、H_6 和 H_7,也即

$$H_7H_6H_5H_4H_3H_2H_1 = D_4D_3D_2P_3D_1P_2P_1$$

据此,可以列出汉明码位号与校验位位号的关系,如表 2-8 所示。

表 2-8　汉明码位号与校验位位号的关系

汉明码位号	数据位/校验位	参与校验的校验位位号	被校验位的汉明码位号=校验位位号之和
H_1	P_1	1	1=1
H_2	P_2	2	2=2
H_3	D_1	1,2	3=1+2
H_4	P_3	4	4=4
H_5	D_2	1,4	5=1+4
H_6	D_3	2,4	6=2+4
H_7	D_4	1,2,4	7=1+2+4

若采用偶校验，则根据表 2-8，可得出 3 位校验位 P_1、P_2、P_3 的偶校验关系式如下：

$$\begin{aligned} P_1 &= D_1 \oplus D_2 \oplus D_4 \\ P_2 &= D_1 \oplus D_3 \oplus D_4 \\ P_3 &= D_2 \oplus D_3 \oplus D_4 \end{aligned} \tag{2.26}$$

三个偶校验式将对应得到三个偶校验检测位，假设记为 S_1、S_2 和 S_3，它们的求解表达式为

$$\begin{aligned} S_1 &= P_1 \oplus D_1 \oplus D_2 \oplus D_4 \\ S_2 &= P_2 \oplus D_1 \oplus D_3 \oplus D_4 \\ S_3 &= P_3 \oplus D_2 \oplus D_3 \oplus D_4 \end{aligned} \tag{2.27}$$

这样，根据 S_1、S_2 和 S_3 的状态就可以检测出是否有错，以及确定错误的位置，如表 2-9 所示。

表 2-9　错误检测表

$S_3 S_2 S_1$	错误位置	$S_3 S_2 S_1$	错误位置
000	无错	100	H_4 错
001	H_1 错	101	H_5 错
010	H_2 错	110	H_6 错
011	H_3 错	111	H_7 错

例如，假设 H_2 发生了错误，其余各位均无错，由于 $H_2=P_2$，则根据式(2.27)，

$$\begin{aligned} S_1 &= P_1 \oplus D_1 \oplus D_2 \oplus D_4 = 0 \\ S_2 &= P_2 \oplus D_1 \oplus D_3 \oplus D_4 = 1 \\ S_3 &= P_3 \oplus D_2 \oplus D_3 \oplus D_4 = 0 \end{aligned}$$

$S_3S_2S_1=010$。

(7,4)汉明码能够检测和纠正 1 位错的情况，却无法检测和纠正多位错的情况。一些其他的汉明码则具有更强的检纠错能力。

(7,4)汉明码的硬件实现如图 2-19 所示。

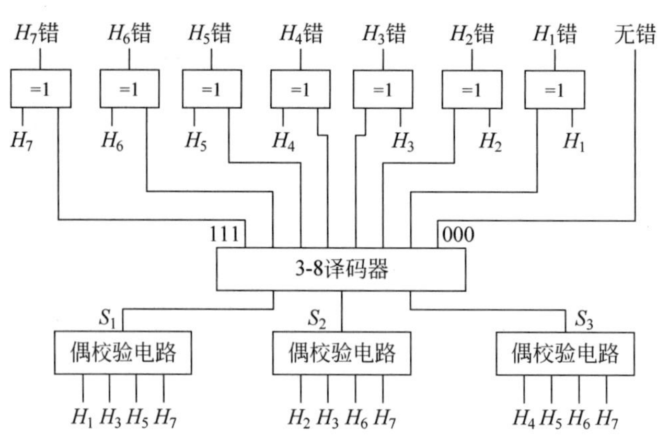

图 2-19 (7,4)汉明码的硬件实现

2.6.3 循环冗余校验码

循环冗余码(cyclic redundancy check,CRC)是一种具有较强检纠错能力的校验码,可以对大块数据进行校验,主要应用于主机与成组数据交换的设备之间的数据校验。例如,主机与磁盘之间的数据交换是以块(又称扇区)为单位的,一个数据块的记录格式如图 2-20 所示。

头隙	序标	数据(512/1024B)	校验	尾隙

图 2-20 主机与磁盘交换的数据块格式

这其中的校验字段通常采用的就是 CRC 循环冗余校验码。

1. 循环冗余码的编码

任何一个二进制序列都可以用一个唯一的多项式表示,例如:8 位的二进制数 10110010 可表示为 $x^7+x^5+x^4+x$。一般地,一个 k 位二进制数可唯一地表示为

$$M(x)=C_{k-1}x^{k-1}+C_{k-2}x^{k-2}+\cdots+C_1x+C_0 \tag{2.28}$$

$M(x)$称为该二进制序列的多项式,C_i($i=0\sim k-1$)为 0 或 1。

CRC 循环冗余码的编码和检测基于的是这种二进制多项式的模 2 运算。所谓模 2 运算是指以按位模 2 加为基础的四则运算,运算时不考虑进位和借位。例如:

```
模2加            模2减            模2乘              模2除
 10011101         01010011           1101                  101
+11001010        -10011101         × 1010         1010 ) 100010
---------        ---------        --------               1010
 01010111         11001110           0000                -----
                                    1101                  0101
                                   0000                   0000
                                  1101                    -----
                                 --------                  1010
                                  1110010                  1010
                                                          -----
                                                              0
```

循环冗余码的编码步骤如下。

(1) 设 k 位数据位的多项式为 $M(x)$，将其左移 r 位，则得到一个 $n=k+r$ 位的多项式 $M(x)\cdot x^r$，其中，前 k 位为有效的数据位，而后 r 位是将要产生的校验位。

(2) 将 $M(x)\cdot x^r$ 除以一个 $r+1$ 位的 $G(x)$（称为生成多项式），得到一个商 $Q(x)$ 和一个 r 位的余数 $R(x)$，即

$$M(x)\cdot x^r=Q(x)G(x)+R(x)\quad（模 2 运算）$$

则 $R(x)$ 即为 $M(x)$ 所对应校验位的多项式。

(3) 多项式 $M(x)\cdot x^r+R(x)=T(x)$ 即为发送方得到的 $n=k+r$ 位 CRC 编码。

【例 2.27】 使用生成多项式 x^3+x+1 对 4 位数据位 1100 进行 CRC 编码。

解　数据位 1100 对应的多项式为

$$M(x)=x^3+x^2\quad(k=4)$$

将 1100 左移 3 位得到的 1100000 对应的多项式为

$$M(x)\cdot x^3=x^6+x^5\quad(r=3)$$

$$(M(x)\cdot x^3)/G(x)=1100000/1011=1110(商)+010(余数)$$

$$M(x)\cdot x^3+R(x)=1100010$$

因此，4 位数据位 1100 对应的 CRC 编码为 1100010。

2. 循环冗余码的检测

下面考察循环冗余码的检测。接收方收到的 CRC 校验码对应的多项式为

$$\begin{aligned}T(x)&=M(x)x^r+R(x)\\&=Q(x)G(x)+R(x)+R(x)\\&=Q(x)G(x)\quad（模 2 运算）\end{aligned}$$

在不出错的情况下，$T(x)$ 可以被 $G(x)$ 整除。

因此，循环冗余码的检测方法是：将接收到的校验码对应的多项式 $T(x)=M(x)\cdot x^r+R(x)$ 除以生成多项式 $G(x)$，若除尽，则说明码字无错；若除不尽，则说明码字有错。

生成多项式的选择对于 CRC 校验码来说非常关键，它直接影响到 CRC 码的检纠错能力，人们经过研究探索，已找出很多有效的生成多项式，其中已列为国际标准的有

CRC-CCITT：$x^{16}+x^{12}+x^5+1$

CRC-16：$x^{16}+x^{15}+x^2+1$

CRC-12：$x^{12}+x^{11}+x^3+x^2+x+1$

本章小结

本章主要讲述了以下内容。

(1) 进位记数制及数制的转换。在生活中使用的是十进制，而在计算机中使用的是二进制表示数据，另外为了书写方便，常使用十六进制。任何一个 K 进制数都可以使用一个唯一对应的多项式表示，即 $(N)_K=D_mK^m+D_{m-1}K^{m-1}+\cdots+D_1K^1+D_0K^0+D_{-1}K^{-1}+D_{-2}K^{-2}+\cdots+D_{-n}K^{-n}$。

(2) 数值数据的机器表示。先介绍了数值数据在机器中的原、补、反、移码表示方法，然后主

要介绍了计算机中的定点数表示和浮点数表示,而浮点数表示主要介绍的是 IEEE 754 标准。

(3) 非数值数据的机器表示。介绍了几种常见的非数值数据表示,包括十进制数串、字符(串)及汉字等。字符的表示除了最常用的 ASCII 码外,还有其他一些编码方式,在不同场合有不同的应用。

(4) 定点数和浮点数的运算。介绍了它们的运算方法和硬件实现,不同的运算方法在很大程度上影响到硬件实现的效率。

(5) 数据校验码。主要讲了三种校验码:奇偶校验、汉明校验和循环冗余码校验。内存校验常用奇偶校验,而主机与磁盘等外设之间的数据传输采用 CRC 校验。

习题

一、名词解释

1. 定点数　2. 浮点数　3. 阶码　4. 尾数
5. 规格化　6. 溢出　7. 字节　8. 字
9. 舍入处理　10. 数据校验码　11. 检错码　12. 纠错码

二、选择题

1. 在机器数中,(　　)的零的表示形式是唯一的。

A. 原码　B. 补码　C. 反码　D. 原码和反码

2. 计算机系统中采用补码表示及运算的原因是(　　)。

A. 与手工运算方式保持一致　B. 提高运算速度
C. 简化计算机的硬件设计　D. 提高运算的精度

3. 设某机器采用 8 位补码定点数表示,其中符号位 1 位,数值位 7 位,则二进制 10000000 表示的十进制数为(　　)。

A. 127　B. 128　C. −127　D. −128

4. 某机器字长 32 位,采用定点整数表示,符号位为 1 位,尾数为 31 位,则可表示的最大正整数和最小负整数分别为(　　)。

A. $+(2^{31}-1)$和$-(1-2^{-32})$　B. $+(2^{30}-1)$和$-(1-2^{-32})$
C. $+(2^{31}-1)$和$-(2^{31}-1)$　D. $+(2^{30}-1)$和$-(2^{-31}-1)$

5. 已知带符号整数用补码表示,变量 x、y、z 的机器数分别为 FFFDH、FFDFH、7FFCH,下列结论中,正确的是(　　)。(2021 年全国硕士研究生入学统一考试计算机学科专业基础综合试题)

A. 若 x、y 和 z 为无符号整数,则 $z<x<y$
B. 若 x、y 和 z 为无符号整数,则 $x<y<z$
C. 若 x、y 和 z 为带符号整数,则 $x<y<z$
D. 若 x、y 和 z 带符号整数,则 $y<x<z$

6. 在定点二进制运算器中,减法运算一般是通过(　　)来实现的。

A. 原码运算的二进制减法器　B. 补码运算的二进制减法器
C. 补码运算的十进制加法器　D. 补码运算的二进制加法器

7. 在浮点加减运算的对阶中,遵循小阶对大阶的原因是(　　)。

A. 损失的精度小
B. 损失的位数少
C. 不容易产生溢出
D. 都不是

8. 下列有关浮点数加减运算的叙述中，正确的是（　　）。

Ⅰ. 对阶操作不会引起阶码上溢或下溢

Ⅱ. 右规和尾数舍入都可能引起阶码上溢

Ⅲ. 左规时可能引起阶码下溢

Ⅳ. 尾数溢出时结果不一定溢出

A. 仅Ⅱ、Ⅲ
B. 仅Ⅰ、Ⅱ、Ⅳ
C. 仅Ⅰ、Ⅲ、Ⅳ
D. 全部正确

9. 已知带符号整数用补码表示，float 型数据用 IEEE 754 标准表示，假定变量 x 的类型只可能是 int 或 float，当 x 的机器数为 C800 0000H 时，x 的值可能是（　　）。（2020 年全国硕士研究生入学统一考试计算机学科专业基础综合试题）

A. -7×2^{27}　　B. -2^{16}　　C. 2^{17}　　D. 25×2^{27}

10. 若 $x=103$，$y=-25$，则下列表达式采用 8 位定点补码运算实现时，会发生溢出的是（　　）。（2014 年全国硕士研究生入学统一考试计算机学科专业基础综合试题）

A. $x+y$　　B. $-x+y$　　C. $x-y$　　D. $-x-y$

11. float 型整数据常用 IEEE 754 单精度浮点格式表示，假设两个 float 型变量 x 和 y 分别在 32 位寄存器 f1 和 f2 中，若(f1)=CC900000H，(f2)=B0C00000H，则 x 和 y 之间的关系为（　　）。（2014 年全国硕士研究生入学统一考试计算机学科专业基础综合试题）

A. $x<y$ 且符号相同
B. $x<y$ 且符号不同
C. $x>y$ 且符号相同
D. $x>y$ 且符号不同

12. 某字长为 8 位的计算机中，已知整型变量 x、y 的机器数分别为$[x]_{补}=11110100$，$[y]_{补}=10110000$。若整型变量 $z=2*x+y/2$，则 z 的机器数为（　　）。（2013 年全国硕士研究生入学统一考试计算机学科专业基础综合试题）

A. 11000000
B. 00100100
C. 10101010
D. 溢出

13. 用汉明码对长度为 8 位的数据进行检/纠错时，若能纠正一位错，则校验位数至少为（　　）。（2013 年全国硕士研究生入学统一考试计算机学科专业基础综合试题）

A. 2　　B. 3　　C. 4　　D. 5

14. 假定编译器规定 int 和 short 类型长度占 32 位和 16 位，执行下列 C 语言语句

```
unsigned short x = 65530;
unsigned int y = x;
```

得到 y 的机器数为（　　）。（2012 年全国硕士研究生入学统一考试计算机学科专业基础综合试题）

A. 0000 7FFA
B. 0000 FFFA
C. FFFF 7FFA
D. FFFF FFFA

三、综合题

1. 写出以下不同进制数据的按权展开的多项式和形式。

(1) $(10110101)_2$ (2) $(258.66)_{10}$ (3) $(D59.3C)_{16}$ (4) $(1101.011)_2$

2. 将以下十进制数分别转换成二进制数和十六进制数。

(1) 38 (2) 128 (3) 0.125 (4) 250.5

3. 将以下二进制数转换成十进制数。

(1) 10110101 (2) 11011110 (3) 0.1101 (4) 1001.0111

4. 将以下二进制数转换成十六进制数。

(1) 10101001 (2) 1000110 (3) 1101.0101 (4) 1011100.11

5. 将以下十六进制数分别转换成二进制数和十进制数。

(1) 3AC (2) 0.12D (3) 258B.CE (4) FFFF

6. 一个围棋盘共有 18×18=324 个小方格,现假设在第一个小方格中放入 1 粒米,第二个小方格中放入 2 粒米,第三个小方格中放入 4 粒米,第四个小方格中放入 8 粒米……如此下去,请问:

(1) 在最后一个小方格中将放入多少粒米?

(2) 假设 1 两米有 1 万粒,那么最后一个小方格将放入多少斤米?

7. 写出以下二进制数的原码、补码、反码和移码表示。

(1) $(10110101)_2$ (2) $(-10011011)_2$ (3) $(0.11101111)_2$

(4) $(-0.00110101)_2$ (5) $(1001.1011)_2$ (6) $(-0.00101101)_2$

8. 浮点数对阶的原则是什么?

9. 浮点数加减运算包括哪些步骤?

10. 浮点数乘除运算包括哪些步骤?

11. 将十进制数 328.125 转换成 IEEE 754 标准的单精度浮点数的二进制存储格式。

12. 若浮点数 x 的 IEEE 754 标准存储格式为$(C2E80000)_{16}$,求其浮点数的十进制值。

13. 写出以下十进制数的压缩 BCD 码表示。

(1) +125 (2) −328 (3) +1234 (4) −5678

14. 求以下 x、y 的补码的加法和减法运算,并判断结果是否产生了溢出。

(1) $x=0.110110, y=0.110101$ (2) $x=0.100101, y=-0.101101$

(3) $x=-0.000011, y=0.101001$ (4) $x=-0.100101, y=-0.111101$

15. 设两浮点数的 IEEE 754 标准存储格式分别为

$$x=0\ 10011010\ 01001101000000000000000$$

$$y=1\ 10010100\ 11011011000000000000000$$

试作以下计算,并给出结果的 IEEE 754 标准存储格式。

(1) $x+y$ (2) $x-y$ (3) $x\times y$ (4) x/y

16. 图 2-21 为某 ALU 部件的内部逻辑图,图中 S_0、S_1 为功能选择控制线,C_{in} 为最低位的进位输入,$A(A_1\sim A_4)$和 $B(B_1\sim B_4)$是参与运算的两个数,$F(F_1\sim F_4)$为输出结果。试分析在 S_0、S_1、C_{in} 各种组合的条件下,输出 F 和输入 A、B、C_{in} 的算术运算关系。

17. (2011 年全国硕士研究生入学统一考试计算机学科专业基础综合试题)

假定在一个 8 位字长的计算机中运行如下类 C 程序段:

```
unsigned int x = 134;
unsigned int y = 246;
```

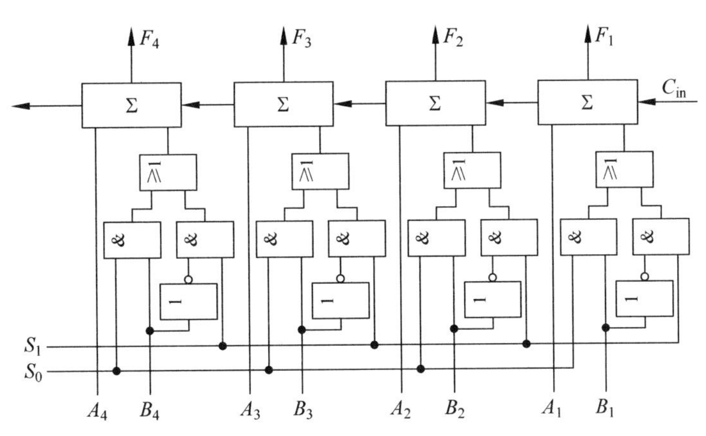

图 2-21 ALU 部件的内部逻辑图

```
int m = x;
int n = y;
unsigned int z1 = x - y;
unsigned int z2 = x + y;
int k1 = m - n;
int k2 = m + n;
```

若编译器编译时将 8 个 8 位寄存器 R1～R8 分别分配至变量 x、y、m、n、$z1$、$z2$、$k1$ 和 $k2$，请回答下列问题。(提示：带符号整数用补码表示。)

(1) 执行上述程序段后，寄存器 R1、R5 和 R6 的内容分别是什么？(用十六进制表示)

(2) 执行上述程序段后，变量 m 和 $k1$ 的值分别是多少？(用十进制表示)

(3) 上述程序段涉及带符号整数加/减、无符号整数加/减运算，这四种运算能否利用同一个加法器及辅助电路实现？简述理由。

(4) 计算机内部如何判断带符号整数加/减运算的结果是否发生溢出？上述程序段中，哪些带符号整数运算语句的执行结果会发生溢出？

18. 试画出一个将 4 位原码转换为补码的逻辑电路图。

19. 什么情况下选择奇偶校验码？什么情况下选择汉明码？

20. 设有 16 位数据位，如果采用汉明校验，至少需要设置多少位校验位？数据位和校验位的安排是怎样的？

21. 使用生成多项式 x^3+x+1 对 4 位数据位 0101 进行 CRC 编码。

22. 生成多项式的选择对于 CRC 校验码来说非常关键，它直接影响到 CRC 码的检纠错能力，查阅资料，进一步了解有关生成多项式的性质与检纠错能力的关系。

第3章 汇编级机器组织

现代计算机是按人们预先编制的程序进行工作的，而程序是由指令组成的。计算机能直接识别、执行的命令称为机器指令(简称指令)，机器指令用二进制编码表示。一条指令规定计算机完成某种基本操作，一台计算机能执行的所有指令的集合称为该计算机的指令系统(或称指令集)。

指令系统是计算机系统性能的集中体现，其功能与格式不仅直接影响到计算机硬件结构的设计，而且与系统软件的设计、计算机的应用领域等息息相关。通常性能较好的计算机都设置有功能齐全、通用性强、指令丰富的指令系统，而指令功能的实现又需要复杂的硬件结构来支持。

虽然机器指令能被计算机直接识别和执行，但是难于书写、记忆，出错不易发现。汇编指令是机器指令的助记符表示形式，与机器指令是一一对应的。基于此，本章将讨论计算机中汇编级指令的格式、地址结构，指令及操作数的寻址方式，指令的种类和功能，指令集的架构和典型的指令系统举例等内容。

3.1 汇编级机器指令系统

计算机在汇编级机器指令系统的设计上，既要考虑指令系统功能的需要，又要考虑实现其所需机器硬件的成本。但不管怎样，对机器的指令系统和指令种类都有一些基本的要求。

3.1.1 指令系统的发展

在现代计算机的发展过程中，计算机的设计、编程语言、制造工艺技术都发生了深刻的变革。伴随着这种变革，计算机指令系统的发展经历了从简单到复杂的演变过程。

20世纪50—60年代是现代计算机发展的早期，采用电子管或晶体管等分立元件组成计算机硬件，其体积庞大，价格也很昂贵，因此计算机的硬件结构比较简单，所支持的指令系统也只有定点加减、逻辑运算、数据传送、转移等十几至几十条最基本的指令，而且寻址方式简单。

到了20世纪60年代中期，随着集成电路的出现，计算机的体积减小，功耗降低，价格不断下降，硬件功能不断增强，指令系统也越来越丰富。除最基本的指令外，增加了乘除运算、浮点运算、十进制运算、字符串处理等指令，指令数目有一二百条，寻址方式也趋于多样化。

随着集成电路的发展和计算机应用领域的不断扩大，20世纪60年代后期开始出现系列计算机。系列计算机是指基本指令系统相同、基本体系结构相同的一系列计算机，例如 Pentium 系列微型计算机。一个系列往往有多种型号，但由于推出的时间不同，采用的器件不同，它们在结构和性能上有所差异。通常是新推出机种的指令系统一定包含所有旧机种的全部指令，旧机种上运行的各种软件可以不加任何修改便可在新机种上运行，大大减少了软件开发费用。系列计算机不仅较好地解决了各机种的软件兼容问题，而且新机种的性能价格比优于旧机种。

20 世纪 70 年代，高级语言已成为大、中、小型机的主要程序设计语言，计算机应用日益普及。但是复杂的软件系统设计一直没有很好的理论指导，导致软件质量无法保证，从而出现了所谓的“软件危机”。人们认为，缩小机器指令系统与高级语言语义的差距，为高级语言提供更多的支持，是缓解软件危机有效和可行的办法。计算机设计者们利用当时已经成熟的微程序技术和飞速发展的超大规模集成电路技术，增设了多种复杂的、面向高级语言的指令，使指令系统越来越复杂化，大多数计算机的指令系统多达几百条，由此就出现了复杂指令系统计算机（complex instruction set computer，CISC）。

但 CISC 庞大的指令系统不但使计算机的研制周期变长，正确性难以保证，不易调试和维护，而且由于大量使用频率低的指令而造成硬件资源浪费。因此，计算机设计者尝试从另一条途径来支持高级语言及适应 VLSI 的技术特点。1975 年，IBM 公司的 John Cocke 提出了精简指令系统计算机（Reduced Instruction Set Computer，RISC）的设想。有关 CISC 和 RISC 的内容将在后续的 3.4 节详细介绍。

20 世纪 80 年代后期以来，RISC 微处理器迅速发展，广泛采用了超标量和超流水线等指令级并行处理技术。但是人们又发现 RISC 指令系统并不能充分实现指令级并行处理，从而影响了计算机性能的进一步提高。1983 年，美国教授 J. Fisher 提出了超长指令字（very long instruction word，VLIW）体系结构。VLIW 指令系统的设计思想是增强指令的并行性，使机器指令字具有固定的格式（一种或者多种），每条指令中包含着多个独立的字段，字段中的操作码被送往不同的功能部件。这是受微程序设计技术中水平型微指令的启示。

总之，计算机指令系统的发展经历了从简单到复杂，然后又从复杂到简单的演变过程。

3.1.2 指令系统性能的要求

指令系统的性能决定了计算机的基本功能，它的设计直接关系到计算机的硬件结构和用户的需要。由于计算机性能、体系结构以及使用环境等要求不同，指令系统间的差异也是很大的。同时，随着计算机技术的迅速发展，对计算机性能的要求越来越高，硬件价格迅速下降，指令系统也趋向强功能、高效、复杂化。因此，试图给计算机指令系统确定一个统一的衡量标准是很困难的。一般情况下，指令系统应满足完备性、有效性、规整性和兼容性。

1. 指令系统的完备性

完备性是指在一个有限可用的存储空间内，对于任何可解的问题，在编写计算程序时，指令系统所提供的指令应足够使用。一般来说，为使程序高效运行和便于硬件实现，一个完备的指令系统应包括传送类指令、算术运算类指令、逻辑运算类指令、程序控制类指令、字符串指令、特权指令和调试指令。若采用统一编址，则用传送类指令即可实现输入输出的目的；若采用单独编址，则需要专门的输入输出类指令。

以上几种类型的指令并不是互相独立的，在一定条件下可以互相替代。

2. 指令系统的有效性

有效性是指使用该指令系统编制的程序能高效率地运行。这个高效率表现在解题速度快，占用存储空间小。有效性是针对整个指令系统而言的，这是一个很复杂的问题，很难确定一个统一标准。有效性反映了指令的功能要求，也反映了指令系统的完备性要求。一个更完备的指令系统就会有更好的有效性，如指令系统中有多种移位指令和字符串处理指令，对于数据处理就会有较高的有效性。新一代计算机指令系统中有专门的编辑指令，甚至某些常用的高级语言的语句也用一条指令来实现等，采取这些措施无疑将大大提高指令系统的有效性。

3. 指令系统的规整性

规整性包括指令操作的对称性和匀齐性以及指令格式与数据格式的一致性。

指令操作的对称性是指在运算时，所有寄存器(存储)单元都可以同等对待，不论哪一个操作数或运算结果都可以不受约束地存入任一单元。如传送指令既有 A←B，也有 B←A；加法指令既有 A←A+B，也有 B←A+B 等。这种操作的对称性对于提高软件效率和使用便利性是很有利的，但是，目前许多机器还不能很好地实现这一对称性。相较而言，VAX-11 机指令系统的指令操作具有较好的对称性。

指令操作的匀齐性是指一种性质的操作可适用于各种数据类型。如 VAX-11 机在数据传送、数据交换、数据测试和计算等操作时，可以匀齐地适用于三种整数数据类型(字节、字和双字)和两种浮点数据类型(短浮点和长浮点)。指令操作的匀齐性可使汇编程序设计与编译程序无须依赖数据类型去选用指令，缩短了程序代码长度，加快了程序执行速度。匀齐性在以前的一些机器中没有很好地实现。如 IBM 370 机有字(32 位)加法，也有半字(16 位)加法；但只有字除法，却没有半字除法等。随着硬件价格的进一步下降，指令操作的匀齐性有了很大的改善。

指令格式与数据格式的一致性是指指令字长与数据字长有一个规整的关系，便于程序的加工处理。如机器基本字长为 32 位，长指令选 32 位，短指令选 16 位，在此字长的条件下，可以选择指令的地址格式。

4. 指令系统的兼容性

从计算机的发展过程可以看到，由于组成计算机的基本硬件发展迅速，计算机的更新换代是很快的，这就存在软件如何跟上的问题。大家知道，一台新机器推出交付使用时，仅有少量软件可提交用户，大量软件是不断充实的。尤其是应用软件，有相当一部分是用户在使用机器过程中不断产生的，这就是所谓的第三方软件。为了缓解新机器的推出与原有应用软件能否继续使用之间的矛盾，1964 年，IBM 公司在设计 IBM 360 计算机时所采用的系列机思想较好地解决了这一问题。从此以后，计算机公司生产的同一系列计算机尽管其硬件实现各不相同，但在指令系统、数据格式、I/O 系统等方面均保持相同，因而软件完全兼容(在此基础上产生了兼容机)。当研制该系列计算机的新型号或高档产品时，尽管指令系统可以有较大地扩充，但仍保留原来的全部指令，保持软件“向上兼容”的特点。

系列机的各型号机器由于推出的时间不同，在结构和性能上有差异，做到所有软件都完全兼容是不可能的，只能做到“向上兼容”或“向前兼容”，即低档机运行的软件可以在高档机运行。

指令系统的兼容性使大量已有软件产品得到继承，保护了用户的前期软件投资，减少了软件的开发费用，同时，新型号机器一出现就具有丰富的软件，有利于打开市场销路。

3.1.3 指令操作的种类

不同类型的计算机所具有的指令类型是多种多样的，其指令的数量与功能、指令格式、寻址方式、数据格式都有差别。即使是一些常用的基本指令，如算术运算指令、逻辑运算指令、转移指令等也是各不相同。但是从指令的操作功能来考虑，一个较完善的指令系统应当包括数据传送类指令、算术运算类指令、逻辑运算类指令、程序控制类指令、输入输出类指令、系统控制类指令等。

1. 数据传送类指令

计算机的操作大部分可以归结为各类信息的传送，因此数据传送类指令是最基本的指令。数据传送类指令主要用于寄存器与寄存器、寄存器与存储单元、存储单元与存储单元之间的数据传送操作。对存储器来说，数据传送包括对数据的读/写操作。传送时，数据从源地址传送到目的地址，而源地址中的内容保持不变。因此，计算机中的数据传送实际上是数据复制。

数据传送类指令可以是一个操作数的传送，也可以是一串操作数的传送，这取决于指令的操作要求。例如，Intel 8086 的 MOVS 指令一次可以传送一个字节或字。而加上重复执行前缀(REP)后，一次可以把一批数据从存储器的一个区域传送到另一个区域。

数据传送类指令既可以是单向的，也可以是双向的，即将源操作数与目的操作数(一个字节或一个字)相互交换位置。例如 Intel 8086 中的 XCHG 指令，源操作数与目的操作数可互换位置，源操作数可以在寄存器或主存单元中，目的操作数则只允许在通用寄存器中。

2. 算术运算类指令

算术运算类指令主要用于定点数和浮点数运算。这类运算包括定点数的加、减、乘、除运算，浮点数的加、减、乘、除运算，以及自加 1、自减 1、比较运算等。此外，有些机器还有十进制运算指令。绝大多数算术运算类指令都会影响到状态标志位。通常的标志位有进位、溢出、全零、正负和奇偶等。

比较指令是减法指令的一个特殊变化，仍是进行两数相减的运算，但结果不回送，即不保留“差”。比较指令的功能在于不破坏原来的两个操作数，而仅设置相应的标志位，为紧跟在其后的条件转移指令提供操作的依据，以决定程序的走向。

为了实现高精度的加法(减法)运算(双倍字长或多字长)，低位字(字节)加法运算所产生的进位(或减法运算所产生的借位)都存放在进位标志中；在高位字(字节)加法(减法)运算时，应考虑低位字(字节)的进位(或借位)。因此指令系统中除去普通的加减指令外，一般都设置有带进位加指令和带借位减指令，例如 Intel 8086 中的 ADC、SBB 指令。

3. 逻辑运算类指令

一般计算机都具有逻辑与、或、非、异或、移位等指令，这类指令主要用于无符号数的位操作、代码转换、判断及运算。例如 Intel 8086 中的 AND、OR、NOT、XOR 等指令。

移位指令用来对操作数实现左移、右移和循环移位操作。移位指令可分为算术移位、逻辑移位和循环移位三类，同时它们又分别包括左移和右移两种。例如 Intel 8086 中的 SHL/SHR、SAL/SAR、ROL/ROR、RCL/RCR 指令。

4. 程序控制类指令

程序控制类指令主要用于控制程序的执行顺序，并使程序具有测试、分析与判断的能力，因此，它是指令系统的一个重要组成部分。这类指令主要包括无条件转移指令、条件转移指令、转子程序与返回指令、程序中断指令等。

(1) 无条件转移指令。无条件转移指令用来改变指令的正常执行顺序，不受任何约束地将程序转移到该指令指定的地址去执行。这种操作只影响程序计数器的内容，如 Intel 8086 的 JMP 指令。

(2) 条件转移指令。条件转移指令是指仅当满足指令规定的条件时，才执行转移；否则只相当于一条空操作指令，不改变程序执行顺序。条件转移指令一般常跟在比较或测试指令之后，根据测试条件是否满足来决定是否转移。由于这种指令可使计算机根据条件(输入数据处理或处理结果)来选择程序执行方向，因此条件转移指令使机器具有逻辑判断能力。

一般用来作为转移条件的标志有进位标志(C)、结果为零标志(Z)、结果为负标志(N)和结果溢出标志(V)等，也可以利用这些标志的组合作为转移条件，如 Intel 8086 的 JZ、JC 等指令。

(3) 转子程序与返回指令。通常，子程序是一组可以共享的指令序列，在执行主程序的过程中可被多次调用，甚至可被不同的程序所调用。只要给出子程序的入口地址就能从主程序转入子程序。转子程序操作与转移指令的区别在于：转移指令无须返回，不必保存返回地址；而转子程序指令必须以某种方式保存返回地址，以便子程序执行结束后返回到调用程序的断点，如 Intel 8086 的 CALL、RET 指令。

(4) 程序中断指令。中断是计算机内部突发事件或由 I/O 设备请求而随机产生的。但有些计算机为了方便程序调试或调用某种功能等目的，设置有专门的程序中断指令，如 Intel 8086 的 INT 指令。当程序运行该类指令时，就以中断方式暂停后续指令的执行，将程序断点参数保存，然后转向某地址执行某段程序，实现所期望的功能，如查错、显示结果等。由于这些指令是由软件驱动的，所以又称为软中断。

5. 输入输出类指令

输入输出类指令用来启动外围设备，检查测试外围设备的工作状态，实现外围设备与主机之间或外围设备与外围设备之间的信息交换。不同计算机的输入输出方式差别很大，通常有两种方式：独立编址方式和统一编址方式。

独立编址方式设置有专用的输入输出指令，指令中给出了与存储器地址无关的设备码

(或端口地址),而指令操作码规定本指令要求的输入输出操作,包括输入、输出、启动等,如 Intel 8086 的 IN、OUT 等指令。

所谓统一编址,就是把输入输出设备寄存器和主存单元统一编址。在这种方式下,用一般的数据传送指令来实现输入输出操作。一个输入输出设备通常至少有三个寄存器:数据寄存器、命令寄存器和状态寄存器。每个寄存器都可以由分配给它的唯一地址来识别,主机可以像访问主存一样去访问输入输出设备的寄存器。例如,VAX-11 机采用的就是统一编址方式,它把最高的 4KB 主存地址作为输入输出设备寄存器的地址。

6. 特权指令

特权指令是指具有特殊权限的指令,它用于多用户、多任务的计算机系统的系统资源分配与管理。这类指令的功能包括:改变系统的工作方式,检测用户的访问权限,修改虚拟存储器管理的段表、页表,完成任务的创建和切换等。为了安全,这类指令一般不直接提供给用户使用,如 Pentium 中的 SGDT、LSI、INVD 等。

7. 处理器控制指令

处理器控制指令是直接控制 CPU 实现某种功能的指令,包括状态标志位的操作指令、停机指令、等待指令、空操作指令、封锁总线指令等,如 Intel 8086 中的 STC、WAIT、NOP、LOCK。

3.2 指令格式

计算机的指令格式与机器的字长、存储器的容量及指令的功能都有很大关系。从便于程序设计、增加基本操作并行性、提高指令功能的角度来看,指令中应包含多种信息。但在有些指令中,由于部分信息可能无用,不仅浪费了指令所占的存储空间,增加了访存次数,可能还会影响处理速度。因此,如何合理、科学地设计指令格式,既给出足够的信息,又使指令长度尽可能地与机器字长相匹配,以节省存储空间,缩短取指时间,提高机器的性能,是指令格式设计中的一个重要问题。

计算机是通过执行指令来处理各种数据的。为了指出所执行的操作、数据的来源及操作结果的去向,一条指令必须包含下列信息。

(1) 操作码。它具体说明了操作的性质及功能。一台计算机可能有几十条至几百条指令,每条指令都有一个相应的操作码。计算机通过识别该操作码来完成不同的操作。

(2) 操作数的地址。CPU 通过该地址就可以取得所需的操作数。

(3) 操作结果的存储地址。把对操作数的处理结果保存在该地址中,以便再次使用。

(4) 下条指令的地址。执行程序时,大多数指令按顺序依次从主存中取出执行。只有在遇到转移指令时,程序的执行顺序才会改变。为了压缩指令的长度,可以用一个程序计数器存放指令地址。每取出一条指令,PC 中的指令地址就自动加 1(设该指令只占一个主存单元),指出将要取出的下一条指令的地址。当遇到转移指令时,则用转移地址修改 PC 的内容。由于使用了 PC,指令中就不必明显地给出下一条将要取出的指令的地址。

从上述分析可知，一条指令实际上包括两种信息，即操作码和地址码。因此，指令的结构可用如图3-1的形式来表示。

操作码字段	地址码字段

图3-1 指令结构

3.2.1 指令字长

指令字长是指一条指令中所包含的二进制代码的位数，也就是指令的长度。

指令字长取决于操作码的长度、地址码的个数及长度。指令字长与机器字长没有固定的关系，它可以等于机器字长，也可以大于或小于机器字长。在字长较短的小型、微型机中，大多数指令的长度可能大于机器字长；而在字长较长的大、中型机中，大多数指令的长度则往往小于或等于机器字长。通常，把指令字长等于机器字长的指令称为单字长指令，指令字长等于半个机器字长的指令称为半字长指令，指令字长等于两个机器字长的指令称为双字长指令。例如IBM 370系列机，其指令格式有16位(半字)的，有32位(单字)的，还有48位(一个半字)的。

在指令系统中，若指令的长度随指令功能而异，称为变长指令结构。不同的指令可以有不同的长度，即需长则长，要短则短。但因为主存一般是按字节编址的，所以指令字长多为字节的整数倍。如在Intel 80x86中，指令长度是可变的，有1字节、2字节、4字节、8字节，最长的有12字节。原则上讲，短指令比长指令好，主要是它能节省存储空间，提高取指令的速度，但有其局限性。长指令可能会占用两个或多个地址，取指令的时间相对来说就要长些，但可以扩大寻址范围或可以带几个操作数。两者各有所长，如果长、短指令可在同一机器中混合使用，就会给系统带来很大的灵活性。

到目前为止，主流PC和传统的大、中、小型机仍广泛采用复杂指令系统和变长指令格式。变长结构指令系统比较灵活，能充分利用指令字的每一位代码，但指令的控制较复杂。

在一个指令系统中，若所有指令的长度都是相等的，称为定长指令结构。定长结构的指令系统控制简单，但不够灵活。为了获得更高的执行速度，采取精简指令系统。它采用定长结构指令，可广泛用于工作站类的高档微机。也可采用众多的RISC处理器构成大规模并行处理阵列。

3.2.2 地址码

根据一条指令中地址码的数量，可将该指令称为几操作数指令或几地址指令。一般的操作数有源操作数、目的操作数及操作结果这三种数，因而就形成了三地址指令格式，这是早期计算机指令的基本格式。在三地址指令格式的基础上，后来又发展出二地址指令、一地址指令、零地址指令和多地址指令。各种不同操作数的指令格式如图3-2所示。

1. 三地址指令

三地址指令字中有三个地址码，其功能为

$$A_3 \leftarrow (A_1)\ OP\ (A_2)$$

三地址指令	OP	A_1	A_2	A_3
二地址指令	OP	A_1	A_2	
一地址指令	OP	A		
零地址指令	OP			

图 3-2 指令格式

式中，OP 表示操作性质，如加、减、乘、除等；A_1、A_2、A_3 可以是内存单元的地址，也可以是运算器中通用寄存器的地址，A_1 为源操作数地址，A_2 为目的操作数地址，A_3 为存放操作结果的地址；←表示把操作结果传送到指定的地方。

这种格式的指令长度比较长，小型、微型机中很少使用。

2. 二地址指令

二地址指令常称为双操作数指令，它的两个地址码分别指明参与操作的两个操作数存放的内存单元地址或通用寄存器的名称。A_1 为源操作数地址，A_2 为目的操作数地址，A_2 同时兼作存放操作结果的地址。指令执行之后，A_2 地址中原来存放的内容已被覆盖了，其功能为

$$A_2 \leftarrow (A_1)\ \mathrm{OP}\ (A_2)$$

在二地址指令格式中，从操作数的物理位置来说，又可归结为三种类型。

(1) 存储器-存储器(SS)型指令：操作数都存放在内存单元中。执行指令时，需从内存某单元中取出操作数，并将操作结果存放至内存另一单元中，因此机器执行这种指令需要多次访问内存。

(2) 寄存器-寄存器(RR)型指令：可使用通用寄存器组或个别专用寄存器存放操作数。执行指令时需从寄存器中取出操作数，并把操作结果放到另一寄存器中。机器执行寄存器-寄存器型指令的速度很快，因为执行这类指令不需要访问内存。

(3) 寄存器-存储器(RS)型指令：一个操作数存放在通用寄存器组的某个寄存器中，另一个操作数存放在内存单元中。执行此类指令时，既要访问内存单元，又要访问寄存器。

二地址指令是最常见的指令格式，在各种计算机的指令系统中广泛采用。

3. 一地址指令

一地址指令中只给出一个地址，该地址既是操作数的地址，又是操作结果的存储地址，如加 1、减 1 和移位等单操作数指令均采用这种格式。其操作过程是：对这一地址所指定的操作数执行相应的操作后，得出的结果又存回该地址中，其功能为

$$A_1 \leftarrow \mathrm{OP}(A_1)$$

另一种情况是以 CPU 中的累加寄存器(AC)的内容作为一个隐含操作数，指令的地址码 A 指明的是另一个操作数，操作结果又送回 AC，其功能为

$$\mathrm{AC} \leftarrow (\mathrm{AC})\mathrm{OP}(\mathrm{A})$$

4. 零地址指令

零地址指令格式只有操作码字段。这种格式可用于只需操作码字段而不需要操作数的指令,如停机、空操作、清除等控制指令。

但某些需要操作数的算术、逻辑类指令也可以用零地址指令来实现,这时操作数地址是隐含的。如对AC内容进行操作,其AC为隐含约定时可用零地址。堆栈计算机中的算术、逻辑类指令就是零地址指令,此时参加运算的操作数放在堆栈中,运算结果也放在堆栈中(有关堆栈的详细内容在后面介绍)。

5. 多地址指令

某些性能较好的大、中型机甚至高档小型机中,往往设置了一些功能很强的、用于处理成批数据的指令,如字符串处理指令、向量和短阵运算指令等。为了描述一批数据,指令中需要多个地址来指出数据存放的首地址、长度和下标等信息。例如CDC STAR-100计算机系统的矩阵运算指令,其地址码部分有7个地址段,用来指出两个矩阵的数据存放情况及结果的存放情况。

指令中地址个数的选取要考虑诸多因素。从缩短程序长度、方便用户使用和增加操作并行度等方面来看,选用多地址指令格式较好;从缩短指令长度、减少访存次数、简化硬件设计等方面来看,一地址指令格式较好。对于同一个问题,用三地址指令编写的程序行数最少,但程序目标代码的长度最长;而用二、一、零地址指令来编写程序,程序行数一个比一个多,但程序目标代码的长度一个比一个短。表3-1给出了不同地址数指令的特点及适用场合。

表3-1 不同地址数指令的特点及适用场合

地址数量	程序长度	程序存储空间	执行速度	适用场合
三地址	短	最大	一般	向量、矩阵运算为主
二地址	一般	大	较慢	广泛使用
一地址	较长	较大	较快	连续运算,硬件结构简单
零地址	较长	最小	最快	嵌套、递归问题

3.2.3 操作码

指令系统的每一条指令都有一个唯一的、用二进制代码表示的操作码,它用来表示该指令应进行什么性质的操作,如进行加法、减法、乘法、除法、数据传送等,其长度取决于指令系统中的指令条数和编码格式。

指令操作码主要有两种编码格式:固定长度格式和可变长度格式。

1. 固定长度操作码

固定长度操作码指操作码的长度固定,且集中放在指令字的一个字段中。这种格式对于简化硬件设计、减少指令译码时间非常有利,在字长较长的大、中型机和超级小型机以及RISC上被广泛采用。若某机器的操作码字段长度为K位,则它最多能表示2^K条不同指令。如 IBM 370 机(字长 32 位)的操作码字段都是 8 位,8 位操作码允许指定 256 条指令。而实际上在 IBM 370 机中只有 183 条指令,存在着较大的信息冗余。

IBM 370 机的指令可分为三种不同的长度形式:半字长指令、单字长指令和一个半字长指令。半字长指令不包含主存地址;单字长指令只指明一个主存地址;一个半字长指令则给出两个主存地址,共有 5 种格式,如图 3-3 所示。

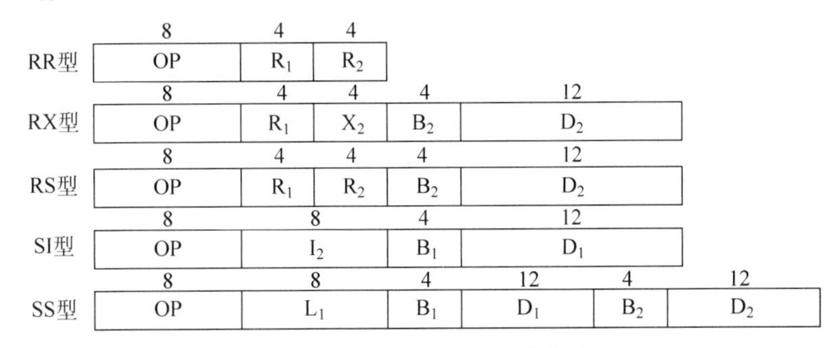

图 3-3 IBM 370 机的指令格式

【例 3.1】 机器的指令字长为 16 位,指令格式如图 3-4 所示,其中 OP 为操作码,试分析该指令格式的特点。

15～9	8	7～4	3～0
OP	X	源寄存器	目的寄存器

图 3-4 例 3.1 图

解 由图 3-4 可知:

(1) 该指令为单字长二地址指令;

(2) 操作码字段 OP 为 7 位,最多能表示 128 条不同指令;X 字段用于寻址方式;

(3) 源寄存器和目标寄存器都是通用寄存器(可分别指定 16 个),所以是 RR 型指令,两个操作数均存放在寄存器中;

(4) 这种指令结构常用于算术、逻辑运算类指令。

【例 3.2】 机器的指令字长为 16 位,指令格式如图 3-5 所示,OP 为操作码字段,试分析指令格式的特点。

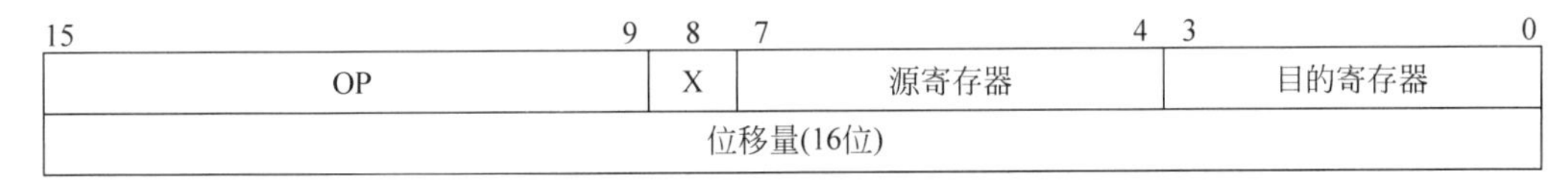

图 3-5 例 3.2 图

解 由图 3-5 所知:

(1) 该指令为双字长二地址指令,用于访问存储器;

(2) 操作码字段 OP 为 7 位,最多能表示 128 条不同指令;X 字段用于寻址方式;

(3) 一个操作数存放在源寄存器(共 16 个),另一个操作数存放在存储器中(由变址寄存器和位移量决定),所以是 RS 型指令。

2. 可变长度操作码

可变长度操作码不但长度可变,而且分散地存放在指令字的不同字段中。具体方法是:

当指令中的地址码位数较多时，让操作码的位数少些；当指令中的地址码位数减少时，让操作码的位数增多，以增加指令种类，称为扩展操作码。这样既能充分利用指令字的各个字段，又能在不增加指令长度的情况下扩展操作码的长度，使它能表示更多的指令。这种格式在字长较短的小型和微型机上广泛采用，如 PDP-11/VAX-11、Intel 80x86 和 Pentium 等。PDP-11 机的指令分为单字长、二字长、三字长三种，操作码字段长度为 4～16 位不等，可遍及整个指令长度。PDP-11 机的部分指令格式如图 3-6 所示。

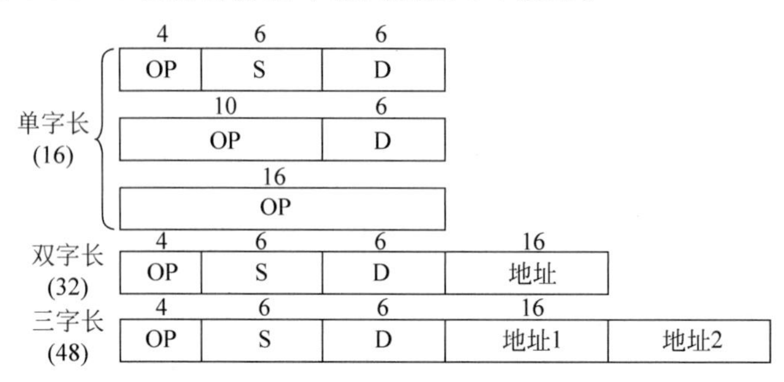

图 3-6 PDP-11 机的部分指令格式

显然，操作码长度不固定将增加指令译码和分析的难度，使控制器的设计复杂化，因此对操作码的编码至关重要。通常是在指令字中用一个固定长度的字段来表示基本操作码。

例如，设某机器的指令字长为 16 位，包括 1 个 4 位的基本操作码字段和 3 个 4 位地址码字段，其格式如图 3-7 所示。

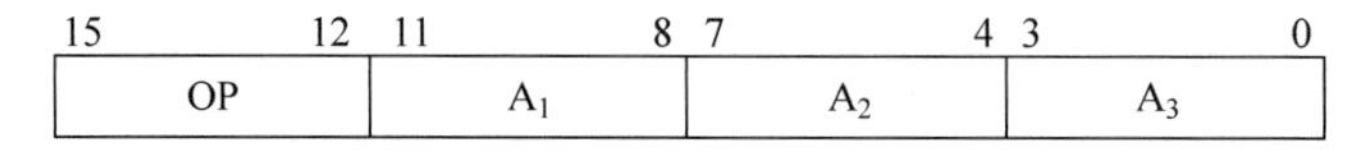

图 3-7 某机器的指令格式

4 位基本操作码有 16 种编码组合，若全部用三地址指令表示，则有 16 条。但是，若三地址指令仅需 15 条，两地址指令需 15 条，一地址指令需 15 条，零地址指令需 16 条，共 61 条指令，应如何安排操作码？显然，只有 4 位基本操作码是不够的，必须将操作码的长度向地址码字段扩展才行。一种可供扩展的方法和步骤如下：

(1) 15 条三地址指令的操作码用 4 位基本操作码(0000～1110)表示，剩下的 1111 用于把操作码扩展到 A_1，即从 4 位扩展到 8 位；

(2) 15 条二地址指令的操作码用 8 位操作码(11110000～11111110)表示，剩下的 11111111 用于把操作码扩展到 A_2，即从 8 位扩展到 12 位；

(3) 15 条一地址指令的操作码用 12 位操作码(111111110000～111111111110)表示，剩下的 111111111111 用于把操作码扩展到 A_3，即从 12 位扩展到 16 位；

(4) 16 条零地址指令的操作码用 16 位操作码(1111111111110000～1111111111111111)表示。

一般将指令操作码放在指令字的第一字节，当读出操作码后就可马上判定这是一条单操作数指令还是一条双操作数指令，或者是零地址指令，从而知道后面还应该取几个字节指令代码。当然，在采取预取指令技术时，这个问题会复杂一些。

实际上，在可变长度操作码的指令系统设计中有一个重要的原则，就是使用频率高的指令应分配短的操作码，使用频率低的指令相应地分配较长的操作码。哈夫曼

(Huffman)编码法就是根据上述原则进行编码的。这样不仅可以有效地缩短操作码在程序中的平均长度，节省存储器空间，而且缩短了使用频率高的指令的译码时间，提高了程序的运行速度。

【例 3.3】 设指令字长为 12 位，每个地址码为 3 位，采用扩展操作码的方式，设计 4 条三地址指令、255 条一地址指令和 8 条零地址指令。

要求：

(1) 写出扩展表示；

(2) 画出指令译码逻辑图；

(3) 计算操作码的平均长度。

解 (1) 操作码的扩展表示如下：

```
000×××××××××  }
 ⋮        ⋮   } 4 条三地址指令
011×××××××××  }
100 000 000×××  }
     ⋮     ⋮    } 255 条一地址指令
111 111 110×××  }
111 111 111000  }
     ⋮     ⋮    } 8 条零地址指令
111 111 111111  }
```

(2) 指令译码逻辑如图 3-8 所示。

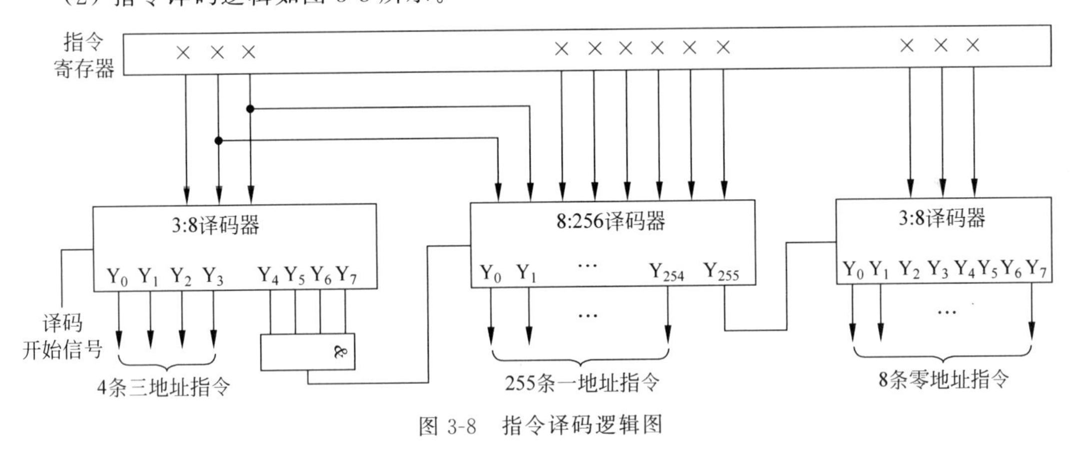

图 3-8　指令译码逻辑图

(3) 指令操作码的平均长度 $=(4\times3+9\times255+12\times8)/267=9$(位)。

3. 指令助记符

由于计算机只能识别 1 和 0，所以采用二进制操作码是必要的，但是用二进制代码来书写程序却非常麻烦。为了便于书写和阅读程序，每条指令通常用 3 个或 4 个英文缩写字母来表示，这种缩写码叫作指令助记符，如表 3-2 所示。这里假定指令系统只有 7 条指令，所以操作码只需 3 位二进制。

表 3-2 典型的指令助记符

典型指令	指令助记符	二进制操作码
加法	ADD	001
减法	SUB	010
数据传送	MOV	011
跳转	JMP	100
转子程序	CALL	101
存操作数	STR	110
取操作数	LDA	111

由于指令助记符提示了每条指令的意义,因此比较容易记忆,书写起来比较方便,阅读时也容易理解。例如一条加法指令可以用助记符 ADD 来代表操作码 001;而一条数据传送指令可以用助记符 MOV 来代表操作码 011。

由指令助记符构成的指令称为汇编指令。在讨论指令系统时为了方便,经常使用汇编指令。需要注意的是,在不同的计算机中,指令助记符的规定是不一样的。如 80x86 系列 CPU 的汇编指令与 MCS-51 单片机的汇编指令是不同的。

计算机只能识别和执行二进制语言,因此,汇编指令还必须转换成与它们相对应的二进制码。这种转换借助汇编程序可以自动完成,汇编程序相当于一个“翻译”。

3.3 数据的存储与寻址方式

存储器中存储的数据包括两大类:一是指令,二是操作数。对这些数据的存储和寻址,不同的计算机会有不同的方法。

3.3.1 数据的存储方式

1. 操作数的存储方式

机器指令可以对不同类型的操作数进行操作。操作数的类型有数值数据和非数值数据,数值数据可以是定点整数、浮点数、十进制数,操作数的位数可以是字节、字、双字、四字。

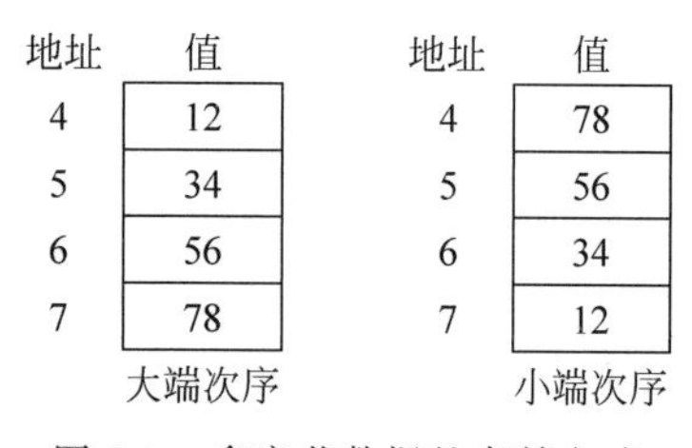

图 3-9 多字节数据的存储方式

一个多字节的数据在按字节编址的主存中通常有两种排序方式:大端次序(big-endian ordering)和小端次序(little-endian ordering)。大端次序将最高有效字节存储在最小地址单元,小端次序将最低有效字节存储在最小地址单元。图 3-9 是 4 字节的十六进制数 12345678 在存储器中的存储方式示意图。

采用大端次序的优点如下。

(1) 字符串排序方便。因为字符串与整型数据的字节顺序一致,在对大端次序字符串进行比较时,整型 ALU 可以同时比较多个字符。

(2) 顺序一致。采用相同的顺序存储整型数和字符串时,显示十进制数以及字符串很方便,所有的数值可直接从左到右顺序显示而不会产生混淆。

小端次序的优点是其适合于超长数据的算术运算。对采用小端次序存储的数据进行高精度算术运算时，不需要寻找最低字数据，后再反向移动到较高位。

Intel 80x86、Pentium、VAX 和 Alpah 是采用小端次序的处理器，IBM S370/390、Motorola 的 680x0、Sun SPARC 和大多数 RISC 机器则采用大端次序，Power PC 是既支持大端次序又支持小端次序的机器。当数据由一种端序类型的机器传送到另一种类型的机器，或当程序试图对多字节数据的个别字节或个别位进行处理时，要特别注意数据的存储次序。

2. 数据对齐方式

在数据对齐存储方式下，要求一个数据字占据完整的一个字的存储位置，而不是分成两部分各占据一个字存储位置的一部分。例如一个 32 位的数据字，在按字对齐方式下，它的地址应当是 4 的倍数，即其地址的二进制码的最低两位为 00。这样，它实际占据的存储单元的地址为 $4n$、$4n+1$、$4n+2$ 和 $4n+3$(n 为自然数)。在 32 位宽度的存储器中，因为其字地址为 $4n$，这个数据可以一次读取或者写入。如果这个数据字不按对齐方式存储，其存储单元的地址会出现如 $4n-1$、$4n$、$4n+1$ 和 $4n+2$ 的情况，这样的数据在 32 位的存储器需要分两次读取或者写入。在计算机中，规定数据的存储必须按字对齐的方式进行。图 3-10(a) 是一个字未对齐的例子，图 3-10(b) 是一个字对齐的例子。所以在存储器中有些位置是空白位置，这种空白存储位置是为了保证后继数据按字对齐方式进行存储。

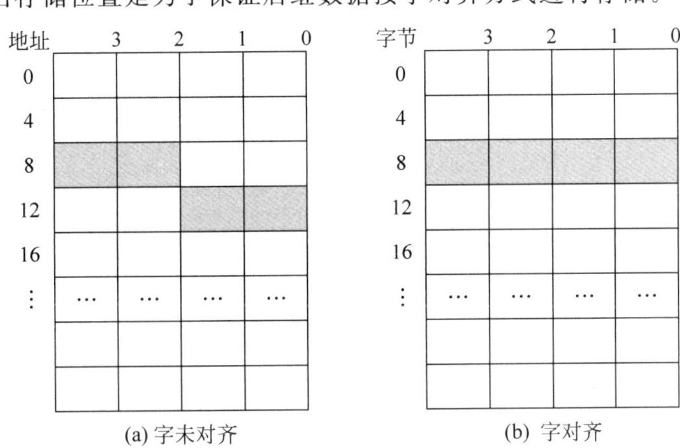

图 3-10 存储器中数据字的对齐方式

3.3.2 寻址方式

计算机中有两种信息，即指令和数据(或称操作数)，它们都存放在存储器相应的存储单元中。运行程序时，计算机会逐条执行指令，并对数据进行处理。那么，如何从存储器中找到所需要的指令或数据呢？很明显，只要找到它们在存储器中的有效地址即可。所谓寻址方式，就是形成指令或数据有效地址的方法。

寻址方式是指令系统设计的重要内容。一套好的寻址方式能给用户提供丰富的程序设计手段，能提高程序的质量和存储空间的利用率。寻址方式是不同计算机的重要特色之一，它们对寻址方式的分类及寻址方式的名称有各自的规定。下面介绍大多数计算机都使用的基本寻址方式，其中有些基本寻址方式可以组合使用，从而形成更复杂的寻址方式。

1. 指令寻址方式

指令寻址方式分为顺序寻址方式和跳跃寻址方式两种。

(1) 顺序寻址方式。组成程序的指令序列在主存中是顺序存放的。因此，执行程序是从该程序的第一条指令开始逐条取出并逐条执行。这种程序的顺序执行过程称为顺序寻址方式。为了达到顺序寻址的目的，CPU 中可以用一个程序计数器(program counter，PC)对指令的地址进行顺序计数。

PC 中开始时存放程序的首地址，然后每取出一条指令，PC 就加 1 或加一个常数，以指出下一条指令的地址，直到程序结束。指令顺序寻址方式的过程如图 3-11 所示。

(2) 跳跃寻址方式。当程序中出现分支或循环时，就会改变程序的执行顺序。此时，对指令寻址就要采取跳跃寻址方式。所谓跳跃，就是指下一条指令的地址不是通过 PC 加 1 获得的，而是由指令本身给出的。指令系统中的无条件转移指令和各种条件转移指令就是为跳跃寻址方式设置的。跳跃寻址方式的过程如图 3-12 所示。

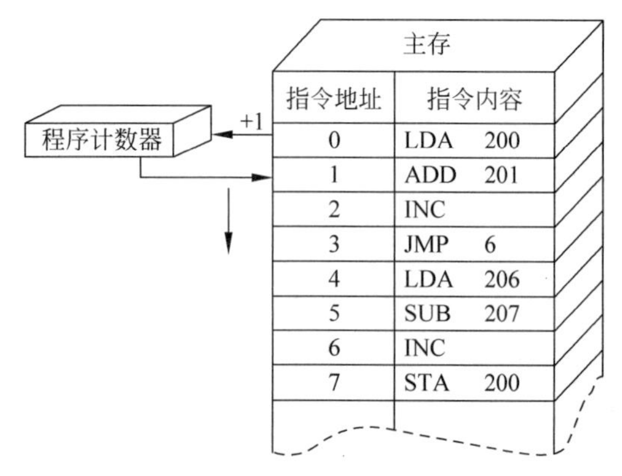

图 3-11 指令顺序寻址方式

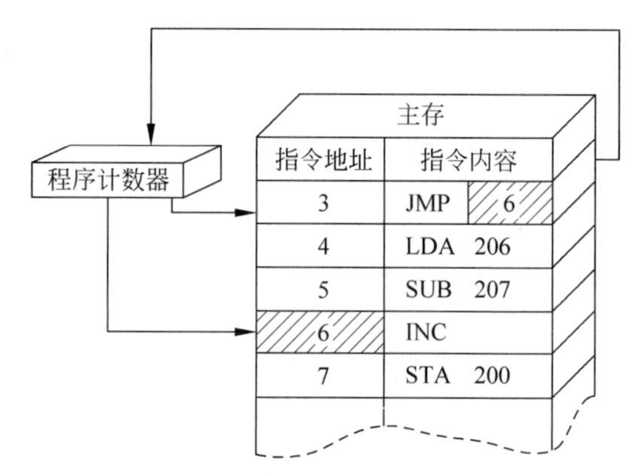

图 3-12 指令跳跃寻址方式

当执行 JMP 指令时，PC 不加 1，而是将 JMP 指令中的地址码 06 送到 PC；计算机从 06 地址取出指令执行，之后又顺序执行，直到再遇到转移指令或程序结束。

2. 操作数寻址方式

操作数寻址方式就是形成操作数有效地址的方法。由于指令长度的限制，指令中的地址码不会很长，而主存的容量却越来越大，因此把指令中用地址码字段给出的地址称为形式地址。这个地址有可能无法直接用来访问主存，而经过某种运算后可得到能够直接访问主存的地址，称为有效地址(effective address，EA)。

设某计算机指令系统的单地址指令结构如图 3-13 所示。其中，OP 为操作码，X 为寻址特征码，D 为形式地址(或称偏移量)。寻址过程就是把 X 和 D 的不同组合变换成有效地址的过程。常用的寻址方式有立即寻址、直接寻址、间接寻址、相对寻址、寄存器寻址、变址寻址等。

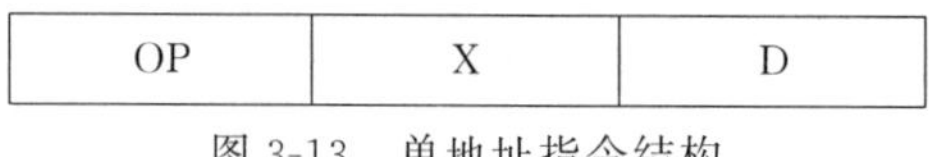

图 3-13 单地址指令结构

(1) 立即寻址。指令的地址码字段指出的不是操作数的地址,而是操作数本身,这种寻址方式称为立即寻址(immediate addressing)。这种寻址方式的特点是:在取指令时,操作码和操作数被同时取出,不必再次访问存储器,从而提高了指令的执行速度。但是,因为操作数是指令的一部分,不能被修改,而且立即数(立即寻址方式指令中给出的数)的大小受到指令长度的限制,所以这种寻址方式灵活性较差,通常用于给某一寄存器或主存单元赋初值。例如 Intel 80x86 的 MOV AX,2000H 指令,表示把立即数 2000H 传送给累加寄存器 AX。

(2) 直接寻址。指令的地址码字段直接指出操作数的有效地址,这种寻址方式称为直接寻址(direct addressing)。此时,特征码 X 指出寻址方式是直接寻址方式,形式地址 D 给出操作数的地址。若用 EA 代表有效地址,则 EA=D。例如 Intel 80x86 的 MOV AX,[2000H]指令,表示源操作数的有效地址 EA=2000H。直接寻址方式的过程如图 3-14 所示。

这种寻址方式不需要作任何寻址运算,简单直观,也便于硬件实现。但随着计算机主存容量的不断扩大,所需的地址码将会越来越长。对于定长指令,用于表示地址码字段的位数有限,限制了访问主存的范围;而对于变长指令,势必造成指令的长度太长。因此这种寻址方式缺少灵活性。

(3) 间接寻址。间接寻址(indirect addressing)是相对直接寻址而言的。在间接寻址方式中,地址字段中的形式地址不是操作数的有效地址,而是操作数地址的地址。就是说,D 指示的存储单元中的内容才是操作数的有效地址,而 D 只是一个间接地址。此时,特征码 X 指出寻址方式为间接寻址方式,有效地址 EA=(D)。间接寻址方式的过程如图 3-15 所示。

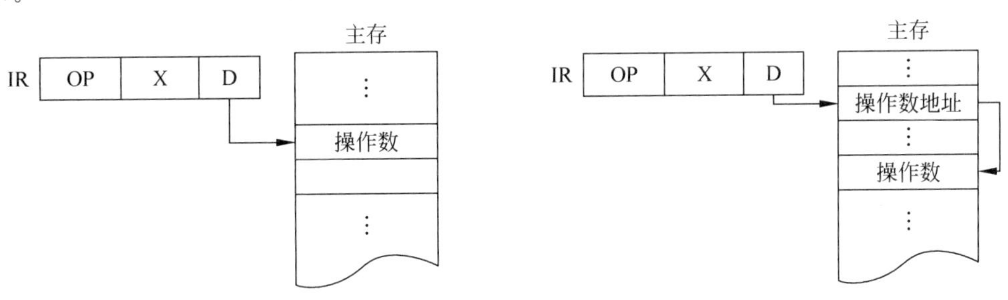

图 3-14　直接寻址方式　　　图 3-15　间接寻址方式

间接寻址扩大了寻址范围,可用较短的地址访问较大的主存空间。例如某计算机指令字长为 16 位,指令中的地址码为 10 位,直接寻址空间为 2^{10}(=1K)个存储单元。采用一级间接寻址后,从存储器中将取出 16 位的有效地址,能够访问 2^{16}(=64K)个存储单元。

间接寻址中又有一级间址和多级间址之分,图 3-15 所示的间接寻址是一级间址。采用多级间址时,为取得操作数需要多次访问主存。对于多级间址来说,在寻址过程中所访问的每个主存单元的内容中都应设置一个间址标志位。通常将这个标志位放在主存单元的最高位。当该位为"1"时,表示这一主存单元中仍然是间接地址,需要继续间接寻址;当该位为"0"时,表示已经找到了有效地址,根据这个地址可以找到真正的操作数。间接寻址在取指之后至少需要两次访问主存才能取出操作数,降低了指令执行的速度。所以,大多数计算机只允许一级间址。

(4) 寄存器寻址。寄存器寻址(register addressing)是在指令的地址码字段中给出某一个通用寄存器的编号,这个寄存器中存放着操作数。例如 Intel 80x86 的 MOV AX,DX 指令,表示源操作数存放在 DX 寄存器中,把它取出后就可以传送给累加寄存器 AX。寄存器寻址方式的过程如图 3-16 所示。

寄存器寻址的优点是:从寄存器中存取数据比从主存中快得多;由于寄存器的数量较少,其地址码字段较短,因此缩短了指令长度,提高了指令的执行速度,在各种计算机中广泛使用。

(5) 寄存器间接寻址。寄存器间接寻址(register indirect addressing)是在指令的地址码中给出某一通用寄存器的编号,在寄存器中存放操作数的有效地址,而操作数则存放在主存单元中。此时,X 特征码表示寻址方式为寄存器间接寻址方式,有效地址 EA=(R)。例如 Intel 80x86 的 MOV AX,[BX]指令,表示源操作数的有效地址存放在 BX 寄存器中。寄存器间接寻址方式的过程如图 3-17 所示。

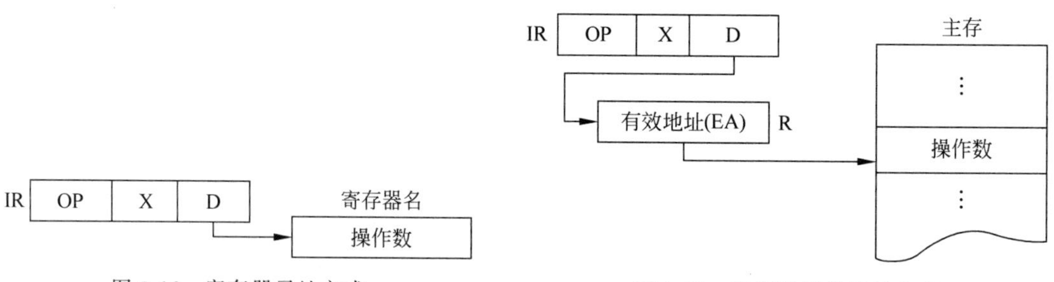

图 3-16 寄存器寻址方式

图 3-17 寄存器间接寻址方式

寄存器间接寻址方式的指令代码较短,克服了间接寻址中访存次数多的缺点,指令执行速度快,是一种广泛使用的寻址方式。此时寄存器本身被称为间接地址指示器,在编程过程中常作为地址指针。

(6) 相对寻址。相对寻址(displacement addressing)是把 PC 中的内容加上指令中的形式地址 D,形成操作数的有效地址。此时,特征码 X 表示寻址方式为相对寻址方式,PC 中的内容是当前的指令地址。这里的"相对",就是相对当前的指令地址,所以,操作数的有效地址为 EA=(PC)+D。形式地址 D 可正、可负,通常用补码表示;操作数可在指令存储单元之前或之后。操作数的地址与指令地址之间总是相差一个固定值,支持程序在主存中任意浮动。相对寻址方式的过程如图 3-18 所示。

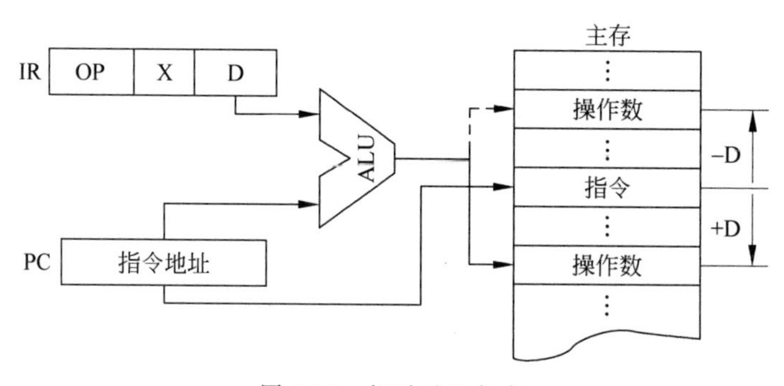

图 3-18 相对寻址方式

(7) 变址寻址。将变址寄存器的内容加上位移量 D 形成操作数的有效地址 EA,称为变址寻址(index addressing)。这种寻址方式与相对寻址的区别在于它与本条指令的地址无关，操作数地址随变址寄存器的内容浮动一个 D。变址寄存器的内容可由程序员设置，故寻址更灵活。在具有变址寻址的指令中，除去操作码和形式地址外，还必须指明变址寄存器。变址寻址方式的过程如图 3-19 所示。

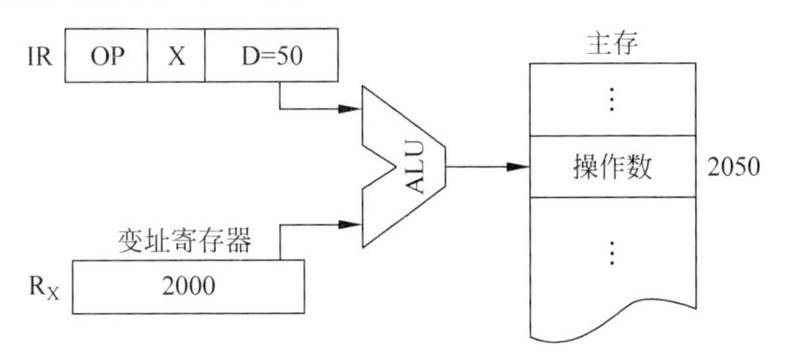

图 3-19　变址寻址方式

变址寻址是一种广泛采用的寻址方式，最典型的用法是将指令中的形式地址作为基准地址，而变址寄存器的内容作为修改量。当需要频繁修改地址时无须修改指令，只要修改变址值就可以了，这对于数组运算、字符串操作等成批数据的处理是很有用的。例如 Intel 80x86 的 MOV AX，TABLE[SI]指令，表示源操作数的有效地址 EA＝(SI)＋TABLE，其中 SI 是变址寄存器，TABLE 是数组或字符串的基准地址，在此作为位移量 D。

(8) 基址寻址。基址寻址(base addressing)是将基址寄存器 R_b 的内容与指令中给出的位移量 D 相加，形成操作数的有效地址，即 EA＝(R_b)＋D。当特征码 X 指明是基址寻址时，要指定一个寄存器来存放寻址的基准值，这个寄存器称为基址寄存器。指令的地址码字段是一个可正、可负的位移量。基址寻址方式的过程如图 3-20 所示。

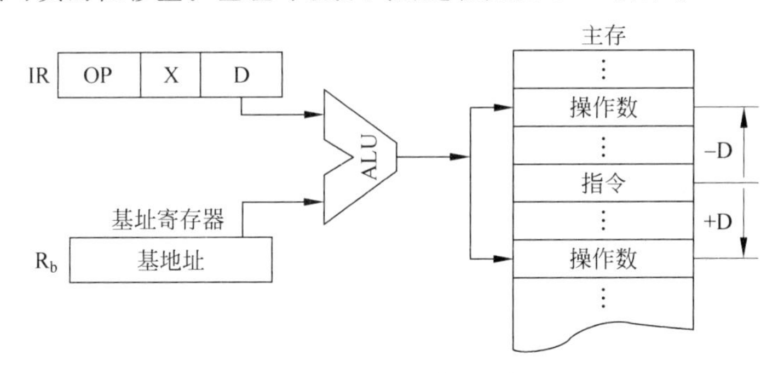

图 3-20　基址寻址方式

基址寻址和变址寻址在形成有效地址时所用的方法是相同的，而且在一些计算机中，这两种寻址方式都是用同样的硬件来实现的。两者的区别是应用的场合不同，变址寻址是面向用户的，用于访问字符串、向量和数组等成批数据；而基址寻址是面向系统的，主要用于逻辑地址和物理地址间的变换，用以解决程序在主存中的再定位和扩大寻址空间等问题。

(9) 段寻址。段寻址(segment addressing)是一种为了扩大寻址范围而采用的技术，在 Intel 80x88/80x86 等处理器中使用。80x88/80x86 处理器字长为 16 位，因此寻址范围只有 2^{16}＝64KB，而处理器的直接寻址范围可达到 2^{20}＝1MB，其中的奥妙就是采用了段寻址方式。具体方法是将 1MB 的存储空间以 64KB 为单位分为若干段，在形成操作数的有效地址时，由一个基地址加上某寄存器提供的 16 位偏移量形成 20 位物理地址，这个基地址由

CPU 中的段寄存器提供；形成 20 位物理地址后，段寄存器中的内容自动左移 4 位，然后与偏移量相加，即形成所需的 20 位地址。段寻址方式的过程如图 3-21 所示。

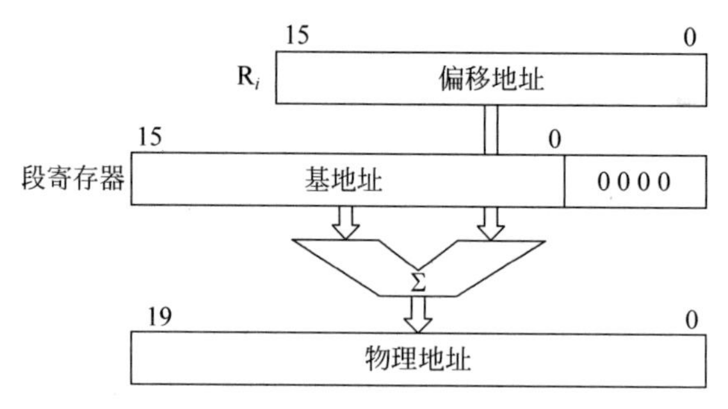

图 3-21　段寻址方式

(10) 复合寻址。复合寻址(composite addressing)是把两种或两种以上的基本寻址方式组合在一起形成的寻址方式。如间接寻址方式与变址寻址或相对寻址方式结合形成的寻址方式。

以上介绍了一些常用的基本寻址方式。对于某类型计算机的指令系统，可能只用了上述寻址方式的一部分或某些基本方式再加上几种变形的寻址方式。只要熟悉了以上的寻址方式，其他的寻址方式是很容易理解的。另外，在双地址指令或多地址指令中，各地址码的寻址方式可能不同，请读者注意。

【例 3.4】 一种二地址 RS 型指令的结构如图 3-22 所示。

6位		4位	1位	2位	16位
OP	—	通用寄存器	I	X	位移量(D)

图 3-22　二地址 RS 型指令的结构

其中 I 为间接寻址标志位，X 为寻址模式字段，D 为位移量字段。通过 I、X、D 的组合，可构成如表 3-3 所示的寻址方式。请写出表 3-3 中 6 种寻址方式的名称。

表 3-3　寻址方式

寻址方式	I	X	有效地址 EA 的算法	说　明
(1)	0	00	EA＝D	
(2)	0	01	EA＝(PC)＋/－D	PC 为程序计数器
(3)	0	10	EA＝(R_2)＋/－D	R_2 为变址寄存器
(4)	1	11	EA＝(R_3)	
(5)	1	00	EA＝(D)	
(6)	0	11	EA＝(R_1)＋/－D	R_1 为基址寄存器

解 (1) 直接寻址；　(2) 相对寻址；　(3) 变址寻址；
(4) 寄存器间接寻址；　(5) 间接寻址；　(6) 基址寻址。

3. 堆栈寻址方式

最后介绍堆栈寻址方式。堆栈(stack)是一种数据项按序排列的线性序列，它的存取顺序是“后进先出”(last in first out)。堆栈是一个预留的位置块，数据项是被陆续加到栈顶的。在任何时刻，堆栈的位置块都是部分被填充的。堆栈寻址方式是一种隐含寻址，隐含地指示对栈顶位置的数据执行操作。

1）堆栈的设置

堆栈的设置通常有两种方式：硬堆栈和软堆栈。硬堆栈由CPU中的一组专门寄存器组成，容量有限。软堆栈通过执行相关指令，把主存储器中的一段存储区定义为堆栈，利用一个通用寄存器作为堆栈指针SP(stack pointer)，并设置SP的初值。目前大多数计算机都支持软堆栈，软堆栈设置灵活，可满足较大容量的要求，可以用对存储器寻址的指令来对堆栈中的数据进行访问。

2）堆栈的工作方式

将数据存入堆栈的操作称为“进栈(PUSH)”，从堆栈中取出数据的操作称为“出栈(POP)”，出栈后相应单元的数据不再保留。最先进栈的数据位于堆栈的底端（栈底），最后进栈的数据位于堆栈的顶端（栈顶），进栈和出栈操作均在栈顶进行。图3-23展示了“进栈”操作的过程。

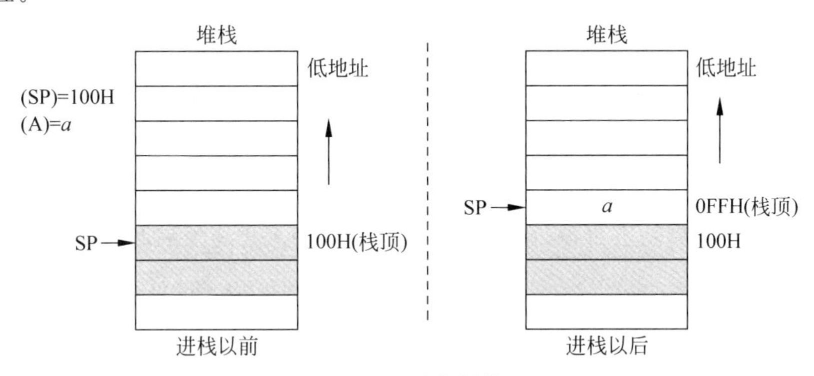

图3-23 进栈操作

在执行进栈操作前，设堆栈指针(SP)=100H，通用寄存器(A)=a。假如现在把通用寄存器A中的数据送入堆栈，那么执行“进栈”指令后，SP会自动“减1”成为0FFH（十六进制）；数据a被压入存储单元0FFH，SP始终指向栈顶（最后存入数据的堆栈单元）。因此进栈操作可描述为

$$SP \leftarrow (SP) - 1, M_{SP} \leftarrow (A)$$

其中(A)表示通用寄存器A的内容；SP表示堆栈指针；M_{SP}表示堆栈指针指示的栈顶单元。

图3-24展示了“出栈”操作的过程。

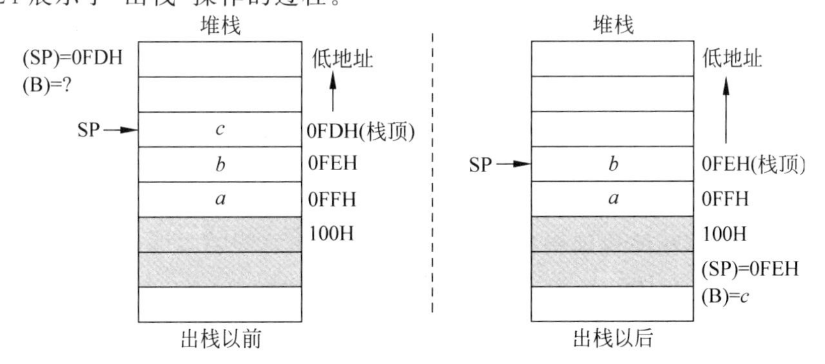

图3-24 出栈操作

假定出栈操作之前，堆栈中已存入 a、b、c 三个数，堆栈指针(SP)=0FDH。要求把堆栈中的数据送到通用寄存器 B，那么执行“出栈”操作后，就把当前栈顶单元的内容 c 送到了 B，堆栈指针 SP 变为 0FEH。

出栈操作可描述为

$$B \leftarrow (M_{SP}),SP \leftarrow (SP)+1$$

要注意的是，有的机器执行进栈操作时，SP 由低地址向高地址变化；出栈操作时，SP 由高地址向低地址变化。

除了利用堆栈暂时存取数据外，在执行转子程序指令、中断指令时也要用到堆栈，子程序的嵌套、递归调用也离不开堆栈。

3.4 指令集架构

本节介绍 CISC 和 RISC 的发展及特点，阐述指令集架构的定义，讨论 Intel 80x86 和 RISC-V 等典型指令集架构的变化发展。

3.4.1 CISC 和 RISC

从计算机指令系统设计的角度看，计算机的体系结构可分为 CISC 和 RISC。CISC 对计算机体系结构的发展功不可没，而 RISC 则是近 30 年来迅速发展起来的一种体系结构。

1. CISC

随着集成电路技术的发展，计算机的硬件成本不断下降，但软件成本不断提高。为此，计算机系统设计者在设计指令系统时，增加了越来越多的功能强大的复杂指令以及更多的寻址方式，以满足不同方面的需求。

(1) 更好地支持高级语言。增加语义接近高级语言语句的指令，缩短指令系统与高级语言之间的语义差距。

(2) 简化编译。编译器是将高级语言翻译成机器语言的软件。当机器指令的语义与高级语言的语义接近时，编译器的设计变得相对简单，编译的效率也会大大提高，而且编译后的目标程序也能得到优化。

(3) 满足系列计算机软件向后兼容的需求。为了做到程序兼容，同一系列计算机的新型号计算机和高档计算机的指令系统只能扩充而不能减少原来的指令，因此指令数量越来越多。

(4) 更好地支持操作系统。随着操作系统的功能越来越复杂，要求指令系统提供对相应功能指令的支持，如多媒体指令和 3D 指令等。

(5) 压缩地址码长度，设计多种寻址方式。为在有限指令长度内基于扩展法实现更多指令，只有最大限度地压缩地址码长度。但为满足寻址访问的需要，必须设计多种寻址方式，如基址寻址、相对寻址等。

基于上述原因，指令系统越来越庞大，越来越复杂，某些计算机中的指令多达数百条，同时寻址方式的种类也很多，称这类计算机为 CISC。Intel 80x86、IA64 指令系统就是典型的

CISC 指令系统。

CISC 具有如下特点：

(1) 指令系统复杂庞大，指令数目一般多达二三百条；

(2) 寻址方式多；

(3) 指令格式多；

(4) 指令字长不固定；

(5) 对访存指令不加限制；

(6) 各种指令使用频率相差大；

(7) 各种指令执行时间相差大；

(8) 大多数采用微程序控制器。

2. RISC

1979 年，以 Patterson 教授为首的一批计算机科学家对 CISC 进行了详细的研究，得到了以下结果。

首先，在 CISC 计算机中，各种指令的使用频率相差悬殊：一个典型程序在执行过程中所使用的 80%的指令类型，只占一个处理器指令系统所有类型的 20%。事实上最频繁使用的指令是存数、取数和算术运算这些最简单的指令。这样一来，长期致力于复杂指令系统的设计，实际上是在设计一种难得在实践中用得上的指令系统的处理器。同时，复杂的指令系统必然带来结构的复杂性，这不但增加了设计的时间与成本，还容易造成设计失误。

此外，许多复杂指令需要极复杂的操作，这类指令多数是某种高级语言的直接翻版，因而通用性差。由于采用二级的微程序执行方式，它也降低了那些被频繁使用的简单指令的运行速度。

因此，针对 CISC 的这些弊病，美国加州大学伯克利分校由 Patterson 教授领导的研究小组，首先提出了 RISC 这一术语，即指令系统应当只包含那些使用频率很高的少量指令，并提供一些必要的指令以支持操作系统和高级语言。按照这个原则发展而成的计算机被称为精简指令集计算机，简称 RISC。Patterson 教授领导的研究小组先后研制了 RISC-Ⅰ 和 RISC-Ⅱ计算机。1981 年，美国斯坦福大学在 Hennessy 教授领导下的研究小组研制了 MIPS RISC 计算机，强调高效的流水线和采用编译方法进行流水调度，使 RISC 技术设计风格得到很大补充和发展。

RISC 具有以下特点。

(1) 充分利用 VLSI 芯片的面积。CISC 机器的控制器大多采用微程序控制，其控制存储器在 CPU 芯片内所占的面积为 50%以上；而 RISC 机器的控制器采用组合逻辑控制，其硬布线逻辑只占 CPU 芯片面积的 10%左右，可将空出的面积供其他功能部件使用。这样，在相同的集成电路制造工艺条件下，同样的芯片面积上可实现更多的并行部件，如超级流水线、多核处理器。

(2) 提高计算机的运算速度。RISC 对运算速度的提高主要反映在以下 5 个方面：①RISC 指令系统采用固定长度的指令格式，选取使用频率最高的一些简单指令，指令种类少，指令规整、简单，基本寻址方式只有 2～3 种。②RISC 机器内大量使用寄存器，数据处理指令只对寄存器进行操作，只有加载/存储指令可以访问存储器，可提高指令的执行效率。

③RISC机器采用寄存器窗口重叠技术,因此,程序嵌套时不需要将寄存器内容保存到存储器中,提高了执行速度。④RISC机器采用组合逻辑控制,比采用微程序控制的CISC机器的延迟小,缩短了CPU周期。⑤RISC机器选用精简指令系统,适合于流水线工作,大多数指令可在一个时钟周期内完成。

(3) 便于设计,可降低成本,提高可靠性。RISC指令系统简单,故机器设计周期短,逻辑简单,设计出错可能性小,有错也容易发现,可靠性高。

(4) 有效支持高级语言程序。由于RISC指令系统指令少,寻址方式少,因此编译程序可选择更有效的指令和寻址方式。而且RISC机器的通用寄存器多,可尽量安排寄存器的操作,提高了编译程序的代码优化效率,以更有效地支持高级语言程序。

当然,和CISC结构相比较,尽管RISC结构有上述的优点,但决不能认为RISC结构就可以完全取代CISC结构。事实上,RISC和CISC各有优势,而且界限并不明显。有些典型的CISC处理器中内部加入了RISC的特性,如Intel公司的80486、Pentium系列的CPU就融合了RISC和CISC的优势。

3.4.2 典型指令集架构

指令集架构是指一种类型的CPU中用来计算和控制计算机系统的一套指令的集合。指令集架构主要规定了指令格式、数据类型及格式、寻址方式和可访问地址空间的大小、程序可访问的寄存器个数和位数、存储保护方式等。指令集通常包括三大类主要的指令类型:运算指令、分支指令和访存指令。此外,还包括架构相关指令、复杂操作指令和其他特殊用途指令。因此,一种CPU的指令集架构不仅决定了CPU所要求的能力,而且也决定了指令的格式和CPU的结构。下面介绍的80x86架构、ARM架构和RISC-V是典型的指令集架构。

1. 80x86架构

80x86架构也称为IA-32,是一个32位架构,最初由Intel公司研发,AMD也在销售与80x86兼容的微处理器。80x86漫长而曲折的历史可以追溯到1978年。当时,Intel推出了16位的8086微处理器,IBM选择了8086的姐妹产品8088作为IBM第一代个人计算机的CPU。1985年,Intel公司推出了32位的微处理器80386。它对于8086是向后兼容的,可以运行和使用为早期PC开发的软件。兼容80386的处理器体系结构称为80x86处理器。Pentium、Core和Athlon处理器都是著名的80x86处理器。

这些年来,Intel和AMD把更多的新指令和功能都塞进了这个陈旧的体系结构中,其结果就是这种体系结构很不优雅。然而,软件的兼容性比技术的优雅性更加重要,所以80x86在这20多年内都是PC的事实标准。每年卖出的80x86处理器超过1亿片,巨大的市场保证了每年可用高达50亿美元的研究开发经费来对处理器做进一步的改进。

80x86架构是目前唯一的主流复杂指令集,垄断了个人计算机和服务器处理器市场。80x86架构兼容16位、32位指令集,双字(4字节)长度的存储器访问时可以不对齐存储器地址,操作数以小端次序存储。兼容性一直都是80x86架构发展的驱动力,但在较新的微架构中,80x86处理器会把80x86指令转换为更像RISC的微指令再予执行,从而获得可与RISC比拟的超标量性能,而仍然保持向前兼容。

到 2002 年，由于 32 位特性的长度，80x86 的架构开始到达某些设计的极限。Intel 原本决定在 64 位时代完全舍弃 80x86 的兼容性，推出新架构的 IA-64 作为其 Itanium 处理器产品线的基础。但 IA-64 与 80x86 不兼容，使用模拟形式来运行 80x86 的软件不仅效率低下，还影响其他程序的运行。

AMD 主动把 32 位的 80x86 架构扩充为 64 位的 AMD64 架构。由于 AMD 的 64 位处理器产品线首先进入市场，且微软也不愿意为 Intel 和 AMD 开发两套不同的 64 位操作系统，因此 Intel 被迫采纳 AMD64 指令集，同时增加了一些新的指令并将其扩充到它们自己的产品中，命名为 EM64T 架构。EM64T 后来被 Intel 正式更名为 Intel 64。

2. ARM 架构

ARM 架构是由 ARM 公司开发设计的 32 位精简指令集处理器架构。

ARM 从 1983 年开始研发，1985 年开发出 ARM 1 Sample 版，而首颗"真正"的产能型 ARM 2 于次年量产。截至 2021 年，ARM 已经开发出了 9 代架构。ARM 架构的版本与典型内核如表 3-4 所示。

表 3-4 ARM 架构的版本与典型内核

架构版本	架构分类	典型内核	说明
ARM v9	-A	A710	ARM v9-A 架构建立在 ARM v8-A 架构之上并向下兼容
ARM v8	-A	A32 A34 A35 A55 A65 A72 A73 A75 A76 A77	兼容 64 位和 32 位执行状态的能力。AArch64 执行状态支持 A64 指令集；AArch32 是一个 32 位执行状态，它保留了与 ARM v7-A 架构的兼容性
	-R	R52 R52+ R82	扩充了 AArch64 架构
	-M	M85 M55 M33 M35P M23	支持 Trust Zone 技术
ARM v7	-A	A5 A15	支持基于内存管理单元(MMU)的虚拟内存系统架构(VMSA)，支持 ARM(A32)和 Thumb(T32)指令集
	-R	R4 R5 R7 R8	支持 ARM(A32)和 Thumb(T32)指令集
	-M	M7 M4 M3 M1	支持 Thumb(T32)指令集
ARM v6	-M	M0	ARM v6-M 架构是 ARM v7-M 的子集合，与 ARM v7-M 向上兼容；支持 T32 指令集
		ARM 11	集成 Jazelle 技术，八级流水线
ARM v5		ARM 10 Xscale	应用处理器，六级流水线
ARM v4		ARM 7 ARM 8 ARM 9 StrongARM	v4 版架构在 v3 版上作了进一步扩充，是目前应用广泛的 ARM 体系结构
ARM v3		ARM 6	寻址空间增至 32 位
ARM v2		ARM 2 ARM 3	该版架构对 v1 版进行了扩展，包含了对 32 位乘法指令和协处理器指令的支持
ARM v1		ARM 1	该版架构只在原型机 ARM 1 上出现过，只有 26 位的寻址空间，没有用于商业产品

下面简要介绍 ARM 指令集架构的发展。

1985 年 4 月 26 日发布的 ARM v1 包含 45 条基本指令，指令长度为 32 位，可对两个 32 位操作数进行操作；配置有一个 24 位的程序计数器和 26 位地址线，可以寻址的最大地址空间为 64MB；有 16 个 32 位通用寄存器。ARM v1 ISA 没有商用。

1986 年发布了 ARM v2 ISA，应用在 ARM 2 处理器上，这也是 ARM 架构第一款正式的商用处理器。ARM v2 ISA 中一共包含 56 条指令，指令长度为 32 位，可对两个 32 位操作数进行操作。其中有 4 条移动指令（MOV，MVN）、5 条载入指令（LDM，LDR）、5 条存储指令（STM，STR）、14 条算术运算指令、8 条逻辑运算指令、8 条比较指令、2 条分支指令、1 条软件中断指令和 9 条对协处理器的支持指令。ARM v2 ISA 有 27 个 32 位寄存器。在之后的迭代版本 ARM v2a 中，增加了两条原子性存储、加载指令（SWP，SWPB）。

1989 年，ARM 公司发布了基于 ARM v2a 架构的 1.5μm 工艺的 ARM 3 处理器，该处理器相比 ARM 2 增加了一级 64 路组相联的 4KB cache 结构，是第一个采用了片上 cache 结构的处理器，带来了相当可观的性能改进。1990 年，ARM 公司发布了 ARM v3 指令集架构，程序计数器（PC）可为 32 位，对应的地址空间也就增加到了 4GB。

1993 年，ARM v4 架构诞生，这个架构被广泛使用，ARM 7（7TDMI）、ARM 8、ARM 9（9TDMI）和 StrongARM 处理器均采用了该架构。ARM v4 架构中包含 17 个 CPU 寄存器，用于保存从内存带入处理器的 32 位宽的数据以及由 ALU 计算的 32 位的结果。同时，ARM v4 架构中增加了处理器的特权模式，使用用户模式下的寄存器。在指令中，ARM v4 相比 ARM v3 增加了有符号、无符号的半字和有符号字节的载入和存储指令，引入了基于 JTAG 接口的 ICE 调试。ARM v4 T 架构中的 T 表示 Thumb 指令集的引入。Thumb 指令不仅可提高代码密度，还能使先进的 ARM 处理器工作在 16 位的环境下。

1998 年，ARM v5 TEJ 架构发布，提高了 T 变种中 ARM/Thumb 指令混合使用的效率；新增了 E 系列的指令集变种，增强了 ARM 处理器在数字信号处理算法上的应用效率；新增了 J 系列指令变种，增加了 BXJ 指令和支持 Jazelle 架构扩展所需的其他指令。

2001 年，ARM v6 架构诞生，它包含了上一代 ARM v5 TEJ 中的所有特性，并引入了混合 16 位/32 位的 Thumb-2 指令集。

2004 年，ARM v7 架构发布。ARM v7 共有 3 种指令集配置：ARM v7-A、ARM v7-R、ARM v7-M。ARM v7-A 中的 A 代表 Application，这种架构实现了具有多种模式的传统 ARM 架构，支持基于内存管理单元的虚拟内存系统架构，同时支持经典的 ARM 与 Thumb 指令集。处理器 Cortex-A8/9/5/7/15/17 都是基于该架构的。ARM v7-R 中的 R 代表 Real-time，支持基于内存保护单元（MPU）的受保护内存系统体系结构（Protected Memory System Architecture，PMSA）。处理器 Cortex-R4/R5/R7/R8 都是基于该架构的。ARM v7-M 中的 M 代表 Microcontroller，实现了一个用于低延迟中断处理的模型，使用寄存器的硬件堆栈，支持用高级语言编写的中断处理程序。处理器 Cortex-M3/4/7 便基于该架构。ARM v7 架构还采用了 NEON 技术，将 DSP 和媒体处理能力提高了近 4 倍。

2011 年 11 月，ARM v8 架构诞生，这是 ARM 发布的第一个 64 位指令集架构，也是 ARM 公司目前主流的芯片指令集，共发布了 ARM v8-A 到 ARM v8.6-A 7 个版本。ARM v8 指令集架构支持 64 位（AArch64）与 32 位（AArch32）两个执行状态。在 AArch64 状态下，ARM v8 架构只支持 A64 指令集，这是一个固定长度的指令集，使用 32 位指令编码；地址保存在 64 位寄存器中，指令可以使用 64 位寄存器进行处理；提供了 31 个 64 位通用寄存器，其中 X30 寄存器用作过程链接寄存器；提供了 64 位 PC、SP 和异常链接寄存器（ELR）；提供了对 64 位虚拟地址的支持，并定义了新的 ARM v8 异常模型。在 AArch32

状态下，ARM v8 架构提供了 13 个 32 位通用寄存器，1 个 32 位 PC、SP 和链接寄存器(LR)，LR 既可用作 ELR，也用作过程链接寄存器，这与之前 32 位版本的 ARM 架构兼容；为 SIMD 矢量运算操作提供了 32 个 64 位寄存器；提供了对 32 位虚拟地址的支持，同时提供了 A32 和 T32 两个指令集，A32 是一个 32 位编码定长指令集，T32 是运行在 32 位状态下的 16 位混合编码的 Thumb 指令集。

2021 年 3 月 31 日，ARM 公司推出了最新的 ARM v9 架构，兼容 ARM v8 指令集；升级了 SVE2(scalable vector extensions，可伸缩向量扩展)指令集，可以支持多倍 128 位运算，最多 2048 位；全面增强了机器学习、DSP 等方面的能力，对物联网、5G、AR/VR 等带来了更大的性能提升。另外，ARM v9 还推出了 CCA，引入了动态域技术，增强了系统安全性，不会轻易被破解和攻击。

ARM 既不制造芯片，也不销售实际的芯片给终端客户，而是通过授权其 RISC 指令集架构和处理器设计方案，由合作伙伴生产出各具特色的芯片。ARM 公司将 ARM RISC 精简指令集授权给客户；客户可以对 ARM 指令集进行大幅度改造，甚至可以对 ARM 指令集进行扩展或缩减；之后，客户根据自己改进过的指令集研发处理器架构，从而在根源上做到对处理器架构的差异化设计，保护自研芯片的知识产权，达成独特竞争力同时又兼容 ARM 的完善生态环境。

苹果的 A 系列处理器是基于 ARM 指令集架构授权自研内核的成功典范。2012 年 9 月，苹果随 iPhone5 上市发布了 A6 处理器 SoC，A6 是基于 ARM v7 架构的。2013 年 9 月，苹果率先发布了搭载基于 ARM v8 架构研发的、64 位 Cyclone 架构的、双核 A7 处理器。2020 年，苹果宣称新发布的 A14 Bionic 芯片性能已经堪比部分笔记本处理器。

ARM 处理器架构授权是指 ARM 将自行设计的处理器内核 IP 授权给客户。客户可以直接将内核 RTL(register transition level)代码在芯片前端设计时集成在芯片处理器模块中。客户也可以对处理器缓存、核数、频率进行配置，通过系统总线与其他功能模块、外设接口、主存储接口模块等连接，生成完整的芯片。

ARM Cortex 系列处理器内核是 ARM 家族中占据处理器 IP 市场的核心系列。其中，Cortex-A 系列面向高性能计算需求、运行多种操作系统和程序任务的应用领域，例如智能手机、平板电脑、机顶盒、数字电视、路由器和监控 SoC 芯片等。Cortex-A 有以 A7x 系列为代表的高性能大核产品线和以 A5x 系列为代表的低功耗小核产品线。Cortex-M 系列内核面积更小，能效比更高，覆盖智能测量、人机接口设备、汽车和工业控制系统、大型家用电器、消费性产品和医疗器械等应用需求，在全球 32 位 MCU 市场占据主导地位。Cortex-R 是面向实时应用的高性能处理器系列，运行在比较高的时钟频率，其响应延迟非常低，主要应用在硬盘控制器、汽车传动系统和无线通信的基带控制等领域。

在智能移动设备兴起的近 20 年，基于 ARM 精简指令集架构的 ARM 内核微架构 IP 选择多样，设计精简可靠，在低功耗领域表现优异。这种授权模式在以手机、平板为代表的移动终端芯片、机顶盒、视频监控等应用的媒体芯片领域获得了广泛的成功，ARM 因此也成为移动互联时代的处理器 IP 授权霸主。

3. RISC-V 架构

RISC-V 起源于 2010 年加州大学伯克利分校的 David Patterson 与 Krste Asanovic 教授研究团队准备启动的一个新项目，该项目需要选择一种处理器指令集。由于当时已有的指令集 ARM、MIPS、SPARC、80x86 存在设计越来越复杂及知识产权等问题，因此他们决定重新设计一套指令集。伯克利研究团队认为，指令集作为软硬件接口的一种说明和描述规范，不应该像 ARM、80x86 等指令集那样需要付费授权才能使用，而应该开放和免费。

RISC-V 是第五代精简指令集，是一种高质量、免许可证、开放的 RISC 指令集架构，是一套由 RISC-V 基金会维护的标准，适用于多种类型的计算系统。开源的 RISC-V 打破了 ARM、80x86 架构的技术壁垒，便于开发者进行开发，目前国内外都在流行该架构。

RISC-V 只是定义了一套指令集架构规范，没有具体实现的代码，需要开发者根据该架构手册，通过使用 VHDL 编程来具体实现基于 RISC-V 的处理器，再移植到满足 RISC-V 需求的硬件平台(处理器芯片或开发板)上去。

使用 RISC-V 架构的同时还要配套开发相应的编译器 GCC 以及调试器，如 openOCD。RISC-V 官方提供了兼容性测试代码，可以测试每一条指令的运行结果，验证开发者是否实现了 RISC-V 规范。

目前基于 RISC-V 架构的开源处理器有很多，既有标量处理器 Rocket，也有超标量处理器 BOOM，还有面向嵌入式领域的 Z-scale、PicoRV32 等。

RISC-V 采用模块化的指令集，易于扩展、组装，包括一个基本整数指令集和多个可选的扩展指令集。

由于 80x86 和 ARM 发展时间长，已经形成了强大的生态体系，因此，RISC-V 短期内难以在计算机领域和移动互联领域替代它们。智能物联网时代带来了低延时、大容量、万亿设备互联，场景丰富、万物互联、智能化将催生新的芯片市场需求，而丰富的应用场景也导致 AIoT 市场呈现碎片化和多样化，对 CPU 的需求也极为多样，现有的处理器设计并不能有效应对。RISC-V 架构以其极致精简、灵活以及模块化的特性，可以针对不同应用灵活修改指令集和芯片架构设计。此外，很多智能设备对于成本较敏感，RISC-V 架构的免费授权对于芯片厂商就显得非常有意义了。

市场调研机构 Semico Research 的研究结果显示，预计到 2025 年，采用 RISC-V 架构的芯片数量将增至 624 亿颗。同时全球顶级学府、科研机构、芯片巨头纷纷参与，各国政府出台政策支持 RISC-V 的发展和商业化，使 RISC-V 有望成为 80x86 和 ARM 之后指令集架构的第三极。

知识拓展

国产龙芯指令集架构

2021 年 3 月 31 日，龙芯中科技术有限公司发布了具有自主知识产权的龙芯指令集架构，简称 LoongArch 架构。LoongArch 具有 RISC 指令架构的典型特征，采用 Load/store 结构，分为 32 位和 64 位两个版本，分别简称为 LA32 和 LA64。LA64 应用级向下二进制兼容 LA32。所谓“应用级向下二进制兼容”，一方面是指采用 LA32 应用软件的二进制可以直接运行在兼容LA架构的机器上并获得相同的运行结果，另一方面是指这种向下二进制兼容仅限于应用软件。

LoongArch架构采用基础部分(Loongson base)加扩展部分的组织形式，如图3-25所示。其中扩展部分包括二进制翻译扩展(Loongson binary translation, LBT)、虚拟化扩展(Loongson virtualization, LVZ)、向量扩展(Loongson SIMD extension, LSX)和高级向量扩展(Loongson advanced SIMD extension, LASX)。LoongArch是全新的指令集，包含基础指令337条、二进制翻译扩展指令176条、虚拟机扩展指令10条、向量扩展指令1024条、高级向量扩展指令1018条，共计2565条原生指令。

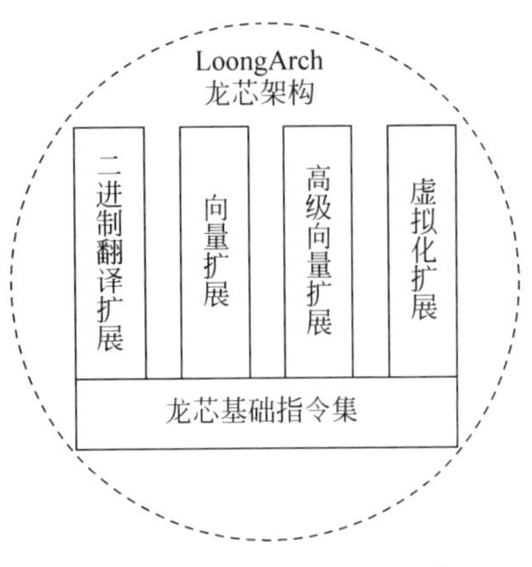

图3-25 LoongArch架构示意图

在LoongArch架构中，所有指令均采用32位固定长度，且指令的地址都要求4字节边界对齐。该架构提供了32个通用寄存器和32个浮点/向量寄存器，包含3种无立即数格式和6种有立即数格式。LoongArch的指令系统在设计时以先进性、扩展性、兼容性为目标，其中兼容性是指融合MIPS、80x86、ARM指令系统的主要特点，支持高效的二进制翻译。

龙芯提供的基于LoongArch的Linux操作系统除了可运行原生的LoongArch程序外，还能通过翻译的方式兼容MIPS、80x86、ARM、RISC-V这几种指令集的Linux程序。LoongArch对MIPS指令的翻译效率是100%，对ARM可以达到90%。最难的当属80x86，在Linux下翻译的效率可达80%，Windows下的效率还要降低到70%，但后续会有更多的优化。

3.5 指令系统举例

前面几节主要介绍了指令的格式、寻址方式、指令的操作类型以及指令集架构。本节通过对几种典型指令系统的实例分析，加深读者对指令系统的理解。

3.5.1 Intel 80x86 指令系统

Intel 80x86指令系统是从16位的8086/8088指令系统发展而来的。为了满足兼容性，后续系统的指令集在其基础上增加了一些指令，如有些指令的操作数可以是32位，有些指令的功能得到了扩充，指令功能变得越来越复杂，指令条数越来越多。所以，Intel 80x86指令系统是典型的CISC指令系统。

1. 寄存器结构

Intel 80x86指令系统使用的寄存器主要包括通用寄存器、专用寄存器和段寄存器，其结构如图3-26所示。

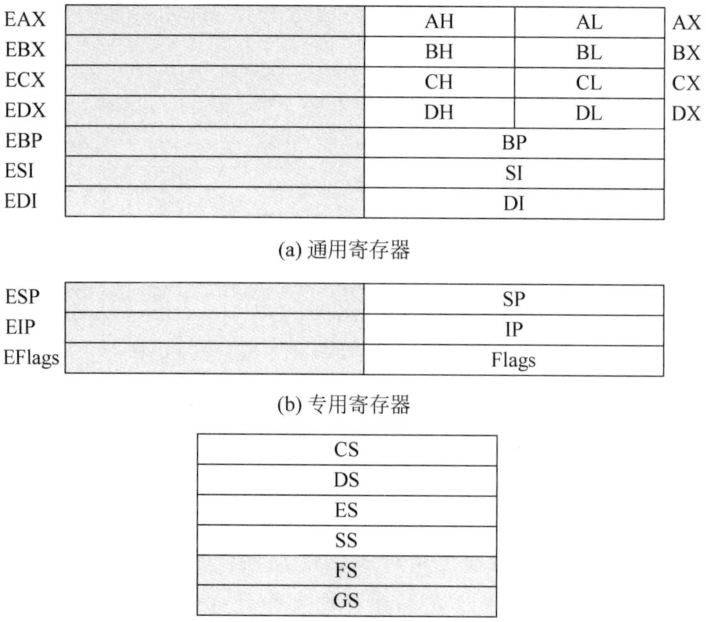

EAX		AH	AL	AX
EBX		BH	BL	BX
ECX		CH	CL	CX
EDX		DH	DL	DX
EBP		BP		
ESI		SI		
EDI		DI		

(a) 通用寄存器

ESP		SP
EIP		IP
EFlags		Flags

(b) 专用寄存器

CS
DS
ES
SS
FS
GS

(c) 段寄存器

图 3-26 Intel 80x86 指令系统的寄存器结构

对寄存器 EAX、EBX、ECX、EDX、EBP、ESI 和 EDI 可以 32 位或对其低 16 位的形式被访问，其中 EAX、EBX、ECX、EDX 的低 16 位还可以以字节形式被访问。当这些寄存器以字或字节形式被访问时，不被访问的其他部分不受影响。ESP、EIP 和 EFlags 可以作为 32 位的寄存器使用，也可使用其低 16 位。

2. 数据类型

操作数是指令的操作对象。在 Intel 80x86 指令系统中，可处理的数据类型的长度有字节、字、双字、四字，还有一些特殊的数据类型，如表 3-5 所示。

表 3-5 Intel 80x86 指令系统可处理的数据类型

数据类型	说　明
无符号数	包括 8 位/16 位/32 位无符号数，分别对应于字节、字、双字
有符号数	以补码形式表示，其最高位是符号位，其余位是数值位，支持 8 位、16 位、32 位、64 位(浮点单元)有符号整数
浮点数	包括单精度实数、双精度实数、扩展精度实数
BCD 数	包括组合的 BCD 数据(每个字节包含两位十进制数)和非组合的 BCD 数据(每个字节只含一位十进制数，高四位为 0)
串数据	串数据是一串连续的数据，可由字节组成，也可由字或双字组成
ASCII	一种标准的单字节字符编码方案，用于基于文本的数据
指针数据	指针数据指出给定数据在存储器中的地址，包括：近程指针——32 位逻辑地址，即 32 位段内偏移量，用于段内数据访问或段内转移；远程指针——48 位逻辑地址，即由 16 位段选择符和 32 位偏移量组成，用于段间数据访问或段间转移

3. 指令格式

Intel 80x86 指令集的指令长度一般在 1～12 字节间变化，根据需要，可以包括一个或多个前缀(用于限定指令操作时的属性)，这种变长指令格式是典型的 CISC 结构特征。Intel 80x86 指令集的变长指令格式一是为了满足兼容性，二是希望能给编译器的编写者提供更有效的代码，其指令格式如图 3-27 所示。

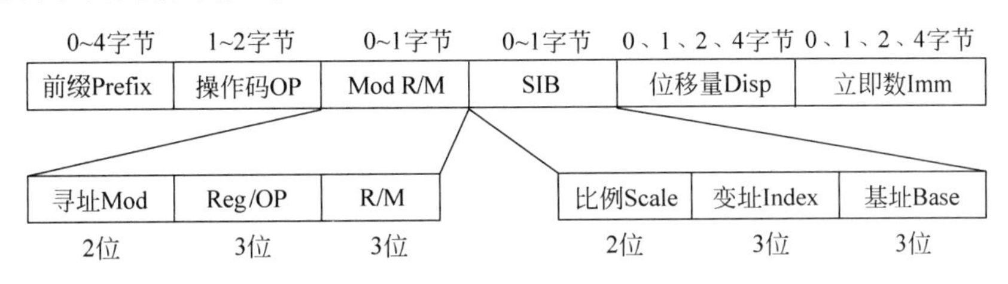

图 3-27 Intel 80x86 的指令格式

各个字段含义如下。

(1) 前缀 Prefix。前缀 Prefix 包括指令前缀、段前缀、操作数大小和地址大小 4 个域，这 4 个域都是可选项，长度均为 0～1 字节，作用是对其后的指令本身进行约定。前缀并不改变执行的内容，但使用前缀之后，指令就有了新的属性。

指令前缀包括 LOCK(锁定)前缀和重复前缀。该域编码为 F0H 时，表示 LOCK(锁定)前缀，用于多处理器环境中共享存储器的排他性访问；编码为 F2H 时，表示指令重复前缀 REPNE/REPNZ，其功能是当 ECX 不等于零且两数不相等时重复执行指令；编码为 F3H 时，表示指令重复前缀 REP/REPE/REPZ，其中 REP 的功能是当 ECX 不等于零时重复执行指令，REPE/REPZ 的功能是当 ECX 不等于零且两数相等时重复执行指令。重复前缀用于字符串的重复操作，以获得比软件循环方法更快的速度。

段前缀用来指定使用哪个段寄存器取代默认的段寄存器。6 个段寄存器 CS、SS、DS、ES、FS、GS 对应的段前缀编码分别为 2EH、36H、3EH、26H、64H、65H。例如 MOV BX,[SI+100H]指令的默认段寄存器为 DS。如果需要修改其段寄存器为 ES，则可以将指令改写为 MOV BX,ES:[SI+100H]，该指令的机器码最终会形成 26H 的段前缀。

对于操作数大小和地址大小，在实地址模式下，操作数和地址的默认长度是 16 位。在保护模式下，由段描述符中的 D 位来确定默认长度，若 D=1，操作数和地址的默认长度是 32 位；若 D=0，二者的默认长度是 16 位。

(2) 操作码 OP。操作码 OP 长度为 1～ 2 字节。该字段除包括真正的指令操作码 OP 外，还可能包括操作数以及控制信息，具体格式如图 3-28 所示。

图 3-28(a)所示为单地址指令，其中操作码字段为 5 位，剩余 3 位表示通用寄存器编号。常见指令有 PUSH、POP、DEC、INC 等。

图 3-28(b)所示为两地址指令，其中操作码字段为 6 位。剩余 2 位中，d=1，表示后续 Mod R/M 字段中的寄存器操作数为目的寄存器，否则为源寄存器；而 w 位表示操作数位宽，w=0 时表示 8 位的字节操作数，否则表示 16 位或 32 位操作数。操作数位宽取决于运

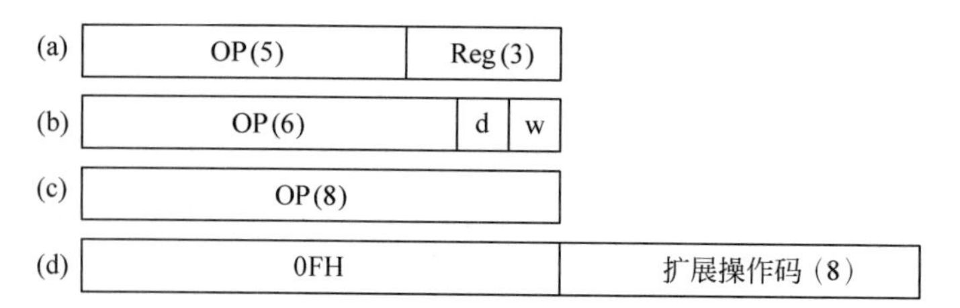

图 3-28 Intel 80x86 指令操作码的字段格式

行环境和指令前缀。

图 3-28(c)所示的操作码字段为 8 位,可包含零地址、一地址、二地址指令。

图 3-28(d)所示的操作码字段为双字节,高字节编码为 0FH,低字节为扩展操作码部分。

注意:指令字中是否包含后续的 Mod R/M、SIB、Disp、Imm 字段完全取决于操作码字段的值。不同的操作码对应不同的寻址方式,所需字段也不完全相同。

(3) Mod R/M。Mod R/M 字段长度为 1 字节,具体划分如图 3-27 所示。该字段通常用于描述操作数及其寻址方式。80x86 指令集规定双操作数最多只能有一个内存操作数,其中 3 位 Reg/OP 域表示操作数为寄存器寻址方式的寄存器编号,该操作数是源操作数还是目的操作数由操作码字段的 d 位决定。对于单地址指令,Mod R/M 字段作为指令的扩展操作码字段。

另外一个操作数由 3 位的 R/M 域表示。R/M 的意思就是该操作数有可能是寄存器操作数,也有可能是内存操作数。其寻址方式由 2 位的 Mod 域决定,当 Mod=11 时表示寄存器寻址,具体的寻址方式还依赖于指令字中后续的 SIB、Disp 字段。

(4) SIB。SIB 字段长度为 1 字节,具体划分如图 3-27 所示,它只作为 32 位寻址方式(基地址+比例×变址+Disp)的补充。在 SIB 字段中,2 位的比例 Scale 域可能的取值为 00、01、10、11 四种情况之一,对应的比例值分别为 1、2、4、8;3 位的变址 Index 域用于指定变址寄存器编号;3 位的基址 Base 域是基址域,用于指定基址寄存器编号。

(5) 位移量 Disp。位移量 Disp 是一个相对于指令指针的带符号数,在指令中直接给出寻址方式所需的位移量。当该字段为存储器寻址时,它是一个计算有效地址或程序相对地址的常量。根据 w 位以及当前操作模式 16 位/32 位,位移量可以是 1、2、4 字节。一般位移量有三种形式:有符号相对位移量、无符号相对位移量和绝对位移量。

(6) 立即数 Imm。立即数 Imm 通常是在立即寻址方式指令中直接给出的操作数,其长度是 0~4 字节。如果编码中有这个字段,则包含一个被用作指令操作数或自变量的常量。

4. 寻址方式

Intel 80x86 指令系统主要有 9 种寻址方式,其中有 7 种可实现对存储器操作数寻址,具体如表 3-6 所示。

表 3-6 Intel 80x86 的寻址方式

序号	寻址方式名称	有效地址 EA 计算	说 明
(1)	立即寻址		操作数在指令中
(2)	寄存器寻址		操作数在某寄存器中，指令给出寄存器号
(3)	直接寻址	EA＝Disp	Disp 为偏移量
(4)	基址寻址	EA＝(B)	B 为基址寄存器
(5)	基址＋偏移量	EA＝(B)＋Disp	
(6)	比例变址＋偏移量	EA＝(I) * S＋Disp	I 为变址寄存器，S 为比例因子
(7)	基址＋变址＋偏移	EA＝(B)＋(I)＋Disp	
(8)	基址＋比例变址＋偏移量	EA＝(B)＋(I) * S＋Disp	
(9)	相对寻址	指令地址＝(PC)＋Disp	PC 为程序计数器或当前指令指针寄存器

下面对 32 位寻址方式进行说明。

(1) 立即寻址。立即数可以是 8 位、16 位、32 位。

(2) 寄存器地址。一般指令或使用 8 位通用寄存器，或使用 16 位通用寄存器，或使用 32 位通用寄存器。对 64 位浮点数操作，要使用一对 32 位寄存器。少数指令以段寄存器来实现寄存器寻址方式。

(3) 直接寻址。也称偏移量寻址方式，偏移量长度可以是 8 位、16 位、32 位。

(4) 基址寻址。基址寄存器 B 可以是上述通用寄存器中的任何一个。基址寄存器 B 的内容为有效地址。

(5) 基址＋偏移量寻址。基址寄存器 B 是 32 位通用寄存器中的任何一个。

(6) 比例地址＋偏移量寻址。也称为变址寻址方式，变址寄存器 I 是 32 位通用寄存器中除 ESP 外的任何一个，而且可将此变址寄存器内容乘以 1、2、4 或 8 的比例因子 S，然后再加上偏移量而得到有效地址。

(7)、(8) 两种寻址方式是(4)、(6)两种寻址方式的组合，此时偏移量可有可无。

(9) 相对寻址：适用于转移控制类指令。用当前指令指针寄存器 EIP 或 IP 的内容(下一条指令地址)加上一个有符号的偏移量，形成 CS 段的段内偏移。

5. 操作类型

Intel 80x86 指令系统是一种典型的 CISC 指令，全部指令可分为整型类指令、浮点类指令和特权指令。

整型类指令用于完成对整数的操作，具体又可以分为若干组：数据传送、二/十进制算术运算、逻辑操作、循环移位操作、字符串操作、位测试与字节操作、控制转移操作、标志控制、段寄存器以及其他指令。

浮点类指令是由浮点部件(FPU)所执行的指令，用来对浮点数、扩展的整型数、二进制编码的十进制(BCD)数等操作数进行操作。

特权指令用于实现系统级的功能，如加载系统级寄存器(GDTR、IDTR、LDTR 等)，管理高速缓存，管理中断或设置调试寄存器等，具体的操作类型如表 3-7 所示。

表 3-7 Intel 80x86 指令系统的操作类型

类　型	指　令	操作说明
数据传送	MOV	在寄存器和存储器之间或寄存器之间传送数据
	PUSH/POP	将数据进栈/出栈
	PUSHA	将所有通用寄存器的内容压入堆栈
	MOVSX	传送字节、字、双字，符号会被扩展
	LEA	装入有效地址
	XLAT	代码转换
	IN/OUT	输入输出
算术运算	ADD	加法
	SUB	减法
	MUL	乘法
	IDIV	除法
逻辑运算	AND	逻辑与
	BTS	位测试并置位
	BSF	扫描一个字节或一个字
	SHL/SHR	逻辑左移/逻辑右移
	SAL/SAR	算术左移/算术右移
	ROL/ROR	循环左移/循环右移
	SET_{CC}	根据状态标志定义的 16 个条件中的一个
控制转移	JMP	无条件转移
	CALL	转子程序，并把断点压入堆栈
	JE/JZ	如果相等则转移
	LOOPE/LOOPZ	如果相等则循环
	INT/INTO	中断指令
串操作	MOVS	传送字节、字、双字的串
	LODS	加载字节、字、双字的串
高级语言	ENTER	生成一个可以用来实现块结构高级语言规则的栈
支持	LEAVE	为 ENTER 的逆
	BOUND	检查阵列的边界
标志控制	STC	置进位标志
	LAHF	将标志加载到 AH 寄存器
段寄存器	LDS/LES/LSSLFS/LGS	将指针送寄存器和 DS、ES、SS、FS、GS
	HLT	保持原状态
	LOCK	封锁总线，Pentium 可独占存储器
系统控制	ESC	指示后面的指令支持高精度整数和浮点数计算
	WAIT	处理器处于等待状态，直到 BUSY 信号撤除
保护	SGDT	保存全局描述符表
	LSI	将段限装入一个用户指定的寄存器中
	VERR/VERW	读/写核查段
	INVD	将内部 cache 清空
	WBINVD	将更改行写回寄存器后将内部 cache 清空
	INVLPG	使一个转换后的 TLB 无效

3.5.2 RISC-V 指令系统

RISC-V 是第五代 RISC 指令系统，吸收了 ARM、MIPS 等 RISC 指令系统的优点。RISC-V 是重新开发设计的一套开源指令系统，目前由非营利的 RISC-V 基金会负责运营维护。

RISC-V 采用模块化的指令集，易于扩展、组装，包括一个基本整数指令集和多个可选的扩展指令集，其中唯一强制要求实现的是一个基本指令集，允许在实现中以可选的形式实现其他标准化和非标准化的指令集扩展。RISC-V 的指令集模块如表 3-8 所示。模块化的指令集方便进行灵活定制与扩展，既可用于嵌入式 MCU，也适合构造服务器、家用电器、工控控制以及传感器中的 CPU。

表 3-8　RISC-V 的指令集模块

指令集	名称	指令数	说　明
基本指令集	RV32I	47	整数指令，包含算术、分支、访存；32 位寻址空间，32 个 32 位寄存器
	RV32E	47	指令与 RV32I 一样，只是寄存器数量变为 16 个，用于嵌入式环境
	RV64I	59	整数指令，64 位寻址空间，32 个 64 位寄存器
	RV128I	71	整数指令，128 位寻址空间，32 个 128 位寄存器
扩展指令集	M	8	包含 4 条乘法、2 条除法、2 条余数操作指令
	A	11	包含原子操作指令，比如读-修改-写、比较-交换等
	F	26	包含单精度浮点指令
	D	26	包含双精度浮点指令
	Q	26	包含四倍精度浮点指令
	C	46	压缩指令集，其中的指令长度是 16 位，主要目的是减少代码大小

注：特定组合 IMAFD 被称为"通用(general)"组合，用英文字母 G 表示。其他的扩展指令集还包括 B 标准扩展(位操作)、E 标准扩展(嵌入式)、H 特权态架构扩展(支持管理程序(hypervisor))、J 标准扩展(动态翻译语言)、L 标准扩展(十进制浮点)、N 标准扩展(用户态中断)、P 标准扩展(封装的单指令多数据(packed-SIMD)指令)、Q 标准扩展(四精度浮点)。

本小节主要探讨 RISC-V 指令系统中的 RV32I 模块。RV32I 指令集有 47 条指令，能够满足现代操作系统运行的基本要求。

1. RISC-V 通用寄存器

RISC-V 体系结构中包含 32 个 32 位的通用寄存器，在汇编语言中可以用 x0～x31 表示；也可以使用寄存器的名称表示，例如 sp、tp、ra 等表示，用 5 位二进制表示寄存器的标号。RISC-V 寄存器的功能说明如表 3-9 所示。

由表 3-9 可知，RISC-V 包括恒零寄存器、线程寄存器 tp、7 个临时寄存器 t0～t6、12 个通用寄存器 s0～s11、8 个用于存储子程序参数和返回值的寄存器 a0～a7。RISC-V 和 MIPS 寄存器大同小异。

表 3-9 RISC-V 寄存器的功能说明

编号	助记符	英文全称	功能描述
x0	zero	zero	恒零值，可用 0 号寄存器参与的加法指令实现 MOV 指令
x1	ra	Return Address	返回地址
x2	sp	Stack Pointer	栈指针，指向栈顶
x3	gp	Global Pointer	全局指针
x4	tp	Thread Pointer	线程寄存器
x5～x7	t0～t2	Temporaies	临时变量，由调用者保存寄存器
x8	s0/fp	Saved Register/Frame Pointer	通用寄存器，由被调用者保存寄存器。在子程序中使用时必须先压栈保存原值，使用后应出栈恢复原值
x9	s1	Saved Registers	通用寄存器，被调用者保存寄存器
x10、x11	a0、a1	Arguments/Return values	用于存储子程序的参数或返回值
x12～x17	a2～a7	Argurments	用于存储子程序的参数
x18～x27	s2～s11	Saved Registers	通用寄存器，由被调用者保存寄存器
x28～x31	t3～t6	Temporaies	临时变量

2. RISC-V 指令格式

RISC-V 为定长指令集。由于其操作码字段预留了扩展空间，因此可以扩展为变长指令，但指令字长必须是双字节对齐。RISC-V 包括 6 种指令格式，具体如图 3-29 所示。RISC-V 指令没有寻址方式字段，寻址方式由操作码决定。RISC-V 强调的是指令硬件更容易实现，其最大特色是指令字中的各字段位置固定，这将有效减少指令译码电路中需要的多路选择器，也可提高指令译码的速度。

	31~25	24~20	19~15	14~12	11~07	06~00
R型指令	funct7	rs2	rs1	funct3	rd	OP
I型指令	imm[11~0]		rs1	funct3	rd	OP
S型指令	imm[11,10~5]	rs2	rs1	funct3	imm[4~1,0]	OP
B型指令	imm[12,10~5]	rs2	rs1	funct3	imm[4~1,11]	OP
U型指令	imm[31~12]				rd	OP
J型指令	imm[20,10~5]	imm[4~1,11,19~12]			rd	OP

图 3-29 RISC-V 指令格式

图 3-29 中 7 位的主操作码 OP 均固定在低位，扩展操作码 funct3、funct7 字段位置也是固定的。相比 MIPS 指令集，其编码空间更大，指令可扩展性更高。另外源寄存器 rs1、rs2 以及目的寄存器 rd 在指令字中的位置也是固定不变的。

以上字段的位置固定后，剩余的位置用于填充立即数字段 imm，这也直接导致 imm 字段看起来比较混乱，不同类型指令立即数字段的长度甚至顺序都不一致。但 imm 字段的最高位都固定在指令字的最高位，方便立即数的符号扩展。另外立即数字段中部分字段尽量追求位置固定，如 I、S、B、J 型指令的 imm[10～5]字段位置固定，S、B 型指令中的 imm[4～

1]字段位置固定。

(1) R型指令。R型指令包括3个寄存器操作数，主操作码字段OP＝33H，由funct3和funct7两个字段共10位组成，作为扩展操作码，用于描述R型指令的功能。RV32I中共有10条R型指令，主要包括算术逻辑运算指令、关系运算指令、移位指令3类。

(2) I型指令。I型指令包括两个寄存器操作数rsl、rd和一个12位立即数操作数。除主操作码OP字段外，funct3字段也作为扩展操作码，用于描述I型指令的功能。I型指令主要包括立即数运算指令(算术逻辑运算指令)、关系运算指令、移位指令、访存指令、系统控制类指令和特权指令。

(3) S型指令。写存储器指令由于不存在目的寄存器的rd字段，因此不能采用I型指令格式，只能单独设置一个S型指令格式。

注意：funct3字段为扩展操作码，立即数字段应扩充到目的寄存器rd字段的位置。

(4) B型指令。B型指令用于表示条件分支指令，同样B型指令也不存在目的寄存器的d字段，其指令形式和S型类似，但其指令字段的第7位和B型指令略有不同，所以B型指令也称为SB型指令。注意：RISC-V指令字采用偶数对齐，指令字长为双字节的倍数，所以这里立即数左移一位。

(5) U型指令。I型指令立即数最多只有12位，范围较小。为表示更大的立即数设置了U型指令，这里U的意思是Upper immediate。U型指令的立即数字段为20位，共包含两条指令，用于立即数加载，如下所示：

```
lui     rd,imm; R[rd] = imm << 12
auipc   rd,imm; R[rd] = PC + imm << 12
```

注意：lui指令只能将立即数加载到高20位。如需要加载一个完整的32位立即数到寄存器中，可以利用lui和addi指令配合完成。

(6) J型指令。J型指令可实现无条件跳转，其立即数字段也是20位，所以也称为UJ型指令。J型指令共包含两条，可实现子程序调用和无条件跳转。

3. RISC-V寻址方式

RISC-V只有4种寻址方式，其相对寻址的生成地址方式与其他指令略有不同，具体如表3-10所示。

表3-10　RISC-V寻址方式

序号	寻址方式	有效地址EA/操作数S	指令示例
1	立即数寻址	S＝imm	Addi rd,rs1,imm
2	寄存器寻址	S＝R[rs1]	add rd,rs1,rs2
3	寄存器相对寻址/基址寻址	EA＝R[rs1]＋imm	lw rd,imm(rs1)
4	相对寻址	EA＝PC＋imm << 1	beq rs1,rs2,imm

4. 操作类型

RV32I指令集的47条指令按照功能可以分为如下5类。

(1) 整数运算指令。整数运算指令实现算术、逻辑、比较等运算。

(2) 分支转移指令。分支转移指令实现条件转移、无条件转移等运算，并且没有延迟槽。

(3) 加载存储指令。加载存储指令实现字节、半字、字的加载、存储操作，采用的都是寄存器相对寻址方式。

(4) 控制与状态寄存器访问指令。控制与状态寄存器访问指令实现对系统控制与状态寄存器的原子读-写、原子读-修改、原子读-清零等操作。

(5) 系统调用指令。系统调用指令实现系统调用、调试等功能。

本章小结

本章主要讲述了以下内容。

(1) 指令系统是一台计算机中所有机器指令的集合，它是表征一台计算机性能的重要因素。指令的格式与功能不仅直接影响机器的硬件结构，而且也影响系统软件。

(2) 指令格式是指令用二进制代码表示的结构形式，通常由操作码字段和地址码字段组成。操作码字段表征指令的操作特性与功能，而地址码字段指示操作数的地址。目前多采用二地址、一地址、零地址混合方式的指令格式。指令字长度分为单字长、半字长、双字长三种形式，高档微型机中目前多采用 32 位长度的单字长形式。

(3) 寻址方式包括指令寻址方式和数据寻址方式。形成指令地址的方式称为指令寻址方式，分为顺序寻址和跳跃寻址两种。形成操作数地址的方式称为数据寻址方式。操作数可放在专用寄存器、通用寄存器、内存和指令中。数据寻址方式分为立即寻址、直接寻址、间接寻址、寄存器寻址、寄存器间接寻址、相对寻址、变址寻址、基址寻址、段寻址、复合寻址等多种。按操作数物理位置的不同，可将其分为 RR 型和 RS 型，前者比后者执行的速度快。堆栈是一种特殊的数据寻址方式，采用"先进后出"原理。按实现方法的不同，可将堆栈分为硬堆栈和软堆栈。

(4) 不同机器有不同的指令系统，一个较完善的指令系统应当包含数据传送指令、算术运算指令、逻辑运算指令、程序控制指令、输入输出指令、字符串指令、系统控制指令。

(5) RISC 指令系统是 CISC 指令系统的改进，它的最大特点是：指令条数少；指令长度固定，指令格式和寻址种类少；只有取数/存数指令访问存储器，其余指令的操作均在寄存器之间进行。

习题

一、名词解释

1. 机器指令　　2. 操作码　　3. 操作数
4. 指令系统　　5. 有效地址　　6. 寻址方式
7. 指令字长　　8. CISC　　9. RISC

二、选择题

1. 指令系统中采用不同寻址方式的主要目的是(　　)。
   A. 实现存储程序和程序控制
   B. 缩短指令长度，扩大寻址空间，提高编程灵活性

C. 可以直接访问外存

D. 提供扩展操作码的可能并降低指令译码难度

2. 下列说法中不正确的是(　　)。

A. 机器语言和汇编语言都是面向机器的,它们和具体机器的指令系统密切相关

B. 指令的地址字段指出的不是地址,而是操作数本身,这种寻址方式称为立即寻址

C. 堆栈是存储器的一部分,可以通过地址访问

D. 机器中的寄存器和存储单元是统一编址的

3. 下列寄存器中,汇编语言程序员可见的是(　　)。(2021 年全国硕士研究生入学统一考试计算机学科专业试题)

Ⅰ. 指令寄存器　　Ⅱ. 微指令寄存器

Ⅲ. 基址寄存器　　Ⅳ. 标志/状态寄存器

A. 仅Ⅰ、Ⅱ　　B. 仅Ⅰ、Ⅳ　　C. 仅Ⅱ、Ⅳ　　D. 仅Ⅲ、Ⅳ

4. 某计算机采用 16 位定长指令字格式,操作码位数和寻址方式位数固定;指令系统有 48 条指令,支持直接、间接、立即、相对 4 种寻址方式。在一地址指令中,直接寻址方式的可寻址范围是(　　)。(2020 年全国硕士研究生入学统一考试计算机学科专业试题)

A. 0～255　　B. 0～1023　　C. －128～127　　D. －512～511

5. 某指令功能为 R[r2]←R[r1]＋M[R[r0]],其两个操作数分别采用寄存器寻址方式、寄存器间接寻址方式。对于下列给定的功能部件,该指令在取操作数及完成加法过程中需要用到的是(　　)。(2019 年全国硕士研究生入学统一考试计算机学科专业试题)

Ⅰ. 通用寄存器组(GPRs)　　Ⅱ. 算术逻辑单元(ALU)

Ⅲ. 存储器(Memory)　　Ⅳ. 指令译码器(ID)

A. 仅Ⅰ、Ⅱ　　B. 仅Ⅰ、Ⅱ、Ⅲ　　C. 仅Ⅱ、Ⅲ、Ⅳ　　D. 仅Ⅰ、Ⅲ、Ⅳ

6. 下列寻址方式中,最适合按下标顺序访问一维数组元素的是(　　)。(2017 年全国硕士研究生入学统一考试计算机学科专业试题)

A. 相对寻址　　B. 寄存器寻址　　C. 直接寻址　　D. 变址寻址

7. 某计算机按字节编址,指令字长固定且只有两种指令格式,其中三地址指令 29 条,二地址指令 107 条,每个地址字段为 6 位,则指令字长至少应该是(　　)。(2017 年全国硕士研究生入学统一考试计算机学科专业试题)

A. 24 位　　B. 26 位　　C. 28 位　　D. 32 位

8. 下列关于 RISC 的叙述中,错误的是(　　)。(2009 年全国硕士研究生入学统一考试计算机学科专业试题)

A. RISC 普遍采用微程序控制器

B. RISC 大多数指令在一个时钟周期内完成

C. RISC 的内部通用寄存器数量比 CISC 多

D. RISC 的指令数、寻址方式和指令格式种类比 CISC 少

三、综合题

1. 一个完备的指令系统通常应满足哪几个方面的要求?

2. 常用的指令格式有哪些?

3. 指令操作码主要有哪两种编码格式?

4. 指令操作通常分哪几类？

5. 如何减少一条指令中给出的地址数？又如何减少指令中表示一个地址码的位数？

6. 什么是立即数寻址？立即数寻址中的“立即数”一般存放在哪里？

7. 简述相对寻址、变址寻址及基址寻址的原理。这三种寻址方式有哪些相同点和不同点？

8. 堆栈寻址方式的主要用途是什么？

9. 设某指令系统指令定长12位，每个地址段3位。试设计一种方案，使该指令系统有4条三地址指令，8条二地址指令，180条一地址指令。

10. 假设某计算机指令长度为20位，具有双操作数、单操作数、无操作数三类指令格式，每个操作数地址规定用6位表示。现已设计出 m 条双操作数指令，n 条无操作数指令。

试问：

(1) 若采用定长8位操作码字段，则这台计算机最多可以设计出多少条单操作数指令？

(2) 若操作码字段长度不固定，则这台计算机最多可以设计出多少条单操作数指令？

11. 某微型机的指令格式如图3-30所示。

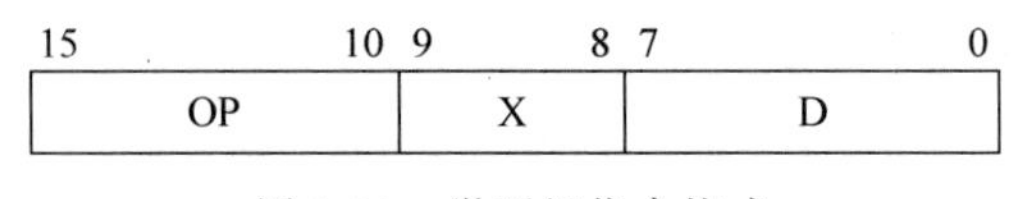

图3-30 微型机指令格式

其中D为位移量，X为寻址方式特征值。

X=00：直接寻址；

X=01：用变址寄存器 R_1 进行变址；

X=10：用变址寄存器 R_2 进行变址；

X=11：相对寻址。

设(PC)=1234H，(R_1)=0037H，(R_2)=1122H(H代表十六进制数)，请确定如下指令的有效地址：(1)4420H；(2)2244H；(3)1322H；(4)3521H；(5)6723H。

12. 某指令系统的指令定长为16位，指令格式如图3-31所示，试分析指令格式及寻址方式的特点。

图3-31 指令格式1

13. 一种一地址指令格式如图3-32所示，其中I为间接特征，X为寻址模式，D为形式地址。I、X、D组成该指令的操作数有效地址EA。设R为变址寄存器，R_1 为基址寄存器，PC为程序计数器，请在表3-11的第一列位置填入适当的寻址方式名称。

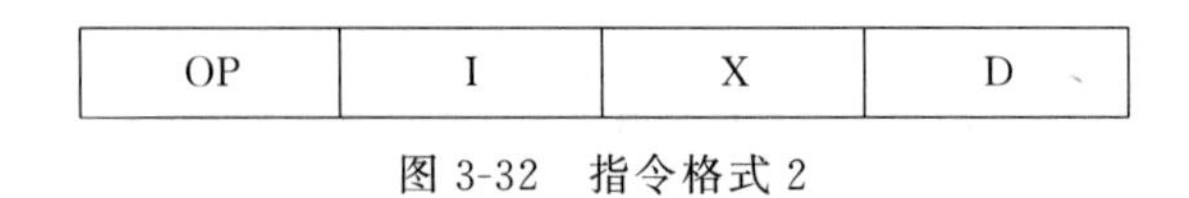

图3-32 指令格式2

14. 一个处理器具有如图3-33所示的指令格式。

表 3-11 填入寻址方式

寻址方式名称	I	X	有效地址 EA
	0	00	EA=D
	0	01	EA=(PC)+D
	0	10	EA=(R)+D
	0	11	EA=(R_1)
	1	00	EA=(D)
	1	11	EA=((R_1)+D),D=0

6位	2位	3位	3位	
OP	X	源寄存器	目标寄存器	地址

图 3-33 指令格式 3

图 3-33 所示格式表明该处理器有 8 个通用寄存器(长度为 16 位),X 为指定的寻址模式,主存最大容量为 256KB。

(1) 假设不用通用寄存器也能直接访问主存的每一个操作数,并假设操作码域 OP=6 位,请问地址码域应该分配多少位?指令字长度应有多少位?

(2) 假设 X=11 时,指定的那个通用寄存器用作基址寄存器,请提出一个硬件设计规则,使被指定的通用寄存器能访问 1MB 的主存空间中的每一个单元。

15. 某计算机采用 16 位定长指令字格式。假定计算机字长为 16 位,按字节编址;连接 CPU 和主存的系统总线中地址线为 20 位,数据线为 8 位。指令格式及其说明如图 3-34 所示。

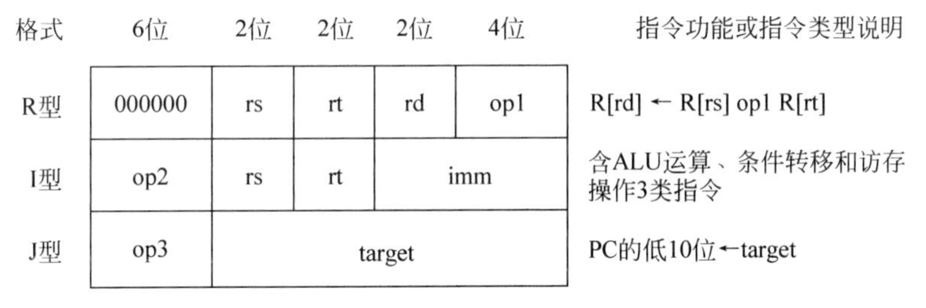

图 3-34 指令格式 4

其中,op1~op3 为操作码,rs、rt 和 rd 为通用寄存器编号,R[r]表示寄存器 r 的内容,imm 为立即数,target 为转移目标的形式地址。请回答下列问题:

(1) ALU 的宽度是多少位?可寻址主存空间为多少字节?指令寄存器、主存地址寄存器(MAR)和主存数据寄存器(MDR)分别应有多少位?

(2) R 型格式最多可定义多少种操作?I 型和 J 型格式总共最多可定义多少种操作?通用寄存器最多有多少个?

(3) 假定 op1 为 0010 和 0011 时,分别表示带符号整数减法和带符号整数乘法指令,则指令 01B2H 的功能是什么(参考上述指令功能说明的格式进行描述)?若 1、2、3 号通用寄存器当前内容分别为 B052H、0008H、0020H,分别执行指令 01B2H 和 01B3H 后,3 号通用寄存器的内容各是什么?各自结果是否溢出?

(4) 若采用 I 型格式的访存指令中 imm(偏移量)为带符号整数,则地址计算时应对 imm 进行零扩展还是符号扩展?

(5) 无条件转移指令可以采用上述哪种指令格式?

第4章 存储系统组织与结构

现代计算机主要采用冯·诺依曼结构设计。这种计算机的特点是采用存储程序的思想，把将要运行的程序事先存放在存储器中，由CPU从存储器中取出来并执行。存储器的性能在很大程度上影响着机器的整体性能。

本章首先介绍存储器的组织、分类和分层结构，然后介绍计算机主存储器的组成与工作原理，最后介绍提高存储系统性能的交叉存储技术、高速缓冲存储器及虚拟存储器技术。

4.1 存储系统概述

本节首先让大家认识一下存储器的逻辑组织及CPU是如何对其进行操作和访问的，然后介绍计算机中都有哪些种类的存储器，最后介绍现代计算机普遍采用的存储层次。

4.1.1 存储器的组织

从物理上讲，存储器是由具有一定记忆功能的物理器件构成的。在不同历史阶段，随着存储技术的发展，计算机中采用不同的物理器件构成其存储器。如20世纪60～70年代，计算机中采用磁芯存储器作为计算机的主存，而目前计算机主存则普遍采用的是半导体存储器件。无论采用什么样的存储器件，从逻辑上讲，存储器都可以看成是由一个个存储单元构成的、连续的地址空间。

图4-1所示是存储器的逻辑组织结构图。该存储器共有2^{20}(1MB)个存储单元，每个存储单元能存储8位二进制数据。每个单元都有一个20位的二进制存储单元地址(图4-1中采用十六进制表示)，且相邻单元的地址是连续递增的，即自上而下，从最低地址00000H开始连续递增到最高地址FFFFFH。每个单元中存放的数据称为该单元的内容。例如，00000H单元的内容为30，00001H单元的内容为50。

计算机CPU对存储器的操作主要有两种：一是读，二是写。所谓"读"，是指CPU将某个指定的存储单元的内容从存储器中取出，送入CPU或其他部件中处理；所谓"写"，是指CPU将其他某个部件中的数据写入指定的存储单元。CPU对存储器的读操作、写操作统称为CPU访存操作。

一般来讲，CPU与存储器之间的物理连接主要包括三组信号线：地址线、数据线和读写控制线，如图4-2所示。

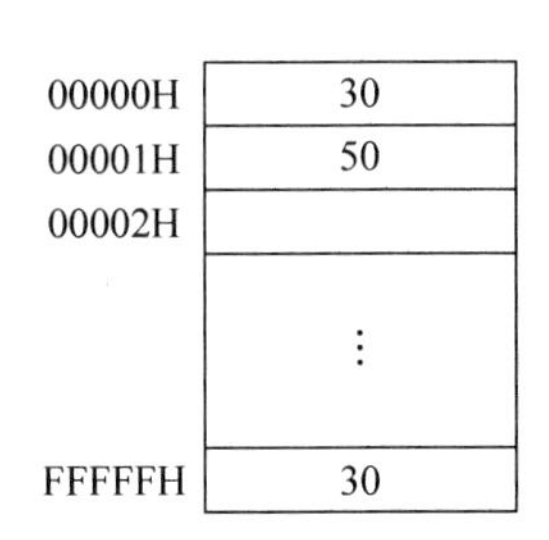

图 4-1　存储器的逻辑组织结构图

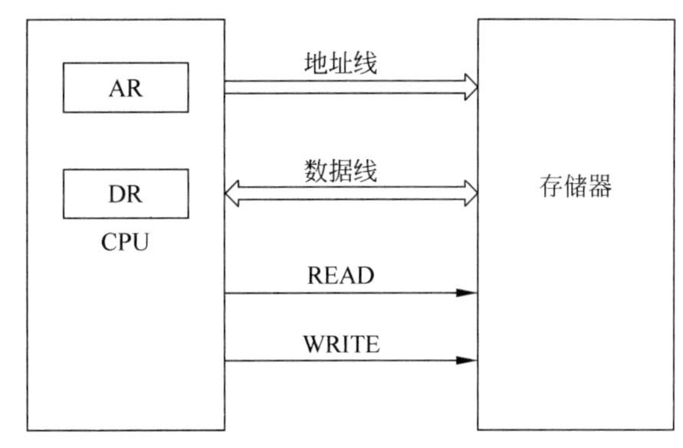

图 4-2　CPU 与存储器的连接

其中,AR 是地址寄存器,用于存放 CPU 要访问的存储单元的地址。CPU 对存储器的访问无论是读还是写,都要先将要访问的存储单元的地址送入 AR。DR 是数据寄存器,用于存放 CPU 与存储器之间交换的数据。READ 和 WRITE 分别是 CPU 用于对存储器进行读或写的控制信号。CPU 对存储器进行读操作时,需给出 READ 控制信号;进行写操作时,需给出 WRITE 信号。

CPU 对存储器的读操作过程如下:

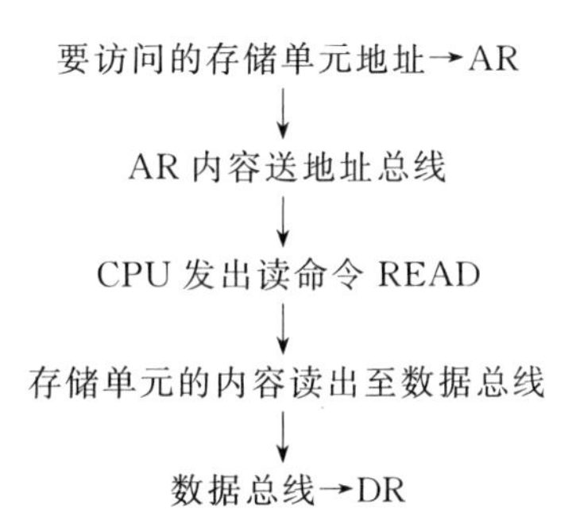

CPU 对存储器的写操作过程如下:

要访问的存储单元地址→AR
要写入的数据→DR
↓
AR 内容送地址总线
DR 内容送数据总线
↓
发出写命令 WRITE
↓
DR 中的内容写入存储单元

4.1.2　存储器的分类

在计算机发展的不同阶段,人们设计出了不同种类的存储器,如从最初的汞延迟线到磁芯存储器,再到今天的半导体存储器,一方面是为了满足计算机技术发展的需要,另一方面也是与当时的器件技术及制作工艺水平相适应。

现代计算机存储器种类繁多,之所以这样,是因为不同种类的存储器可以满足不同应用的需要。从不同角度进行划分,会有不同种类的存储器。

按照在计算机中的作用划分,存储器主要包括计算机主存(memory)、计算机辅存(storage)和高速缓存(cache)。主存又称为计算机内存,就是冯·诺依曼结构中的存储器,用于存储要执行的程序和处理的数据。辅存又称为计算机外存。在现代冯·诺依曼机器中,程序在执行之前以文件的方式存储在外存中。当要运行某程序时,由操作系统将该程序从外存调入内存中。高速缓存是一种小容量、高速度的存储器。目前,计算机的主板和CPU中均设置了高速缓存。设置高速缓存的目的是利用程序的局部性原理实现计算机的存储层次,提高CPU的访存速度,以匹配CPU和主存之间在速度上的差异。有关高速缓存的内容将在4.4节详细讲述。

按照所使用的物理存储介质或材料划分,目前主流的存储器主要有三种:一是半导体存储器,它是用半导体材料制作成的存储器,通常以存储器芯片的形式出现。随着集成度的提高,单个存储器芯片的容量越来越大。二是磁介质存储器,使用聚酯塑料或金属薄片为基质,在其表面涂上磁性材料,采用磁记录原理存储信息。目前主流的磁介质存储器主要有软盘存储器、硬盘存储器和磁带存储器等。三是光存储器,即按光存储和读写原理制作成的存储器,如CD-ROM和可读写光盘等。半导体存储器与磁介质存储器和光存储器相比较,速度快,集成度高,价格也较高。在现代计算机中,半导体存储器主要用作计算机的主存,而磁介质存储器和光存储器则用作计算机辅存。

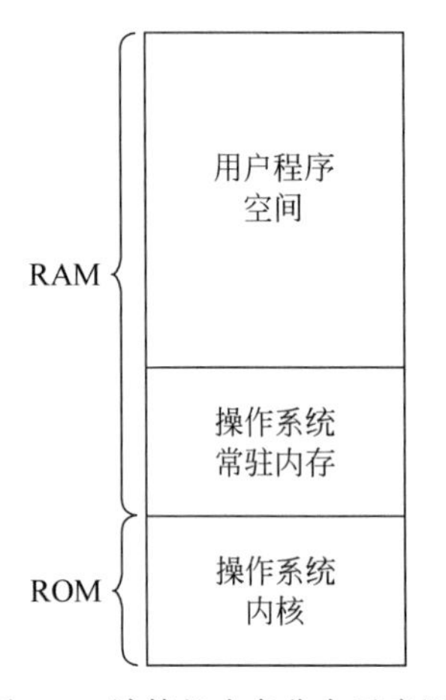

图4-3 计算机内存分布示意图

按照读写功能划分,存储器主要有两种:一是随机存取存储器(random access memory,RAM),可以对存储单元按地址随机存取;二是只读存储器(read only memory,ROM),在正常工作条件下,对单元内容只可读不可写。这两类存储器均属于半导体存储器,是构成计算机主存的主要存储介质,其中RAM在计算机中用于存储操作系统的常驻内存和用户程序空间,ROM则用于存储操作系统的内核。计算机内存分布如图4-3所示。

除上述分类外,存储器还有易失性和非易失性之分。所谓易失性,是指写入存储器中的内容在通电情况下能够保存,一掉电则全部丢失;非易失性则是指写入存储器中的内容在不通电情况下仍然能够保存。上述磁介质存储器、光存储器和半导体存储器中的ROM均属于非易失性存储器,而RAM则属于易失性存储器。人们可能都遇到过这样一种情况,当使用字处理软件进行一个文本编辑时,突然停电了,待再来电时,发现先前编辑输入的内容中,未保存的部分不见了。其实,当新建一个文件并利用字处理软件编辑文本时,字处理系统会为用户编辑的文件在内存(RAM部分)中开辟一个缓冲区。每当保存文件时,字处理系统就会将缓冲区中的内容写入外存的文件中,这时即使机器断电,保存在外存文件中的内容仍然保留着,因为外存由非易失性存储器构成。而如果没有保存,这时机器断电,则缓冲区中的内容将全部丢失。

以上类型存储器的总结如图 4-4 所示。

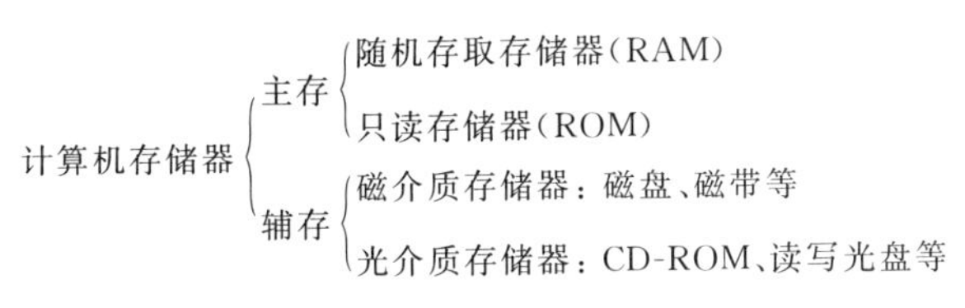

图 4-4 计算机存储器种类

本章主要讲述构成计算机主存储器的半导体存储器，并介绍半导体存储器的种类、单元电路的构成及工作原理、主存系统的设计等。磁介质存储器和光存储器等辅助存储器(以下简称辅存)的内容放在后面章节讲述。在计算机中，操作系统是将辅存作为设备来进行管理的。

4.1.3 存储器的分层结构

CPU 执行指令的过程实际上分为取指令和执行指令。CPU 与存储器之间是通过总线连接的。当 CPU 执行一条指令时，首先必须从存储器中将指令读出到总线上，再通过总线将指令传送到 CPU 内部，这一过程称为取指令；然后对指令进行译码分析，最后执行该指令，这一过程称为执行指令。指令的执行过程如图 4-5 所示。

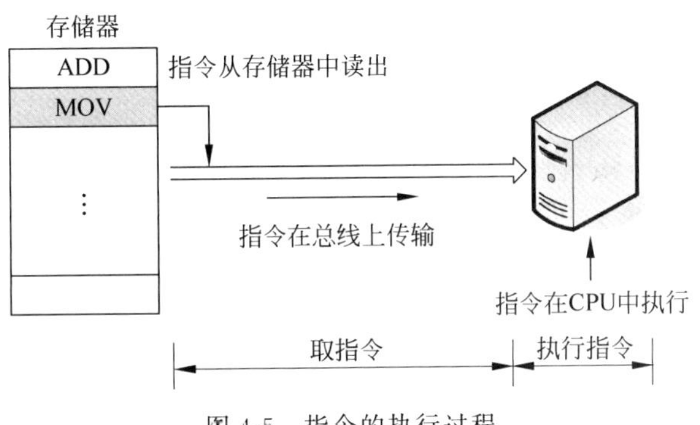

图 4-5 指令的执行过程

假设指令从存储器中读出的时间为 t_A，指令在总线上传输的时间为 t_B，指令在 CPU 中执行的时间为 t_E，则一条指令的执行时间为 $t_A+t_B+t_E$，称为指令周期。t_B 的大小取决于总线传输速度，而 t_A 的大小取决于所配置的存储器的存取速度。这一时间实际上就是存储器的读周期时间。对某一存储器而言，这一时间是固定的。由此可以看出，计算机的性能是由组成它的各个功能部件的综合性能来体现的，光有高速的 CPU 还不够，还要有高速的存储器和高速的总线传输等。

因此，当用户在配置一台计算机时，对机器的存储器总是希望其容量越大越好，速度越快越好，同时还希望价格越便宜越好。但性能和价格却往往是一对相互矛盾的因素，性能高往往意味着价格高。当用户为了某种应用而不惜代价时，可以为机器配置大容量高速存储器，但作为面向一般用户的通用计算机，这样做则会令用户在其面前望而却步。那么是否有什么办法可以让用户做到用较低的价格配置到高速大容量的存储器呢？用户的需要就是计算机设计者努力的方向。现代计算机存储器普遍采用如图 4-6 所示的层次结构来实现上述目标。

存储器的层次包括高速缓冲存储器 cache、主存和辅存，其中，cache 由小容量(通常为

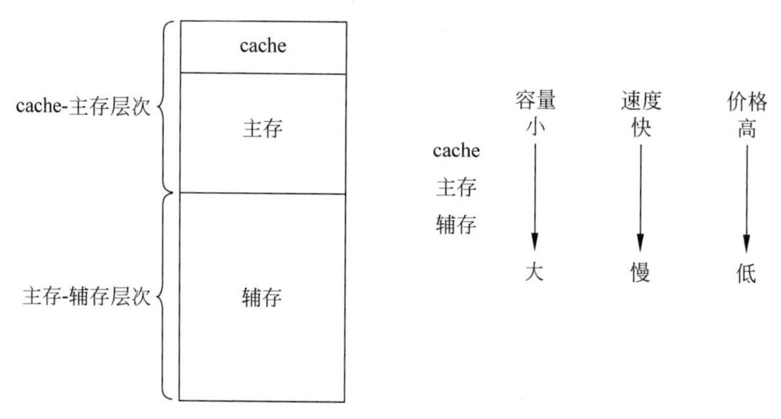

图 4-6 存储器层次结构图

几十千字节到几十兆字节)的高速半导体存储器件构成,当然这种器件的价格也相对较高。主存一般使用动态半导体存储器件,在速度上比 cache 慢,但容量更大,价格相对更低。现代机器根据应用要求的不同通常将主存配置到几百兆字节至几个吉字节,一些对内存要求很高的场合可配置到几十吉字节甚至更大。辅存又称海量存储器,通常由磁介质存储器构成,其特点是容量大,速度慢,价格便宜。cache 又可以进一步分为片上 cache 和板上 cache。片上 cache 是指 CPU 内部配置的 cache,又称为一级 cache;板上 cache 是指计算机主板上配置的 cache,又称为二级 cache。一级 cache 比二级 cache 的容量更小,但速度更快。在有些机器中,还进一步将指令和数据分开,分别存放在指令缓存和数据缓存中。

存储器的这种分层结构将为用户的程序提供一个在容量方面相当于辅存容量,而在 CPU 的访问速度方面则接近于访问 cache 速度的存储空间。如何做到这一点,本书将分别在 4.4 节和 4.5 节进一步讲解。

4.2 半导体存储器

半导体存储器是目前构成计算机主存储器的主要存储介质。本节首先介绍半导体存储器的种类,然后介绍几种半导体存储器的单元电路的组成及工作原理,最后介绍如何设计计算机的主存储器。

4.2.1 半导体存储器的种类

计算机从所运行的程序种类上讲,主要分为操作系统程序和其他应用程序。操作系统是整个机器系统的软件核心。从构成上讲,它主要包括操作系统的内核(core)和操作系统的外壳(shell),其中,内核起着引导机器系统启动以及为应用程序提供输入输出服务和管理的作用(例如 DOS 操作系统的基本输入输出系统 BIOS)。由于操作系统的内核无论机器是否通电都必须永久保存,因此通常使用非易失性存储器 ROM 存储;而操作系统的外壳和其他应用程序均可存储在易失性存储器 RAM 中。其中操作系统的外壳是操作系统常驻内存部分,通常在机器启动时从辅存调入内存中,而用户程序则在运行时由操作系统调入内存中。

随机存取存储器按构成其单元电路的不同，又分为静态随机存取存储器（SRAM）和动态随机存取存储器（DRAM）。这两种存储器相比较而言，SRAM 速度更快，但片容量小，价格更贵，因此 SRAM 主要用作计算机的 cache，而 DRAM 则用作计算机主存。

只读存储器种类较多，主要包括传统的掩膜式 ROM、一次可编程式 ROM（PROM）、紫外线可擦除可编程式 ROM（UVEPROM）和电可擦除可编程式 ROM（EEPROM）。前三种 ROM 在正常工作条件下只可读不可写，是真正意义上的只读存储器；而 EEPROM 实际上可读可写，但与 RAM 相比较，最大的不同是它们均是非易失性的。

掩膜式 ROM 是一种定制式 ROM，生产厂家根据用户的需要专门制作掩膜版，将用户提交的程序或数据固定制作在芯片上。这种芯片的特点是一旦制作好，芯片中的内容就无法进行修改。因此，这种芯片主要用于用户需大批量生产具有固定功能的 ROM 的场合使用，如在工业控制、家用电器等中均有应用。掩膜式 ROM 的优点是当用户大批量生产时成本相对较低，但缺点是使用不够灵活，内容的写入需提交厂家完成，而且用户需要大量订购才能使成本降低。

一次可编程式 PROM（programmable ROM）指这种存储器可以进行一次写入或编程。PROM 出厂时是空片，芯片的内容为全 0 或全 1，用户可以根据自己的需要将编制好的程序或数据一次写入。一旦写入，内容就无法再进行修改。PROM 相对掩膜式 ROM 来说使用更加灵活，用户可以根据自己的需要批量购买，也可以只购买几片。

紫外线可擦除可编程式 UVEPROM（UV erasable programmable ROM）是一种可重复改写的 ROM。当用户要对芯片中的内容进行修改或重写时，需首先使用紫外线对芯片的擦除窗口进行照射（一般可放置在专门的紫外线光源下照射）；经过一段时间后，芯片中的内容全部被擦除，成为空片；然后使用专门的编程器将新的内容写入芯片中。由于太阳光中存在紫外线，因此这种芯片在使用时应注意避免阳光的照射，通常的做法是用黑色的胶纸将芯片的擦除窗口贴起来。UVEPROM 由于使用的灵活性应用较为广泛，例如，早些年微型计算机主板上用于存储操作系统内核的 ROM 和计算机网卡上用于无盘引导的 ROM 芯片均使用了 UVEPROM。UVEPROM 的外观如图 4-7 所示。

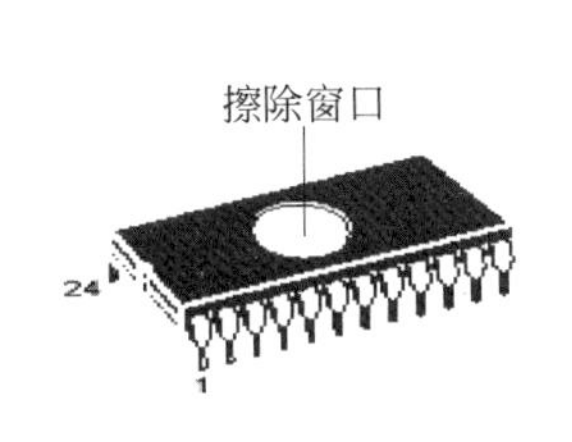

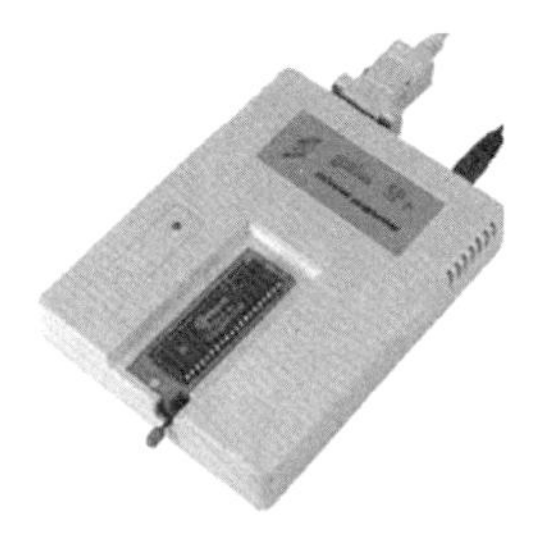

图 4-7　UVEPROM 和编程器

电可擦除可编程式 EEPROM（electronic erasable programmable ROM）属于可重复改写的 ROM。虽然 UVEPROM 相对 PROM 来说可以多次改写，但其改写的条件却比较特殊，一般需要将其从工作的电路板上拔下来，使用专门的设备进行改写操作。一方面一般的用户无法做到这一点；另一方面在有些应用场合，需要对芯片进行在线改写。电可擦除可编程式 EEPROM 就是为满足这种应用而设计的，对 EEPROM 可以像对 RAM 一样随机读写。因此，在使用上，EEPROM 更加灵活和方便，在计算机中的应用也更加广泛，如现代计算机主板和计算机网卡上用于保存系统设置参数的存储器就使用了 EEPROM。

半导体存储器的种类总结如图 4-8 所示。

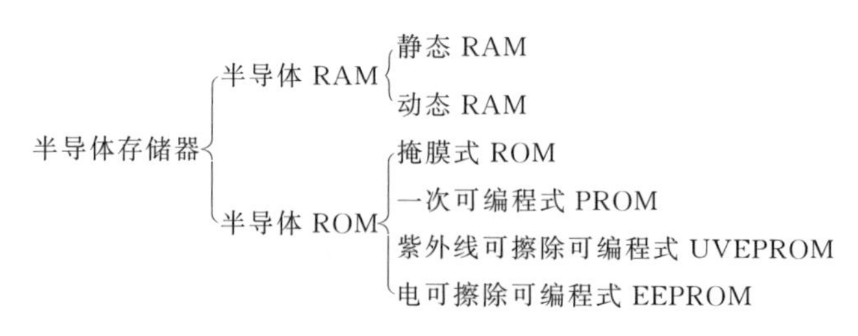

图 4-8 半导体存储器的种类

4.2.2 半导体存储器的组成与工作原理

1. 静态 RAM 的组成及工作原理

半导体存储器是由一个个位单元电路组成的，每个位单元电路存储一位二进制信息。静态 RAM 的位单元电路使用由三极管构成的触发器组成，利用触发器的状态存储 0、1 信息。图 4-9 所示是一个 MOS 型六管静态 RAM 单元电路的构成图。

图中，T1、T2 为存储管。任何时候，只要单元电路通电，T1、T2 总是处于两种状态之一：T1 导通、T2 截止或 T1 截止、T2 导通，正好可以利用这两种状态存储"1"或"0"。T3、T4 为负载管，分别起着 T1、T2 极电阻的作用。T5、T6 为控制管，起着控制位单元与外界接通和断开的作用。

假设定义：T1 导通、T2 截止时为存储了"1"，T1 截止、T2 导通时为存储了"0"，则其保持、写入和读出的工作原理如下。

(1) 保持。字选线 W 为低电平，则 T5、T6 管截止，使 T1、T2 与外界电路切断。它们的状态保持不变，从而所存储的信息能保持。

(2) 写入。字选线 W 为高电平，则 T5、T6 管导通。若欲写入"0"，则在 T5、T6 管的位线上分别加上高、低电位，A、B 点的电位也就分别为高、低电位，A 点的高电位使 T2 导通，B 点的低电位使 T1 截止，此即"0"状态；若欲写入"1"，则在 T5、T6 管的位线上分别加上低、高电位，从而使 T1 导通，T2 截止，此即"1"状态。

(3) 读出。字选线 W 为高电平，则 T5、T6 管导通。若原来存储的是"0"，则 A 点为高电位，A 经 T6 产生一个电流通路，在 T6 位线上可检测到电流，即可读出"0"；若原来存储的是"1"，则 B 点为高电位，B 经 T5 产生一个电流通路，在 T5 位线上可检测到电流，即可读出"1"。

以上位单元是构成静态 RAM 的基础。将一个个位单元组合在一起构成一个位单元阵列，再加上用于选择位单元的译码电路和读写控制等外围电路，最后进行封装，便构成一个静态 RAM 芯片。图 4-10 所示是一个静态 RAM 的组成结构图。

位单元阵列通常排列成二维矩阵的形式。对位单元访问的地址分成行地址和列地址两部分，行、列地址分别通过行、列译码器产生行选信号和列选信号；选中相应的位单元后，则由读/写信号控制对所选中单元的读/写操作。

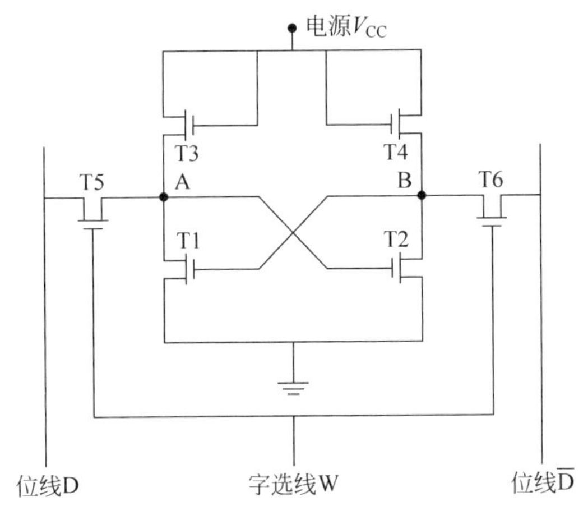

图 4-9　MOS 型六管静态 RAM 单元电路

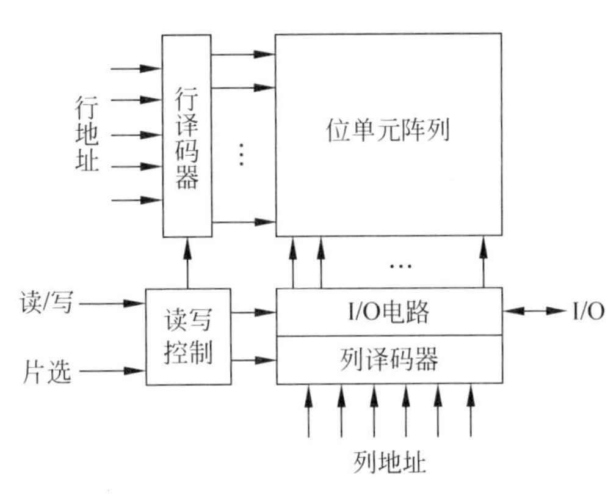

图 4-10　静态 RAM 组成结构图

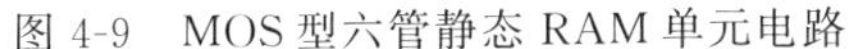

2. 动态 RAM 的组成及工作原理

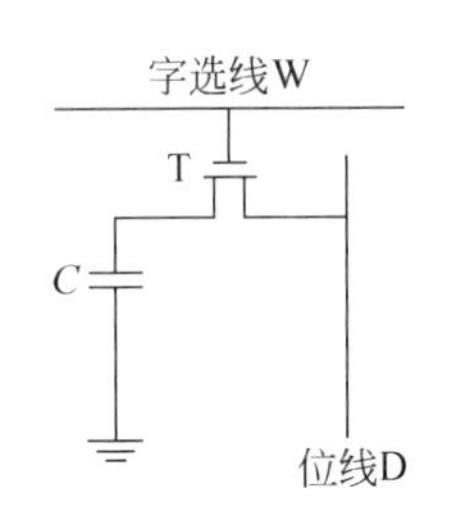

图 4-11　动态 RAM 组成结构图

动态 RAM 的位单元电路与静态 RAM 相比有很大的不同,静态 RAM 的位单元电路是依靠由三极管构成的触发器的状态来存储 0、1 信息的,而动态 RAM 的位单元电路则是依靠三极管上的极电容的电荷的有无来存储 0、1 信息的。图 4-11 是一个单管动态 RAM 的组成结构图。

图 4-11 中,MOS 型晶体管 T 的栅极和漏极分别连接字选线 W 和位线 D,而源极上则制作了一个电容 C。该位单元电路正是依靠电容 C 上电荷的状态来存储 0、1 信息的。由于电容能存储一定范围内的任何电荷值,因此需设置一个阈值,规定高于某阈值时为满电荷状态,存储的是"1";而低于某阈值时为无电荷状态,存储的是"0"。其保持、写入和读出的工作原理如下。

(1) 保持。字选线 W 为低电平,则 T 截止,使电容 C 与外部位线 D 之间的连接断开,C 上电容的状态保持不变,从而所存储的信息能保持。

(2) 写入。字选线 W 为高电位,则 T 导通。若写入"1",则在位线 D 上加高电位,对 C 进行充电,使电容 C 充满电荷,从而处于"1"状态;若写入"0",则在 D 线上加低电位,C 通过位线 D 对外进行放电,从而变为"0"状态。

(3) 读出。字选线 W 线为高电位,T 导通。若原来存储的是"1",则 C 通过 T 管向位线 D 放电,在 D 线上可检测到电流流出,即可读出"1";若原来存储的是"0",则在位线 D 上检测不到电流流出,即可读出"0"。

从以上的读出过程可以看出,动态 RAM 的读出是一种破坏性读出,即如果位单元原来存储的是"1",则经读出操作后,其状态变成了"0"。因此,动态 RAM 单元电路在经过读出操作后需要再进行"回写"操作。

另外,动态 RAM 单元电路的保持状态无法做到像静态 RAM 那样能理想保持。动态 RAM 在保持状态下,字选线为低电位,T 管截止。理论上电容 C 与外界的连接被断开,C 上的电荷状态能保持不变。但实际上,电容 C 与位线 D 之间的通路上总会有漏电流的存在,使原来充满电荷存储"1"信息的 C 会逐渐对外放电,电荷随之丢失,从而也使其状态变成“0”。为解决动态 RAM 单元电路存在的这一问题，一种有效的解决办法就是定时地对单元电路进行刷新。刷新的方式是周期性地对动态 RAM 单元电路进行逐行的、无输出的“读出-回写”操作，使每个存储单元电路在信息丢失前得到及时恢复。动态 RAM 的刷新方法主要有两种：一是在动态 RAM 内部设计刷新电路，使存储器能自身完成刷新工作；二是在设计主存储器系统时，额外设计刷新外围电路，由 CPU 使用专门的刷新周期对动态 RAM 进行刷新操作。

从上次对整个存储器刷新结束到下次对整个存储器全部刷新一遍为止的时间间隔称为刷新周期，一般为 2ms。常用的刷新方式有集中式刷新、分散式刷新和异步刷新。

(1) 集中式刷新。集中式刷新指在整个刷新间隔内，前一段时间用于正常的读/写操作，后一段时间停止读/写操作，逐行进行刷新。集中式刷新是在规定的一个刷新周期内，对全部存储单元集中一段时间逐行进行刷新，此刻必须停止读/写操作。这种方法的缺点在于出现了访存“死区”，对高速高效的计算机系统工作是不利的。

(2) 分散式刷新。分散式刷新是指对每行存储单元的刷新分散到每个读/写周期内完成。分散式刷新把存取周期分成两段，前半段用来读写或维持，后半段用来刷新。这种刷新方式克服了集中式刷新出现的“死区”缺点，但它并不能提高整机的工作效率。

(3) 异步刷新。异步刷新方式是前两种方式的结合。为了真正提高整机的工作效率，应该采用集中式刷新与分散式刷新相结合的方式，既克服出现“死区”，又充分利用最大刷新间隔为 2ms 的特点。

动态 RAM 的芯片构成与静态 RAM 相同，所不同的是位单元电路的构成和存储机制。从以上两者的单元电路也可以看出，动态 RAM 的单元电路构成更简单，因此，单片动态 RAM 芯片的容量更大。另外，由于动态 RAM 的读出需要回写和刷新，因此，动态 RAM 的速度比静态 RAM 慢。当然，静态 RAM 的制作成本相对较高。基于动态 RAM 和静态 RAM 的这些特点，动态 RAM 主要用于构成计算机主存储器，而静态 RAM 主要用于构成快速的 cache。

3. ROM 的组成及工作原理

根据 ROM 种类的不同，位单元电路的组成也有所不同。

对于掩膜式 ROM 来讲，它的基本位单元电路使用二极管或晶体管做成，且根据用户程序或数据的需要分别制作，做管子的地方表示存储了“1”，没做管子的地方表示存储了“0”。由于每一位上的管子是固化的，因此其内容是无法修改的。

图 4-12 给出了一个掩膜式 ROM 的组成示意图，其工作原理是：经行、列地址译码后，各有一条地址线被选中(行方向来高电位，列方向来低电位)，交叉处则为被选中的单元。若交叉处有三极管，则被导通，输出处为低电位，表示读出了 1；若交叉处无三极管，则被截止，输出处为高电位，表示读出了 0。

而对于 PROM 来讲，其每一位位单元上均制作了晶体管，只是这种管子非常特殊，经过一次写入烧制后，其状态发生变化，且无法还原，故只具有一次可编程功能。制作 PROM 位单元的晶体管有两种：一种是熔断丝型。这种 PROM 是在每一个晶体管的发射极上串接一个熔断丝，芯片出厂时熔断丝全部为正常导通状态(全 1 状态)。当要对某一位进行改写时，只需将这一位上晶体管的熔断丝烧断，则晶体管将永远处于截止状态，表示存储了 0。

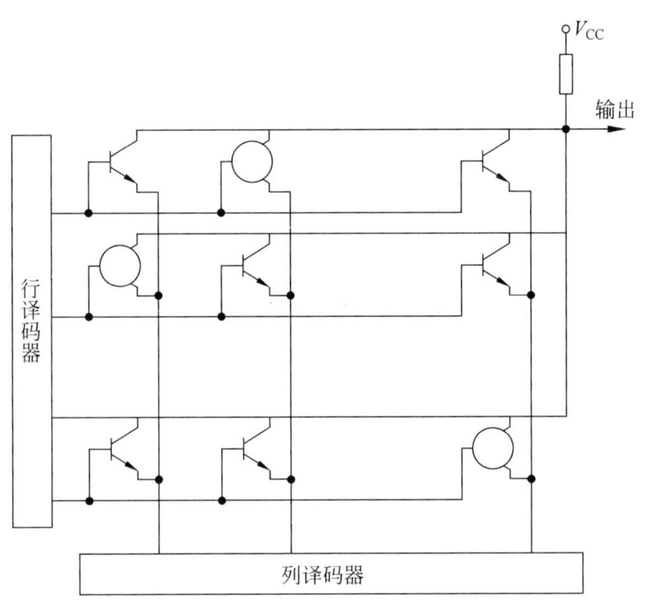

图 4-12 掩膜式 ROM 组成的示意图

另一种是结击穿型。这种 PROM 是在每一个晶体管的发射极上串接一个反向二极管，芯片出厂时反向二极管使每个晶体管处于截止状态（全 0 状态）。当要对某一位进行改写时，只需将这一位上的二极管击穿，则晶体管将永远处于导通状态，表示存储了 1。PROM 由于只能进行一次改写，因此目前已很少使用。

现在取代 PROM 的主要是 UVEPROM 和 EEPROM。关于它们的存储原理，由于篇幅的限制，此处不再赘述，有兴趣的读者可参考相关资料。

Flash memory 称为闪速存储器（简称闪存），是在可擦编程只读存储器（EPROM）的基础上发展起来的一种新型半导体存储器，于 1983 年推出，1988 年逐渐商品化，进入 20 世纪 90 年代中后期开始逐步得到广泛应用。从功能特性上讲，它可以归属于 ROM，因为它具有非易失性的特点。但从目前计算机的使用上讲，它是作为计算机外部存储器来使用的。在速度、集成度和成本上，Flash memory 与传统的用于计算机主存的 ROM 的芯片相近；而在使用上，Flash memory 可以像磁盘等计算机辅助存储器一样通过一定的接口与主机相连，但比磁盘等更方便，不需要对磁盘进行读写操作的机电设备。因此，Flash memory 自诞生之日起就得到了广泛的应用，除可用作计算机外存（U 盘）外，一些家用电器产品，如手机、数码相机、MP3 等中的存储器均使用的是 Flash memory。

传统的"CPU-主存-辅存"工作模式是将可执行程序先存放在辅存中，当要运行时，由 OS 将其从辅存调入主存中。OS 承担了对辅存和主存的空间分配及管理等工作，系统开销较大。而若采用新型的 CPU-Flash memory 工作模式，Flash memory 相当于是传统主存和辅存的合二为一，CPU 可直接运行已经存放在闪存中的可执行程序。这样既可简化系统的硬件设计，又可大大降低系统的开销。随着 Flash memory 成本的降低和集成度的提高，将来的某一天，CPU-Flash memory 工作模式有可能取代"CPU-主存-辅存"模式，这将引起计算机系统结构的巨大变化，这种变化将使计算机的使用更加灵活和方便。

4.2.3 内存条

从 20 世纪 70 年代中期开始,半导体存储器取代磁介质存储器等成为构成计算机主存储器的主流存储器件。早期的半导体存储器芯片是固化在计算机主机板上的,存储器的容量是固定的,通常为 64～256KB,且不能扩展。随着新一代 CPU 硬件平台的出现以及不同用户、应用程序对包括容量在内的内存性能的要求的提高,计算机的主存储器不再以将半导体存储器芯片固化在计算机主机板上的形式出现,而是采用了一种新的形式——内存条,即将半导体存储器芯片焊接在事先设计好的印制电路板上,构成一个存储器条,同时计算机主机板上设计了对应的插槽,专门用于插接内存条,如图 4-13 所示。

图 4-13 计算机的内存插槽和内存条

1. 早期的内存条

1982 年,Intel 公司推出了 80286 CPU 芯片,该芯片相比 IBM PC 上采用的 8088 CPU 有了飞跃式的发展。它采用 16 位结构,即内部结构和外部数据总线皆为 16 位;地址总线为 24 位,可寻址 16MB 内存;采用一种被称为 PGA 的正方形封装。

从使用 80286 CPU 的主板开始,内存条采用 SIMM(single in_line memory modules,单列直插内存模块)接口,容量为 30Pin、256KB,由 8 片数据位芯片和 1 片校验位芯片组成 1 根内存条。SIMM 一般是 4 条一起使用。

1985 年和 1989 年,Intel 公司先后推出了 80386 CPU 和 80486 CPU,微型计算机进入 32 位的时代,也进入了 PC 高速发展的阶段。这种情况下,30Pin 的 SIMM 内存条已无法满足需求,其 16 位结构及较低的内存带宽已经成为亟待解决的瓶颈,所以 72Pin 的 SIMM 内存条应运而生。72Pin 的 SIMM 支持 32 位快速页模式内存,内存带宽得以大幅度提升;单条容量一般为 512KB～2MB,仅要求两条同时使用。

1991 年到 1995 年间,另一种基于 32 位数据总线的 EDO DRAM(extended date output rAM,扩展数据输出内存)内存条代替 72Pin SIMM 成为主流。CPU 对传统的动态存储器 DRAM 的每一次访问都必须经历一个完整的访存周期,即首先由 CPU 给出访存地址,经外围电路分别形成行地址和列地址,并分先后锁存到 DRAM 芯片内部;锁存的行、列地址稳定一段时间后才能读写有效的数据,而下一次读写的访存地址必须等待这次读写操作完成后才能输出。EDO DRAM 则采用了不同的工作方式,尤其是对于连续存储单元的访问,对 EDO DRAM 每次只需要传输和锁存新的列地址,且可以在上一次数据传输期间同步进行,无须等待上一次数据传输完成,因此缩短了存取时间,存储效率比传统的 DRAM 提高了 30%。EDO

DRAM 有 72Pin 和 168Pin 之分，单条 EDO 内存条的容量达到 4～16MB。

2. SDRAM

自从 1997 年 AMD 公司的 K6 处理器、1998 年 Intel 公司的赛扬处理器及相关的主板芯片组推出后，EDO DRAM 的内存性能再也无法满足需要了。内存技术必须进行彻底革新，以满足新一代 CPU 架构的需求，此时计算机的内存开始进入比较经典的 SDRAM 时代。

SDRAM 全称为同步动态随机存取存储器（synchronous dynamic random access memory），是一种新型动态存储器。传统的 DRAM 与 CPU 之间的数据传输采用异步工作方式，而 SDRAM 与 CPU 之间采用的是同步工作方式，通过一个共同的工作时钟来完成数据的传输控制。SDRAM 基于双存储体结构，内含两个交错的存储阵列；当 CPU 从一个存储体或阵列访问数据时，另一个就已为读写数据做好了准备；通过这两个存储阵列的紧密切换，读写效率能得到成倍的提高。与 EDO DRAM 内存相比，SDRAM 的速度能提高 50%。

第一代 SDRAM 为 66MHz SDRAM（俗称 PC66），但由于 Intel 和 AMD 的频率之争，CPU 外频提升到了 100MHz，所以 PC66 很快就被 PC100 取代。随后，随着 133MHz 外频的 PIII 以及 K7 时代的来临，PC133 也以相同的方式进一步提升了 SDRAM 的整体性能，带宽提高到 1GB/s 以上。由于 SDRAM 的带宽为 64b，正好对应 CPU 的 64b 数据总线宽度，因此它只需要一条内存便可工作，便捷性进一步得到了提高。

3. DDR

DDR 全称为双倍速率同步动态随机存取存储器，即 DDR SDRAM（double date rate synchronous dynamic random access memory），是一种在 SDRAM 基础上发展起来的具有双数据速率的新型动态存储器，由三星公司于 1996 年提出，由日本电气、三菱、富士通、东芝、日立、德州仪器、三星及现代等 8 家公司协议订立内存规格，并得到了 AMD、VIA 与 SiS 等主要芯片组厂商的支持。SDRAM 是在每一个时钟周期的时钟上升沿进行一次数据传输；而 DDR 则是在每一个时钟周期内传输两次数据，即分别在时钟的上升沿和下降沿各传输一次数据，因此称为双倍速率同步动态随机存取存储器。DDR 内存可以在与 SDRAM 相同的总线频率下达到更高的数据传输率。目前很多计算机都使用 DDR 存储器芯片作为其主存储器。

DDR2（double data rate 2）SDRAM 是由 JEDEC（电子设备工程联合委员会）开发的新生代内存技术标准。它与上一代 DDR 内存技术标准最大的不同就是：虽然同样采用在时钟的上升/下降沿同时进行数据传输的基本方式，但 DDR2 的内存预读取能力是上一代 DDR 的 2 倍。换句话说，DDR2 的每个时钟能够以 4 倍外部总线的速度读/写数据，并且能够以内部控制总线 4 倍的速度运行。

DDR3 是在 DDR2 的基础上发展起来的，同属于 SDRAM 产品。相较于 DDR2 的 4b 数据预读取能力，DDR3 又提高了一倍，即 8b 数据预读取能力，因此读取效率更高。DDR3 将 DDR2 的工作电压由 1.8V 降到了 1.5V，功耗也随之降低，从而可以实现更高的工作频率。DDR3 的工作频率为 800MHz 以上，最高可达 2133MHz。DDR3 标准可以使单颗存储芯片容量更高，一般为512MB～8GB，由DDR3芯片构成的内存条容量可达16GB。

DDR4/DDR5继续延续DDR家族的技术及架构，工作频率更高，传输速度更快，单颗存储芯片容量更高，而功耗则更低。这些性能指标的提升最大的支撑来自芯片制造工艺的提升，内存芯片的制程从之前的100nm以上降低到了十几纳米甚至更低。使用更小制程工艺带来的直接好处就是单颗芯片容量更高，而且功耗更低。

知识拓展

芯片的封装技术

人们经常听说某某芯片采用什么样的封装方式，在计算机中存在着各种各样不同的集成电路芯片。那么，它们又是采用何种封装形式呢？下面对一些常见的芯片封装技术做一个介绍。

1. DIP

DIP(dual in-line package，双列直插式封装)是指采用双列直插形式封装的集成电路芯片。绝大多数中小规模的集成电路芯片均采用这种封装形式，其引脚数一般不超过100个。采用DIP封装的CPU芯片有两排引脚，需要插入到具有DIP结构的芯片插座上。当然，也可以直接插在有相同焊孔数和几何排列的电路板上进行焊接。DIP封装的芯片在从芯片插座上插拔时应特别小心，以免损坏引脚。Intel 8088 CPU和早期的内存芯片就采用这种封装形式。

2. QFP

采用QFP(plastic quad flat package，方形扁平式封装)方式封装的芯片，引脚之间距离很小，引脚很细，一般大规模或超大规模集成电路都采用这种封装形式，其引脚数一般在100个以上。用这种形式封装的芯片必须采用SMD(表面安装设备技术)将芯片与主板焊接起来。采用SMD安装的芯片不必在主板上打孔，一般主板表面上有设计好的相应引脚的焊点。将芯片各脚对准相应的焊点，即可实现与主板的焊接。用这种方法焊上去的芯片，如果不用专用工具是很难拆卸下来的。在Intel系列的CPU中，80286、80386和某些486主板均采用这种封装形式。

3. PGA

采用PGA(pin grid array package，插针网格阵列封装)芯片封装形式时，在芯片的内外有多个方阵形的插针，每个方阵形插针沿芯片的四周间隔一定距离排列。根据引脚数目的多少，可以围成2～5圈。安装时，将芯片插入专门的PGA插座。为使CPU能够更方便地安装和拆卸，从486芯片开始，出现了一种名为ZIF的CPU插座，专门用来满足采用PGA技术的CPU在安装和拆卸上的要求。ZIF(zero insertion force socket)是指零插拔力插座，把这种插座上的扳手轻轻抬起，CPU就可以很容易、轻松地插入插座中；然后将扳手压回原处，利用插座本身的特殊结构生成的挤压力，将CPU的引脚与插座牢牢地接触，绝对不存在接触不良的问题。而拆卸CPU芯片时只需将插座的扳手轻轻抬起，则压力解除，CPU芯片即可轻松取出。在Intel系列的CPU中，80486和Pentium、Pentium Pro均采用这种封装形式。

4. BGA

随着集成电路技术的发展，对集成电路的封装要求更加严格。当IC的引脚数大于208Pin时，传统的封装方式比较困难。因此，除使用QFP等封装方式外，现今大多数的高脚数芯片（如图形芯片与芯片组等）皆转而使用BGA（ball grid array package，球栅阵列封装）技术。BGA一出现便成为CPU、主板上南/北桥芯片等高密度、高性能、多引脚封装的最佳选择。Intel公司也在其CPU Pentium Ⅱ、Pentium Ⅲ、Pentium Ⅳ等以及芯片组中使用BGA。

5. CSP

随着全球电子产品个性化、轻巧化需求的逐渐增加，出现了CSP（chip size package，芯片尺寸封装）。它减小了芯片封装外形的尺寸，做到裸芯片尺寸有多大，封装尺寸就有多大，即封装后的IC尺寸边长不大于芯片的1.2倍。

CSP封装适用于脚数少的IC，如内存条和便携电子产品。未来则将大量应用在信息家电（IA）、数字电视（DTV）、电子书（E-Book）、无线网络（WLAN）、Gigabit Ethernet、ADSL、手机芯片、蓝牙（bluetooth）等新兴产品中。

4.2.4　主存储器的设计

半导体存储器是构成现代计算机主存储器的主要存储介质。在进行计算机主存储器设计时，主要考虑以下几方面的因素。

(1) 存储器芯片的选择。半导体存储器芯片种类繁多，在选择存储器芯片构成机器主存储器时，应根据需要合理选择。

(2) CPU与存储器的速度匹配。机器的性能是由多方面因素决定的，其中CPU访存速度是影响机器性能的关键因素之一。高性能CPU需要高速的存储器相匹配。

(3) 存储器与CPU的信号连接。存储器与CPU的信号连接主要包括数据信号线、地址信号线和控制信号线的连接等。

1. 半导体存储器芯片

半导体存储器芯片的性能主要体现在两个方面：一是芯片的容量，二是芯片的存取速度。存储器芯片的容量可以表征为以下形式：

$$容量 = 字数 \times 位数$$

其中，字数表示存储器芯片所具有的字单元数；位数则表示每一个字单元所具有的位单元数。

例如，静态RAM芯片2114的容量为1K×4b，表示该芯片共有1024个字单元，每个字单元的位数为4b。也就是说，访问2114时一次可同时读/写4b。再如，只读存储器ROM芯片2716的容量为2K×8b，则表示该芯片共有2048个字单元，每个字单元的位数为8b。也就是说，访问2716时一次可以并行读出8b。

半导体存储器芯片是通过引脚与外部连接的。引脚主要包括四类：数据引脚、地址引脚、控制引脚和电源及接地引脚。图4-14(a)、图4-14(b)、图4-14(c)分别给出的是256Kb

的 SRAM、16Mb 的 DRAM 和 8Mb 的 EPROM 三种芯片的引脚图。

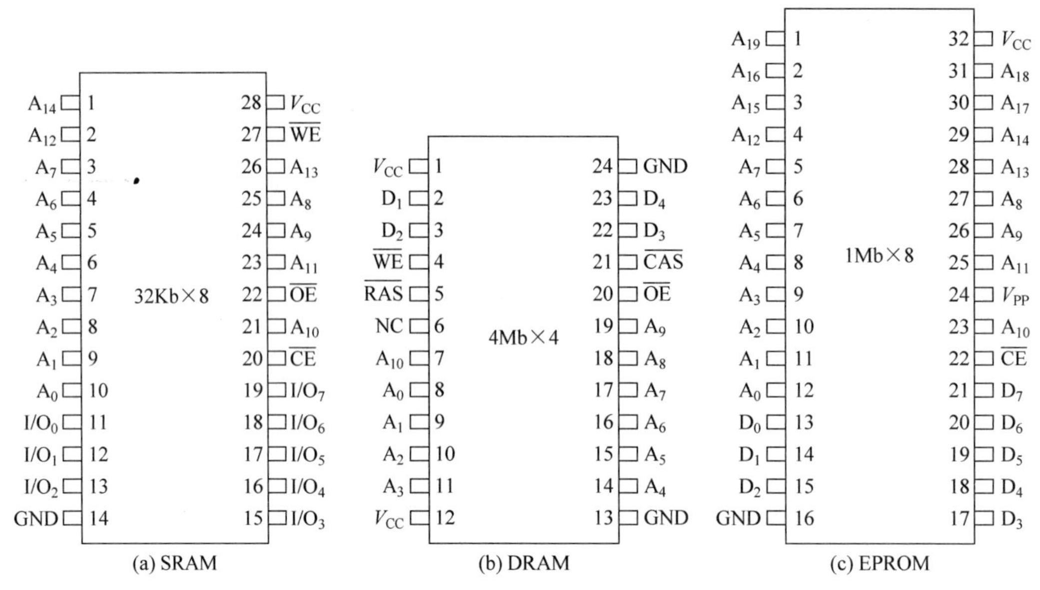

图 4-14　芯片引脚图

对图 4-14(a)所示的 SRAM 芯片来说，各引脚的功能如下。

① 引脚 $A_0 \sim A_{14}$：15 条地址信号线，用于访问 $2^{15}=32K$ 的字单元。该地址由 CPU 访存时给出，所以对存储器芯片来说，地址线是单向输入。

② 引脚 $I/O_0 \sim I/O_7$：8 条数据信号线。CPU 对存储器进行读操作时，数据的流向是从存储器到 CPU；进行写操作时，数据的流向是从 CPU 到存储器。所以数据信号线为输入输出双向。

③ 引脚 $\overline{CE}$：片选控制信号线。当 CPU 访存时，必须在这个引脚上加载一个有效信号，才能使存储器芯片工作。

④ 引脚 $\overline{WE}$：读写控制信号。当 CPU 对芯片进行写操作时，在该引脚上加载一个低电平信号；当对芯片进行读操作时，在该引脚上加载一个高电平信号。

⑤ 引脚 $\overline{OE}$：输出允许控制信号。当对芯片进行读操作时，还必须将此信号置为有效。

⑥ 引脚 V_{CC} 和 GND：分别为芯片的工作电源和接地线。

对图 4-14(b)所示的 DRAM 芯片来说，各引脚的功能如下。

① 引脚 $A_0 \sim A_{10}$：11 条地址信号线。很多 DRAM 芯片的地址引脚数往往是实际所需地址信号线的一半，本芯片就属于这种情况。本来 4M 的字单元需要 22 条地址线（$2^{22}=4M$），但该芯片只有 11 条地址引脚。当 CPU 对该芯片进行读/写操作时，其地址经外围电路分为高 11 位行地址和低 11 位列地址，分先后送到芯片的地址端，并分别锁存到芯片内部的行、列地址锁存器中。

② 引脚 $D_1 \sim D_4$：4 条数据信号线，在标注上与上一芯片稍有不同。

③ 引脚 $\overline{RAS}$、$\overline{CAS}$：分别用于行、列地址的锁存控制。

④ 引脚 $\overline{OE}$ 和 $\overline{WE}$：同上。

图 4-14(c)所示的 EPROM 芯片的引脚与上述两个芯片基本类似，只是多出了一个电

源 V_{PP}。该电源引脚主要用于对芯片进行编程改写时加载一个 25V 的电压，使之在特殊条件下进行改写操作。

在有些场合，为突出芯片的引脚功能，也常常给出它们的引脚符号图。例如，前面讲到的静态 RAM 芯片 2114 和动态 RAM 芯片 2716 的引脚符号图如图 4-15 所示。

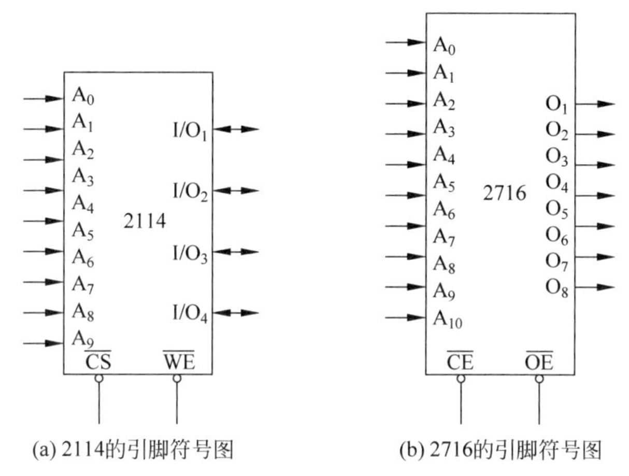

(a) 2114的引脚符号图　　(b) 2716的引脚符号图

图 4-15　芯片引脚符号图

引脚符号图是将地址信号线、数据信号线和控制信号线分别列在芯片框的不同侧，并标明这些信号的输入输出方向。对于控制信号，还需标明它们是低电平有效还是高电平有效。这种图可使人们对芯片的功能一目了然。

2. 半导体存储器读写周期

前面已经提到，在选择存储器芯片构成计算机主存储器时，要考虑 CPU 与存储器之间的速度匹配。存储器在出厂时，其存取速度就已经确定，厂家在对芯片的有关技术说明中会给出其存取速度的相关技术参数。这一技术参数主要是通过存储器的读写周期（又称为存储周期）来反映的，而读写周期是通过波形图（又称时序图）来体现的。下面以静态 RAM 芯片 2114 为例对存储器的读写周期进行说明。

2114 的读周期波形如图 4-16 所示。

其中，读周期时间 t_{RC} 就是指 CPU 对 2114 芯片进行读操作所需要的时间。这一时间一方面说明若要从 2114 中读取一个字单元，至少需要经过 t_{RC} 的时间；另一方面说明，若要完成对 2114 的正确读操作，CPU 加载在 2114 芯片地址引脚上的地址信号需要至少维持 t_{RC} 的时间。

t_A 为存取时间，表示 2114 在 CPU 加载的地址有效后，经过 t_A 时间后可以将数据读出到数据线上。另外，为使芯片工作，片选信号 $\overline{CS}$ 必须紧跟地址信号之后产生，还应在数据有效读出的 t_{CX} 时间之前给出，且必须维持至少 t_{CO} 的时间。

CPU 是通过一个读周期来完成对存储器的读操作的，而读周期产生的地址、控制等信号只有满足以上时序要求，才能保证读操作的正确性。因此，在进行机器硬件系统设计时，一方面要保证逻辑电路设计的正确性，另一方面还要保证时序设计的正确性，两者缺一不可。

2114 的写周期波形如图 4-17 所示。

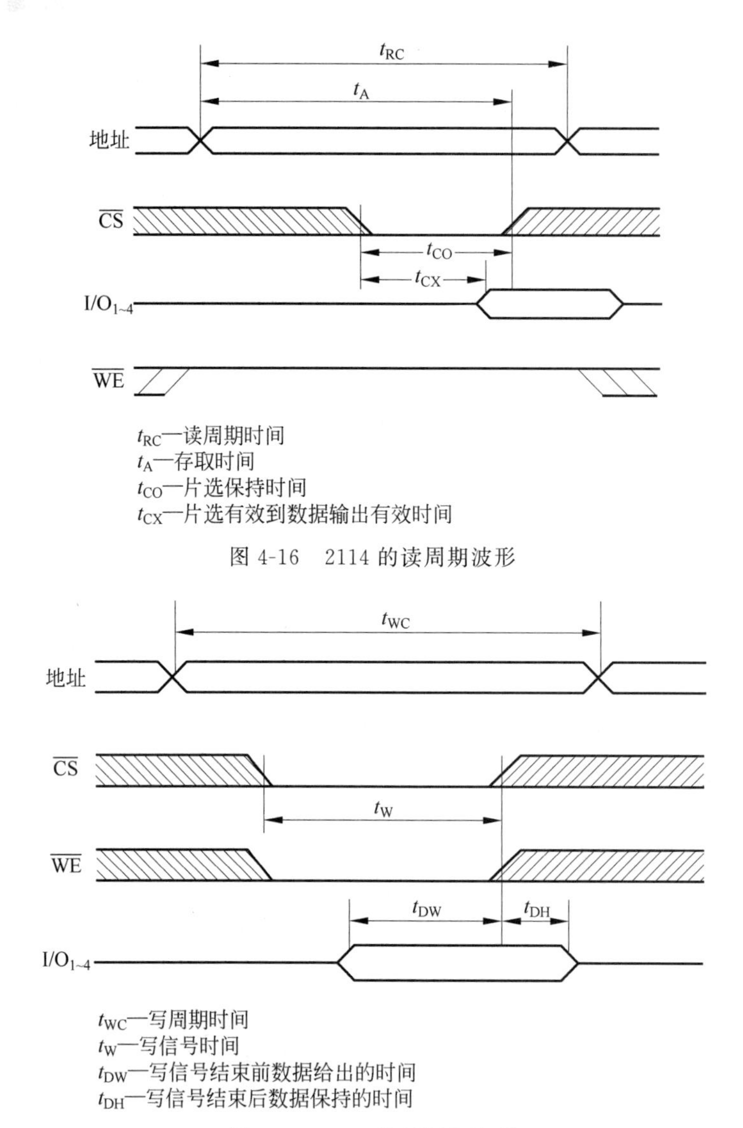

图 4-16 2114 的读周期波形

图 4-17 2114 的写周期波形

其中,写周期时间 t_{WC} 就是指 CPU 对 2114 芯片进行写操作所需要的时间。也就是说,若要向 2114 中写入一个字单元,需要至少 t_{WC} 的时间。一般来讲,半导体存储器的读周期时间和写周期时间是相同的,这一时间就是存储器芯片的存取时间。存取时间越小,存储器的速度就越快;反之,存取时间越大,存储器的速度也就越慢。

动态存储器和只读存储器的读写周期与静态存储器的类似,在此不再赘述。

3. 半导体存储器与 CPU 的连接

在构成计算机主存储器时,还需要根据机器容量的要求和所选用的半导体存储器芯片容量的情况进行综合设计。当单片存储器芯片的容量不能直接满足主存储器容量的要求时,需要选择多片进行容量扩展连接,以构成主存储器模块。下面分三种情况介绍存储器的容量扩展连接。

(1) 位扩展连接。设主存储器的容量为 $M \times N$ 位,而选用的存储器芯片的容量为 $M \times n$ 位,其中 N 是 n 的整数倍。在这种情况下,单片存储器芯片的字单元数与主存储器的相同,但每个字单元的位数不能满足主存储器的要求。这时,需要进行位扩展连接,将 N/n 片芯片并联起来,如图 4-18 所示,具体连接方法是。

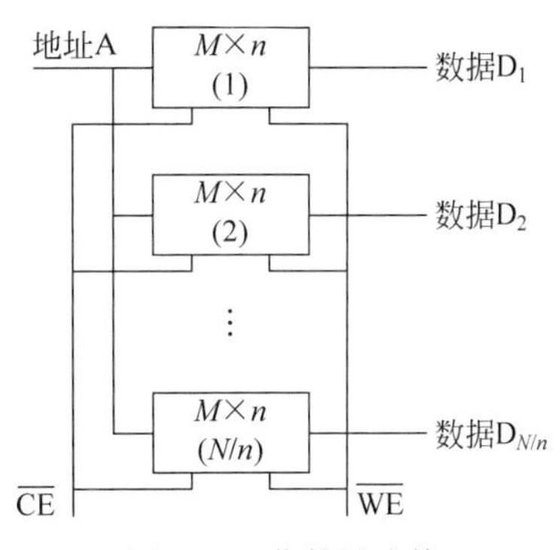

图 4-18 位扩展连接

① 将所有芯片的地址线 A 对应连接在一起。

② 将所有芯片的片选信号线 $\overline{CE}$ 对应连接在一起。

③ 将所有芯片的读写 $\overline{WE}$ 线对应连接在一起。

④ 将每个芯片的数据线各自单独引出。

采用这种方式连接后,每一次 CPU 来的地址同时选中所有芯片的同一个字单元,且地址线数未增加,也就意味着整个存储体的字数为 M; $\overline{CE}$ 同时选中所有芯片工作,而 $\overline{WE}$ 同时使所有芯片读或写。由于各芯片的数据线是单独引出的,被同时选中的芯片各自有 n 条数据线引出,加起来正好 N 条。若将这 N/n 个芯片看成是一个整体,那么其容量就是 $M \times N$ 位,正好符合主存储器的要求。

下面通过例题进一步说明采用位扩展连接的存储器芯片与 CPU 的连接。

【例 4.1】 使用一种 64M×4b 的存储器芯片构成 64M×16b 的主存储器,并与一个 16b 的 CPU 进行连接。

解 要使用 64M×4b 的存储器芯片构成 64M×16b 的主存储器,需要的芯片数为 16/4=4 片,然后进行位扩展连接,如图 4-19 所示。

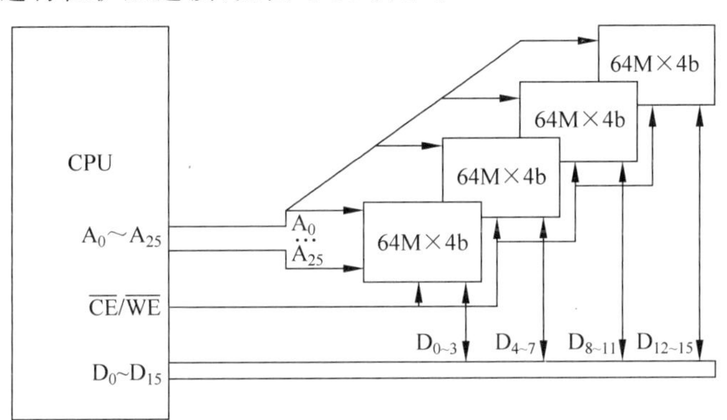

图 4-19 芯片位扩展并与 CPU 连接

(2) 字扩展连接。设主存储器的容量为 $M \times N$ 位,选用的存储器芯片的容量为 $m \times N$ 位,其中 M 是 m 的整数倍。在这种情况下,单片存储器芯片的字单元位数与主存储器的相同,但每个芯片的字单元数不能满足主存储器的要求。这时,需要进行字扩展连接,将 M/m 片芯片连接起来,如图 4-20 所示,具体连接方法是。

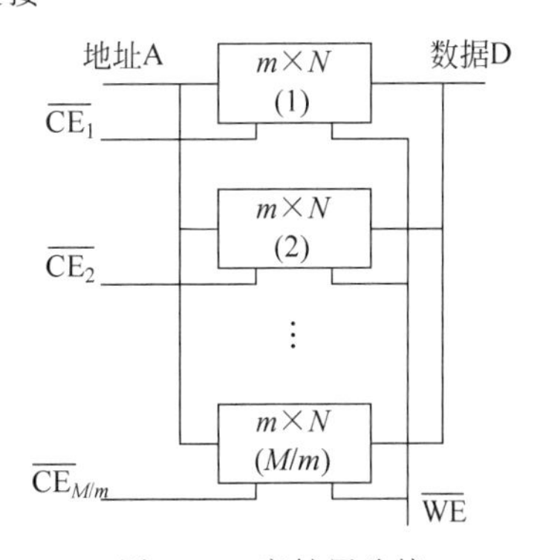

图 4-20 字扩展连接

① 将所有芯片的地址线 A 与 CPU 的低位对应地址线连接在一起。

② 将所有芯片的数据线对应连接在一起。

③ 将所有芯片的读写 $\overline{WE}$ 线对应连接在一起。

④ 将每个芯片的片选信号线 $\overline{CE}$ 各自单独引出，并由 CPU 剩余的部分高位地址线产生。

采用这种方式连接后，由于所有芯片的数据线是并联在一起的，所以数据位数不变，每次读写 N 位；每一次 CPU 来的低位地址同时选中所有芯片的同一个字单元，再由高位译码产生的片选信号 $\overline{CE}$ 一次选中一个芯片工作，$\overline{WE}$ 控制被选中芯片的读或写。进行字扩展连接后，共有 M/m 个容量为 $m\times N$ 位的芯片，总容量就是 $M\times N$ 位，正好符合主存储器的要求。

下面通过例题进一步说明采用字扩展连接的存储器芯片与 CPU 的连接。

【例 4.2】 使用一种 16M×16b 的存储器芯片构成 64M×16b 的主存储器，并与一个 16b 的 CPU 进行连接。

解 要使用 16M×16b 的存储器芯片构成 64M×16b 的主存储器，需要的芯片数为 16/4=4 片，然后进行字扩展连接，如图 4-21 所示。

其中，CPU 的地址线 $A_0\sim A_{23}$ 与每个芯片的对应地址线连接；A_{24} 和 A_{25} 则用于译码，产生对 4 个芯片的片选控制信号；这 4 个片选信号同时只有一个有效，然后选中一个芯片工作；CPU 的数据线 $D_0\sim D_{15}$ 与每个芯片的对应数据线连接。

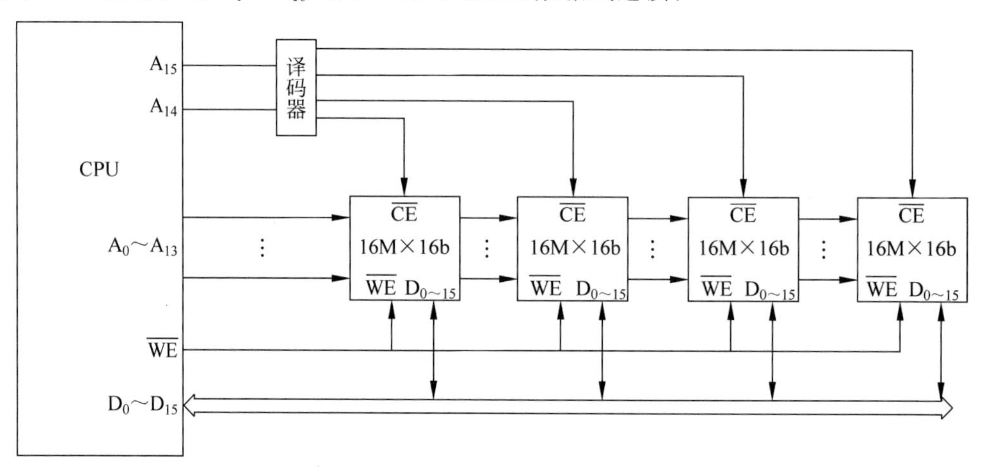

图 4-21 芯片字扩展并与 CPU 连接

(3) 字位扩展连接。设主存储器的容量为 $M\times N$ 位，而选用的存储器芯片的容量为 $m\times n$ 位，其中 M、N 分别是 m、n 的整数倍。在这种情况下，单片存储器芯片的字单元数和字单元的位数均不能满足主存储器的要求。这时，需要进行一种字位扩展连接，将 $(M/m)\times(N/n)$ 个芯片连接起来。连接方法就是将以上两种情况结合起来考虑。

4.3 交叉存储技术

1. 交叉存储技术的基本思想

先来看一个生活中的例子。假设某一产品需要两道生产工序完成，分别是工序 1 和工序 2，且两道工序采用流水作业的方式进行。现在安排两个工人 A、B 分别做工序 1 和工序 2，其中工人 A 完成工序 1 的时间是 Δt，而工人 B 完成工序 2 的时间是 $3\Delta t$。在这种情况下，流水线将每隔 $3\Delta t$ 的时间生产出一个该产品。其中，工人 B 需连续不间断地工作，而工人 A 则可以每工作 1 个 Δt 时间，休息 2 个 Δt 的时间，如图 4-22 所示。显然，在这种流水作业的情况下，工人 A 未满负荷工作，流水线的效率也未能真正发挥出来。

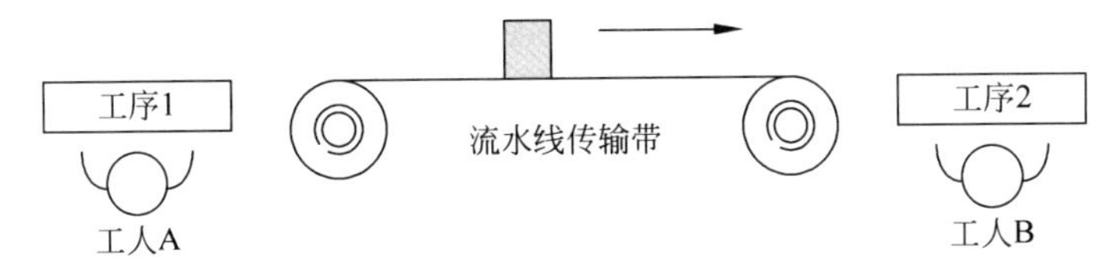

图 4-22 流水线生产模式 1

现在改变一下流水模式，增加 2 个工作速度与 B 相同的工人 C、D 都来做工序 2，这样就是工人 A 一人做工序 1，而工人 B、C、D 三人同时做工序 2。在 4 个工人都满负荷工作的情况下，流水线将每隔 Δt 的时间生产出一个该产品，如图 4-23 所示。

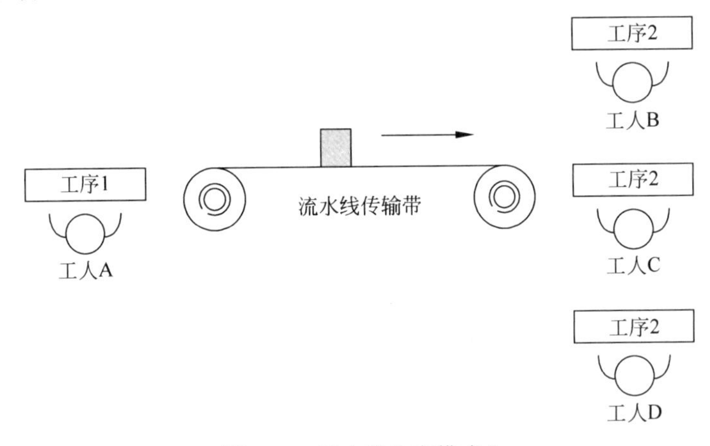

图 4-23 流水线生产模式 2

显然，后一种模式比前一种模式的生产效率提高了两倍，而其代价只是增加了两个工人，不是增加四个工人和两套流水线设备。

可以吸取这一思想，将其应用到计算机 CPU 与存储系统的配置上。由于 CPU 的速度远比存储器的速度快，当采用单 CPU 和单存储器模块时，CPU 每进行一次访存操作，都需要等待存储器的操作，且一个访存周期只能从单个存储器模块中存取一个字单元。如果多配置几个存储器模块，让 CPU 与多模块存储器之间采用后一种流水模式进行工作，那么就可以实现一个访存周期能从多个存储器模块中存取多个字单元的目标。

2. 交叉存储器模块的组织

为了实现 CPU 在一个访存周期能从多个存储器模块中存取多个字单元的目标，还需要对存储器模块的组织进行合理配置。

传统单模块存储器的单元地址是线性编址的，也就是从一个最低地址(通常是二进制全 0)开始连续编址到一个最高地址(通常是二进制全 1)。现在采用多模块存储器结构，也就相当于将传统的单模块存储器拆分为多个模块。那么，这多个模块如何编址是人们首先要研究的问题。

假设存储器共有 32 个字单元，分为 4 个模块，每个模块有 8 个字单元。考察以下两种编址方式：一是每个模块仍然像传统存储器一样进行线性编址，即模块1的单元地址是0～7，模块2的单元地址是8～15，模块3的单元地址是16～23，模块4的单元地址是24～31，如图4-24(a)所示；二是采用交叉编址的方式，即模块间的单元地址是连续的，而模块内的单元地址是不连续的，如图4-24(b)所示。

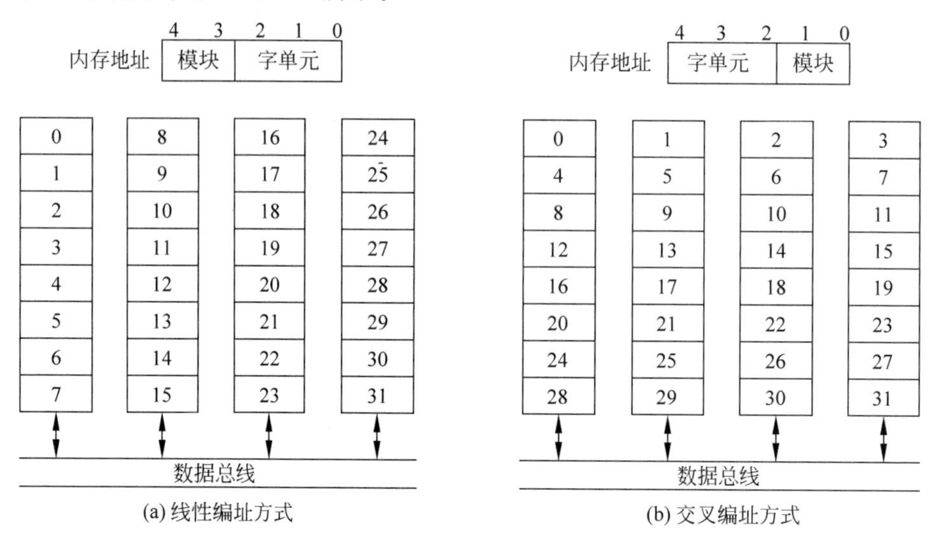

图4-24 存储器模块的组织方式

在采用图4-24(a)所示的线性编址方式的情况下，当CPU要同时访问多个连续的存储单元时，这些单元分布在同一模块的概率是最大的。例如，CPU在某一访存周期需向存储器读4个字单元的数据，这4个字单元地址是连续的，那么它们只可能分布在一个或两个存储模块中。对于每个存储模块来说，由于一个访存周期只能读写一个字单元，因此，采用这种线性编址方式并不能使CPU在一个访存周期内存取多个字单元。

而图4-24(b)所示的交叉编址方式则不同，当CPU要同时访问多个连续的存储单元时，由于交叉编址的特殊性，这些单元会分布在不同模块。例如，CPU在某一访存周期需向存储器读4个字单元的数据，这4个字单元地址是连续的，那么它们会分别分布在4个存储模块中。由于每个存储模块均能独立进行读写操作，故CPU在一个访存周期内能够同时存取多个字单元。

由此可以看出，当使用多模块存储器结构时，对模块的编址需采用交叉编址方式，才能真正发挥出多模块存储器的效率，真正实现CPU在一个访存周期内同时存取多个字单元的目标。

不过要注意的是，在这种结构下，CPU是通过同一条数据总线与多个存储模块之间进行数据传送的，而数据总线一次只能容纳一个字单元数据。因此，这多个存储模块必须采取在时间上错开的方式与CPU通过数据总线交换数据。CPU在同一访存周期内存取的多个字单元实际上并不是完全的“同时”，严格来讲是顺序存取，但这并不影响实现CPU在一个访存周期内存取多个字单元的目标。当然，能实现这一目标的前提是CPU的总线操作速度远比存储器的读写速度快。理想情况下，若CPU的总线操作速度是存储器读写速度的n倍，则应配置不少于n个存储模块与CPU相匹配。

下面通过定量分析，比较一下传统的单模块和多模块交叉编址方式的存取速度。假设每个模块的字单元长度等于数据总线的宽度，存储器模块的存储周期为T，CPU的总线传

送周期为 τ(即 CPU 从总线读取一个字单元或向总线写一个字单元的时间为 τ),存储器的交叉模块数为 m。为了实现流水线方式存取,应当满足:

$$T = m\tau \tag{4.1}$$

则 CPU 与单模块存储器和采用交叉编址方式的多模块存储器之间的数据存取示意图分别如图 4-25(a)、4-25(b)所示。

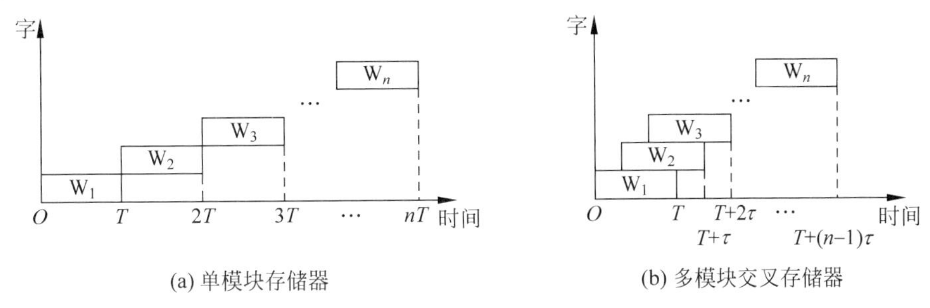

图 4-25　存储模块的存取方式

从图中可以看出,CPU 向单模块存储器存取 n 个数据所需的总时间为 nT,采用的是完全顺序存取方式;而 CPU 向多模块交叉存储器存取 n 个数据所需的总时间为 $T+(n-1)\tau$,采用的是在时间上错开的并行存取方式。把这连续的 n 个字单元数据的存取看成是一个流水操作,则前一种方式是每间隔 T 时间存取一个数据,而后一种方式是每间隔 τ 时间存取一个数据,CPU 的存取速度得到了大大提高。

3. 交叉存储器的组成

为实现多模块交叉存储器的功能,光对这多个模块进行交叉编址是不够的,还需对 CPU 访存的读写电路进行设计。在多模块交叉存储系统中,为保证每个模块均能够进行独立的读写操作,需为每个存储模块配置独立的读写电路,并由一个存储器控制部件进行顺序控制。

如图 4-26 所示是一个四模块交叉存储器的组成结构图。图中,4 个存储模块各配置了一套独立的读写电路,它们在一个存储器控制部件的统一控制下,分时地使用数据总线完成与 CPU 之间的数据传送。

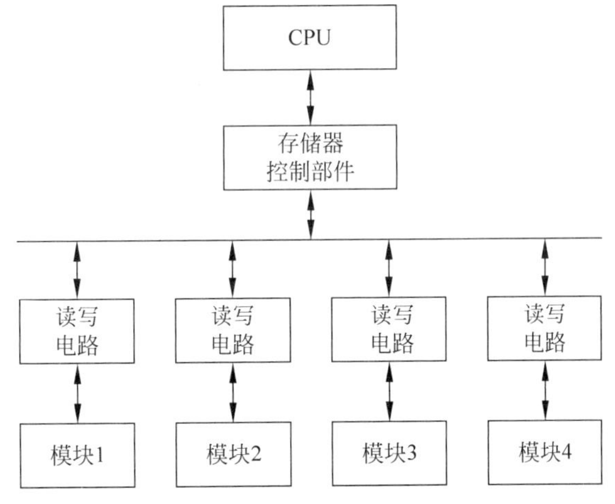

图 4-26　多模块交叉存储器的组成结构图

4.4 高速缓冲存储器

半导体存储器的制作工艺有很多种，不同制作工艺的存储器在存取速度上也有所差异。一般来讲，速度越快的半导体存储器，其价格也越高。高速缓冲存储器技术是一种使用小容量快速半导体存储器件实现提高 CPU 访存速度的有效方法，也是现代计算机普遍采用的一种方法。

4.4.1 cache 实现的基本原理

1. 程序的局部性原理

对大量典型程序运行情况的分析结果表明，在一个较短的时间间隔内，CPU 对一个程序指令的访问往往集中在一个较小的存储器逻辑地址空间范围内。也就是说，CPU 取指令和取数据的操作具有时间上局部分布的倾向，这种现象称为程序访问的局部性。

其实，程序访问的局部性与所编制程序的结构特点是紧密相关的。人们都知道，程序从控制结构上讲主要包括顺序结构、分支结构、循环结构和主子程序结构等。一般来讲，一个典型的程序中大量使用的是顺序结构。也就是说，程序大部分情况下是顺序执行的，发生转移和过程调用的情况相对较少。尤其是现代程序的编制强调程序的模块化，注重程序的规整性和结构化。例如，从 20 世纪 70 年代开始出现的 Pascal 语言就是一种典型的模块化语言，它强烈建议程序员尽可能少地使用 goto 语句。再如，C 语言是一种函数化语言，它的基本组成就是函数，而函数可以看成一个个程序模块。当 CPU 在某一段时间内执行程序中一个小的模块时，CPU 对程序的访问就往往局限在这一模块所分布的局部存储空间内，加之程序中大量使用循环，使程序的执行更有局部性倾向。虽然程序中不可避免要使用分支转移，但一方面这种转移情况相对较少；另一方面，即使发生了转移，程序又将进入另一模块进行局部性访问。

当一个程序执行时，由操作系统将其从计算机辅存调入主存中。操作系统在为程序分配主存空间时，会尽可能为程序分配连续的存储空间。这样就使程序在存储器中的存放顺序与其编写顺序相一致，这也就进一步保证了 CPU 对程序访问的局部性。

2. cache 的基本思想和工作原理

在 4.1.3 节介绍存储系统的层次结构时讲到，现代存储器为了满足用户对存储器高速度、大容量和低价格的要求，普遍采用 cache-主存-辅存结构。实际上，这里面包括了两种实现不同目标的层次结构：一是 cache-主存结构，使用高速缓冲存储器提高 CPU 的访存速度；二是主存-辅存结构，使用虚拟存储器为用户提供一个大容量的程序空间。

cache 的基本思想就是程序的局部性原理：在 CPU 与主存之间设置一个小容量的高速缓冲存储器 cache。当一个程序调入主存运行时，将该程序当前要执行的指令及其后将执行的一部分指令同时调入 cache 中；CPU 每次先从 cache 中取指令执行。根据程序的局部性原理，CPU 大部分情况下可以在 cache 中取到指令（称为命中）。只要命中率足够高，就可以使 CPU 访问主存的速度接近于访问 cache 的速度。

下面通过图 4-27 进一步阐述 cache 的工作原理。

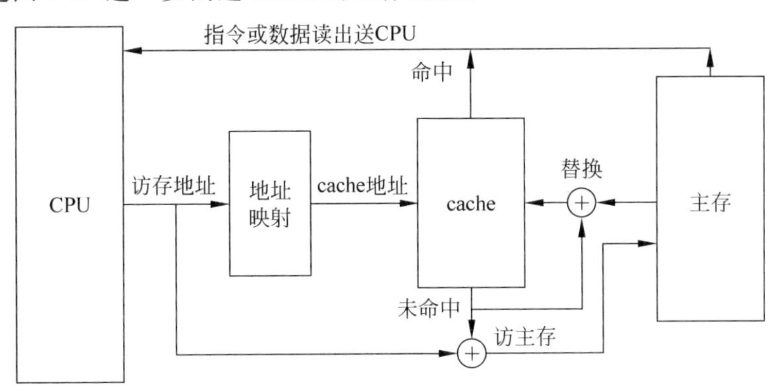

图 4-27　cache 的工作原理图

CPU 的访存地址(主存地址)首先通过一个主存-cache 的地址映射机构转换成一个访问 cache 的地址。如果 CPU 要访问的这一单元内容已经在 cache 中,则本次访问 cache 命中,从 cache 中将该单元的内容读出并送 CPU;若 CPU 要访问的这一单元不在 cache 中,则本次访问 cache 不命中,使用 CPU 的访存地址直接访主存,从主存中将该单元的内容读出并送 CPU,即完成一次 CPU 的访存操作。在 cache 存储器组织中,cache 和主存都按块进行组织,每一个块由若干个字单元组成,且主存的块和 cache 的块大小相同。在不命中的情况下,CPU 访存结束后,需将本次访问单元所在主存的块的全部单元内容调入 cache 中。若当前 cache 已满,则需将 cache 中的一个旧块替换出来。

对 cache 工作原理图进一步分析会发现,CPU 无论是命中而访问 cache 还是未命中而访主存,都需要先访主存地址进行一次地址映射操作,地址映射的目的是将 CPU 来的访主存地址转换成一个访问 cache 地址,同时通过地址映射判断本次要访问的主存地址字单元是否已经在 cache 中。这就带来了一个问题,那就是 CPU 无论是访问 cache 还是访问主存之前又额外增加了一个操作,这增加的额外操作会不会增加 CPU 访问主存的时间呢?确实,地址映射是实现访问 cache 额外增加的操作。但是,为了不影响 CPU 的访存速度,地址映射是通过使用一个称为相联存储器的高速器件完成的。

前面所介绍的存储器(半导体 RAM 或 ROM 等)都是按地址访问的存储器。也就是说,CPU 通过给出一个存储单元的地址对选中的存储单元的内容进行读写操作。而相联存储器则不同,它是按内容访问的存储器。具体来说就是把存储单元中的内容的一部分或全部作为关键字,去检索整个存储器,然后对与检索关键字相符的存储单元进行读写操作。

相联存储器的组成原理如图 4-28 所示,它主要由数据寄存器、屏蔽寄存器、输出寄存器、匹配寄存器、存储体和比较逻辑等组成。

数据寄存器用来存放要按内容检索的关键字,其位数和相联存储器的存储单元位数相等。

屏蔽寄存器用来存放屏蔽码,屏蔽码用于控制数据寄存器中哪些位参与检索比较(0 为屏蔽,1 为开放),其位数和数据寄存器位数相同。

输出寄存器用来存放按数据寄存器中的关键字检索所得到的相符的单元内容,其位数和数据寄存器位数相同。

匹配寄存器用来存放按数据寄存器中的关键字检索所得到的相符的单元标志,其位数

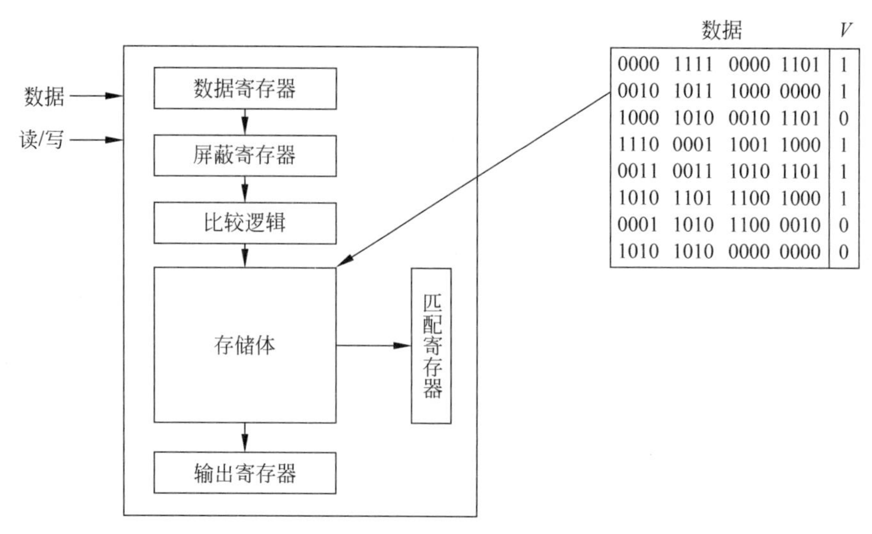

图 4-28 相联存储器组成原理图

等于相联存储器的存储单元数,相符的单元在匹配寄存器的相应位被标志为 1。

为了说明问题,假设一个相联存储器的存储体由 8 个字单元构成,每个字单元为 16 位。存储体的每个字单元除了存储一个 16 位字外,还设有一个标志位 V,用于指明该单元的数据是否有效,1 为有效,0 为无效。

当 CPU 访问相联存储器时,首先将一个要按内容检索的关键字送相联存储器的数据寄存器,然后再送一个屏蔽字到屏蔽寄存器。例如,假设 CPU 要检索在存储器中是否有高 4 位为 1010 的单元,则 CPU 将一个关键字 1010 xxxx xxxx xxxx 送相联存储器的数据寄存器,然后再送一个屏蔽字 1111 0000 0000 0000 到屏蔽寄存器。相联存储器开始将所有标志位 V 为 1 的单元的高 4 位同时与数据寄存器中的 1010 进行比较,若有相符者,则将匹配寄存器与比较相符的单元相对应的位置 1,同时把相符的单元内容读出到输出寄存器中。至此,CPU 的一次访相联存储器操作结束。

值得注意的是,相联存储器的比较是所有单元同时进行,而且是全硬件实现,因此,这种操作速度较快。对于 cache 实现来说,通过相联存储器完成地址映射,额外增加的时间是非常少的。

4.4.2 主存与 cache 的地址映射

CPU 对存储器的访问通常是一次读写一个字单元。当 CPU 访问 cache 不命中时,需将存储在主存中的字单元连同其后若干个字一同调入 cache 中。之所以这样做,是为了使其后的访存能在 cache 中命中。因此,主存和 cache 之间一次交换的数据单位应该是一个数据块。数据块的大小是固定的,由若干个字组成,且主存和 cache 的数据块大小是相同的。

从 cache-主存层次实现的目标看,一方面既要使 CPU 的访存速度接近于访问 cache 的速度,另一方面为用户程序提供的运行空间应保持为主存容量大小的存储空间。在采用 cache-主存层次的系统中,cache 对用户程序而言是透明的。也就是说,用户程序可以不需要知道 cache 的存在。因此,CPU 每次访存时,依然和未使用 cache 的情况一样,给出的是一个主存地址。但在 cache-主存层次中，CPU 首先访问的是 cache，并不是主存。为此，需要一种机制将 CPU 的访问主存地址转换成访问 cache 地址。而主存地址与 cache 地址之间的转换是与主存块及 cache 块之间的映射关系紧密联系的。也就是说，当 CPU 访问 cache 未命中时，需要将欲访问的字所在主存中的块调入 cache 中。按什么样的策略调入，直接影响主存地址与 cache 地址的对应关系。这也就是本小节要解决的主存与 cache 的地址映射问题。

主存与 cache 之间主要有三种地址映射方式，分别为全相联映射、直接相联映射和组相联映射。

1. 全相联映射

全相联映射是指主存中的任意一块都可以映射到 cache 中的任意一块。也就是说，当主存中的一块需调入 cache 中时，可根据当时 cache 块的占用或分配情况，选择一个块给主存块存储，所选的 cache 块可以是 cache 中的任意一块。例如，设 cache 共有 2^C 块，主存共有 2^M 块。当主存的某一块 j 需调进 cache 中时，它可以存入 cache 的块 0、块 1、…、块 i、…、块 2^C-1 的任意一块上，如图 4-29 所示。

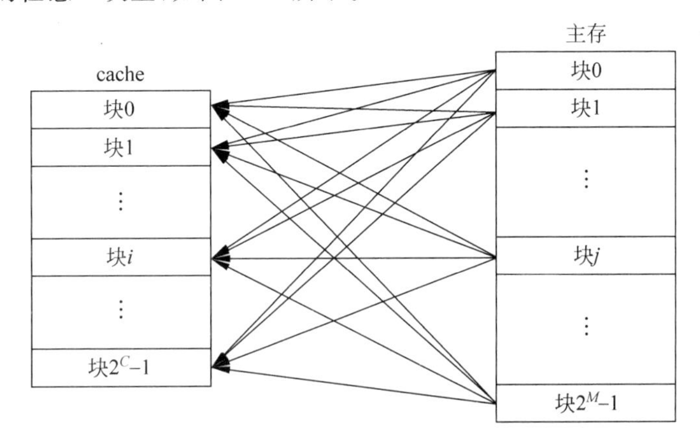

图 4-29　全相联映射方式

在全相联映射方式下，CPU 访问主存的地址形式如图 4-30 所示。

其中，M 为主存的块号；W 为块内的字号。

CPU 访问 cache 的地址形式如图 4-31 所示。

M	W

图 4-30　CPU 访问主存的地址形式

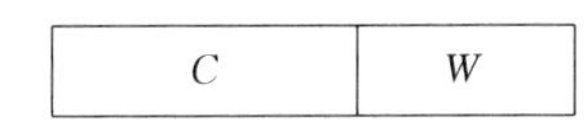

图 4-31　CPU 访问 cache 的地址形式

其中，C 为 cache 的块号；W 为块内的字号。

主存地址到 cache 地址的转换是通过查找一个由相联存储器实现的块表来完成的，其过程如图 4-32 所示。

当一个主存块调入 cache 中时，会同时在一个存储主存块号和 cache 块号映射表的相联存储器中进行登记。CPU 访存时，首先根据主存地址中的主存块号 M 在相联存储器中查找 cache 块号；若找到，则本次访问 cache 命中，将对应的 cache 块号取出，并送访问 cache 地址的块号 C 字段；接着将主存地址的块内字号 W 直接送至 cache 地址的块内字号 W 字段，形成一个访问 cache 的地址；最后根据该地址完成对 cache 单元的访问。

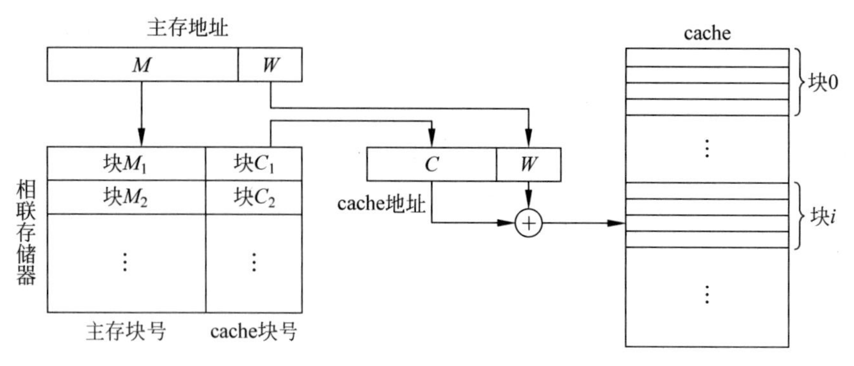

图 4-32 全相联映射的地址转换

全相联映射方式的优点是 cache 的空间利用率高，缺点是相联存储器庞大，比较电路复杂，因此只适合于小容量的 cache 使用。

2. 直接相联映射

直接相联映射方式（见图 4-33）是指主存的某块 j 只能映射到满足如下特定关系的 cache 块 i 中：

$$i = j \bmod 2^C \tag{4.2}$$

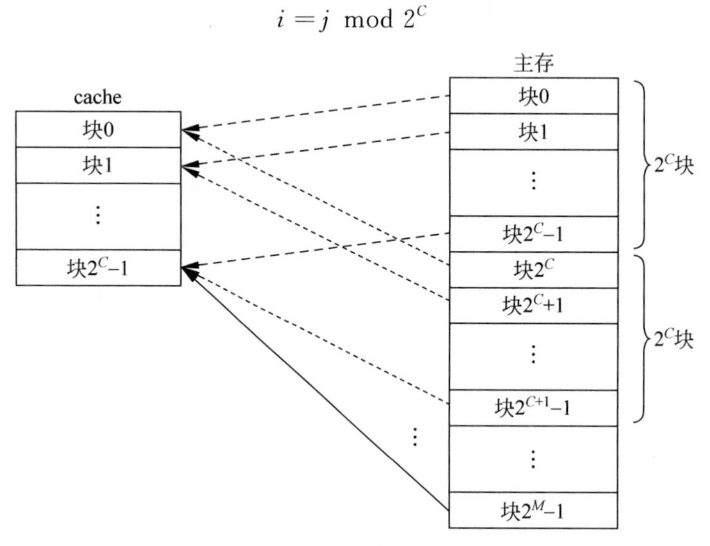

图 4-33 直接相联映射方式

图 4-33 中，主存的块 0、块 2^C、块 2^{C+1}、…… 只能映射到 cache 的块 0；主存的块 1、块 2^C+1、块 $2^{C+1}+1$、…… 只能映射到 cache 的块 1；以此类推，主存的块 2^C-1、$2^{C+1}-1$、……、块 2^M-1 只能映射到 cache 的块 2^C-1。

在直接相联映射方式下，CPU 的访主存地址如图 4-34 所示。

T	C	W

图 4-34 CPU 的访主存地址形式

其中，T 为标志号；C 为 cache 的块号；W 为块内的字号。

在这里，原主存的块号 M 实际上被分成了两个字段：T 和 C，其中 C 用于指出主存的块可以映射的 cache 的块。一般来讲，主存块数是 cache 块数的整数倍。也就是说，主存的块数 2^M 和 cache 的块数 2^C 满足如下关系式：

$$2^M = 2^C n$$

在直接相联映射方式下，标志号 T 是随 cache 的每个块一起存储的，其地址转换过程如图 4-35 所示。

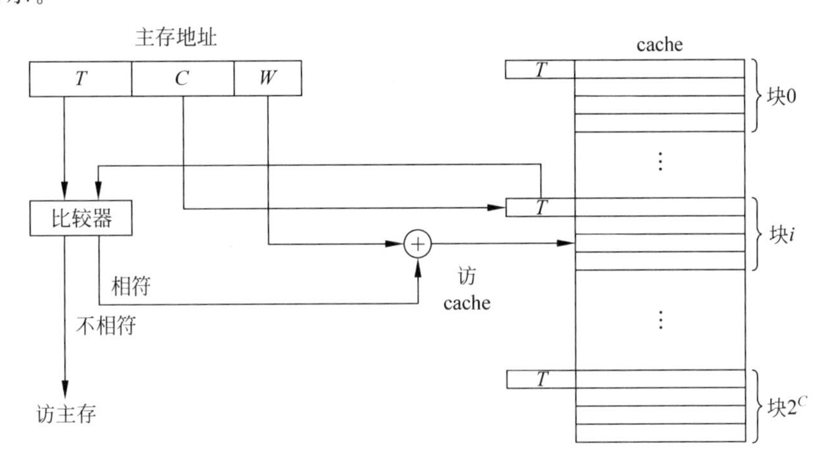

图 4-35 直接相联映射的地址转换

当一个主存块调入 cache 中时，会同时将主存地址的 T 标志存入 cache 块的标志字段中。当 CPU 送来一个访存地址时，首先根据该主存地址的 C 字段找到 cache 的相应块，然后将该块标志字段中存放的标志与主存地址的 T 标志进行比较。若相符，说明主存的块目前已调入该 cache 块中，即命中，然后使用主存地址的 W 字段访问该 cache 块的相应字单元；若不相符，则未命中，使用主存地址直接访主存。

直接相联映射方式的优点是比较电路最简单，缺点是 cache 块冲突率较高，降低了 cache 的利用率。由于主存的每一块只能映射到 cache 的一个特定块上，当主存的某块需调入 cache 时，如果对应的 cache 特定块已被占用，那么即使 cache 中的其他块空闲，主存的块也只能通过替换的方式调入特定块的位置，不能放置到其他块的位置上。

3. 组相联映射

以上两种方式各有优缺点，而且非常有趣的是，它们的优缺点正好相反。也就是说，全相联映射方式的优点恰是直接相联映射方式的缺点，而全相联映射方式的缺点恰是直接相联映射方式的优点。那么，可否找到一种能较好地兼顾这两种方式优点的映射方式呢？下面就来看看组相联映射方式。

将 cache 分成 2^u 组，每组包含 2^v 块。主存的块与 cache 的组之间采用直接相联映射方式，而与组内的各块则采用全相联映射方式。也就是说，主存的某块只能映射到 cache 特定组中的任意一块。主存的某块 j 与 cache 的组 k 之间满足如下关系：

$$K = j \bmod 2^u \tag{4.3}$$

设主存共有 $2^s \times 2^u$ 块(即 $M = s + u$)，则它们的映射关系如图 4-36 所示。

在图 4-36 中，主存的块 0、2^u、2^{u+1}、…、$(2^s-1)2^u$ 可以映射到 cache 第 0 组的任意一块，

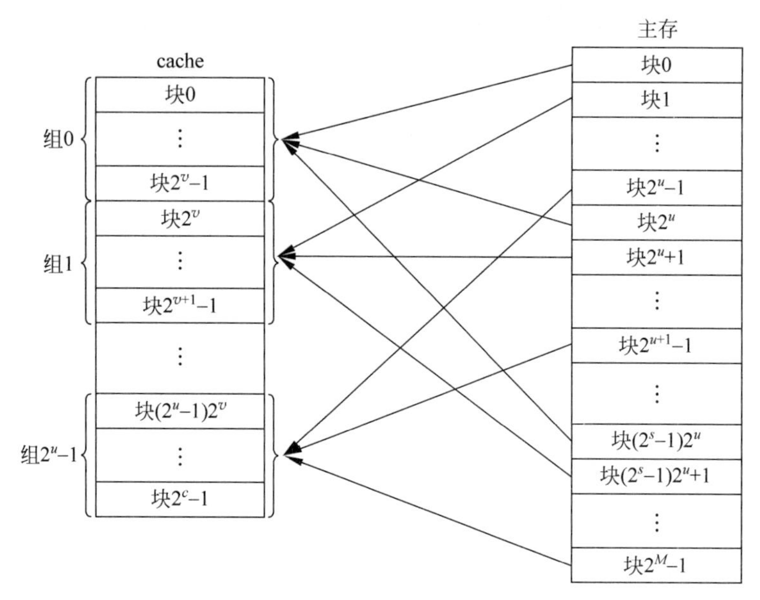

图 4-36 组相联映射方式

主存的块 1、2^u+1、$2^{u+1}+1$、…、$(2^s-1)2^u+1$ 可以映射到 cache 第 1 组的任意一块，……，主存的块 2^u-1、$2^{u+1}-1$、…、2^M-1 可以映射到 cache 第 2^u-1 组的任意一块。

在组相联映射方式下，CPU 的访主存地址和访问 cache 地址如图 4-37 所示。

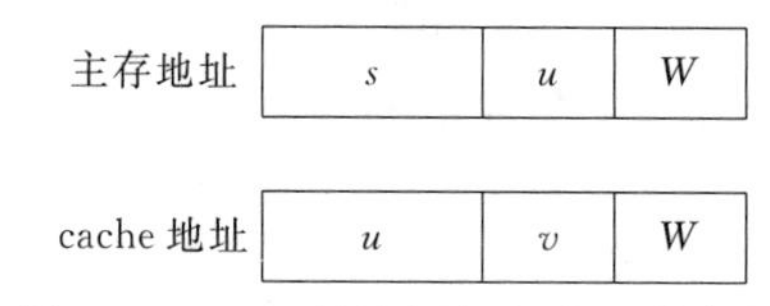

图 4-37 CPU 的访问主存地址形式和访问 cache 地址形式

其中，u 为 cache 的组号；v 为组内的块号。

cache 的块号 $C=u+v$，而主存的块号 $M=s+u$。也就是说，主存块地址的后 u 位指出了主存的这一块所能映射的 cache 的组。

与全相联映射方式类似的是，在组相联映射方式下，主存地址到 cache 地址的转换也是通过查找一个由相联存储器实现的块表来完成的，其形成过程如图 4-38 所示。

当一个主存块调入 cache 中时，会同时将其主存块地址的前 s 位写入一个由相联存储器实现的块表的对应 cache 块项的 s 字段中。例如，设主存的某块调入 cache 第 1 组的第 2 块中，则在块表组 1 第 3 项的 s 字段会登记下该主存块地址的前 s 位。

CPU 访存时，首先根据主存地址中的主存块号中的 u 字段找到块表的相应组，然后将该组所有项的前 s 位同时与主存地址的 s 字段做比较。若相符，则说明主存块在 cache 中，将 cache 中该项的 v 字段取出，作为 cache 地址的 v 字段；而 cache 地址的 u、W 字段直接由主存地址的 u、W 字段形成，最后形成一个完整的访问 cache 地址。当然，若比较结果没有相符项，则未命中，由主存地址直接访主存。

其实，全相联映射和直接相联映射可以看成组相联映射的两个极端情况。若 $u=0$，$v=C$，则 cache 只包含 1 组，此即全相联映射方式；若 $u=C$，$v=0$，则组内的块数等于 1，此即

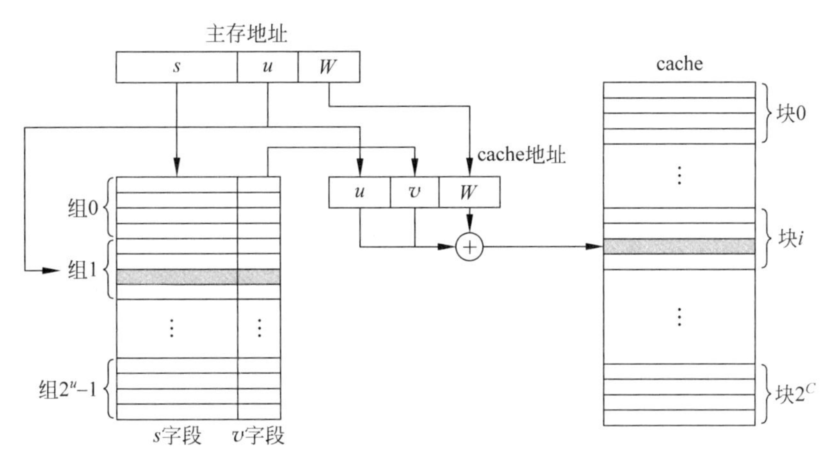

图 4-38 组相联映射的地址转换

直接相联映射。

在实际应用中，相联映射方式每组的块数一般取值较小，典型值为 2、4、8、16 等，分别称为两路组相联、四路组相联等。这样一方面使比较器的规模较小，实现较容易，例如两路组相联采用两路比较，四路组相联采用四路比较等；另一方面，cache 每组增加的可映射块数可有效减少冲突，提高 cache 访问的命中率。

4.4.3 替换算法

当 CPU 访问 cache 发生不命中的情况时，就直接访主存，并同时将所访问单元所在的一个主存块一并调入 cache 中。如果此时该主存块在 cache 中的所有特定位置已被其他块所占用，则需进行替换，即从特定位置中选择一个老的主存块从 cache 中调出，将新的主存块调入 cache 中。块的替换对于直接相联映射方式来说是最简单的，因为在直接相联映射方式下，主存的任意一块只能映射到 cache 的一个特定块上。因此，当需要进行替换时，只需将 cache 中的特定块替换出去即可。而对于全相联映射和组相联映射方式来说，情况则没这么简单，需要采取一定的替换策略或算法进行选择。替换算法主要有以下 4 种。

(1) 随机法。每次随机选择一个主存块替换出去。这种算法不考虑各块的使用情况，在可替换特定块数少的情况下容易将需使用的块替换出去，造成 cache 的命中率降低。

(2) 先进先出(FIFO)法。每次将最先调入 cache 的主存块替换出去。该算法记录每个块的调入时间，当要进行替换时，从所有可能被替换的主存块中选择一个最先调入 cache 的块替换出去。该算法实现较容易，系统开销较小，但并不十分符合主存块在 cache 中的使用规律，有可能造成正需使用的块被调出，影响 cache 的命中率。

(3) 最不经常使用(LFU)算法。每次将 cache 中访问最少的块替换出去。这种算法为每个块设置一个计算器，从 0 开始计数，每被命中一次计数器增 1。当需要替换时，从所有可能被替换的主存块中选择一个计数器值最小的块(最不经常使用)替换出去。这种算法将计数周期限定在对这些特定块两次替换之间的间隔时间内，因而不能严格反映近期块使用的情况。

(4) 近期最少使用(LRU)算法。每次将近期最少使用的主存块替换出去。该算法在实现时为每个调入 cache 的主存块设置一个计数器，一个块每命中一次，其计数器清零，同时将其他块的计数器增 1。当需要替换时，从所有可能被替换的主存块中选择一个计数器值最大的块(该块近期最少使用)替换出去。这种算法符合 cache 的工作原理，可使 cache 具有较高的命中率。

对两路组相联 cache 来说，LRU 算法的实现可以简化。因为在两路组相联 cache 中，一个主存块只能调入到 cache 的一个特定组的两块中的一块，因此只需设置一个标志位。当两块中的一块(假设为 A 块)被命中时，标志位置 1；而另一块(假设为 B 块)被命中时，标志位清 0。当需要替换时，只需检查此标志位的状态即可：为 0 替换 A 块，为 1 替换 B 块。Pentium CPU 内的数据 cache 采用的是一个两路组相联结构，使用的就是这种简化的 LRU 替换算法。

下面以图 4-39 为例简单说明 FIFO 和 LRU 替换算法的工作原理和命中率情况。

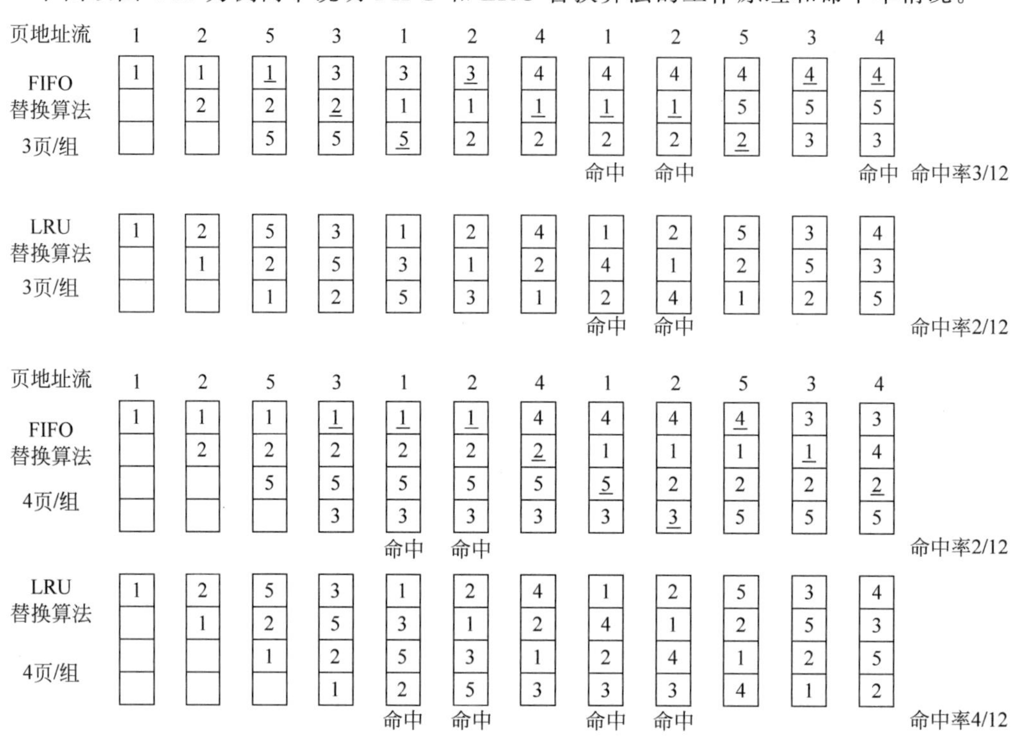

图 4-39 FIFO 和 LRU 替换算法的命中率情况

由图 4-39 可以看出，LRU 算法的平均命中率要高于 FIFO 算法，而且随着分组容量的增大，LRU 算法的命中率必定提高，FIFO 算法则未必。因为在 LRU 算法中，同一时刻小容量分组之页的集合必定是大容量分组之页的集合的子集，因而小容量分组的命中点必定是大容量分组的命中点，这种特征算法称为堆栈算法；而在 FIFO 算法中，同一时刻小容量分组之页的集合则不一定是大容量分组之页的集合的子集。

4.4.4 cache 的写策略

cache 中的内容可以看成主存的一个子集，即每次总是将主存部分块的内容调入 cache 中。CPU 对 cache 的读操作是不会影响 cache 的内容的，也不会影响 cache 与主存内容的一致性。但写就不一样了。当 CPU 对 cache 的某块进行了一次写操作，但对主存该块的内容却没有同时进行写操作时,会造成主存和 cache 内容的不一致。因此,对 cache 的写需要采取某种策略或方法。

(1) 全写法。全写法(write-through)又称写直达法,是指 CPU 每次在写 cache 命中时,在写 cache 的同时,也对相应的主存块进行写入;当写 cache 未命中时,则直接写主存。全写法是写 cache 和写主存同步进行,其优点是 cache 和主存的内容能保持高度的一致性,缺点是 cache 对 CPU 的写操作起不到高速缓存的作用,失去了 cache 的功效。统计表明,一般程序中的写操作占到了存储器操作的 15%左右。对于一些特殊应用的程序,其写操作比例会更高。在这种情况下,采用全写法实现写操作会影响 cache 的效率。

(2) 回写法。回写法(write-back)是指 CPU 每次在写 cache 命中时,只写 cache,暂不写主存,只有当某被写命中的块从 cache 中替换出去时才写回主存。这种方法使 cache 在 CPU 的写操作中也同样能发挥高速缓存的作用,但却存在主存与 cache 内容不一致的隐患。回写法在实现时会为每个 cache 块设置一个标志位,以反映 cache 的某块是否被修改过。当某块被替换出去时,根据标志位决定在替换的同时是否进行回写操作。未被修改过的块在替换出去时无须进行回写,只有被修改过的块在替换出去时才需进行主存的回写。

现在越来越多的机器都采用二级 cache,在处理写操作时需要考虑的不仅是写回主存,还需考虑写回二级 cache。写一次法(write one time)是采用二级 cache 的机器中常用的写操作策略,其具体方法是:写命中时的处理方法和回写法基本相同,只是第一次写命中时要同时写入主存和其他二级 cache 等。Pentium CPU 的片内数据 cache 就采用了这一方法。

4.4.5 cache 性能分析

1. CPU 访存时间的分析

在 CPU 与主存之间增加 cache 的目的就是要使 CPU 的访存速度接近于访问 cache 的速度。那么,在怎样的情况下才能做到这一点呢?下面进行分析。

设 N_c 表示某一段时间 cache 完成存取的总次数,N_m 表示这一段时间主存完成存取的总次数,h 定义为命中率,则有:

$$h=\frac{N_c}{N_c+N_m} \tag{4.4}$$

再假设 T_c 为 cache 存储器的读写周期时间,T_m 为主存储器的读写周期时间,则 cache-主存系统的平均访问时间 T_A 为:

$$T_A=hT_c+(1-h)T_m \tag{4.5}$$

从式(4.5)可以看出,平均访问时间与命中率是紧密相关的,命中率越高,平均访问时间越接近 cache 的读写周期时间。

系统的目标是以较小的硬件代价,使 cache-主存系统的平均访问时间 T_A 越接近 T_c 越好。设 $r=T_m/T_c$,表示主存慢于 cache 的倍率,则 cache-主存系统访问效率 e 为:

$$e=\frac{T_c}{T_A}=\frac{T_c}{hT_c+(1-h)T_m}=\frac{1}{r+(1-r)h} \tag{4.6}$$

【例 4.3】 设 CPU 执行某一段程序时共进行了 10 000 次访存操作,其中命中 cache 并完成访问 cache 的操作共 9800 次,而未命中访主存的次数为 200 次。已知 cache 的读写周期为 20ns，主存的读写周期为 80ns，求执行这一段程序时该 cache-主存系统的平均访问时间。

解 命中率 $h=9800/10\,000=0.98$，则 cache-主存系统的平均访问时间为

$$\begin{aligned}T_A&=hT_c+(1-h)T_m\\&=0.98\times20+(1-0.98)\times80\\&=21.2(\text{ns})\end{aligned}$$

表 4-1 列出的是 $T_c=10\text{ns}$、$T_m=60\text{ns}$ 时，不同 h 值所对应的平均访问时间 T_A。

表 4-1 命中率和平均访问时间

h/(%)	T_A/ns
0.0	60
0.1	55
0.2	50
0.3	45
0.4	40
0.5	35
0.6	30
0.7	25
0.8	20
0.9	15
1.0	10

2. 块的大小

主存和 cache 都划分了同样大小的块。当 CPU 访问 cache 失效时，需将一个主存块调入 cache。那么，一个块的容量多大算合适呢？显然，当块容量从很小逐渐变大时，会使 cache 的命中率增加。这是因为，当 CPU 所访问的一个字单元不在 cache 中时，会从主存中将该单元以及与前后若干单元组成的块一并调入主存。块越大，CPU 访问完该单元后再访问其他单元的命中率自然就会越高。但随着块容量的继续增大，对命中率增加的贡献将会越来越小。因为随着块的增大，离本次访问未命中的字单元越来越远的一些字单元也会被调入 cache，而这些单元与刚访问过的单元并不在一个程序空间的“局部”。也就是说，不会在同一个块中访问到它们，它们本次调入的意义不大。

块的容量大小与命中率的关系是比较复杂的，它取决于不同程序的局部性特征。对所有程序而言，很难确定一个最优的块的大小。通常认为块容量大小在 8～64B 是比较合适的。

3. cache 的数量

最初构建主存-cache 层次时，只设置了一个 cache。而近些年来，越来越多的机器采用多级 cache 以及指令缓存与数据缓存分离等技术，以进一步提高 CPU 的访存效率。

随着集成度的提高，现代的 CPU 在芯片中集成了一个小容量的 cache，与 CPU 外部的 cache 一起构成二级 cache 系统。其中，CPU 内部的 cache 为第 1 级(L1)，CPU 外部的 cache 为第 2 级(L2)。一般来讲，L1 级的 cache 比 L2 级的 cache 容量更小，速度更快。“L1

级 cache-L2 级 cache-主存”这种层次从工作原理上讲与前述的 cache 工作原理是完全相同的，即 CPU 首先访 L1 级 cache，若不命中，再访问 L2 级 cache 和主存。

与通过外部总线连接的外部 cache 相比，CPU 的片内 cache 与 CPU 的路径更短，可减少处理器在外部总线上的操作时间，因而加快了 CPU 的访存速度，进一步提高了系统的性能。

近些年来，对 cache 系统设计的另一种趋势是采用分立 cache 技术，也就是将指令和数据分开，分别存放在指令 cache 和数据 cache 中。这种分立 cache 技术有利于 CPU 采用流水线方式执行指令。在流水线中，往往会发生在同一个操作周期同时需要预取一条指令和执行另一条指令的取数据操作的情况。若采用指令和数据统一的 cache，则这种情况会造成取指令和取数据的访存冲突，冲突的结果就是导致流水线产生断流，严重影响流水线的效率。采用分立 cache 技术后，因为取指令和取数据分别在不同的 cache 中同时进行，因而不会产生冲突，有利于流水线的实现。

4.4.6　cache 举例：Pentium Ⅳ的 cache 组织

首先通过表 4-2 来看看 Intel CPU 使用的 cache 技术的演变。80386 不包含片内 cache，但首次在外部（机器主板上）使用了 cache 技术；80486 处理器速度的提高使外部总线成为处理器访问外部 cache 的瓶颈，因此在 80486 片内使用了一个小容量的 cache（8KB），采用每块 16B 的四路组相联映射机制；Pentium 处理器采用了分立 cache 技术，包含两个片内 L1 级 cache，分别用于数据和指令；Pentium Pro 处理器采用了前端总线技术，处理器和 L2 级 cache 之间采用高速总线互联；Pentium Ⅱ处理器则将 L2 级 cache 移到了片内，其容量达到了 256KB，每块 128B，采用 8 路组相联映射机制；Pentium Ⅲ处理器添加了一个外部 L3 级 cache；Pentium Ⅳ处理器则将大容量 L3 级 cache 移到了片内。

表 4-2　Intel CPU 使用的 cache 技术的演变

Intel CPU	采用的 cache 技术	解决的问题
80386	使用外部 cache	外部存储器慢于系统总线
80486	将外部 cache 移到处理器芯片上	处理器速度的提高导致外部总线成为 cache 存取的瓶颈
	采用外部 L2 级 cache	由于片上可用面积有限，内部 cache 相当小
Pentium	使用分立的数据 cache 和指令 cache	当指令预取部件和执行单元同时请求访问 cache 时会产生冲突，导致指令执行的流水操作产生断流
Pentium Pro	采用分立的前端总线（外部的主总线）和后端总线（Back Side Bus，BSB）技术。BSB 以更高速度运行，专用于 L2 级 cache	处理器速度的提高导致外部总线成为 L2 级 cache 存取的瓶颈
Pentium Ⅱ	将 L2 级 cache 移到处理器芯片上	
Pentium Ⅲ	添加外部的 L3 级 cache	某些应用与海量数据库打交道，必须具有对海量数据的快速存取能力，而片上的 cache 容量太小
Pentium Ⅳ	将大容量的 L3 级 cache 也移到处理器芯片上	

图 4-40 给出了一个 Pentium Ⅳ处理器的内部组织结构简化图，着重 cache 的组织和布

局。Pentium Ⅳ处理器的核心由以下几个主要部件组成。

(1) 取指令/译码单元。根据指令地址从 L2 级 cache 中取指令，并将指令代码译码成一系列的微操作存入 L1 级指令 cache 中。

(2) 执行单元。执行 L1 级指令 cache 中的微操作，并由 L1 级数据 cache 取所需数据，存入寄存器中暂存。执行单元可依据数据相关性和资源可用性调度微操作的执行，使微操作的执行可按不同于所取指令流的顺序被调度执行。只要时间许可，此单元可完成将来可能需要的微操作的推测执行。

(3) 存储器子系统。包括 L2 级和 L3 级 cache 及系统总线。当 L2 级和 L3 级 cache 未命中时，使用系统总线访问主存。系统总线还可用于访问系统的输入输出资源。

(4) 整数运算和浮点数运算单元 ALU。

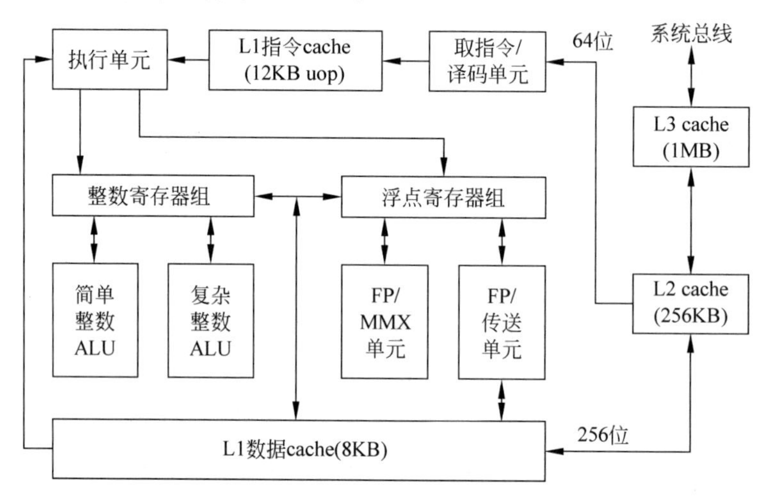

图 4-40 Pentium 4 处理器的内部组织结构图

不同于以前的 Pentium 和其他大多数处理器所采用的 cache 组织，Pentium Ⅳ的指令 cache 位于指令译码器和执行单元之间。取指令/译码单元用于完成指令的预取和译码工作，L1 级 cache 存储的实际上是指令译码后得到的微操作码，这样执行部件能从 L1 级 cache 中取出要直接执行的微代码，加快了指令的执行速度。

L2 级和 L3 级 cache 采用的是 8 路组相联映射机制，每块 128B。

4.5 虚拟存储器

早在 1961 年，英国曼彻斯特大学的 Kilburn 等就提出了虚拟存储器的概念。经过 20 世纪 60 年代初到 20 世纪 70 年代初的发展完善，虚拟存储器已广泛应用于大中型计算机系统中。1982 年，Intel 公司首次在其推出的微处理器 80286 上集成了虚拟存储器管理功能。现在，几乎所有的机器都采用了虚拟存储器技术。

4.5.1 虚拟存储器实现的基本原理

4.1.3 节中已经讲到，现代计算机的存储器采用分层结构，即 cache-主存-辅存三级结构。实际上，这里包含了两个主要层次：一是 cache-主存层次，其目标是通过增加小容量的高速 cache 提高 CPU 的访存速度，但对程序空间的容量不产生任何影响；二是主存-辅存层次，其目标是为用户提供一个远大于主存容量的程序空间。

随着用户程序对主存容量的要求越来越高，计算机主存储器在容量配置上不断提高，从早期的几十千字节到几百千字节到现在的几百兆字节到几十吉字节。但主存容量的配置总是受到一定因素的制约。一方面，出于机器性能价格比的考虑，价格较贵的主存储器容量不可能配置得太大。其实，作为计算机系统设计者来讲，如果只追求性能，不考虑价格，机器的主存储器完全可以使用单一的存储介质实现，即采用大容量、高速的存储器件构成计算机的主存储器。但这样做的后果是机器的价格很高，其中存储器占到了机器成本的主要部分。另一方面，在不同的应用场合，应用程序对主存容量的要求有所不同。作为通用计算机来讲，满足了大容量存储器要求的应用需要，对小容量存储器要求的应用就显得浪费。在既要考虑性能又要考虑价格的情况下，如何权衡和配置计算机的主存储器就显得非常困难。如果能够通过合理的设计，在不增加机器太多成本和开销的情况下，为用户程序提供一个足够大的存储空间，从而满足所有应用的需要，何乐而不为呢？虚拟存储器正是为实现这一目标而提出的。

虚拟存储器是一种由一个价格较高、速度较快、容量较小的主存储器和一个价格低廉、速度较慢、容量巨大的辅助存储器组成的存储器，在系统软件和辅助硬件的管理下就像一个单一的、可直接访问的大容量存储器，以透明方式为用户程序提供一个远大于主存容量的存储空间。

在未使用虚拟存储器的机器中，用户程序所需的存储空间不能大于机器实际能提供的主存容量。如果用户程序过大，其所需存储空间超出了主存能提供的容量，则要么该程序无法运行，要么由用户自行完成对程序的分块处理和存储分配工作，这对一般用户来讲是非常困难的。而在使用了虚拟存储器的机器中，允许用户程序空间大于机器实际主存空间。当用户程序所需的存储空间大于主存当前能够提供的存储容量时，由系统将用户程序的一部分先存放在辅助存储器中；当运行到这部分程序时，再将它们从辅存中调出，并分配给它们合适的主存空间执行。程序在存储器中的分配完全在系统的控制下进行，无须用户的干预。这对多用户、多程序的系统来讲显得尤为重要，可以避免因为用户的自行存储分配影响其他用户程序在存储器中的正常执行。

虚拟存储器主存-辅存层次的实现原理与前面讲述的 cache-主存层次的实现原理很相似。这主要体现在两个方面：一是组织结构相似。在这两种层次中，面向 CPU 的存储器由相对小容量的高速存储器件构成，而后援存储器则由相对大容量的低速存储器件构成，小容量存储器中存储的内容总是大容量存储器所存储内容的一部分。二是工作原理相似。用户程序事先存放在大容量后援存储器中。当执行程序时，CPU 首先访问的是小容量存储器，若命中，则完成本次访问；若不命中，则再到大容量存储器中访问，并同时按一定的规则用大容量存储器中的一部分内容替换小容量存储器中的一部分内容。当然，还有非常重要的一点就是实现虚拟存储器同样基于的是程序的局部性原理。若没有程序访问的局部性，CPU 访问小容量存储器频频失效，则会大大降低 CPU 访问存储系统的效率。

在实现虚拟存储器管理的机器中，能提供给用户程序运行的是一个比主存大得多的虚拟空间，称为虚存；而真正为用户程序提供实际运行空间的是主存，又称为实存。程序中出现的指令或数据地址是逻辑地址，又称为虚地址；而主存地址是真正的物理地址，又称为实地址。与cache-主存层次相似，当CPU访问虚拟存储器时，首先给出的是虚地址，通过一定的地址转换机制变换成一个实地址，再按此实地址访问主存。虚拟存储器的工作原理如图4-41所示。

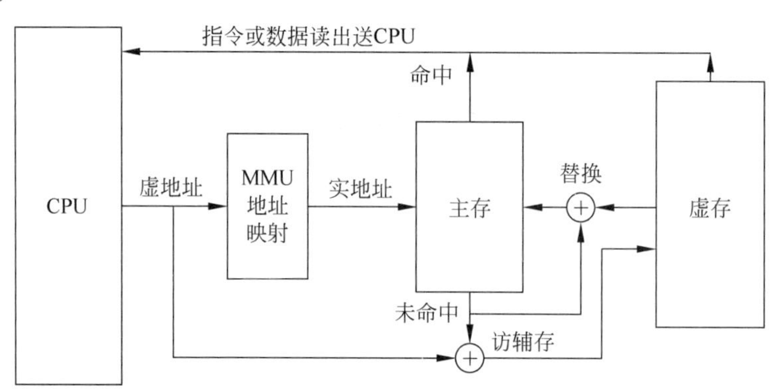

图4-41 虚拟存储器的工作原理图

从图4-41中可以看出，与cache-主存层次相似，在实现虚拟存储器管理时，要完成一个虚地址到实地址的变换过程，这一变换过程是由一个存储管理单元MMU来实现的。另外，当访主存失效(不命中)时，需要将虚存中的一部分内容调入主存中，调入的容量大小也同样与虚拟存储器管理机制有关。本书主要介绍虚拟存储器的三种管理机制：分页式管理、分段式管理和段页式管理。

4.5.2 虚拟存储器的分页式管理

在采用分页式管理的机器中，主存和虚存都划分成固定大小的块——页，主存的页称为实页，虚存的页称为虚页，实页和虚页的大小是相同的。实地址和虚地址都由两部分组成，分别为实页号/虚页号和页内偏移地址，如图4-42所示。

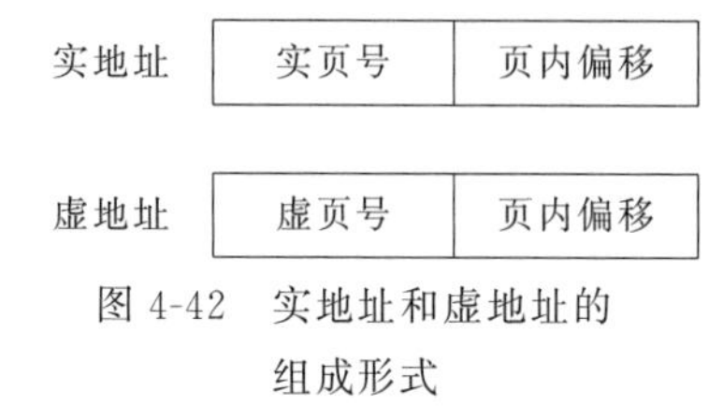

图4-42 实地址和虚地址的组成形式

对于CPU访问的某一个字单元来说，实地址中的实页号和虚地址中的虚页号是不同的，但两个地址中的页内偏移是相同的。

在分页式虚拟存储器中，任何一个虚页都可以映射到主存的任何一个实页上，虚地址到实地址的变换是通过存放在主存中的页表来实现的。页表由一个个页表项组成，每个虚页在页表中占一个页表项，并按虚页号的顺序排列。页表项的内容主要包括该虚页所在主存的实页号和一些控制信息，如图4-43所示。

在图4-43中，F为装入位。$F=1$表示该虚页已装入主存中，$F=0$表示该虚页还没装入主存。C为修改位，用于表示该页装入主存后是否被修改过。RW为访问方式字段，用于表示该页允许以“读-写-执行”方式中的哪些方式访问。

页表在主存中的位置通过一个页表基址寄存器来指明，页表项的内容是在每个虚页装入主存时填写的。

当用户程序中给出一个访存虚地址时，系统首先以页表基址寄存器中的内容为基地址，

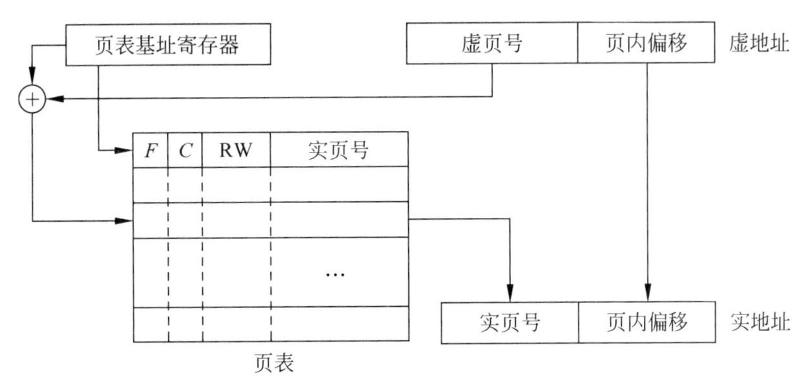

图 4-43 分页式虚拟存储器地址变换

以虚地址中的虚页号为偏移量，找到该虚地址所对应的存放在主存中的页表的页表项；然后根据装入位 F 的状态判断该虚页是否已经装入主存，若已装入，则从该页表项中取出实页号，再结合页内偏移地址一起共同形成一个访主存的物理地址；若未装入，则产生页面失效(故障)，启动输入输出子系统，将该虚地址所在的页从辅存中调入主存。

由于页面的划分只是机械地对虚、实存空间进行等分，因此，页面失效有可能发生在一条指令的执行过程之中。例如，对于按字节编址的存储器，就可能出现一条指令跨页存储的情况。当前一页已在主存而后一页不在主存时，在取指令过程中就会发生页面失效；同理，在取操作数(特别是字符串)、间接寻址及写回结果的过程中也可能发生页面失效。对于这种故障，处理机必须立即响应和处理，否则该条指令无法执行下去。如何保存和恢复故障点的现场，使故障处理完成后又能正确地从断点处继续执行指令，这是保证虚拟存储器正确工作的关键性问题之一。目前，有的机器采用后援寄存器技术，即把该条指令的故障现场全部保存下来，当处理完该故障并把所需要的页调入主存后，再从故障点处继续执行完该条指令；有的机器保存部分有关现场，使该指令能从头再开始执行；有的机器则采用预判技术。例如，在执行字符串指令前，预判断字符串的首、尾字符所在页是否已在主存中，如果在，则执行这条指令；只要有一个还没装入主存，就产生页面失效(故障)；在把该页调入后，才开始执行这条字符串指令。

在页面失效时，要求把该页由辅存调入主存，因此必须给出该页在辅存的物理地址。辅存一般是按信息块(对磁盘而言为扇区)编址的，且一个块的大小通常等于一个页面的大小。对磁盘存储器来说，其物理地址格式如图 4-44 所示。

盘机号	柱面号	磁头号	扇区号

图 4-44 磁盘存储器的物理地址格式

将虚地址变换成磁盘的物理地址，就是把虚页号变换成某个磁盘机上的某个扇区号。为此，需有一个虚页号与辅存物理地址的映像表，该表称为外页表(相对应的前述页表称为内页表)。图 4-45 示出了外页表的结构。它也按虚页号的顺序排列，每个虚页在外页表中占有一项，记录该页在辅存中的物理地址。外页表的内容是在把程序装入辅存时填写的，其中 M 为装入位。

通常外页表是存在辅存中的。当某个程序初始运行时，就把外页表的内容抄录到已建立的内页表的实页号字段中。在进行虚地址到实地址变换时，若出现页面失效，从内页表的

M	盘机号	柱面号	磁头号	扇区号
…	…			

图 4-45 外页表结构

实页号字段中取出的正是辅存物理地址。而当该页调入主存后,其实页号字段被真正填入所在主存的实际页号。

由于虚拟存储器的页面失效概率较低,一般不到 1%,因此,由虚地址变换成辅存物理地址完全可由软件实现,而不必提供专用的硬件支持。页面失效时,由于访问辅存需经机械动作,速度较低,因而不是让处理机空等着该页由辅存调入主存,而是切换到其他已准备就绪的任务(进程),把调页工作交由 I/O 处理机(即通道)来完成。虽然任务(进程)切换一般需要执行几百甚至几千条指令,但比起调页来说,耗费的时间毕竟要小得多。

虽然页表是实现分页式虚拟存储器的关键,但我们同时注意到,在分页式虚拟存储器中,每次访存都要增加一个查页表的过程,而页表是存放在主存中的,这就相当于每次多增加了一次访主存的操作。如果这个查页表的操作时间不能缩短,虚拟存储器是没有实用价值的。因此,如何加快地址变换速度就成为提高虚拟存储器速度的另一个关键问题。一种较好的解决办法是采用所谓"快表"的方法。

仔细分析实际查表的过程可以发现,由于程序局部性的特点,对页表内各页表项的使用不是随机的,而是簇聚的。即在某一段时间内,实际上只用到页表中很少的几个页表项。因此,可以单独采用快速硬件,实现只含有部分页表项的地址映像变换表。这种用快速硬件实现的部分页表称为转换旁视缓冲器(translation lookaside buffer,TLB),又称快表,而相对地把原来的页表称为慢表。快表比慢表小得多,其内容只是慢表的一个小副本。

快表可用相联存储器实现,其中的各页表项含有最近访问的虚页号及其对应的主存实页号。图 4-46 给出了使用快表、慢表结合进行地址变换的过程。

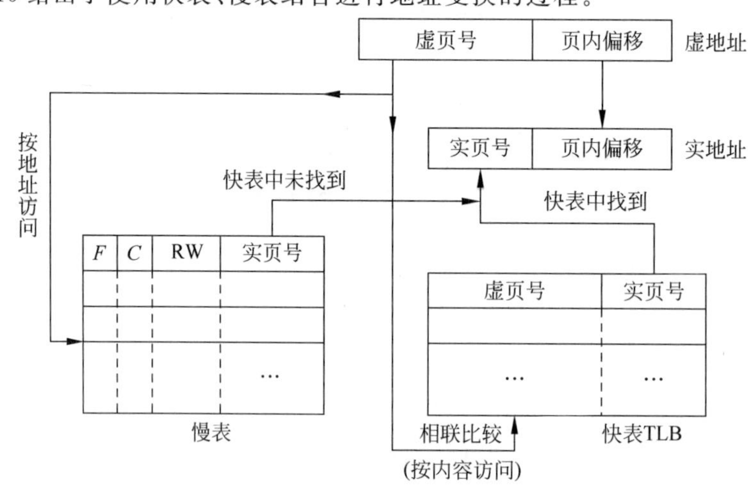

图 4-46 快慢表结合实现虚地址变换

首先按虚地址中的虚页号同时在快表和慢表中进行查找。在快表中采用的是相联比较(按内容访问)法,若该虚页号已在快表中,则可以直接从对应的项中取出实页号,与虚地址中的页内偏移地址一道共同形成访主存的实地址,并同时使查慢表的操作作废。若该虚页号不在快表中,则在慢表中继续查找,一方面通过慢表继续完成虚地址的转换工作,另一方面将找到的虚页号和对应的实页号同时存入快表中。

可见,快表和慢表又构成了一个表层次。如果快表的命中率相当高,可使地址变换所需时间接近于快表。

4.5.3　虚拟存储器的分段式管理

虚拟存储器的分页式管理控制简单,实现起来较为容易,然而它却存在两个问题。

一是当虚存空间很大时,页表也将非常庞大。例如,假设实存空间为256MB,虚存空间为4GB,页长为512B,则虚存共有8M个页,也就意味着页表共有8M个页表项。而每个页表项中需存储28位的实存地址和控制信息等,共需要至少4个字节。如果这样,页表需占用主存空间为8M×4B=32MB。如果虚存空间进一步增大,页表规模也将进一步增大,占用主存空间的容量也将更多。

二是虚拟存储器按页分配的机制并不符合程序存储空间分配的特性。一般程序都采用模块化结构设计,这些模块可能是过程、子程序或函数调用等。从程序的自然特性讲,一个模块能够一次完整地调入主存,便于模块的运行管理和存储保护。然而分页式虚拟存储器却不能保证这一点。一个模块可能分布在不同的页中,这些页调入主存的时间可能是不同的,而且在主存空间分配上有可能是不连续的,这就使今后系统对这一模块的存储管理和保护较为困难。

虚拟存储器的分段式管理就是按照程序的自然结构进行主存空间分配的,每次总是将一个程序模块完整地调入主存中。在这里,一个程序模块又称为一个段,为其分配的主存空间称为一个块。由于不同的程序模块长度是不同的,因此块长也是可变的。

为实现对长度不同的段进行空间分配,操作系统必须对主存空间进行有效的管理。例如可通过建立一些表格来了解主存空间的占用和可用情况。

(1) 主存占用空间表。它的每一项都指出所分配的一个段名、块所占用区域的基地址和块的长度,如表4-3所示。

(2) 主存可用空间表。它的每一项都指出一个未被占用区的地址和长度,如表4-4所示。

表4-3　主存占用空间表

段　名	块基址	块　长
…	…	…

表4-4　主存可用空间表

可用块基址	可用块长
…	…

当一个程序段需要从辅存调入主存时，系统首先在主存的可用空间表中查找是否有能满足该段空间分配的主存块。若有，则为其分配，并在主存占用空间表中增加一项，填上所调入段的名称、该主存块的基址和块长，而将主存可用空间表中已分配的该块删除。当一个程序段不再需要留在主存时，则要将该段占用的主存块释放，同时在主存可用空间表中增加一项可用块。

对于长度不一致的块，有两种广泛使用的分配算法，即首次匹配法和最佳匹配法。首次匹配法是指对主存的可用空间表从头开始一次查找，直到找到一个能满足一个程序段空间要求的主存块。最佳匹配法是指每次都查询整个可用空间表，选择一个能满足程序段空间要求的最小主存块进行分配。现举例说明这两种算法的区别。

假设某个时刻主存的空间初始状态如图 4-47(a)所示，其中已有三个程序段 K1、K2 和 K3，阴影部分为可用的空白区，每个存储区的左边数字表示该块的大小。

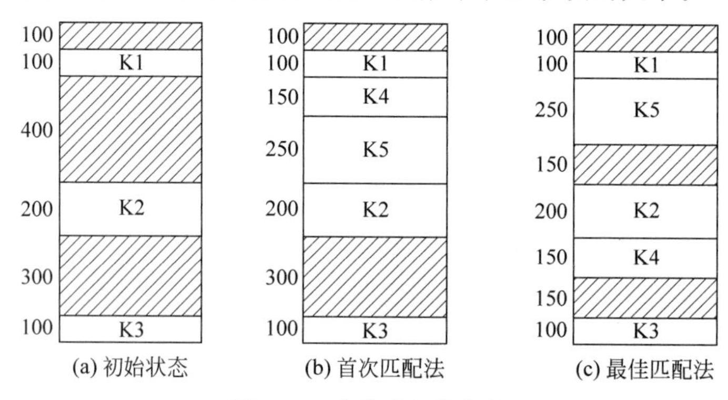

图 4-47 分段式存储分配

假定现在要将长度分别为 150 与 250 的块 K4 和 K5 分配到主存，图 4-47(b)和图 4-47(c)分别给出了采用首次匹配法与最佳匹配法所得的结果，这两种算法都已经实现并取得了令人满意的结果。比较起来，首次匹配法所需的执行时间比最佳匹配法要小，这是因为首次匹配法无须像最佳匹配法那样每次都要查找整个区域。另外，由于首次匹配法具有把所有块集中分配到存储器某一端的趋向，可用空间的大区域可能在存储器的另一端出现，可用来容纳今后大的块的调入，也使存储空间出现碎片的现象没有最佳匹配法容易。例如，在 K4 和 K5 分配完后，现需再分配一个大小为 200 的块，采用首次匹配法的图 4-47(b)就可以实现，而采用最佳匹配法的图 4-47(c)则无法实现，因为再也找不到一个 200 以上的单独的块了。因此，一般来讲，首次匹配法更适合于分段式存储空间的分配。

在分段式虚拟存储器中，虚地址也分为两个部分：段号和段内地址。为实现虚地址到实地址的变换，系统为此专门建立了一个段表。段表由一个个段表项组成，每一个段表项对应调入主存的一个段，段表项的主要内容包括段在主存的起始地址、段长、装入位 F 和访问控制位 RW。段表存放在主存中，其在主存中的起始地址由一个段表基址寄存器指出。段表的长度是不固定的，并随着用户程序段的调进调出而变化。当一个程序段被调入主存时，就会在段表中登记一项，记录该段在主存中所分配的存储空间的起始地址等信息。当进行地址变换时，首先根据虚地址中的段号在段表中找到该段对应的段表项。若 $F=1$，则访问有效，从段表项中取出段首地址，与虚地址中的段内地址一起共同形成一个访存的实地址；若 $F=0$，则访问失效，需从辅存中将该段调入主存。分段式虚拟存储器的地址变换如图 4-48 所示。

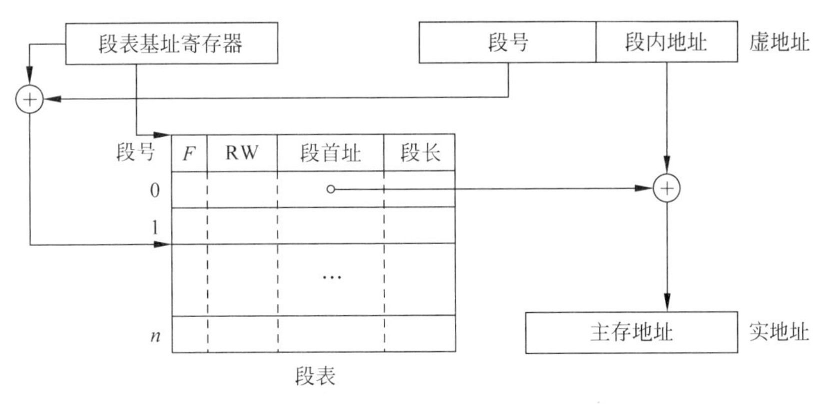

图 4-48　分段式虚拟存储器的地址变换

分段式虚拟存储器的优点是按段分配存储空间，一方面符合程序模块化的特点，另一方面便于程序段在主存中的管理和保护。后者是通过段表项中的段长来实现的。当进行地址变换时，需将虚地址中的段内地址与段表项中的段长进行比较，若段内地址大于段长，则说明该虚地址的访问超出了该段的界限，于是系统会产生一个越界错误，禁止本次的访问。分段式虚拟存储器的缺点是：当系统进行了频繁的块调进和调出后，会使主存出现碎块现象，导致后续的段无法再分配。

4.5.4　虚拟存储器的段页式管理

将分页式管理与分段式管理结合起来就形成了段页式虚拟存储器系统，它可以兼得二者的优点，即一方面具有分页式简单、不会产生碎片等的优点，另一方面又具有按程序自然段进行空间分配所带来的存储管理和存储保护等方面的优点。在段页式系统中，程序首先按模块分段，然后再将每个段划分成固定大小的页，使程序段在主存的调进/调出可以按页进行空间分配，同时又可以按段进行管理和保护。

为实现段页式管理，系统为每个调入主存运行的程序单独建立了一个段表和一组页表。段表的每一项对应一个段，其内容包括该段对应的页表的起始地址及相关控制信息。段表在主存中的起始地址由一个段表基址寄存器指出。页表用于指明该段各页在主存的分配情况，其内容包括在主存的页号、装入位 F 和修改位 C 等。在段页式虚拟存储器中，用户程序的地址由三部分组成：段号、页号和页内偏移。地址变换过程如图 4-49 所示。

首先根据段表基址寄存器的内容和虚地址中的段号找到该程序段的段表项，然后根据段表项中的页表首址和虚地址中的页号找到对应的页表项，最后从页表项中取出实页号，与虚地址中的页内偏移一起共同形成访主存的实地址。

可以看出，段页式虚拟存储器系统在进行虚地址到实地址变换时至少需要经历两次查表过程，即先查段表，再查页表，因此占用的时间也就更多。而且，当一个页表的大小超过一个页面的大小时，页表就被分成了几个页，这时又需设置二级页表，构成二级页表层次。一个大的程序可能需要设置多级页表层次。对于多级页表层次，在程序运行时，除了第一级页表需驻留在主存之外，其他页表可存放在辅存中，需要时再由第一级页表调入，以减少每道程序页表所占主存的空间。

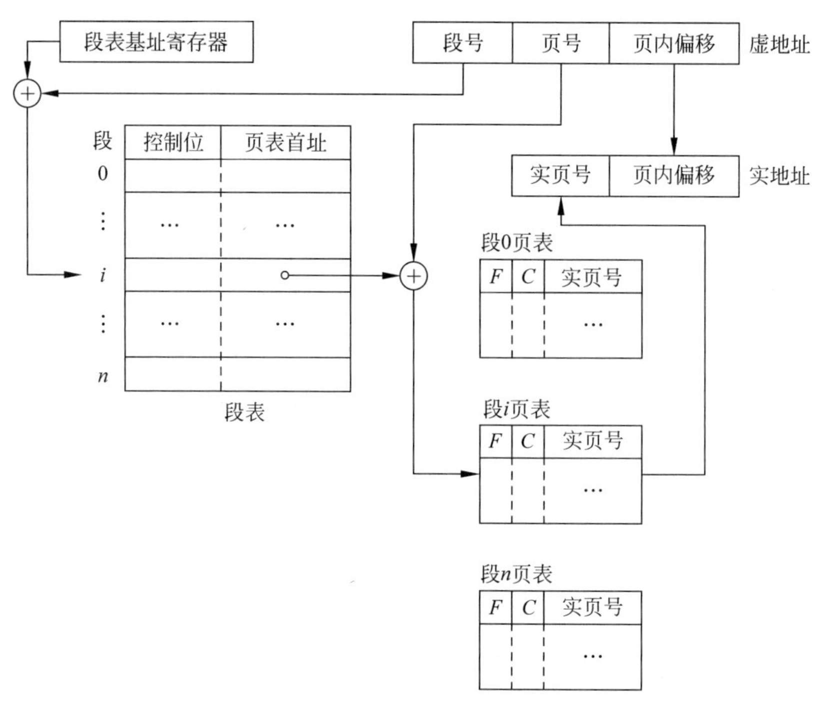

图 4-49 段页式虚拟存储器地址变换

为加快查表的速度，在段页式虚拟存储器中同样需要采用快慢表结合的方式进行虚地址的变换。

在多用户多程序系统中，允许有多个用户的程序同时运行，这时需要使用一个基号(又称用户标识号)来标识和区分所运行的每道程序。系统会为每道用户程序设置一个段表基址寄存器，用于指明系统为用户程序建立的段表在内存中的起始地址。而虚地址中需增加一个基号字段，如图 4-50 所示。

虚地址	基号	段号	页号	页内偏移

图 4-50 在虚地址中增加一个基号字段

【例 4.4】 假设某时间机器中运行有三道程序(用户标识号分别为 A、B、C)它们对应的段表基址寄存器内容分别为 S_A、S_B 和 S_C。现假设程序中给出了一个虚地址 C-1-2-0100(即程序 C 第 1 段第 2 页中偏移地址为 0100 的单元)，试通过图示的方式说明其虚地址到实地址的变换过程。

解 设 A、B、C 三道程序分别有 3、2、3 个段，其中程序 C 的三个段分别为 C_0、C_1、C_2；各自对应内存中的一个页表，三个段长度分别为 2、3、2 页。将虚地址 C-1-2-0100 变换为实地址的过程如图 4-51 所示。

首先根据虚地址中的基号找到对应程序 C 的基址寄存器，按基址寄存器中的地址找到该程序在内存中的段表；接着根据虚地址中的段号找到段表中的相应段 1 项，按段 1 项中的页表首址找到段 1 对应的页表；再根据虚地址中的页号找到页表中的页表项 2，从此项中取出该虚页在内存中的实页号 10；最后由实页号 10 和页内地址 0100 一起共同形成访主存的实地址。

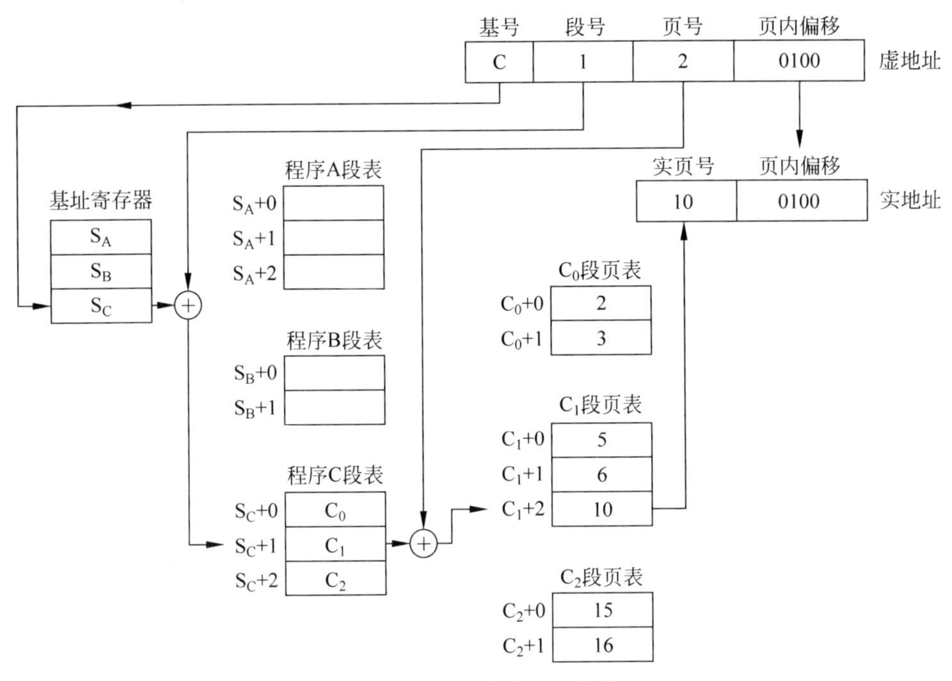

图 4-51　段页式虚地址转换

4.5.5　虚拟存储器的替换策略

在虚拟存储器中,由于虚存空间比实存空间大得多,必然会出现主存中所有页已经全部被占用的情况。这时如果又有新的页需要从辅存调入主存时就会发生页面失效。当发生页面失效时,就必须将主存中的某个页替换出去,以接纳辅存要调入的页。那么,按照什么规则替换主存中的页呢?这就是虚拟存储器替换算法要解决的问题。

选择替换算法,一方面要看这种算法是否反映了程序的局部性,能提高主存的命中率;另一方面要看这种替换算法是否易于实现。虚拟存储器中的页面替换策略和 cache 中的块替换策略有很多相似之处,但有 3 点显著不同:

(1) 当虚拟存储器发生页面失效时至少要涉及一次对辅存的存取操作,而对辅存的存取操作速度远比对主存的读取操作慢,从而使系统所遭受的时间上的损失要远比 cache 未命中时大得多;

(2) 虚拟存储器的页面替换是由操作系统软件来完成的;

(3) 由于主存空间远比 cache 空间大,主存与虚存空间之间又是全映射方式,因此虚拟存储器页面替换的选择余地很大,属于一个进程的页面都可替换。

虚拟存储器中的替换策略一般采用 LRU 算法、LFU 算法 FIFO 算法,或将两种算法结合起来使用。

对于将被替换出去的页面,假如该页调入主存后没有被修改过,就不必进行处理;否则就必须把该页重新写入辅存,以保证辅存中数据的正确性。

【例 4.5】 假设主存只有三个页面,某程序访问虚页面的序列是 2、3、2、1、5、2、4、5、3、2、5、2 页。试求分别采用 FIFO 和 LRU 替换算法时的命中率。

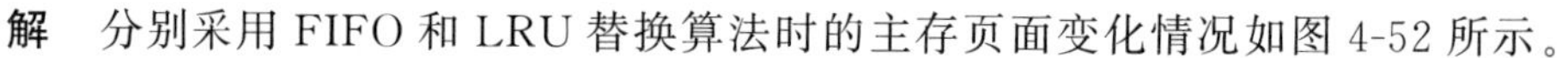

解 分别采用 FIFO 和 LRU 替换算法时的主存页面变化情况如图 4-52 所示。

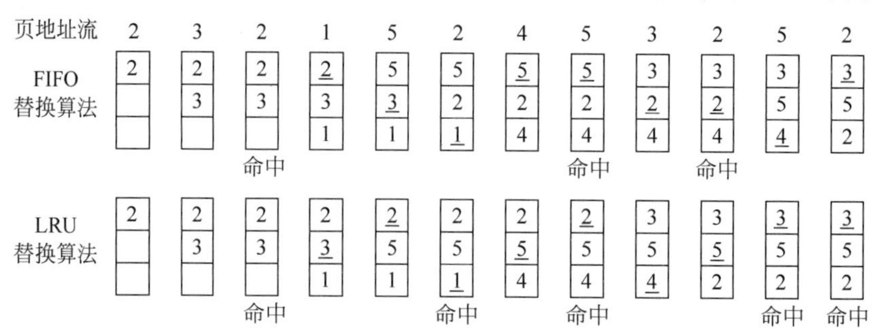

图 4-52 主存页面变化情况

其中 FIFO 算法在 12 次访问中命中 3 次，命中率为 3/12；而 LRU 算法命中 5 次，命中率为 5/12。

4.5.6 虚拟存储器举例：Pentium 的虚拟存储器组织

1. Pentium CPU 的虚地址模式

Pentium CPU 的虚拟存储器管理是通过 MMU 来完成的。MMU 包括分段单元(segmentation unit，SU)和分页单元(paging unit，PU)两部分，它允许 SU 和 PU 单独工作或同时工作，以支持如下 3 种受保护的虚拟地址模式(简称保护模式)。

(1) 分段不分页模式。虚拟地址(在 Pentium CPU 中称为逻辑地址)由一个 16 位的段选择符和一个 32 位的偏移地址组成。段选择符的高 14 位用于指定具体的段，最低 2 位用于段保护。一个进程可拥有的最大虚拟地址空间为 $2^{14+32}=2^{46}=64\text{TB}$。SU 用于将二维的分段虚拟地址转换成一维的 32 位线性地址。

这种模式的优点是无须访问页目录和页表，地址转换速度快；对段提供的一些保护定义可以一直贯通到段的单个字节级。

(2) 不分段分页模式。在不分段分页模式下，SU 不工作，只是 PU 工作；程序也不提供段索引，程序中使用的寄存器提供的 32 位地址由页目录、页表、页内偏移三个字段组成；由 PU 完成虚拟地址到物理地址的转换，进程可拥有的最大虚拟地址空间为 $2^{32}=4\text{GB}$。

这种分页模式虽然减少了虚拟空间容量，但一方面能提供保护机制，另一方面也比分段模式具有更大的灵活性。

(3) 分段分页模式。分段分页模式是一种在分段基础上增加分页存储管理的模式，即将 SU 转换后的 32 位线性地址看成由页目录、页表、页内偏移三个字段组成；再由 PU 完成两级页表的查找，将其转换成 32 位物理地址。一个进程可拥有的最大虚拟地址空间也为 64TB。这种模式兼顾了分段模式的存储保护和分页模式灵活的优点。

2. 保护模式下的分段管理

在分段模式下，每一个程序都被分成若干个段，且一个程序至少包含一个代码段和一个数据段。每一个程序段都有自己的基地址、段界限以及保护信息，这些信息被保存在由操作系统管理的全局描述符表(global descriptor table，GDT)或局部描述符表(local descriptor table,LDT)内。这两个表的每一项称为段描述符,由 8 字节组成。也就是说,段描述符中存储了程序段的基地址、段界限以及保护信息等。

分段模式下的虚拟地址(或逻辑地址)包含一个 16 位的段选择符和一个 32 位的偏移地址,其中段选择符的格式如图 4-53 所示。

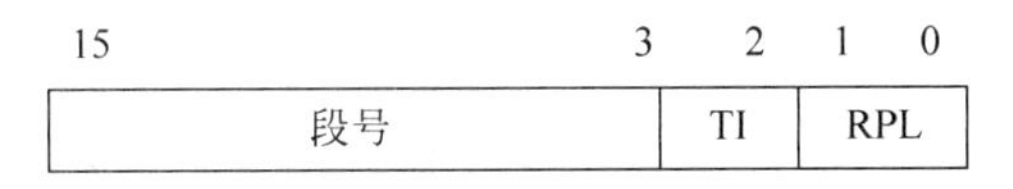

图 4-53 段选择符的格式

段选择符中包含了下列域。

(1) 段表指示符(TI):表示对应的程序段是在 GDT 中还是在 LDT 中。

(2) 段号:对应 GDT 或 LDT 中的一项。

(3) 请求特权级(RPL):表示这个请求的特权级。

在分段模式下,将逻辑地址转换成 32 位物理地址的示意图如图 4-54 所示。

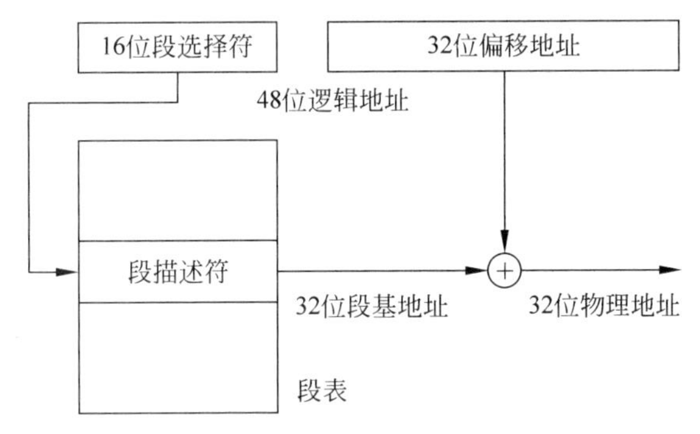

图 4-54 分段模式下的地址转换

3. 保护模式下的分页管理

Pentium CPU 有两种分页管理方式:一种是将页划分成 4KB 大小,使用二级页表(页目录表和页表)进行地址转换;另一种是将页划分成 4MB 大小,使用单级页表进行地址转换。这里仅介绍后一种方式。

单级页表由一个个页表项组成,页表项的格式如图 4-55 所示。

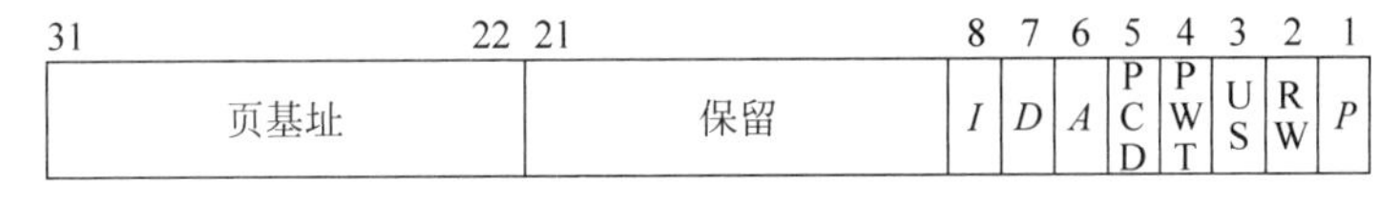

图 4-55 页表项的格式

其中页基址为 10 位,其他各位的含义如下。

I 位:指示页面大小。$I=1$,表示页面为 4MB;$I=0$,表示页面为 4KB。

D 位:修改位。$D=1$,表示该页被修改过。

A 位:访问位。该页装入主存后若被访问过,则置 $A=1$,否则 $A=0$。

PCD 位:用于页 cache 的禁止控制。

PWT 位:用于全写法的控制。

US 位:用于用户/监督控制。

RW 位：用于读/写控制。

P 位：存在位。$P=1$，表示该页已装入主存；$P=0$ 时访问该页将产生缺页错误。

分页模式的地址转换过程如图 4-56 所示。

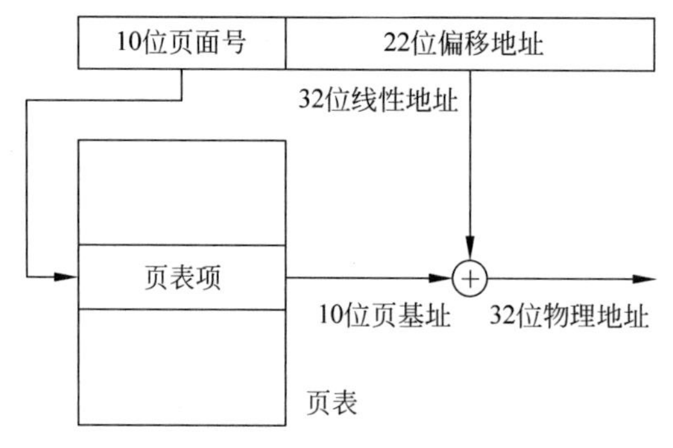

图 4-56 分页模式下的地址转换

本章小结

本章主要讲述了以下内容。

(1) 存储器的组织。存储器在物理上由一定的、具有存储功能的器件构成，在逻辑上可以看成是由一个个存储单元构成的线性地址空间。

(2) 存储器的分类。从功能上讲，可将存储器分为主存和辅存。主存主要由半导体存储器件构成，而辅存则由磁介质存储器或光存储器构成。

(3) 计算机主存储器的种类，单元电路的构成及工作原理，主存储器的组成及设计，以及提高访存效率的交叉存储技术等。

(4) 现代存储器系统的存储层次，包括 cache-主存层次和主存-辅存层次以及它们所基于的程序局部性原理、各层次的工作原理和实现方法等。

习题

一、名词解释

1. RAM　　2. ROM　　3. 存储周期　　4. 存储层次

5. 程序的局部性原理　　6. cache　　7. 虚拟存储器　　8. LRU

二、选择题

1. 存储器是计算机系统中的记忆设备，它主要用来(　　)。

A. 存放数据　　B. 存放程序　　C. 存放数据和程序　　D. 存放微程序

2. 和外存相比，内存的特点是(　　)。

A. 容量大、速度快、成本低　　B. 容量大、速度慢、成本高

C. 容量小、速度快、成本高　　D. 容量小、速度慢、成本低

3. 某 SRAM 芯片的存储容量为 256K×4 位，则该芯片的地址线和数据线分别为(　　)。

A. 18,4　　B. 4,18　　C. 20,8　　D. 8,20

4. 某机器字长为32位,其存储容量为1MB。若按字编址,它的寻址范围为(　　)。

A. 1M　　B. 512KB　　C. 256K　　D. 256KB

5. 下列因素中,与cache的命中率无关的是(　　)。

A. 主存的存取时间　　B. cache块的大小

C. cache的组织方式　　D. cache的容量

6. 下列说法中正确的是(　　)。

A. 多体交叉存储器主要用于解决扩充存储容量问题

B. cache与主存统一编址,cache的地址空间是主存地址空间的一部分

C. cache的功能全部由硬件实现

D. 虚拟存储器的功能全部由硬件实现

7. 某容量为256MB的存储器,由若干4M×8位的DRAM芯片构成。该DRAM芯片的地址引脚和数据引脚总数是(　　)。(2014年全国硕士研究生入学统一考试计算机学科专业基础综合试题)

A. 19　　B. 22　　C. 30　　D. 36

8. 某计算机的存储器总线中有24位地址线和32位数据线,按字编址,字长为32位。如果000000H~3FFFFFH为RAM区,那么需要512K×8位的RAM芯片数为(　　)。(2021年全国硕士研究生入学统一考试计算机学科专业基础综合试题)

A. 8　　B. 16　　C. 32　　D. 64

9. 某存储器容量为64KB,按字节编址,地址4000H~5FFFH为ROM区,其余为RAM区。若采用8K×4位的SRAM芯片进行设计,则需要该芯片的数量是(　　)。(2016年全国硕士研究生入学统一考试计算机学科专业基础综合试题)

A. 7　　B. 8　　C. 14　　D. 16

10. 假定DRAM芯片中存储阵列的行数为r,列数为c,对于一个2K×1位的DRAM芯片,为保证其地址引脚数最少,并尽量减少刷新开销,则r、c的取值分别是(　　)。(2018年全国硕士研究生入学统一考试计算机学科专业基础综合试题)

A. 2048,1　　B. 64,32　　C. 32,64　　D. 1,2048

11. 某计算机主存按字节编址,由4个64M×8位的DRAM芯片采用交叉编址方式构成,并与宽度为32位的存储总线相连,主存每次最多读写32位数据。若double型变量x的主存地址为804001AH,则读取x所需的存储周期数是(　　)。(2017年全国硕士研究生入学统一考试计算机学科专业基础综合试题)

A. 1　　B. 2　　C. 3　　D. 4

12. 某计算机使用4体交叉编址存储器,假定在存储器总线上出现的主存地址(十进制)序列为8005、8006、8007、8008、8001、8002、8003、8004、8000,则可能发生访存冲突的地址对是(　　)。(2014年全国硕士研究生入学统一考试计算机学科专业基础综合试题)

A. 8004和8008　　B. 8002和8007　　C. 8001和8008　　D. 8000和8004

13. 采用指令cache与数据cache分离的主要目的是(　　)。(2014年全国硕士研究生入学统一考试计算机学科专业基础综合试题)

A. 减低cache的缺失损失　　B. 提高cache的命中率

C. 减低CPU平均访问时间　　D. 减少指令流水线资源冲突

14. 若计算机主存地址为32位,按字节编址,cache数据区为32KB,主存块为32B,采用直接映射方式和回写策略,则cache行的位数至少是(　　)。(2021年全国硕士研究生入学统一考试计算机学科专业基础综合试题)

A. 275　　B. 274　　C. 258　　D. 257

15. 假定主存地址为32位,按字节编址,主存和cache之间采用直接映射方式,主存块为4个字,每字32位,采用回写方式,则能存放4K字数据的cache的总容量的位数至少是(　　)K。(2015年全国硕士研究生入学统一考试计算机学科专业基础综合试题)

A. 146　　B. 147　　C. 148　　D. 158

16. 有如下C语言程序段:

```
for(k = 0; k < 1000; k + + )
a[k] = a[k] + 32;
```

若数组a及变量k均为int型,int型数据占4B,数据cache采用直接映射方式,数据区为1KB,块为16B。该程序段执行前cache为空,则该程序段执行过程中访问数组a的cache缺失率约为(　　)。(2016年全国硕士研究生入学统一考试计算机学科专业基础综合试题)

A. 1.25%　　B. 2.5%　　C. 12.5%　　D. 25%

17. 某计算机主存地址空间为256MB,按字节编址。虚拟地址空间为4GB,采用页式存储管理,页面为4KB;TLB采用全相联映射,有4个页表项,内容如表4-5所示。则对虚拟地址03FFF180H进行虚实地址变换的结果是(　　)。(2013年全国硕士研究生入学统一考试计算机学科专业基础综合试题)

A. 015 3180H　　B. 003 5180H　　C. TLB缺失　　D. 缺页

表4-5　TLB

有效位	标记	页框号	…
0	FF180H	0002H	…
1	3FFF1H	0035H	…
0	02FF3H	0351H	…
1	03FFFH	0153H	…

18. 下列关于闪存的叙述中,错误的是(　　)。(2012年全国硕士研究生入学统一考试计算机学科专业基础综合试题)

A. 信息可读可写,并且读/写速度一样快

B. 存储元由MOS管组成,是一种半导体存储器

C. 掉电后信息不丢失,是一种非易失性存储器

D. 采用随机访问方式,可替代计算机外部存储器

19. 假设某计算机按字编址,cache有4个块,cache和主存之间交换的块为1个字。若cache的内容初始为空,采用两路组相联映射方式和LRU替换算法。当访问的主存地址依次为0、4、8、2、0、6、8、6、4、8时,命中cache的次数是(　　)。(2012年全国硕士研究生入学统一考试计算机学科专业基础综合试题)

A. 1　　B. 2　　C. 3　　D. 4

20. 假定编译器将赋值语句“x=x+3;”转换为指令“add xaddr,3”,其中xaddr是x对

应的存储单元地址。若执行该指令的计算机采用分页式虚拟存储管理方式，并配有相应的TLB，且cache使用全写方式，则完成该指令功能需要访问主存的次数至少是( )。(2015年全国硕士研究生入学统一考试计算机学科专业基础综合试题)

A. 0　　B. 1　　C. 2　　D. 3

三、综合题

1. 简述存储器的物理特性和逻辑特性。

2. 存储器与CPU之间主要通过哪几种信号连接？CPU对存储器的访问主要有哪几种？

3. 说明CPU对存储器进行读/写操作的过程。

4. 计算机存储器都有哪些种类？

5. 计算机主存中为什么需要包含小容量的ROM？

6. 现代计算机存储器为何采取层次结构？有哪两个主要层次？分别解决什么问题？

7. 静态RAM和动态RAM存储器从单元电路构成上来讲最主要的不同在哪里？这种不同对这两种存储器的使用有什么影响？

8. 某用户在进行一个小型控制电路板设计时需要用到一个小容量的ROM芯片。在实验阶段，他需要少量的ROM芯片；实验成功后，他需要大量ROM芯片用在控制电路板上进行商业销售。请问他在实验阶段和商业销售阶段分别使用什么样的ROM芯片比较好？

9. 有一个1M×32位的存储器，由128K×8位的DRAM芯片(芯片的内部单元组成一个1024×1024的阵列)构成。

试问：

(1) 需要多少个这种芯片？

(2) 画出此存储器的连接图。

(3) 采用逐行刷新方式，且要求单元刷新间隔不超过8ms，则刷新周期是多少(即每间隔多长时间刷新一行)？

10. 设CPU有16根地址线，8根数据线，用MREQ作访存控制信号(低电平有效)，用WR作为读/写控制信号(高电平为读，低电平为写)。现有下列存储芯片：1K×4位RAM、4K×8位RAM、8K×8位RAM、2K×8位ROM、4K×8位ROM、8K×8位ROM及74LS138译码器和各种门电路，画出CPU与存储器的连接图。

要求：

(1) 主存地址空间分配如下所示。

6000H～67FFH为系统程序区；

6800H～6BFFH为用户程序区。

(2) 合理选用上述存储芯片，并说明各选几片。

(3) 详细画出存储芯片的片选逻辑图。

11. 设某8位的机器其地址总线为20位，其1MB的存储器由RAM和ROM两部分组成，其中ROM占128KB(使用64K×8位的芯片)，剩余的为RAM空间(使用128K×4位的芯片)。

试问：

（1）ROM 和 RAM 芯片各需用多少片？

（2）试画出 ROM 和 RAM 的容量扩展图。

（3）设 RAM 芯片的控制信号为片选 $\overline{CS}$ 和读写 $\overline{WE}$，ROM 芯片的控制信号为片选 $\overline{CS}$ 和输出允许 $\overline{OE}$，CPU 对存储器芯片的访问控制信号为 R/W 和 M/IO，试画出 CPU 与 RAM 及 ROM 的连接图。

12. 某机器采用四体交叉存储器，现执行一段循环程序，此程序放在存储器的连续地址单元中。假设每条指令的执行时间相等，而且不需要到存储器中存取数据。请问在下面两种情况中，程序的运行时间是否相同？

（1）循环程序由 6 条指令组成，重复执行 80 次。

（2）循环程序由 8 条指令组成，重复执行 60 次。

13. 设某计算机主存容量为 64MB，cache 容量为 256KB，主存和 cache 的数据块为 32B，则主存地址和 cache 地址各为多少位？主存和 cache 之间交换的数据单位是什么？在采取全相联映射方式的情况下，主存地址和 cache 地址格式分别是什么？

14. 在一个使用 cache 的机器中，CPU 执行某一段程序共完成 3000 次访存操作，其中命中 cache 的次数为 2400 次。已知 cache 的存储周期为 10ns，主存存储周期为 80ns，求 cache-主存系统的效率和 CPU 访问该存储系统的平均访问时间。

15. 假定主存地址为 32 位，按字节编址；指令 cache 和数据 cache 与主存之间均采用 8 路组相联映射方式、全写策略和 LRU 替换算法；主存块为 64B，数据区容量各为 32KB；开始时 cache 均为空。请回答下列问题。（2020 年全国硕士研究生入学统一考试计算机学科专业基础综合试题）

（1）cache 每一行中标记（Tag）、LRU 位各占几位？是否有修改位？

（2）有如下 C 语言程序段：

```
for(k = 0;k < 1024;k ++ )
s[k] = 2 * s[k];
```

若数组 s 及其变量 k 均为 int 型，int 型数据占 4B，变量 k 分配在寄存器中，数组 s 在主存中的起始地址为 008000C0H，则该程序段执行过程中，访问数组 s 的数据 cache 缺失次数为多少？

（3）若 CPU 最先开始的访问操作是读取主存单元 00010003H 中的指令，简要说明从 cache 中访问该指令的过程，包括 cache 的缺失处理过程。

16. 设某机器的 cache 采用四路组相联映射方式，已知 cache 容量为 16KB，主存容量为 2MB，每个块有 8 个字，每个字为 32 位。

试问：

（1）主存地址是多少位（按字节编址）？地址格式是怎样的？

（2）设 cache 起始为空，CPU 从主存单元 0、1……100 依次读出 101 个字（一次读出 1 个字），并重复操作 11 次，问 cache 的命中率为多少？若 cache 速度是主存的 5 倍，则采用 cache 比不采用 cache 速度可提高多少倍？

17. 已知某机器主存容量为 256MB，虚存容量为 4GB，试问虚地址和实地址各为多少位？如采用分页式虚拟存储器管理，每个页面为 4KB，则页表容量是多少？

18. 假设某机器中运行的一个进程访问的页面序列是 0、1、2、4、2、3、0、2、1、3、2，针对以下两种情况分别画出采用 FIFO 和 LRU 替换算法时的主存页面变化情况。

（1）主存有 3 个页面。

（2）主存有 4 个页面。

19. 假设计算机 M 的主存地址为 24 位，按字节编址；采用分页存储管理方式，虚拟地址为 30 位，页为 4KB；TLB 采用两路组相联方式和 LRU 替换策略，共 8 组。请回答下列问题。（2021 年全国硕士研究生入学统一考试计算机学科专业基础综合试题）

（1）虚拟地址中哪几位表示虚页号？哪几位表示页内地址？

（2）已知访问 TLB 时虚页号高位部分用作 TLB 标记，低位部分用作 TLB 组号，M 的虚拟地址中哪几位是 TLB 标记？哪几位是 TLB 组号？

（3）假设 TLB 初始时为空，访问的虚页号依次为 10、12、16、7、26、4、12 和 20，在此过程中，哪一个虚页号对应的 TLB 表项被替换？说明理由。

（4）若将 M 中的虚拟地址位数增加到 32 位，则 TLB 表项的位数会增加几位？

20. 某计算机有一个 cache、主存和用于虚拟存储器的磁盘。如果有一个字在 cache 中，则需 20ns 的时间来存取它；如果字在主存而不在 cache 中，则首先需要 60ns 的时间把它调入 cache，然后再开始引用；如果字不在主存，则需 12ms 的时间从磁盘中获取，再用 60ns 把它存入 cache。设 cache 的命中率为 0.9，主存的命中率为 0.6。试问：存取一个字的平均时间是多少？

21. 某计算机主存按字节编址，逻辑地址和物理地址都是 32 位，页表项为 4 字节。请回答下列问题。（2013 年全国硕士研究生入学统一考试计算机学科专业基础综合试题）

（1）若使用一级页表的分页存储管理方式，逻辑地址结构为：

页号(20 位)	页内偏移量(12 位)

则页是多少字节？页表最大占用多少字节？

（2）若使用二级页表的分页存储管理方式，逻辑地址结构为：

页目录号(10 位)	页表索引(10 位)	页内偏移量(12 位)

设逻辑地址为 LA，请分别给出其对应的页目录号和页表索引的表达式。

（3）采用(1)中的分页存储管理方式，一个代码段起始逻辑地址为 00008000H，其长度为 8KB，被装载到从物理地址 00900000H 开始的连续主存空间中。页表从主存 00200000H 开始的物理地址处连续存放，如图 4-57 所示(地址自下向上递增)。请计算出该代码段对应的两个页表项的物理地址、这两个页表项中的页框号以及代码页面 2 的起始物理地址。

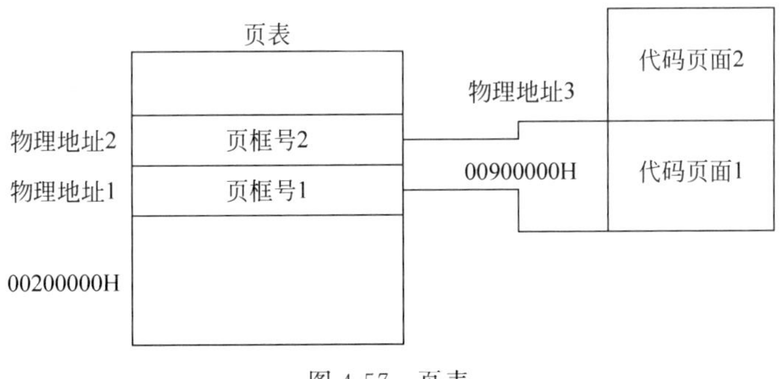

图 4-57　页表

第5章 输入输出系统组织

输入输出系统是计算机重要的组成部分之一。简单地说，输入输出系统的主要功能是完成程序和数据的输入及机器运行结果的输出。随着计算机应用的发展，计算机能处理的数据种类越来越多，如简单的数值数据、文本数据、图形图像数据及音视频数据等各种多媒体数据，这对现代计算机的输入输出系统提出了更高的要求。

本章首先介绍计算机输入输出系统的组成，然后对计算机输入输出的控制方式进行详细讨论，最后介绍计算机存储设备——磁盘系统以及由磁盘阵列组成的RAID技术。

5.1 输入输出系统概述

输入输出系统主要由输入输出设备和与CPU相连接的输入输出接口逻辑组成，CPU通过接口逻辑实现与输入输出设备之间的数据传输。

5.1.1 输入输出设备

输入输出设备又称外围设备，它涵盖的面非常广。事实上，除了CPU和主存外，计算机系统的其他部件都可看成外围设备。

外围设备种类繁多，随着计算机应用的发展，不断有新的外围设备推向市场。一般来讲，计算机的外围设备可以分为以下5类。

1. 输入设备

输入设备是指完成人机数据输入的外围设备。人们设计、建造和使用计算机的目的是让计算机帮助人们更高效地完成一定的功能。早期的计算机最主要的应用是科学计算，现代计算机的应用则深入到人们生活的方方面面。不管人们要求计算机完成什么样的功能，首先需要将所编制的程序和处理的数据输入到计算机中，而程序和数据等的输入就需要输入设备来完成。早期的计算机是使用纸带读入机等来完成程序和数据的输入的，键盘和鼠标是目前计算机标准配置的输入设备。随着现代计算机在多媒体信息领域的应用，不断涌现出各种用于多媒体信息输入的设备，如扫描仪、游戏控制杆、语音输入设备、图像输入设备以及各种音视频输入设备等。

2. 输出设备

输出设备是指完成人机数据输出的外围设备。早期用于科学计算的机器需要通过输出设备将程序运行的结果以某种方式输出给程序员,如通过显示器将结果显示在显示屏上,或通过打印机将结果打印在打印纸上等。而现代计算机的输出设备种类越来越丰富,如用于绘制工程图纸的绘图仪、MPC 的音箱设备以及各种音视频输出设备等。

3. 存储设备

第 4 章中讲到现代计算机存储器采取层次结构实现,即由"cache-主存-辅存"层次组成。按照所采用的存储介质分类,现代计算机辅存主要包括磁介质存储器(磁盘存储器和磁带存储器)和光盘存储器。可执行程序在运行前首先通过输入设备输入,并以文件的形式存放在辅存中。另外,计算机处理的各种信息(数据、文本、图形、图像、声音、视频、动画等)也均以文件的形式存放在辅存中。

由磁盘存储器、磁带存储器或光盘存储器构成的辅存就是计算机的存储设备。在机器中,它们是作为设备由操作系统进行管理的。有关磁盘存储器、磁带存储器或光盘存储器的内容将在 5.3 节详细讲述。

4. 数据通信设备

计算机与计算机之间的数据通信有多种方式。例如,早期的计算机通过模拟电话线实现计算机之间的点到点通信,通信双方要使用数据通信设备——调制解调器——完成数字信号与模拟信号的转换。现代计算机主要通过网络进行数据通信,每台计算机都是通过使用数据通信设备——网络适配器(又称网卡)——联入网络的。正是借助各种数据通信设备,才实现了计算机之间的互联。

5. 过程控制设备

计算机的一个重要应用领域就是工业控制。工业控制中通常需要使用一些过程控制设备完成对某一工业过程的控制。与上述列举的输入输出设备不同的是,这些过程控制设备往往是针对一特定应用专门设计的,属于计算机系统的非标准外围设备。

5.1.2 输入输出接口

由 5.1.1 节的内容可知计算机外围设备种类繁多,而且互相之间差异很大,这些差异主要体现在以下 5 方面。

(1) 物理特性方面。物理特性方面的差异主要是指设备连接的方式和读写驱动方式等,如连接口的类型、机械尺寸、信号线的条数以及排列等。例如,打印机有针式打印机、激光打印机、喷墨打印机等,不同打印机的打印方式各自不同,对打印头和纸张移动的驱动方式也有所不同。

(2) 电气特性方面。数据在信号线上传递时,是以一定的电平值来表示二进制数字 0 和 1 的。电气特性定义每一条信号线的传递方向和有效电平范围。有的设备的电信号使用的是 TTL 电平标准,有的设备使用的是 CMOS 电平标准。这两者是不兼容的,其中 TTL

电路电源电压使用的是5V，而CMOS电路电源电压使用的是12V。另外，两者在表示逻辑0和逻辑1的电平值也是不相同的。

(3) 功能特性方面。功能特性定义了设备连接的每一条信号线的功能，如用于传递数据的信号线、用于传递地址的信号线、用于传递控制的信号线等。尤其对于种类繁多的外围设备来说，不同设备所需的控制信号也各不相同。有的设备与主机之间采用中断传送方式，需要中断控制信号；有的设备与主机之间采用DMA传送方式，需要相应的DMA控制信号等。

(4) 数据格式方面。外围设备与主机之间的数据传送主要分为两种形式：串行传送和并行传送。串行传送是一位一位地进行，而并行传送则是多位同时进行。不同的设备并行传送的位数也会有所不同。

(5) 传输速度方面。不同外围设备在速度上的差异是非常明显的。有的设备的数据传输速率高达每秒几百兆字节(如磁盘)，而有的设备则只有几十字节甚至更低。例如，键盘与CPU之间传输数据的速度取决于人的手指敲键的速度，一个键对应一个字节的数据。如果每秒敲10个键，数据传输速率也才10B/s。

作为计算机硬件的核心——CPU，从功能上讲，它能够完成对所有其他硬件部件的控制。这种控制功能的实现是通过CPU芯片的引出脚与其他硬部件连接，并由CPU执行的指令产生的各种控制信号来完成的。但是，从上面讨论的有关设备之间的差异可以看出，一个CPU在设计时，无法做到与现在已有的和将来新开发出来的各种不同的外围设备直接相连。因此，计算机在设计时，针对与一些标准输入输出设备(这些设备往往是计算机的标配设备，如输入设备——鼠标键盘、输出设备——显示器、存储设备——硬盘或光驱等)的连接，专门在主机板上设计了相应的接口电路，使CPU可以通过这些接口电路实现对这些设备的控制。而一些计算机非标准配置的设备(如各种多媒体信息输入输出设备、过程控制设备等)，或者通过计算机的一些标准接口(如串口、并口、USB接口等)连接，或者使用专门的设备控制适配器与CPU连接，如图5-1所示。

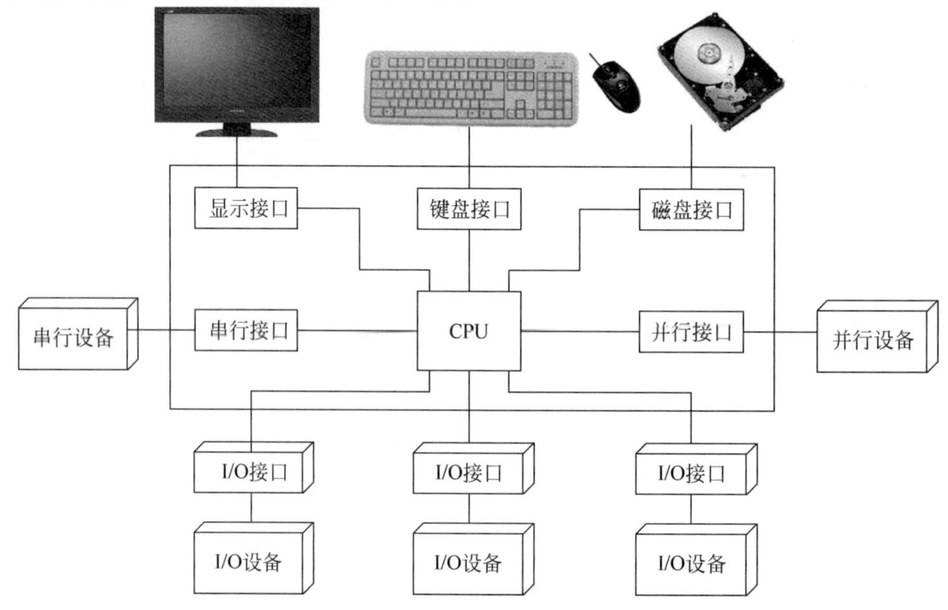

图5-1 输入输出设备与接口

无论是与计算机标准输入输出设备连接的标准接口还是与计算机非标准配置设备连接的专用接口，统称为计算机的输入输出接口，简称 I/O 接口。也就是说，CPU 是通过 I/O 接口与各种外围设备连接的，并通过 I/O 接口实现对外围设备的控制功能。

1. I/O 接口的组成结构

不同设备的 I/O 接口不仅在组成结构上有所不同，复杂程度往往也差异很大。但一般来说，从 I/O 接口的内部结构看，大多数 I/O 接口中都包含有一些数据寄存器、地址寄存器、状态寄存器、控制寄存器和相应的控制电路。而且，为了控制的灵活性和适应性，很多 I/O 接口中的寄存器往往是可编程的，即可以对 I/O 接口的功能、工作方式、操作方式、数据格式等进行预设置，以满足不同应用场合的要求。I/O 接口与 CPU 及设备连接的结构图如图 5-2 所示。

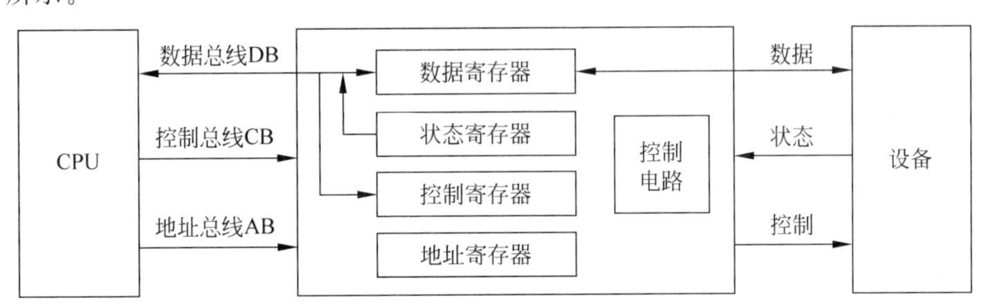

图 5-2 I/O 接口与 CPU 及设备连接的结构图

(1) 数据寄存器。数据寄存器用于保存 CPU 与设备之间交换的数据，又可以分成数据输入寄存器和数据输出寄存器。当接口电路连接输入设备时，需要从输入设备获取数据；数据从输入设备出来就暂时保存在数据输入寄存器，由 CPU 选择合适的方式进行读取。同样，当接口电路连接输出设备时，CPU 发往输出设备的数据被临时保存在数据输出寄存器中，然后到达输出设备。很多设备既可以输入、又可以输出，可使用同一个寄存器或不同寄存器与 CPU 交换数据。

在 I/O 接口中设置数据寄存器一方面可以暂存 CPU 与设备之间交换的数据，另一方面可以匹配 CPU 与设备之间的传输速度差异。例如，CPU 向一个慢速设备输出数据时，每次先将数据送至 I/O 接口中的数据寄存器，等到 I/O 接口中的数据被传送给设备后，再向 I/O 接口传送下一个数据。另外，I/O 接口中的数据寄存器还起到 CPU 与设备间数据格式的转换工作。例如，如果与 CPU 连接的是一个串行输出设备，则 CPU 每次将一个并行数据(字节或字)先送至 I/O 接口数据寄存器，由 I/O 接口控制将数据寄存器中的数据一位一位送往设备。

(2) 状态寄存器。状态寄存器用于保存设备当前的工作状态信息。CPU 与设备交换数据时，常常需要了解设备当前的工作状态，以便决定是否继续与设备进行数据的交换。例如，CPU 与慢速设备进行数据交换时，若 CPU 只顾按自己的速度发送，而不管设备是否有能力接收，则会导致传输数据的丢失。通过在 I/O 接口中设置状态寄存器，及时地将设备的状态反映给 CPU，CPU 能够按照设备的接收能力或速度传输数据。

(3) 控制寄存器。控制寄存器用于保存 CPU 对 I/O 接口电路和设备进行控制或操作的相关信息。对于可编程的 I/O 接口来说，常常有多种工作方式或操作模式等可以选择。CPU 可通过向控制寄存器写入相应的控制字实现对 I/O 接口及设备工作方式等的预设置。

(4) 地址寄存器。有些 I/O 接口中还设置了地址寄存器。例如,在 CPU 与磁盘采用 DMA 数据传送方式的 DMA 接口电路中就设置了地址寄存器,其初始值由 CPU 预置,指出与磁盘进行块数据交换的主存空间首地址,然后在 DMA 接口(又称 DMA 控制器)的控制下完成块数据交换。

2. I/O 接口的功能

I/O 接口根据其复杂程度,实现的功能各不相同。一般来讲,I/O 接口的功能包括以下几个方面。

(1) 数据的寄存和缓冲。I/O 接口中设置的数据寄存器,一方面起到数据暂存的作用,另一方面起到数据缓冲的作用。I/O 接口的数据缓冲用于匹配快速的 CPU 与相对慢速的设备之间的数据交换。例如,很多打印机通过计算机的并行接口与主机相连,在主机板的并行接口电路里设置了数据缓冲寄存器,同时打印机的内部控制电路也设计有一个数据缓冲区;CPU 传送来的打印数据首先被送到并行接口电路的数据寄存器中缓存,然后再传送到打印机的数据缓冲区;打印机的控制电路控制打印机按照一定的打印速度从数据缓冲区中取出数据打印。

(2) 对设备的控制和监测。一方面,I/O 接口能够接收来自 CPU 的控制命令,进行解释分析,生成对设备的控制信号;另一方面,I/O 接口能够对设备的工作状态进行实时监控,并随时将设备的状态提供给 CPU 查询等。

(3) 对设备的寻址。一个计算机系统中的外围设备很多,CPU 对设备的访问也是通过地址的方式进行的。在 I/O 接口电路里,除了一些寄存器和控制电路外,还往往有地址译码电路。CPU 通过 I/O 接口中的地址译码电路完成对设备的寻址和访问。

(4) 信号变换。外围设备大都是复杂的机电设备,其所需的控制信号和所能提供的状态信号往往同 CPU 的引脚信号不兼容,这包括信号使用的电平标准、信号的时序逻辑关系及数据格式等。因此,I/O 接口必须完成 CPU 与设备之间的这种信号转换功能,使 CPU 与设备之间能进行正常的连接和通信。

在微型计算机系统中,有些 I/O 接口是以标准芯片的方式提供给用户使用的,它们往往具有可编程功能,以满足不同用户在不同应用场合的需要。

5.1.3 输入输出设备的编址与管理

第 4 章讲到 CPU 对存储器的组织管理采用的是编址的方式,即为每个存储单元分配一个唯一的地址,CPU 通过给出单元地址访问相应的存储单元。在一个计算机系统中,所拥有的各种输入输出设备和存储设备很多,这些设备以及设备的 I/O 接口中有很多可供 CPU 访问的寄存器,这些不同种类的寄存器称为 I/O 端口。CPU 对 I/O 端口的访问采用的是与访存类似的按地址访问方式,即为每一个 I/O 端口分配一个地址,又称为 I/O 地址或 I/O 端口号。CPU 通过给出 I/O 端口地址访问相应的 I/O 端口,也即访问相应的设备。

CPU 对 I/O 端口的编址方式主要有两种:一是独立编址方式,二是统一编址方式。

1. I/O端口的独立编址方式

独立编址方式是指系统使用一个不同于主存地址空间之外的单独的一个地址空间，为外围设备及接口中的所有I/O端口分配I/O地址，如图5-3(a)所示。

IBM PC等系列计算机设置有专门的I/O指令，设备的编址可达512个，部分设备的地址码如表5-1所示。每种设备占用了若干个地址码，分别表示相应设备控制器中的各个寄存器地址。各个寄存器的地址码不能重复，具有唯一性。

表5-1 输入输出设备地址分配表

输入输出设备	占用地址数	地址码(十六进制)
硬盘控制器	16	320～32FH
软盘控制器	8	3F0～3F7H
单色显示器/并行打印机	16	3B0～3BFH
彩色图形显示器	16	3D0～3DFH
异步通信控制器	8	3F8～3FFH

在这种方式下，CPU指令系统中有用于与设备进行数据传输的、专门的输入输出指令，对设备的访问必须使用这些专用指令进行。例如，80x86系列的CPU有两条专用输入输出指令，如下所示。

(1) IN AL,PORT；输入指令，用于将I/O端口(Port)中的内容传送到AL寄存器中。

(2) OUT PORT,AL；输出指令，用于将AL寄存器中的内容传送到I/O端口(Port)中。

执行IN指令时，CPU的I/O读取$\overline{\text{IOR}}$信号有效，产生I/O读总线周期；执行OUT指令时，CPU的I/O写$\overline{\text{IOW}}$信号有效，产生I/O写总线周期。

独立编址方式的优点：一是I/O端口的地址没有占用主存的地址空间；二是I/O端口的地址码较短，地址译码器设计及实现简单，译码时间也较短。其缺点是：只能使用专用输入输出指令访问I/O设备，对I/O设备操作的程序设计灵活性较差。

2. I/O端口的统一编址方式

统一编址方式是指I/O端口与主存单元使用同一个地址空间进行统一编址，如图5-3(b)所示。

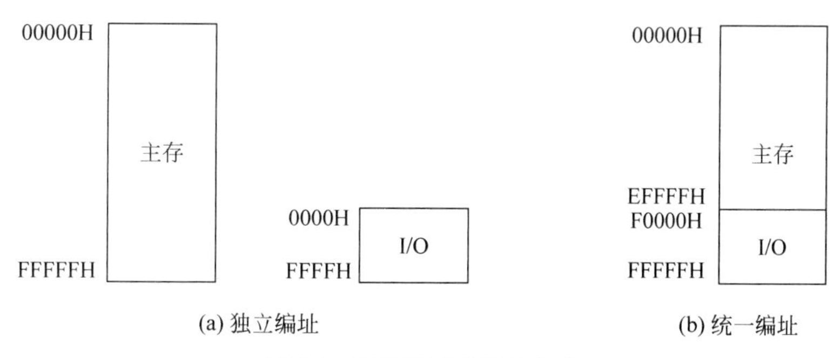

图5-3 I/O端口的编址方式

在这种方式下,CPU 指令系统中无须设置与设备进行数据传输的、专门的输入输出指令,I/O 端口被当成主存单元同样对待,对主存单元进行访问和操作的指令可以同样用于对 I/O 端口的访问和操作。

统一编址方式的优点:可以使用访存指令访问 I/O,对 I/O 设备操作的程序设计灵活性较好。其缺点是:I/O 端口的地址占用了主存的部分地址空间,对 I/O 端口访问的地址译码更加复杂。

5.2 输入输出控制方式

从前面的讨论大家已经了解到,不同的设备在很多方面都存在差异。因此,作为机器的输入输出系统来说,必须针对不同的设备采取不同的输入输出控制方式,以最大程度发挥主机 CPU 和设备的效率。

5.2.1 程序控制方式

程序控制方式是指主机与设备间的数据传输通过 CPU 执行一段软件程序,在程序的控制下完成输入输出操作。根据设备的不同,程序控制方式又分为无条件传送控制方式和查询式传送控制方式。

1. 无条件传送控制方式

有些简单设备,如发光二极管(light-emitting diode,LED)和数码管、按键及开关等,它们的工作方式十分简单,相对 CPU 而言,其状态很少发生变化。例如,对于数码管,只要 CPU 将数据传给它,就可立即获得显示;又如电子开关,其状态或者为闭合,或者为打开,CPU 可以随时对其状态进行读取。因此,当这些设备与 CPU 交换数据时,可以认为它们总是处于就绪(ready)状态,随时可以进行数据传送。这就是无条件传送,有时也称为立即传送或同步传送,其程序控制流程如图 5-4 所示。

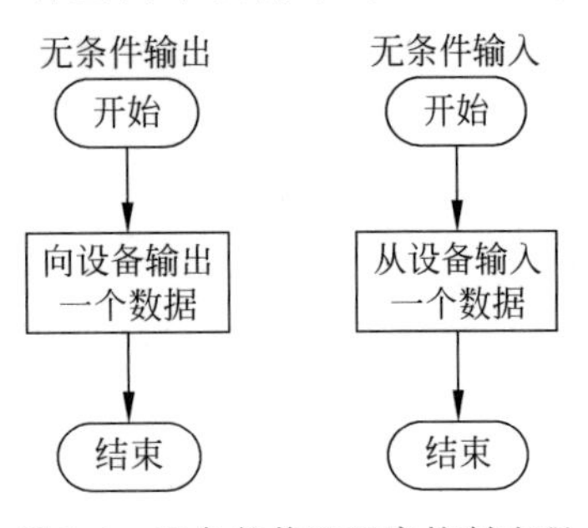

图 5-4 无条件传送程序控制流程

用于无条件传送的 I/O 接口电路十分简单,接口中只考虑数据缓冲,不考虑信号联络。实现数据缓冲的器件可以是三态缓冲器或锁存器。

图 5-5 给出了一个无条件输入输出的接口例子,其中无条件输入接口电路连接一个开关电路,无条件输出接口电路连接 LED。

三态缓冲器 74LS244 构成数据输入端口,它连接 8 个开关 $K_0 \sim K_7$,开关的输入端通过电阻连到高电平上,另一端接地。当开关打开时,缓冲器输入端为高电平(逻辑 1);开关闭合时,缓冲器输入端为低电平(逻辑 0)。

当 CPU 执行输入指令时,产生读控制信号 $\overline{\text{IOR}}$ 低有效。译码输出和读控制同时低有效,使三态缓冲器控制端低有效;开关的当前状态被三态缓冲器传输到数据总线 $D_7 \sim D_0$,进而传送给 CPU,其中某位 $D_i=0$,说明开关 K_i 闭合;$D_i=1$,说明开关 K_i 断开。

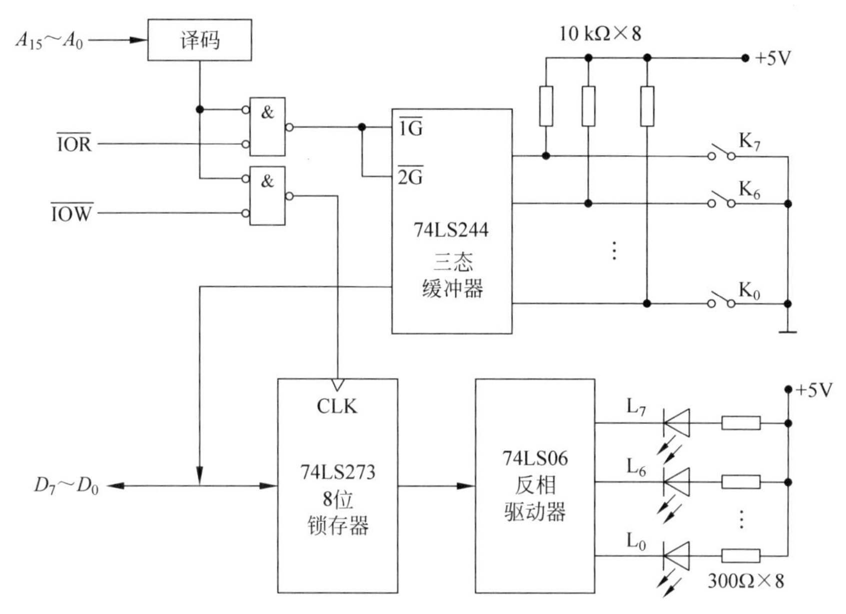

图 5-5　无条件输入输出接口

8 位锁存器 74LS273(无三态控制)构成数据输出端口。当其时钟控制端 CLK 出现上升沿时锁存数据,被锁存的数据输出后经反相驱动器 74LS06 驱动 8 个发光二极管(L_7～L_0)发光。74LS06 是集电极开路(open collector,OC)输出,它的每条输出线通过电阻挂到高电平上。当 CPU 的某个数据总线 D_i 输出高电平(逻辑 1)时,经反相为低电平接到发光二极管 L_i 的负极,发光二极管正极接高电平,使二极管形成导通电流,发光二极管 L_i 将点亮。当 CPU 输出 D_i 为低电平时,对应的发光二极管 L_i 不会导通,将不发光。

当 CPU 执行输出指令时,产生写控制信号 $\overline{IOW}$ 低有效。译码输出和写控制同时低有效,使 8 位锁存器控制输入 CLK 为低;经过一个时钟周期,译码输出或写控制无效将使 CLK 恢复为高。在 CLK 的上升沿,8 位锁存器将锁存此时出现在其输入端、由 CPU 传送到数据总线 D_7～D_0 上的输出数据,控制发光二极管的发光和不发光。

2. 查询式传送控制方式

查询式传送控制方式也称为异步传送,它是指当 CPU 需要与外围设备交换数据时,首先查询设备的状态,只有在设备准备就绪时才进行数据传输。与无条件传送方式相比,查询式传送增加了一个传送前查询设备状态的环节。查询式输入和输出的程序控制流程如图 5-6 所示。

(1) 查询式输入接口。图 5-7 所示是一个采用查询式传送控制方式的输入数据的 I/O 接口电路示意图。图中 8 位锁存器与 8 位三态缓冲器构成数据输入寄存器,即数据端口。它一侧连接输入设备,另一侧连接系统的数据总线。1 位锁存器和 1 位三态缓冲器构成状态寄存器,即状态端口,其输出端连接到数据总线的最低位 D_0。

在输入设备通过选通信号 $\overline{STB}$ 将数据送入数据寄存器的同时,将 D 触发器置 1(因为其输入端 D 总是为高电平),说明数据寄存器中已经有设备送来的数据,可以提供给 CPU 读取,也就是表示设备就绪。

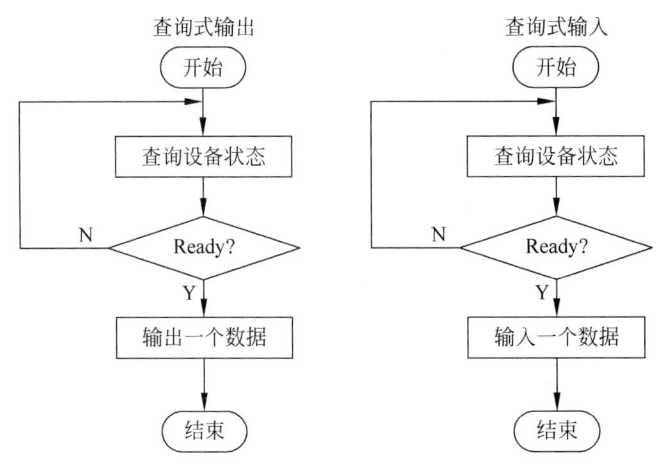

图 5-6 查询式传送程序控制流程

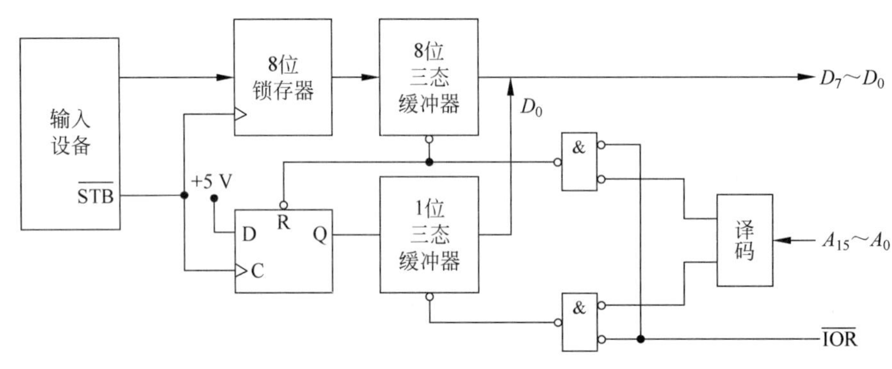

图 5-7 查询式输入接口

CPU 可以随时通过读取状态端口来查询设备的状态。如果 $D_0=1$，说明输入数据已就绪，此时，CPU 读取数据端口便可得到设备提供的数据。读取数据产生的控制信号还被连接到 D 触发器的 R 复位端（低电平有效），该复位信号将触发器输出 Q 置为 0，表示数据已被取走。如果检测到 $D_0=0$，说明输入数据尚未就绪，程序应继续查询。

（2）查询式输出接口。图 5-8 所示是一个采用查询式传送控制方式的输出数据的接口电路示意图。8 位锁存器构成数据输出寄存器，即数据端口，它一侧连接系统的数据总线，另一侧连接输出设备。1 位锁存器和 1 位三态缓冲器构成状态寄存器，即状态端口，其输出端连接到数据总线的最高位 D_7。

当 CPU 要输出数据时，首先查询状态端口。若 $D_7=0$，表示设备就绪，可以接收数据，此时 CPU 可将数据写入数据端口。写入数据产生的控制信号也作为 D 触发器的控制信号，它将 D 触发器置 1，以便通知外围设备接收数据。若 $D_7=1$，说明接口电路中的上一个数据尚没有被设备取走，CPU 不能送下一个数据，只能继续查询设备状态，直到设备准备就绪。

输出设备可根据状态锁存器的输出信号 Q 接收数据。若为 1，表示 CPU 已送来一个数据，设备可以从数据寄存器中将数据取出，并待数据处理结束时，给出应答信号 $\overline{ACK}$。该信号将状态寄存器重新复位为 0，表示设备准备就绪，可以接收下一个数据了。

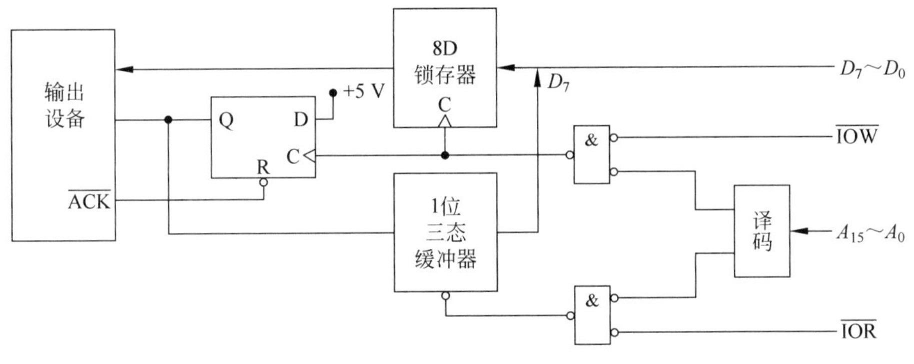

图 5-8 查询式输出接口

5.2.2 中断控制方式

上述的程序控制方式对于单用户单道程序系统环境下对简单设备的输入输出控制是有效的。在这种环境下,用户程序可以占用全部系统资源,包括 CPU、存储器和输入输出设备。当用户程序需要进行输入输出操作时,CPU 执行用户的输入输出程序,控制与设备的数据交换。但是,在多用户多道程序系统中,若仍采用这种控制方式,则某一道程序需要占用 CPU 进行输入输出操作,而其他程序只能等待,这对 CPU 这一宝贵资源将是极大的浪费。尤其是当 CPU 控制与慢速设备的数据交换时,一方面 CPU 大部分时间处于等待设备准备就绪的空置状态,另一方面其他程序因得不到 CPU 的资源而不能运行,使 CPU 的有效利用率很低。为解决这种矛盾,计算机设计者提出了中断控制方式。

1. 中断的基本概念

老师正在教室上课,一位迟到的学生推门进来,老师停下正在讲的课,目送着学生在座位上就坐,然后继续上课,这一过程就是中断。

对于计算机系统来说,中断是指 CPU 正在运行一个程序时发生了某种非预期的事件,不得不暂停正在运行的程序,转而执行对这一事件进行处理的程序(称为中断服务程序),完成后再返回原程序继续运行的过程,如图 5-9 所示。

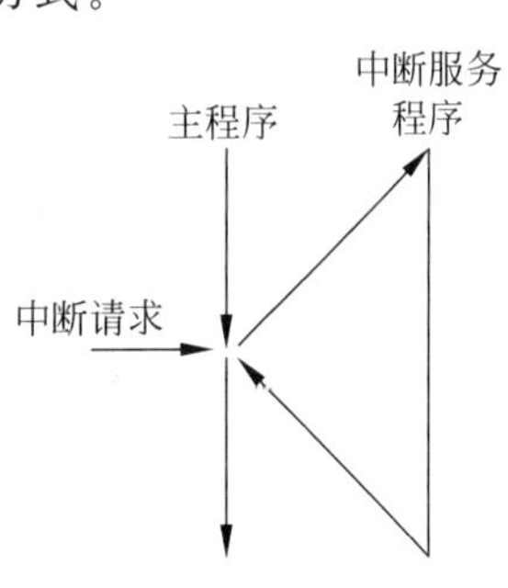

图 5-9 中断的概念

引起中断的事件称为中断源。对于计算机系统来说,中断源分为外部中断和内部中断。外部中断主要是指由计算机外围设备、系统定时时钟及人工干预等外部事件引起的中断设备产生的外部中断能使 CPU 与设备间进行中断方式的数据传输,这也是本小节主要讲述的内容。内部中断主要包括指令中断和故障中断。指令中断是由软件指令引起的中断。设置指令中断的目的通常是为用户程序提供对系统资源的访问,例如,80x86 CPU 指令系统提供了一条软中断指令 INT,执行该指令后,系统会转入执行一段驻留在主存中的系统程序。该程序主要完成对系统某一资源的访问服务。故障中断主要是指由系统软硬件故障引起的中断,如内存校验故障、电源掉电、除零错误、算术溢出、内存越界、指令非法、虚拟存储器页面失效等。计算机中断源的类型归纳总结如图 5-10 所示。

中断源
- 内部中断
  - 指令中断
  - 故障中断
- 外部中断：外部设备中断等

图 5-10 计算机中断源的类型

2. 中断控制的基本原理

前面已经提到，程序控制方式在多道程序系统中会因为某一程序长时间占用 CPU 进行输入输出操作而浪费 CPU 资源，而中断控制方式则可以有效提高 CPU 利用率。下面通过对比程序控制方式和中断控制方式下 CPU 控制打印机打印输出的过程，阐述中断控制的基本原理。

图 5-11(a)和图 5-11(b)分别给出了程序控制方式和中断控制方式这两种方式下打印机的打印输出过程。

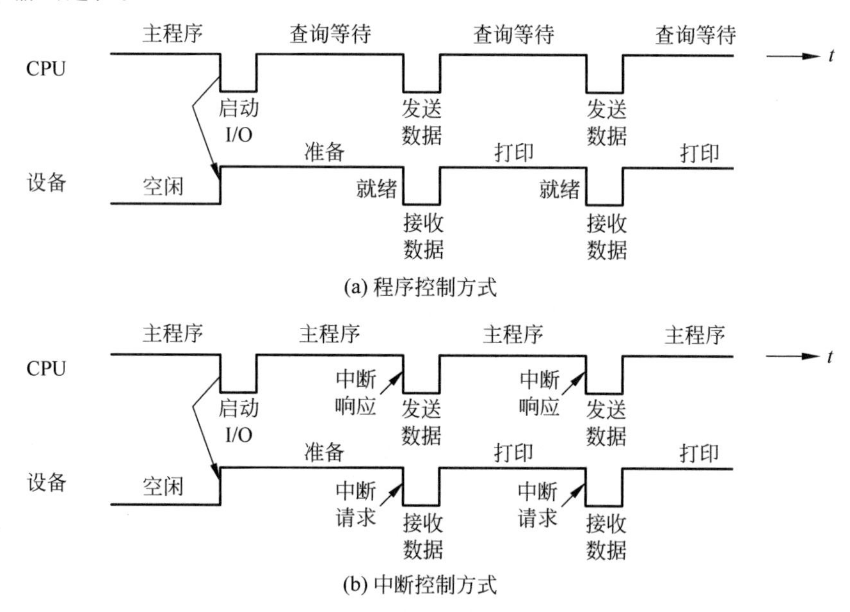

图 5-11 程序控制方式和中断控制方式下打印输出的过程对比

从图 5-11(a)可以看出，在程序控制方式下，当 CPU 执行的一个主程序要打印输出数据时，首先启动打印机，使打印机进入打印准备工作状态；在打印机准备的过程中，CPU 一直处于查询等待的状态，即查询打印机是否准备就绪；当 CPU 查询到打印机已做好打印准备时，便向打印机传送第一个数据，打印机接收到该数据后进行打印；在打印机打印的过程中，CPU 又开始进入查询等待状态；等到打印机打印完一个数据可以接收下一个数据时，CPU 再向打印机发送下一个数据；如此重复，直到将所有数据打印完。一般来讲，CPU 向打印机传送一个数据的时间远比打印机打印一个数据所花的时间少得多。而在上述过程中，当打印机进行打印操作时，CPU 一直在执行一段查询打印机状态的循环控制程序，无法执行其他程序，这对 CPU 资源是极大的浪费。

而在中断控制方式下，情况就不一样了。如图 5-11(b)所示，当 CPU 执行的一个主程序要打印输出数据时，首先启动打印机，使打印机进入打印准备工作状态；在打印机准备的过程中,CPU 可以由系统调度去执行其他的主程序；当打印机做好打印准备时,向 CPU 发出一个中断请求信号；CPU 接收到该请求后,暂停正在执行的主程序,向打印机传送一个数据,然后返回被中断的主程序继续执行；打印机接收到数据后进行打印,打印完成后,又向 CPU 发出中断请求；CPU 响应中断,向打印机传送下一个数据进行打印；如此重复,直到将所有数据打印完。从这一过程可以看到,在打印机打印的同时,CPU 可以被调度去执行其他主程序,而无须查询等待,使 CPU 的利用率得到了提高。

通过对以上两种不同控制方式控制打印机打印输出过程的比较,可以看出它们的不同之处。

(1) 在程序控制方式下,CPU 是通过查询方式了解打印机的状态的；而在中断控制方式下,CPU 是通过中断方式了解打印机的状态的。

(2) 在程序控制方式下,CPU 和打印机之间是串行工作的；而在中断控制方式下,CPU 和打印机可以并行工作。

(3) 程序控制方式对于单用户单道程序系统来说是有效的；而中断控制方式对于多用户多道程序系统来说可以大大提高 CPU 的利用率。

3. 中断处理过程

一个中断的处理过程是由中断源的中断请求引起的。在一个可实现中断系统功能的机器中,CPU 在执行一个主程序时,每执行完一条指令都会检查是否有中断请求发生。若没有,则继续执行原程序；若有,则在条件满足的情况下,暂停正在执行的程序,对中断请求进行响应。在中断响应过程中,中断系统要识别是哪一个中断源发出的中断请求,在有多个中断源同时发出中断请求的时候还要决定首先响应哪一个中断源的请求。在确定了要响应的中断源后,进入对该中断源的中断请求进行处理的中断服务程序去执行,执行完成后返回原来被中断的程序继续执行。中断系统的中断处理过程如图 5-12 所示。

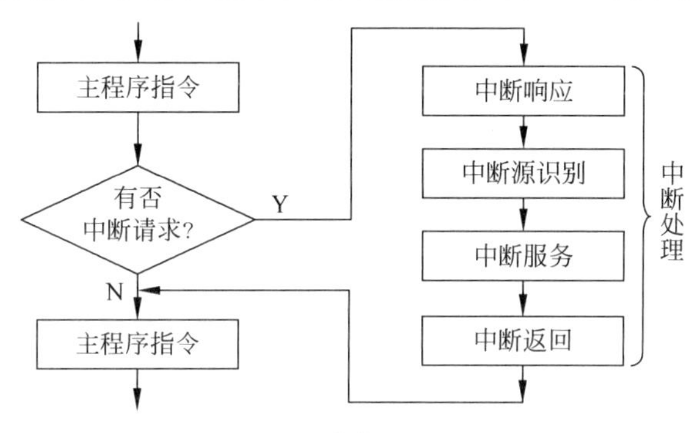

图 5-12　中断处理过程

(1) 中断请求的建立。CPU 在设计时,其对外引脚通常会有一条或多条来自中断源的中断请求信号线,CPU 通过这些引脚信号的状态来判断是否有外部中断源中断请求的发生。例如,8086/8088 CPU 有两个引脚 INTR 和 NMI,其中 INTR(interrupt request)主要用于定时时钟和外围设备中断源的中断请求,NMI(non-masked interrupt)用于一些系统硬件故障中断源的中断请求等。

在中断系统中,外部中断源及硬件故障中断源的中断请求是由硬件实现的。当某中断源要向 CPU 发出中断请求时，首先通过硬件方式为其建立和保持一个中断请求信号。通常是在其中断接口电路里设置一个"中断请求触发器"，当中断源有中断请求时(对设备来说就是设备准备就绪，对故障中断源来说就是发生了硬件故障)，将接口中的中断请求触发器置位，中断请求触发器的输出将作为发往 CPU 的中断请求信号，如图 5-13(a)所示。

为了能灵活控制，通常在中断接口电路中还会设置一个中断屏蔽触发器，其作用是对中断源的中断请求进行屏蔽和开放。中断系统允许在程序中对中断屏蔽触发器进行设置，以决定在程序的执行过程中哪些中断源允许请求中断，哪些中断源不允许请求中断，如图 5-13(b)所示。

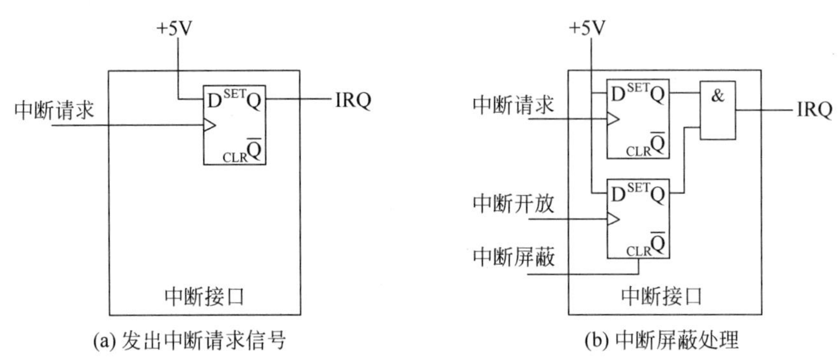

(a) 发出中断请求信号　　(b) 中断屏蔽处理

图 5-13　中断请求与中断屏蔽

一个机器系统中往往有多个中断源，将这些中断源的中断请求触发器合在一起会构成一个中断请求寄存器，而将这些中断源的中断屏蔽触发器合在一起会构成一个中断屏蔽寄存器。其中，中断屏蔽寄存器作为 I/O 端口可供 CPU 访问，在程序中通过将一个中断屏蔽字写入该端口，便可实现对中断源的屏蔽和开放功能。

(2) 中断响应。CPU 在其中断请求线上检测到外部中断源的中断请求时，并不是都会给予响应的。通常，大多数 CPU 内部都设置了一个中断允许触发器，该触发器的作用是对中断请求线上来的中断请求进行禁止和允许。中断允许触发器可以通过 CPU 提供的指令进行设置。例如，8086/8088 CPU 提供了两条指令 STI 和 CLI，前一条指令称为开中断指令，用于将 CPU 内部的中断允许触发器置 1，即中断允许或开中断；后一条指令称为关中断指令，用于将中断允许触发器清零，即中断禁止或关中断。在 CPU 处于中断允许状态时，可以对来自中断请求线上的中断请求进行响应；而 CPU 处于中断禁止状态时，则对来自中断请求线上的中断请求不予响应。

当然，并不是所有中断源的中断请求都能被 CPU 禁止，尤其是一些比较紧迫的事件的中断，如因电源掉电、内存校验出错等导致的硬件故障中断，CPU 必须立即响应。因此，多数 CPU 在引脚设计上会设置多条中断请求信号线，一些用于可屏蔽的中断请求，一些用于不可屏蔽的中断请求(如 8086/8088 CPU 的 INTR 和 NMI)。

一旦 CPU 响应了中断，便进入中断响应周期。在中断响应周期里，中断系统主要完成以下 3 项功能。

① 关中断和保护断点。CPU 响应中断时，会自动执行一条中断隐指令，一方面将中断允许触发器清零，即关中断；另一方面将 CPU 内部的指令指针和程序状态字 PSW 等压入堆栈。当前指令指针指向的是下一条要执行的指令，又称为断点。将指令指针压入堆栈的

目的是使在中断服务程序执行完成后能正确返回到当前被中断的程序的下一条指令继续执行。而程序状态字 PSW 记录的是当前指令执行完成后程序和机器的状态，将 PSW 压入堆栈的目的是保证中断返回后 PSW 能恢复成被中断前的状态。

② 进行中断源的识别。一个机器的中断源和 CPU 的中断请求线往往不是一一对应的。换句话说，CPU 的一条中断请求输入线会对应多个中断源的中断请求输出。当 CPU 检测到一条中断请求信号有效时，它可以判定外部中断源有了中断请求，但却无法确定具体是哪一个中断源发出的请求。因此，在中断响应周期中，CPU 要对发出中断请求的中断源进行识别。另外，在某一时刻，有可能同时有两个或两个以上的中断源向 CPU 发出中断请求信号，而 CPU 一次只能响应一个中断源的请求。在这种情况下，CPU 除了要进行中断源的识别外，还要根据一定的规则选择其中一个进行响应。

③ 形成中断源中断服务程序的入口地址。每一个中断源都对应有一段驻留在内存中的软件程序，称为中断服务程序。该程序的功能是完成中断源需实现的功能。例如，打印机是一个中断源，它所对应的中断服务程序的功能是实现 CPU 向打印机传输数据。在中断响应周期中，识别中断源后，最后还需形成该中断源对应的中断服务程序在内存中的入口地址，以便 CPU 从当前被中断的主程序转入中断服务程序执行。

(3) 中断源识别。中断源识别的任务是确定某次中断响应具体该响应的是哪个中断源。中断源识别的方法很多，常用的方法主要有软件查询法、硬件查询法和中断向量法等。

软件查询法是通过执行一段软件查询程序，对中断请求寄存器的状态进行逐位判断，从而确定某次该响应哪个中断源。前面讲到，将各中断源接口电路中的中断请求触发器合在一起便构成一个中断请求寄存器。也就是说，中断请求寄存器的每一位就对应了一个中断源的中断请求状态。将中断请求寄存器的内容读出，按某一种顺序一位一位进行判别，遇到第一个“1”，这一位所对应的中断源就是本次 CPU 识别响应的中断源。

软件查询法的优点：一是实现容易，无须额外的硬件；二是控制灵活，查询顺序很容易调整变化，这一顺序也决定了优先响应的中断源的顺序。其缺点是：速度慢，只适合一些对中断处理速度要求不是很高的场合。

硬件查询法是通过专门的硬件电路实现中断源识别的。一种实现中断源识别的串行排队链路如图 5-14 所示。

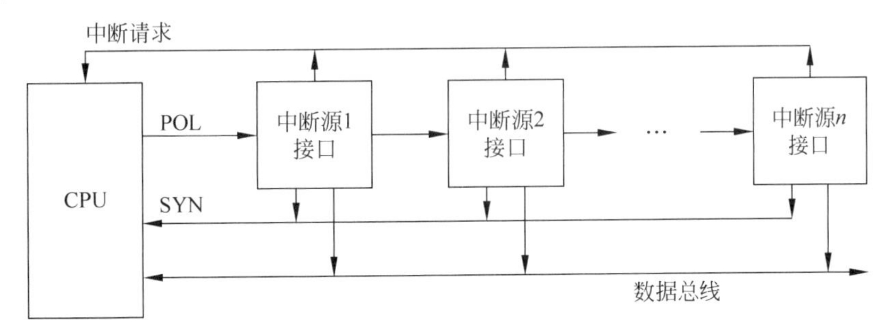

图 5-14　串行排队链中断源识别

在中断响应周期中，CPU 发出查询信号 POL，沿着串行排队链依次经过各中断源接口；当 POL 到达某一中断源接口时，如果该中断源没有中断请求，则将 POL 信号继续往下传；如果该中断源有中断请求，则 POL 信号不再往下传；接口向 CPU 发出回答信号 SYN，同时形成中断源的中断服务程序入口地址，经数据总线传送给 CPU。

中断向量法是一种通过硬件控制电路形成一个所识别的中断源的中断向量号，并由此中断向量号实现中断响应的方法。在这种方法中，每个中断源对应一个中断向量号，中断向量号对应一个中断向量，即中断服务程序入口地址，并将所有中断向量集中存放在内存中的一片固定区域中。在中断响应周期中，首先由一个专门的中断控制电路进行中断识别，并形成一个对应该中断源的中断向量号；然后将此中断向量号传送给 CPU；最后由 CPU 依据中断向量号生成该中断源的中断向量在内存中的首地址，从这一地址单元中即可取出中断服务程序的入口地址，如图 5-15 所示。

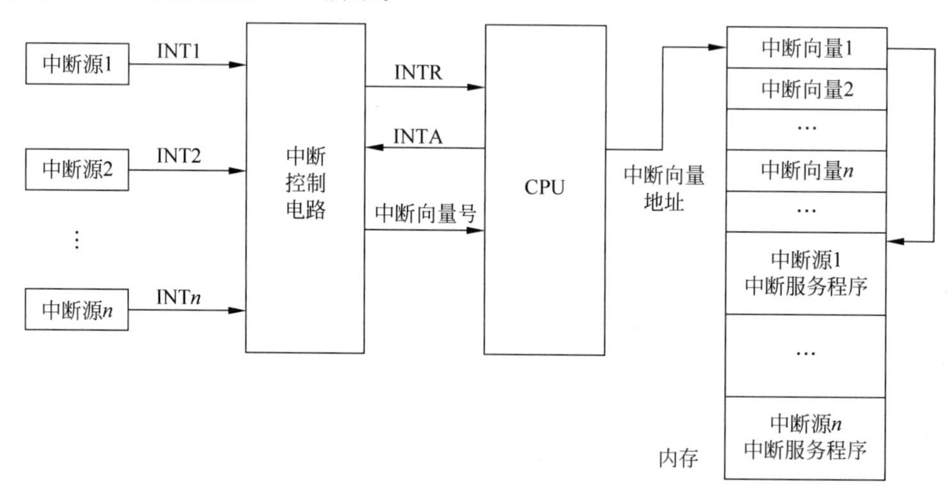

图 5-15　向量中断示意图

80x86 CPU 采用的就是中断向量法，其中断响应过程如下：

① 当某一中断源 i 需要申请中断时，向中断控制电路发出一个请求中断信号 INTi；

② 在该中断源的中断请求未被屏蔽的情况下，中断控制电路向 CPU 发出中断请求信号 INTR；

③ 在 CPU 处于开中断的情况下，CPU 响应中断，向中断控制电路发回一个中断响应信号 INTA；

④ 中断控制电路完成中断源的识别，并将中断源的中断向量号通过数据总线传送给 CPU；

⑤ CPU 依据此中断向量号计算得到中断向量地址，并从此地址单元中取出该中断源对应的中断服务程序入口地址。

(4) 中断服务。CPU 在中断响应周期获取到中断服务程序的入口地址后，便可转入中断服务程序执行。如图 5-16 所示，一般来讲，中断服务程序包括以下 7 个步骤。

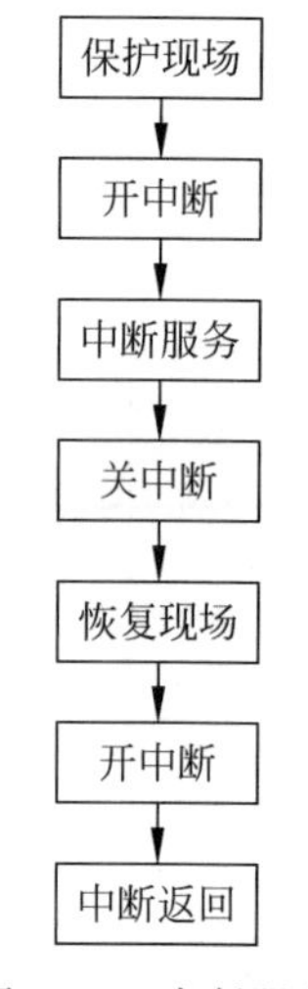

图 5-16　中断服务程序

① 保护现场。所谓现场，是指主程序执行完当前指令时的一些寄存器内容等。由于中断服务程序在执行过程中有可能用到主程序使用到的一些寄存器，因此必须在执行中断服务程序前将这些寄存器的内容保护起来。保护现场的具体方法就是将 CPU 所有程序可用的寄存器内容压入堆栈，以便从中断服务程序返回到主程序时再将这些寄存

器的内容恢复到中断前的状态。

② 开中断。前面讲到，CPU 响应中断时执行了一次硬件自动关中断的操作，这次关中断的目的是阻止在保护现场的过程中再次被中断。如果本次执行的中断服务程序在后续的中断服务过程中允许其他的中断，在这里就必须开中断。开中断的方法是执行一条开中断指令，将 CPU 的中断允许触发器置位。

③ 中断服务。其实，中断处理的核心就是执行中断服务，在此之前和之后的所有操作都是为这里的中断服务提供支持的。中断服务的内容就是完成中断源的功能。例如，键盘作为计算机的标准输入设备，它与 CPU 之间采用中断控制方式进行数据传输。每当用户在键盘上敲一个键，就会由键盘接口电路产生一个中断请求信号发往 CPU，CPU 响应键盘中断请求后进入中断服务程序。在键盘中断服务程序里的中断服务主要实现对用户所敲键的识别，并根据所敲键实现相应的功能。

④ 关中断。这次的关中断是在程序中使用关中断指令将 CPU 中的中断允许触发器清零，禁止一切可屏蔽中断，使后续的恢复现场工作不再被新的中断源中断。

⑤ 恢复现场。恢复现场指将中断服务程序开始时保护起来的寄存器内容恢复到中断响应前的状态。若保护现场使用入栈的方法，则恢复现场应使用相应的出栈操作。

⑥ 开中断。再次使用开中断指令将 CPU 的中断允许触发器置位，以便该中断服务程序执行完成后系统恢复到正常中断工作状态。

⑦ 中断返回。CPU 的指令系统通常会提供一条中断返回指令，中断服务程序结束前会执行中断返回指令。执行该指令的结果是将系统中断响应保护断点时压入栈的内容出栈，一是恢复 PSW 值，二是恢复主程序被中断时的指令指针值，从而将程序控制返回到主程序被中断的指令处继续执行。

4. 单级中断和多级中断

一个机器系统中有多个中断源，但 CPU 一次只能响应和处理一个中断源的中断请求。当某一时间有两个或两个以上的中断源同时发出中断请求时，中断系统就必须从中选择一个进行响应，选择的依据就是各个中断源的中断优先权。中断系统可以对各中断源依据其发生的中断事件的重要性和紧迫性预先设定中断优先权，也可以由用户根据程序运行的需要灵活设置。

如果机器系统的中断源很多，还可以在中断优先权的基础上进一步分级，高一级的任何一个中断源的优先权都比低一级的任何一个中断源的优先权高，如图 5-17 所示。

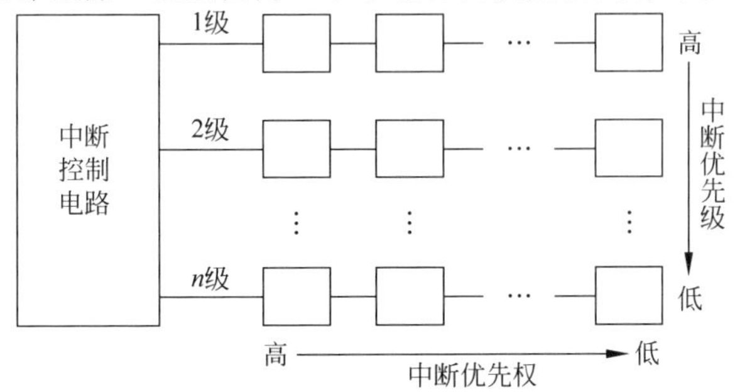

图 5-17　中断优先权和中断优先级

如果一个机器系统只有一个中断级，则称该机器的中断系统为单级中断系统；如果一个机器系统有多个中断级，则称该机器的中断系统为多级中断系统。

若CPU在执行一个主程序时发生了多个中断源的中断请求，中断系统会选择一个优先权高的中断源予以响应。那么，如果CPU在执行一个中断服务程序时发生了新的中断，而且新来的中断请求的优先权更高，中断系统该如何处理呢？有两种解决方案：一是响应，二是不响应，而响应与否取决于机器采用的是单级中断系统还是多级中断系统。

单级中断系统采用一种简单的处理方式：当几个不同优先权的中断源同时请求中断时，系统按照它们优先权的高低先后顺序一一响应。而当CPU正在处理一个中断时，不再响应其他新的中断源的中断请求，即使新的中断源的优先权更高也不予响应，只有当前的中断请求处理完毕后才会响应新的中断请求。多级中断系统则允许先处理高优先级的中断源，再中断低优先级的中断服务，这称为多重中断或中断嵌套。理论上多重中断可以无限制地嵌套。

【例5.1】 设CPU在执行一个主程序（非中断服务程序）时，先是B设备有了中断请求，经过一段时间后又有了A设备和C设备的中断请求。

(1) 假设机器是单级中断系统，且A、B、C设备的优先权顺序由高到低为A→B→C。

(2) 假设机器是多级中断系统，且A、B、C设备分属不同的优先级，它们的优先级顺序由高到低为A→B→C。

设CPU始终处于开中断状态，试通过图示的方法说明在单级中断系统和多级中断系统中的中断响应和处理过程。

解 (1) 在单级中断系统中，CPU首先响应先来的B设备的中断请求，处理完成后返回主程序；然后从A、C中选择优先权更高的A设备的中断请求予以响应，处理完后再次返回主程序；最后响应C设备的中断请求，处理完后返回主程序，如图5-18(a)所示。

(2) 在多级中断系统中，CPU仍然首先响应B设备的中断请求；在B设备的中断服务过程中又发生了A、C中断，由于A设备的中断优先级更高，于是中断B设备的中断服务，响应A的中断请求，待A设备的中断处理完后返回B设备的中断服务程序；由于C设备的中断优先级比B设备的低，因此B设备的中断服务不再响应C设备的中断，直到B设备的中断处理完成后返回到主程序再响应C设备的中断请求，如图5-18(b)所示。

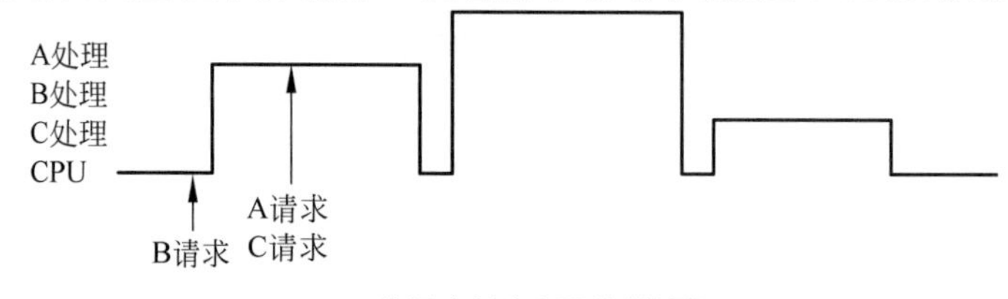

(a) 单级中断响应和处理过程

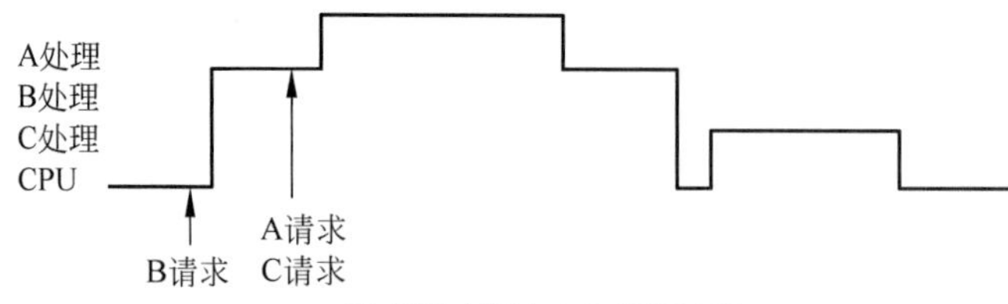

(b) 多级中断响应和处理过程

图5-18 单级中断和多级中断系统的中断响应和处理过程

从例 5.1 可以看出,中断优先权决定了各中断源的中断响应顺序;而中断优先级决定了中断处理的顺序,先响应的中断不一定先处理完。

在多级中断系统中,利用中断屏蔽码可以改变中断源的中断处理顺序,使机器的中断系统控制更灵活。对于这一点,仍通过一个例子加以说明。

【例 5.2】 设 CPU 在执行一个主程序时,同时发生了 A、B、C 三个设备的中断请求,A、B、C 的中断优先级顺序由高到低为 A→B→C。

(1) 若 A、B、C 三个设备在执行中断服务程序时的中断屏蔽码如表 5-2 所示,其中“1”表示屏蔽,“0”表示开放,试通过图示的方法说明对 A、B、C 三个设备的中断响应和处理过程。

表 5-2 中断屏蔽码设置情况 1

设备名称	屏蔽码		
	A	B	C
A	1	1	1
B	0	1	1
C	0	0	1
CPU	0	0	0

(2) 若 A、B、C 三个设备在执行中断服务程序时的中断屏蔽码如表 5-3 所示,试通过图示的方法说明对 A、B、C 三个设备的中断响应和处理过程。

表 5-3 中断屏蔽码设置情况 2

设备名称	屏蔽码		
	A	B	C
A	1	0	0
B	1	1	0
C	1	1	1
CPU	0	0	0

解 以上(1)、(2)两种情况下的中断响应和中断处理顺序分别如图 5-19(a)和图 5-19(b)所示。

从例 5.2 可以看出,通过改变中断屏蔽码可以改变中断源的中断处理顺序,中断优先级低的中断源可以比中断优先级高的中断源先处理完成。

5. 中断接口电路

在 CPU 与设备之间采用中断控制方式进行传输的中断接口电路中,主要包含数据缓冲寄存器(DBR)、地址译码电路、中断请求触发器(IR)、中断屏蔽触发器(IM)、中断判优排队电路、中断向量逻辑和控制逻辑等,如图 5-20 所示。

根据图 5-20,CPU 控制设备进行一次输出的过程如下。

(1) CPU 启动设备,通过中断接口的控制逻辑向设备发出一个启动控制信号。

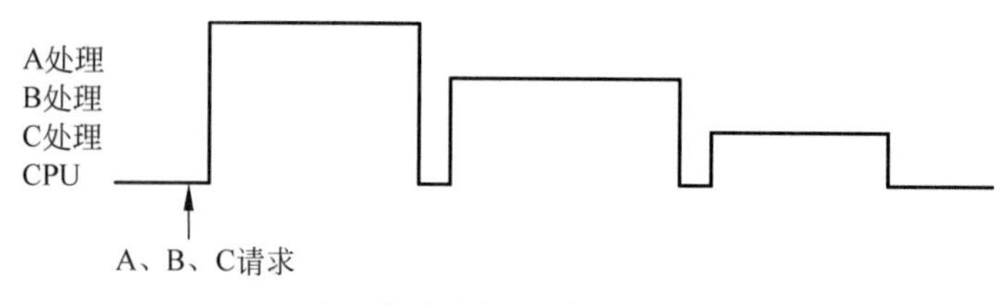

(a) 表5-2的中断响应和中断处理顺序

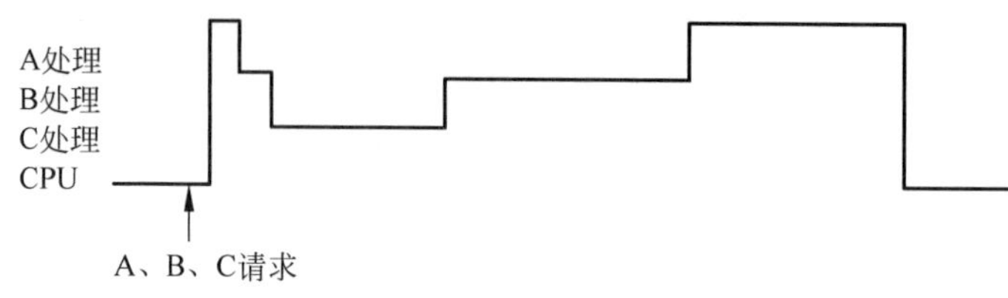

(b) 表5-3的中断响应和中断处理顺序

图 5-19 中断屏蔽码改变中断处理顺序

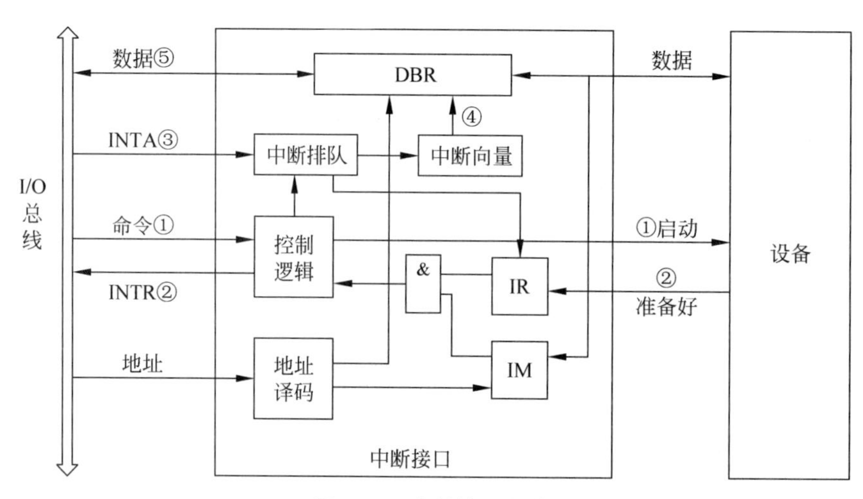

图 5-20 中断接口电路

(2) 设备准备好后向接口发回一个 READY 信号，将接口中的中断请求触发器置 1。若此时设备处于中断开放状态，即接口中的中断屏蔽触发器为 1，则可以通过控制逻辑向 CPU 发出一个中断请求信号 INTR。

(3) CPU 接收到中断请求后，若内部中断允许触发器处于开中断状态，则进入中断响应周期，向接口发出一个中断响应信号 INTA，并在该信号控制设备接口进行中断判优和中断源识别。

(4) 若本设备被选中，则将其对应的中断向量号送数据缓冲器，并经数据总线传送给 CPU；CPU 依据此中断向量找到中断服务程序的入口地址，从而转入中断服务程序执行。

(5) 在中断服务程序中，CPU 向设备传送一个数据。

至此，CPU 通过中断方式向设备传输一个数据的过程就完成了。之后，设备进行输出数据的处理工作，与此同时，CPU 返回原主程序继续执行。若设备输出数据处理完毕，又通过接口向 CPU 发出一个中断请求信号，则进入下一次中断响应和中断处理过程。

在计算机中，中断接口电路可以由专门的集成电路芯片实现。例如，Intel 8259A 就是一个可编程的中断控制器，其内部结构如图 5-21 所示。它由 8 个部分组成：8 位中断请求寄存器 IRR、8 位中断屏蔽寄存器 IMR、8 位中断服务寄存器 ISR、优先级判别器、8 位数据总线缓冲器、中断控制逻辑、级联缓冲器/比较器和读写逻辑。

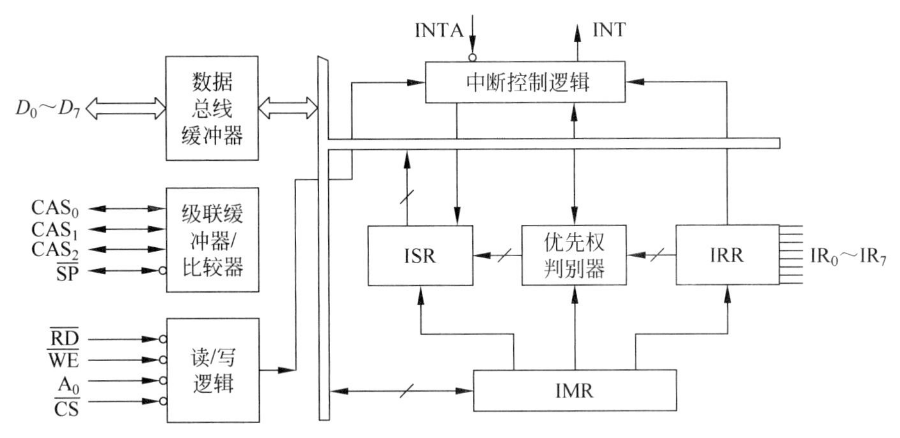

图 5-21　8259A 中断控制器

数据总线缓冲器通过数据总线与 CPU 连接，用于与 CPU 之间的双向数据交换，如 CPU 向 8259A 传送控制字、置中断屏蔽字和 8259A 向 CPU 传送中断向量等。读/写逻辑用于 CPU 对芯片进行读写操作和内部 I/O 端口的地址译码。一个 8259A 通过其内部的中断请求寄存器可以外接 8 个中断源的中断请求。通过级联控制逻辑，可以将 9 片 8259A 级联起来，提供最多 64 个外部中断源的中断请求和处理。

8259A 的中断处理过程如下：

(1) 当外部中断源有了中断请求后，将中断请求寄存器的对应位置位；

(2) 8259A 接收这些中断请求，并根据中断屏蔽寄存器的状态将未被屏蔽的所有中断请求送优先级判别器进行判优；

(3) 选择一个优先级最高的中断源，经中断控制逻辑向 CPU 发出中断请求信号 INT；

(4) 若 CPU 处于开中断状态，则响应中断，向 8259A 发回中断应答信号 INTA，进入由两个总线周期构成的中断响应周期；

(5) 在第一个总线周期，8259A 把当前响应的最高优先权中断源所对应的中断服务寄存器的相应位置位，并将中断请求寄存器相应位清零；

(6) 在第二个总线周期，8259A 将当前响应的中断源的中断类型号(中断向量号)通过数据总线送至 CPU；

(7) CPU 依据此中断类型号便可获得该中断源的中断服务程序入口地址，从而转入中断服务程序执行。

8259A 提供了四种优先级选择方式。

(1) 完全嵌套方式。这是一种固定的优先级方式，它规定任何情况下总是 IR_0 的中断源优先级最高，IR_7 的中断源优先级最低。

(2) 轮转优先级方式，对每个中断源同等对待。当某个中断源处理完后，把它放到最低级别的位置上，这样保证每个中断源都有机会被响应。

(3) 轮转优先级 B 方式。CPU 可以在任何时候规定一个中断源为最高优先级，其他中断源的优先顺序依据信号线的顺序相应确定。

(4) 查询方式。通过软件读取中断请求寄存器的状态,依据软件查询的顺序确定中断源的优先级顺序。

8259A 提供了两种屏蔽方式。

(1) 简单屏蔽方式。8 位屏蔽字与 8 位中断请求位一一对应,为"1"则屏蔽,为"0"则开放。

(2) 特殊屏蔽方式。通过屏蔽字的设置,允许低优先权中断源的中断请求中断高优先权中断源的中断服务。

例如,若 8259A 被设置为完全嵌套优先级方式和特殊屏蔽方式,则当屏蔽字设置为 11001111 时,IR_4 和 IR_5 上的中断请求除了可以中断低级别 IR_6~IR_7 的中断服务外,还可以中断高级别 IR_0~IR_3 的中断服务。这也就是前面讲到的通过对中断屏蔽字的设置可以改变中断处理的顺序。

8259A 的不同控制和工作方式是通过编程来实现的。

6. Pentium CPU 的中断机制

Pentium CPU 定义了两类中断源,即中断和异常。

中断主要是指外部中断,它是由 CPU 的外部硬件信号引起的。中断包括两种情况:一是可屏蔽中断,是由 CPU 的 INTR 引脚上接收到的中断请求。这类中断的允许或禁止受 CPU 标志寄存器中的 IF 位(即中断允许触发器)的控制。二是非屏蔽中断,是由 CPU 的 NMI 引脚接收到的中断请求。这类中断不能被禁止。

异常主要是指异常中断,它是由指令执行引发的。异常包括两种情况:一是执行异常,如 CPU 执行一条指令过程中出现错误、故障等不正常情况引发的中断;二是执行软件中断指令(如 INT 0、INT 3、INT *n* 等软中断指令)产生的异常中断。

Pentium 共能提供 256 种中断和异常。每种中断源分配一个编号,称为中断向量号或中断类型号。所有的中断和异常按其中断优先级分为 5 级,其中异常中断的优先级高于外部中断的优先级。

Pentium 是采用中断向量法进行中断响应的,即首先得到中断向量号,再通过中断向量号找到中断向量,从而获取中断服务程序的入口地址。Pentium CPU 取得中断向量号的方式根据中断源类型的不同也有所不同。对于软件中断指令 INT *n* 来说,其中的 *n* 即中断向量号;对于错误、故障等异常来说,系统会根据异常产生的条件自动指定向量号,每种异常的向量号是固定的,如中断向量号 0 对应除 0 错误异常、中断向量号 4 对应算术溢出错误异常等;而外部中断的中断向量号是系统设计时在中断控制器中预先设定的,当响应中断时由中断控制器提供;非屏蔽中断的中断向量号固定为 2。

所有中断服务程序的入口地址信息均存储在一个中断向量号检索表中。在 Pentium 实模式下,该表为中断向量表 IVT,保护模式下为中断描述符表 IDT。

(1) 实模式。中断向量表 IVT 位于内存地址从 0 开始的 1KB 空间。实模式下是 16 位寻址,中断服务子程序入口地址(段,偏移)的段寄存器和段内偏移量各为 16 位。它们直接登记在 IVT 中,每个中断向量号对应一个中断服务程序的入口地址。每个入口地址占 4 字节。256 个中断向量号共占 1KB。CPU 取得向量号后自动乘以 4,作为访问 IVT 的偏移,读取 IVT 相应表项，将段地址和偏移量设置到 CS 和 IP 寄存器，从而进入相应的中断服务程序。实模式下的中断响应过程如图 5-22(a)所示。

(2) 保护模式。保护模式下为 32 位寻址。中断描述符表 IDT 的每一表项对应一个中断向量号，表项称为中断门描述符和陷阱门描述符。这些门描述符长度为 8 字节，共对应 256 个中断向量号，IDT 的表长为 2KB。用中断描述符表寄存器 IDTR 来指示 IDT 的内存地址。以中断向量号乘以 8 作为访问 IDT 的偏移，读取相应的中断门/陷阱门描述符表项。门描述符用于给出中断服务程序的入口地址(段，偏移)，其中 32 位偏移量装入 EIP 寄存器，16 位的段值装入 CS 寄存器。由于此段值是选择符，因此还必须访问全局描述符表 GDT 或局部描述符表 LDT，才能得到段的基地址。保护模式下的中断响应过程图 5-22(b)所示。

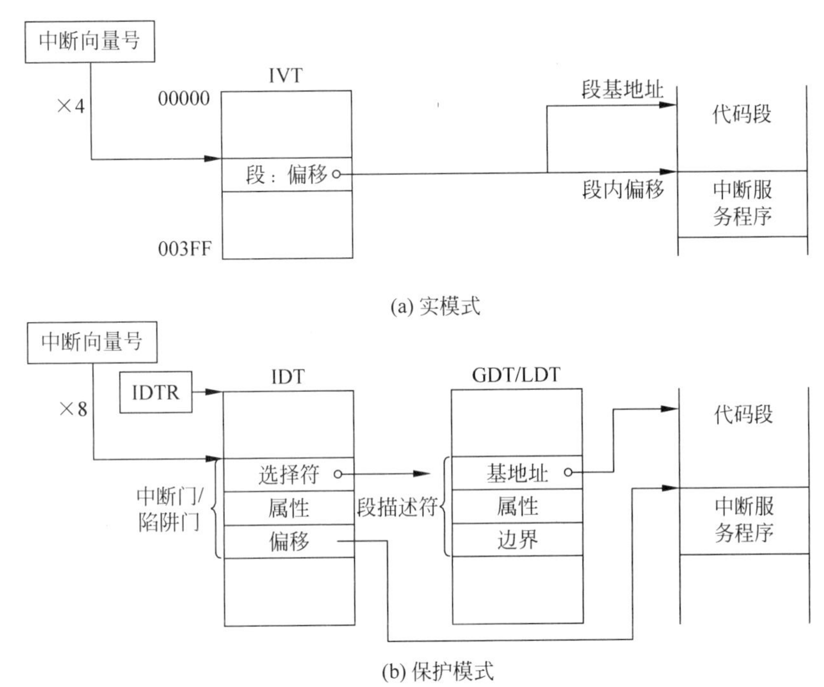

图 5-22　Pentium CPU 的中断响应过程

进入中断服务程序后，其处理过程如下：

(1) 当中断处理的 CPU 控制权转移涉及特权级改变时，必须把当前的 SS 和 ESP 寄存器的内容压入系统堆栈予以保存；

(2) 标志寄存器 EFLAGS 的内容也压入堆栈；

(3) 清除标志触发器 TF 和 IF；

(4) 当前的 CS 和 EIP 也压入此堆栈；

(5) 如果中断发生并伴随有错误码，则错误码也压入此堆栈；

(6) 完成上述中断现场保护后，将从中断向量号获取的中断服务程序入口地址(段，偏移)分别装入 CS 和 EIP，开始执行中断服务子程序；

(7) 中断服务子程序最后的 IRET 指令使中断返回。保存在堆栈中的中断现场信息被恢复，并从中断点继续执行原程序。

5.2.3 DMA 控制方式

虽然中断控制方式很好地解决了 CPU 与设备间并行工作的问题，尤其是对于慢速设备来说，采用中断控制方式进行数据传输，可以大大提高 CPU 的利用率，但是，在中断控制方式下，CPU 每经历一次中断，都要进行从中断请求信号的建立、中断源识别、中断响应到中断服务等的操作，在中断服务程序里还要执行一系列诸如保护现场/恢复现场、开中断/关中断等的指令，这些操作和指令的执行花费了不少时间。对于 CPU 与一些高速设备间采用成组数据交换的应用来说，中断控制方式就有些显得力不从心了。为此，人们提出了一种 DMA 传送控制方式。

1. DMA 的基本概念

直接存储器访问(direct memory access，DMA)是一种完全由硬件(称为 DMA 控制器)控制主机与设备间进行数据交换的输入输出传送控制方式。它通过在主存与设备间建立一条直接通道的方法，来进一步提高 I/O 数据的传输效率。

在机器中，依据各部件所处的地位将它们划分为两大类：一类是主设备，一类是从设备。主设备是指占用系统总线并通过总线对其他从设备进行控制的设备。一般来讲，主设备能够在总线上给出地址和控制等信号，完成对存储器和外围设备等的访问，如 CPU 就是机器系统中的主设备。而从设备是指被主设备控制和访问的设备，如存储器及各种外围设备等。前面讲到的程序控制方式和中断控制方式，都是在 CPU 这一主设备的控制下完成存储器与外围设备间的数据交换。

为实现 DMA 传送，机器系统专门设置了一个主设备——DMA 控制器，代替 CPU 完成存储器与外围设备间的数据交换。DMA 控制器可以像 CPU 一样，通过总线向存储器和外围设备给出地址和控制信号，实现对这些设备的访问和控制。

表 5-4 给出了 DMA 控制方式、程序控制方式及中断控制方式的比较。

表 5-4 几种输入输出控制方式的比较

输入输出控制方式	输入输出过程控制	数据传输通道	CPU 效率	适用场合
程序控制方式	软件实现	经 CPU	低	单用户单道程序环境
中断控制方式	软、硬件结合实现	经 CPU	一般	多用户多道程序环境下慢速或速度不确定的设备
DMA 控制方式	硬件实现	不经 CPU	高	成组、高速设备

2. DMA 的工作模式

任何时候，机器的系统总线只能被一个主设备所占用。当 CPU 执行程序时，需要通过总线进行访存操作，如取指令、读/写数据等。DMA 控制器在进行 DMA 传输控制时也要使用总线对存储器进行读写操作等，这时就会产生总线的冲突。为此需要一种机制来协调 CPU 与 DMA 控制器对总线的使用，通常有以下 3 种方式。

(1) 突发方式。突发方式(burst mode)又称块传送方式。在这种方式下，当 CPU 所执行的程序要对一个 DMA 设备进行一块数据的读/写操作时，CPU 首先对 DMA 控制器进行初始化，并发送如下信息。

① 是读还是写。

② 所读/写的存储器缓冲区的首地址。

③ 所读/写的DMA设备的地址。

④ 所读/写的字数。

然后CPU暂停对部分总线的控制，将总线控制权交给DMA控制器，由DMA控制器完成本次数据块的传送。当DMA传送结束时，DMA控制器会向CPU发出一个中断请求信号，并将总线控制权重新交回给CPU。

这种方式的优点是控制简单，适用于数据传输率很高的I/O设备实现成组数据的传送；缺点是DMA控制器在占用总线进行DMA传送时，CPU基本上处于不工作状态或保持原状态，在一定程度上影响CPU的利用率。

(2) 周期挪用方式。周期挪用方式(cycle stealing)是一种常用的DMA工作模式。这种方式是CPU对DMA控制器完成一次数据块传送的初始化后继续工作；当DMA设备准备好一个数据的传送时，向DMA控制器发出DMA请求；DMA控制器收到请求后向CPU申请占用总线，并在CPU响应后挪用若干个总线周期进行一个数据的传送，然后将总线控制权交还给CPU；如此重复，直到完成一个数据块的传送。

与前一种方式相比，CPU不需要暂停，只是在有了DMA请求时暂时让出若干个总线的控制权。而且，如果在DMA控制器使用总线的这些周期里，CPU正好不需要使用总线(如使用总线访存等)，则不影响CPU的执行，从而提高了CPU的利用率。这种方式的缺点是DMA控制器每控制传送一个数据都要向CPU申请占用总线和交回总线，在一定程度上影响DMA传送的效率。

(3) 透明方式。透明方式(transparent mode)又称为直接存储器访问方式。CPU典型的指令周期包含若干个总线周期(又称CPU周期)，如取指令周期、指令译码周期、取操作数周期和指令执行周期等。在整个指令周期里，CPU并不是始终都需要进行总线操作的，如乘法指令的执行周期只涉及CPU内部的乘法运算，而且时间也较长。因此，可以利用CPU不进行总线操作的一些总线周期进行DMA传送，这样CPU和DMA控制器可以交替使用总线，而且总线使用的交替可以通过不同的总线周期直接分配，无须CPU和DMA控制器之间的请求、建立和归还过程。例如，将每个指令的指令译码周期固定分配给DMA传输之用，当某个指令译码周期有DMA请求时，直接进入DMA操作。这就是透明方式的基本思想。这种方式对CPU和DMA来说效率都是最高的，但决定CPU何时不使用总线的硬件设计十分复杂，而且随着CPU指令预取、指令流水等并行技术的应用，现代大多数CPU每个周期都使用总线，因此这种方式通常不被采用。

为提高DMA的传输效率，还可以对总线的配置进行设计。图5-23(a)是一种传统的单总线系统。在这种系统中，DMA控制器和CPU、存储器、I/O接口及设备一起连接在一条单总线上。DMA控制器每控制一个数据的传输都至少要占用两个CPU周期，一个用于对设备的读或写，另一个用于对存储器的读或写，这两个CPU周期都需要占用总线。

图5-23(b)是一种在传统的单总线基础上增加一条专用I/O总线的结构。在这种系统里，DMA控制器对存储器的访问需要与CPU共享系统总线，而对DMA设备的访问则通过

I/O 总线进行，这样可以减少在 DMA 传输过程中因 DMA 控制器过多占用系统总线而对 CPU 产生的影响。

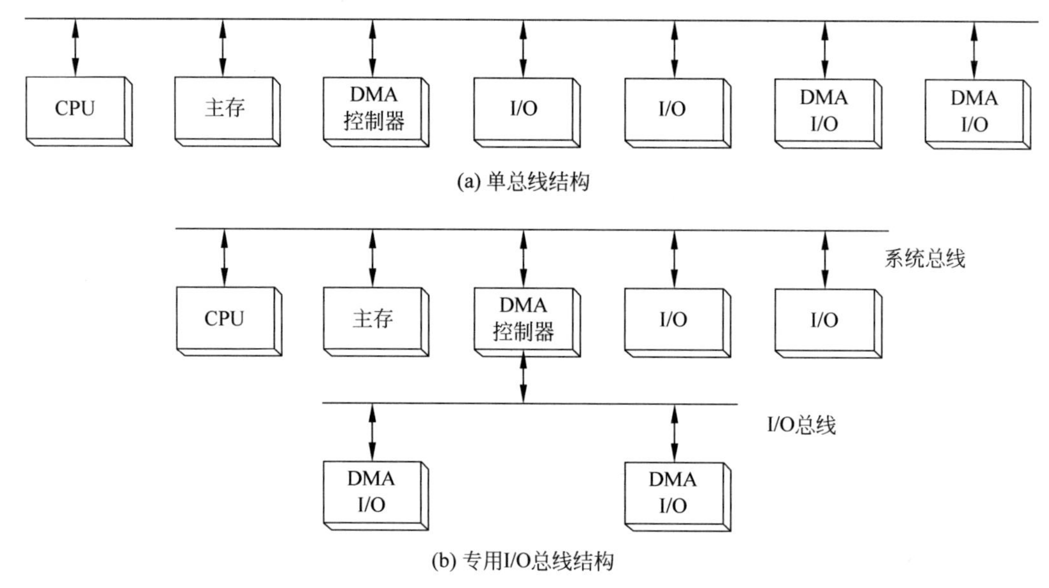

图 5-23 DMA 控制的总线配置

3. DMA 控制器的组成及工作原理

图 5-24 给出了一个 DMA 控制器的内部结构及与 CPU 等部件相联的组成框架图。其中，从 DMA 的内部结构看，它主要包含以下部件。

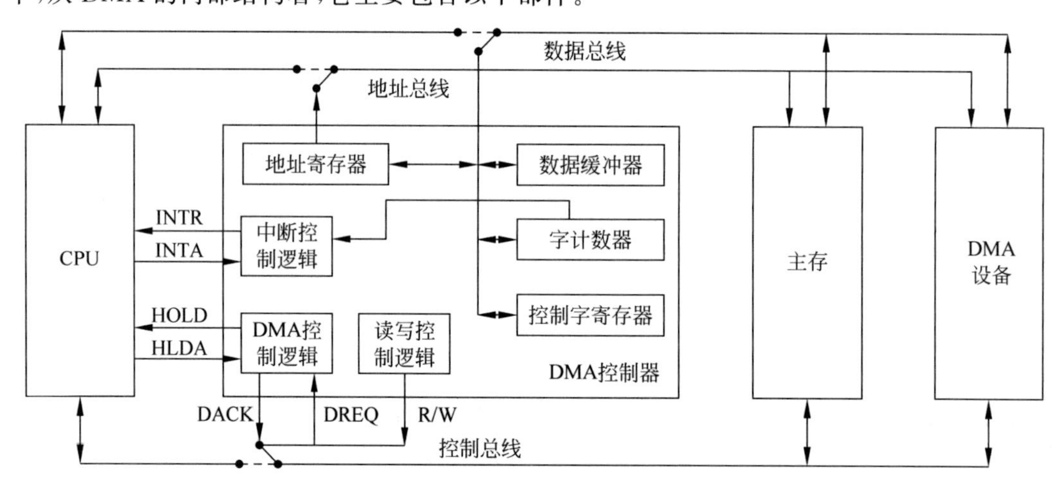

图 5-24 DMA 控制器的组成

(1) 地址寄存器。用于存放所交换的数据块在主存的首地址。在 DMA 传送前，由 DMA 初始化程序将数据块在主存中的首地址送到该地址寄存器。在 DMA 传送过程中，每交换一次数据，地址寄存器自动增 1，以指向下一内存单元，直到一批数据传送完毕为止。

(2) 字计数器。用于记录所传送数据的总字数。在 DMA 传送前，同样由 DMA 初始化程序将所传送数据的总字数送到该计数器。在 DMA 传送过程中，每传送一个字，字计数器自动减1,直到减为0,表示该批数据传送完毕,然后通过中断控制逻辑向CPU发出DMA中断请求信号。

(3) 数据缓冲器。用于暂存每次传送的数据。通常DMA控制器与主存之间采用字传送,而与设备之间可能是字节或位传送。因此DMA控制器中还可能包括有装配或拆卸字信息的硬件逻辑,如数据移位缓冲寄存器、字节计数器等。

(4) DMA控制逻辑。它用于负责管理DMA的传送过程,包括接收设备的DMA请求和向CPU申请总线的占用及归还等。

(5) 中断控制逻辑。在字计数器计为0时,表示一批数据交换完毕,由中断控制逻辑向CPU发出中断请求,请求CPU进行DMA操作的后处理。

(6) 读写控制逻辑。用于DMA控制器对存储器和设备进行读或写操作的控制,其功能与CPU的读写控制相同。

(7) 控制字寄存器。一些可编程的DMA控制器以集成芯片的形式提供,通常具有多种工作模式或操作方式,在使用前可通过软件编程的方法对其进行初始化设置。

结合图5-24,可知DMA传输控制的过程如下:

(1) 在DMA数据传输前,首先由CPU通过初始化程序对DMA控制器进行预设置,包括将所传输数据块在内存的首地址送DMA内部的地址寄存器,将所传输数据的字数送DMA内部的字计数寄存器等;

(2) DMA控制器选择一个DMA设备开始工作。当被选中的设备准备就绪时(对输入设备来说就是准备好了一个数据,对输出设备来说就是准备好接收),向DMA控制器发出一个DMA请求信号DREQ;

(3) DMA控制器接收到设备请求后,向CPU发出HOLD信号,申请占用总线;

(4) CPU通过HLDA信号进行总线响应,同时将其引出脚的地址、数据和部分控制线置为浮空状态,即将总线的控制权让出;

(5) DMA控制器获得总线控制权后,向设备回答一个DMA响应信号DACK,并开始启动数据的传输;

(6) DMA控制器将其地址寄存器的内容输出到地址总线上,并给出读/写控制信号,控制设备与存储器之间的一次数据交换,然后地址寄存器增1,字计数寄存器减1;

(7) 重复以上过程,直到字计数寄存器减为零,DMA控制器向CPU发出中断请求,同时结束DMA传输,将总线控制权归还CPU;

(8) CPU响应DMA的中断请求,并进行DMA传输的后处理操作。

从上述DMA的传输控制过程可以看出,存储器与设备的数据交换没有经过CPU,完全是在DMA控制器的控制下完成的,地址寄存器的增1操作、字计数器的减1操作等都是由硬件自动完成的,每传输一个数据也无须像中断方式那样经历很多的过程和执行一大堆的指令,因此传输效率大大提高了。

5.2.4 通道控制方式

1. I/O通道的概念

在前面介绍的几种输入输出传输控制方法中,程序控制方式全部依赖CPU进行,中断控制方式要求 CPU 不断介入，这两种方式主要适合于对速度要求不高的设备；在 DMA 控制方式中，CPU 无须干预数据传输的过程，而只需进行传输前的初始化和传输后的后处理，由于传输控制是硬件支持，所以适用于高速的数据输入输出。以上几种控制方式广泛应用于微型和小型计算机系统中。但在大型计算机系统中，由于外围设备配置多，输入输出操作频繁，因此对输入输出的传输方式有了更高的要求，主要体现在以下两个方面：

(1) 尽量减少对 CPU 资源的占用，使用独立的控制部件完成输入输出的操作；

(2) 控制更加灵活，输入输出控制部件能适应不同性能设备的要求。

为此，在 DMA 方式的基础上进一步发展了 I/O 通道方式，以满足大型计算机系统对输入输出控制的要求。

I/O 通道(I/O channel)又称通道处理器，是一种能执行有限指令集的专用处理器，它通过执行存储在内存中的固定或由 CPU 设置的通道程序来控制设备的输入输出操作。与 DMA 控制器一样，通道也是一个独立的控制部件，但它比 DMA 控制器更进了一步。一方面它是一个处理器，具有有限的指令集，能够执行程序；另一方面它控制灵活，可以适应不同工作方式、不同速度要求和不同数据格式的不同种类的设备的要求。当然，通道处理器并不是一个通用处理器，而是专用于输入输出控制的 I/O 处理器。

通道处理器可以分担 CPU 大部分的 I/O 处理工作，如管理所有低速外围设备的输入输出操作，对 DMA 控制器的初始化工作，控制 DMA 的数据传输、数据格式转换、设备状态检测等，使 CPU 能从烦琐的 I/O 处理中解脱出来，真正发挥其“计算”的能力。

2. I/O 通道的功能

一个具有通道功能的典型机器结构如图 5-25 所示。

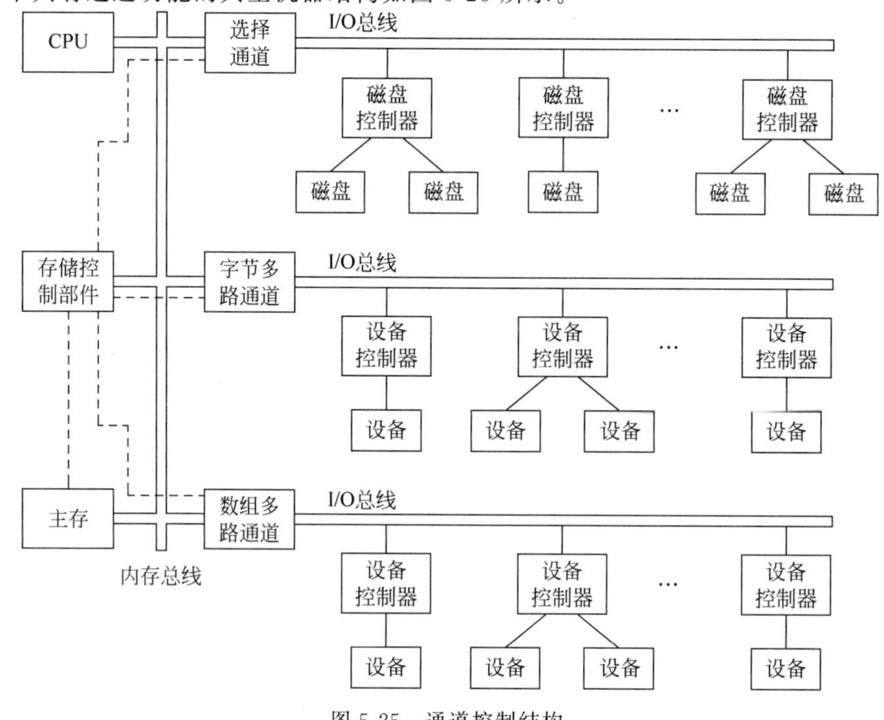

图 5-25 通道控制结构

一般来讲,通道主要包括寄存器部分和控制部分。寄存器部分包括数据缓冲寄存器、主存地址寄存器、字计数寄存器、通道命令字寄存器、通道状态寄存器等;控制部分包括分时控制、地址分配、数据传输、数据装配和拆卸等控制逻辑。

使用通道方式组织的输入输出系统一般采用“主机-通道-设备控制器-I/O设备”四级连接方式。通道对I/O设备的控制通过设备控制器或I/O接口进行。对于不同的I/O设备,设备控制器的结构和功能各有不同,但通道与设备控制器之间一般采用标准I/O接口相连接。通道执行指令产生的控制命令经设备控制器的解释转换成对设备操作的控制,设备控制器还能将设备的状态反映给通道和CPU。

具体来说,通道一般具有以下几方面的功能:

(1) 接收来自CPU的I/O指令,根据指令要求选择设备;

(2) 执行CPU为通道组织的通道程序,包括从主存中取出通道指令、对通道指令进行译码以及根据指令的要求向设备控制器发出各种命令;

(3) 控制设备与主存之间的数据传输,提供主存地址和传送的数据字数控制,根据需要完成传输过程中的数据格式转换等;

(4) 检查设备的工作状态,并将完整的设备状态信息送往主存或指定单元保存;

(5) 向CPU发出输入输出操作中断请求,将外围设备的中断请求和通道本身的中断请求按次序报告CPU。

设备控制器的具体任务包括:

(1) 从通道接收通道命令,控制设备完成指定的操作;

(2) 向通道提供设备的状态;

(3) 将各种设备的不同信号转换成通道能够识别的标准信号。

CPU通过执行I/O指令以及处理来自通道的中断,实现对通道的管理。来自通道的中断有两种:一种是数据传输结束中断;另一种是故障中断。通道的管理一般是由操作系统实现的。

3. I/O通道的种类

按通道的数据传输及工作方式划分,通道可分成字节多路通道、选择通道和数组多路通道三种类型。一个机器系统可以兼有三种通道,也可以只包含其中一种或两种,以适应不同种类设备的需要。

(1) 字节多路通道。字节多路通道用于连接多个慢速或中速的设备,这些设备的数据传送以字节为单位。一般来讲,这些设备每传送一个字节需要较长的等待时间。因此,通道可以以字节为单位轮流为多个设备服务,以提高通道的利用率。字节多路通道的操作模式有两种:字节交叉模式和猝发模式。在字节交叉模式中,通道将时间分为一个个时间段,有数据传输要求的每一个设备都可以通过轮流分配得到一个时间段,完成一次与通道间的数据交换。如果某一设备需要传输的数据量比较大,则通道可以采用猝发的工作模式为其服务。在猝发模式下,通道与设备之间的传输一直维持到设备请求的传输完成为止。通道使用一种超时机制判断设备的操作时间(即逻辑连接时间),并决定采用哪一种模式。如果设备请求的逻辑连接时间大于某个额定的值,通道就转换成猝发模式,否则就以字节交叉模式工作。

(2) 选择通道。磁盘等高速设备要求较高的数据传输速度,而通道难以同时对多个这样的设备进行操作,只能一次对一个设备进行操作,这种通道称为选择通道。选择通道与设备之间的传输一直维持到设备请求的传输完成为止,然后为其他外围设备传输数据。选择通道的数据宽度是可变的,通道中包含一个保存输入输出数据传输所需的参数寄存器。参数寄存器包括存放下一个主存传输数据存放位置的地址和对传输数据进行计数的寄存器。选择通道的输入输出操作启动之后,该通道就专门用于该设备的数据传输,直到操作完成。

(3) 数组多路通道。数组多路通道以数组(数据块)为单位在若干高速传输操作之间进行交叉复用,这样可减少外围设备申请使用通道时的等待时间。数组多路通道适用于高速外围设备,这些设备的数据传输以块为单位。通道用块交叉的方法轮流为多个外围设备服务。当同时为多台外围设备传送数据时,每传送完一块数据后选择下一个外围设备进行数据传送,使多路传输可并行进行。数组多路通道既保留了选择通道高速传输的优点,又能同时为多个设备提供服务,使通道的功能得到有效发挥,因此数组多路通道在实际系统中得到了较多的应用。特别是对于磁盘和磁带等一些块设备,它们的数据传输本来就是按块进行的。而在传输操作之前又需要寻找记录的位置,在寻找的期间让通道等待是不合理的。数组多路通道可以先向一个设备发出一个寻找的命令,然后在这个设备寻找期间为其他设备服务。在设备寻找完成后才真正建立数据连接,并一直维持到数据传输完毕。因此采用数组多路通道可提高通道数据传输的吞吐率。

字节多路通道和数组多路通道都是多路通道,在一段时间内可以交替地执行多个设备的通道程序,使这些设备同时工作。但两者也有区别,首先数组多路通道允许多个设备同时工作,但只允许一个设备进行传输型操作,而其他设备进行控制型操作;而字节多路通道不仅允许多个设备同时操作,而且允许它们同时进行传输型操作。其次,数组多路通道与设备之间数据传送的基本单位是数据块,通道必须为一个设备传送完一个数据块以后才能为别的设备传送数据块;而字节多路通道与设备之间数据传送的基本单位是字节,通道为一个设备传送一个字节之后,又可以为另一个设备传送一个字节,因此各设备与通道之间的数据传送是以字节为单位交替进行的。

4. I/O 通道的工作过程

在使用了通道的机器里,CPU 有两种工作状态:一是目态,二是管态。目态是指 CPU 执行用户的目标程序,而管态是指 CPU 执行管理程序。通道传输过程是由用户程序执行一条广义访管指令引起的,其输入输出过程如图 5-26 所示。

通道完成一次数据传输的主要过程分为以下 4 个步骤:

(1) 用户程序执行访管指令进入管理程序;

(2) 管理程序根据用户的访管指令组织形成一个通道程序,并启动通道;

(3) 通道处理器执行通道程序,控制完成指定数据的输入输出传输操作;

(4) 通道在执行完通道程序后向 CPU 发出中断请求。

CPU 执行用户程序和管理程序以及通道执行通道程序的时间关系如图 5-27 所示。

由于大多数计算机的 I/O 指令都属于管态指令,因此,用户可通过在目标程序中设置一条要求进行输入输出的广义访管指令来使用设备。广义访管指令由访管指令和一组参数组成,它的操作码实际上就是对应此广义指令的管理程序入口。访管指令是目态指令,当目

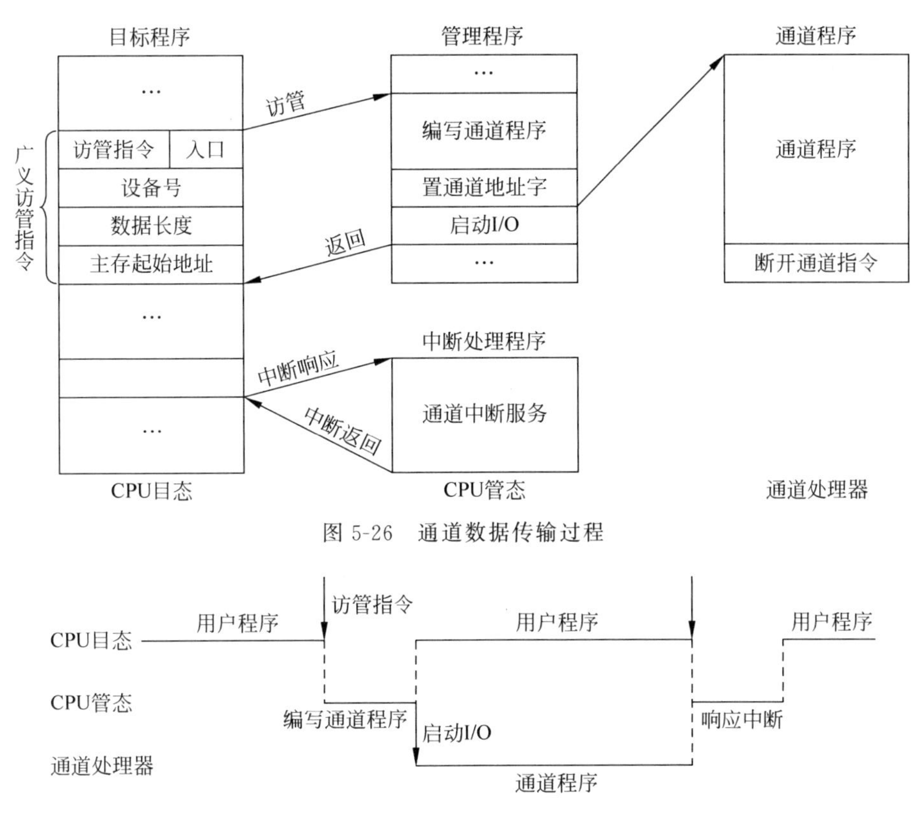

图 5-26　通道数据传输过程

图 5-27　CPU 和通道执行程序的时间关系

标程序执行到要求输入输出的访管指令时，会产生一个自愿访管中断。CPU 响应中断后，转向该管理程序入口，进入管态。

管理程序根据用户程序中的广义访管指令提供的参数，如设备号、交换数据长度和数据在主存中的起始地址等信息来编制形成一段通道程序。通道程序由若干条通道指令组成，能够完成 CPU 一条 I/O 指令所要求的操作。通道程序编制好后，放在主存中与这个通道相对应的通道程序缓冲区中。另外，在管理程序中还要把通道程序的入口地址放入相应的通道地址单元中。在管理程序的最后，用一条启动 I/O 设备的指令来启动通道开始工作。

接下来，通道处理器开始执行 CPU 为它组织的通道程序，完成指定的输入输出传输工作。此时，CPU 也返回用户程序继续执行，通道处理器和 CPU 并行工作。当通道处理器执行完通道程序后，会执行一条断开通道指令，向 CPU 发出中断请求，CPU 响应中断并进行相应的后处理。

至此，一次由通道控制的主存与设备间的数据交换结束。

5. 通道结构的发展

随着通道结构的进一步发展，出现了两种计算机 I/O 体系结构。

(1) 输入输出处理器 IOP。IOP 是通道结构的 I/O 处理器，它可以和 CPU 并行工作，提供高速的 DMA 处理能力，实现数据的高速传送。但是它不是独立于 CPU 工作的，而是主机的一个部件。有些 IOP，如 Intel 8089 IOP，还提供数据的变换、搜索以及字装配/拆卸能力。这类 IOP 广泛应用于中小型及微型计算机中。

(2) 外围处理机 PPU。PPU 基本上是独立于主机工作的,它有自己的指令系统,可完成算术/逻辑运算、读/写主存储器、与外围设备交换信息等。有的外围处理机直接就选用已有的通用计算机。外围处理机一般应用于大型计算机系统中,用于处理大量而繁杂的输入输出操作,以使 CPU 能从输入输出控制操作中最大限度地解脱出来,专用于"计算"的处理。

5.3 外部存储器

在第 4 章讲到,存储器按在计算机中所起的作用分为两大类,即内存和外存。内存又称为主存,主要由半导体存储器件构成,其特点是速度快;而外存又称为辅存,从现代存储介质的发展看,主要由磁介质存储器和光盘存储器构成,其特点是容量大,价格低廉。在计算机中,外存是作为设备来进行管理的。这一节主要讲述构成计算机外存的磁盘存储器、磁带存储器和光盘存储器。

5.3.1 磁盘存储器

磁盘是在一定的基质上涂上一层磁性材料而构成的圆盘,在磁盘表面利用磁存储原理来存储信息。磁盘分为硬盘和软盘两种,因它们的基质分别使用了"硬"的金属合金和"软"的聚脂薄膜而得名。硬盘和软盘在构成、容量和访问速度上都不同,但从信息的存储原理来讲,它们是完全相同的。

1. 磁记录原理和读写方式

磁盘是依靠由一个个同心圆组成的磁道上的、具有不同磁化方向的磁化元来存储 0、1 信息的。对这些磁化元的读写是通过一个磁头来进行的。磁头由磁性材料制作而成,形状如同一个矩形环,靠近磁道方向上开有一个小间隙,在磁头上还分别绕有一组写线圈和读线圈。磁头在对一个磁道进行读写操作时,磁头固定不动,而磁道运动,如图 5-28 所示。

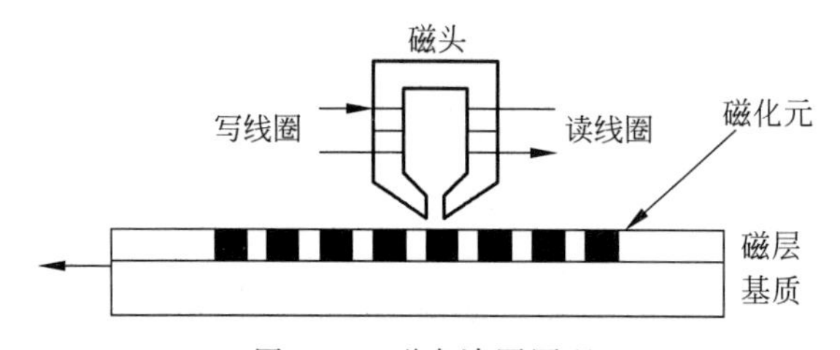

图 5-28 磁盘读写原理

进行写操作时,写线圈中会通过一定方向的脉冲电流,磁铁芯内随即产生一定方向的磁通,并在磁头间隙处产生很强的磁场。在这个磁场作用下,位于磁头下的磁道上的某个固定单元就被磁化成相应极性的磁化元。每个磁化元记录一位二进制位。当磁盘相对于磁头运动时,就可以连续写入一连串的二进制信息。

进行读操作时,经过磁头的磁化元会使磁铁芯内产生磁通的变化,从而使读线圈中产生一定的感应电势;经转换变成一定方向的脉冲电流,由此脉冲电流即可判定所读出的是 0 还是 1。

传统的磁盘是将读写操作共用一个磁头完成的,而新一代的硬盘系统则采用了不同的读写机制。它将读写操作分别在两个不同的磁头上完成，写机制与传统方式相同，而读机制则有所不同。读磁头是由一个磁阻（magneto resistive，MR）式感应器组成，MR 的电阻值取决于在它下面运动的介质的磁化方向。电流通过 MR 感应器时，电阻的变化作为电压信号被检测出来，从而检测出读出的是 0 还是 1。这种新的读机制允许有更高的读操作频率，从而使磁盘可以达到更高的存储密度和读操作速度。

2. 磁盘存储器的物理构成

磁盘存储器主要由磁盘片、磁盘驱动器和磁盘控制器等组成。软盘是由单个盘片构成，而硬盘则由多个盘片构成，通常称为盘片组。

磁盘驱动器由机械和电器两大部分组成。在硬磁盘中，盘片组固定安装在一个主轴上，主轴通过传动带与一个主电机相连。硬盘组的每一个盘面上都有一个独立的磁头，磁头通过磁头臂连接在一个固定滑轨上运动的小车上，再通过小车与一个定位驱动装置相连，如图 5-29 所示。

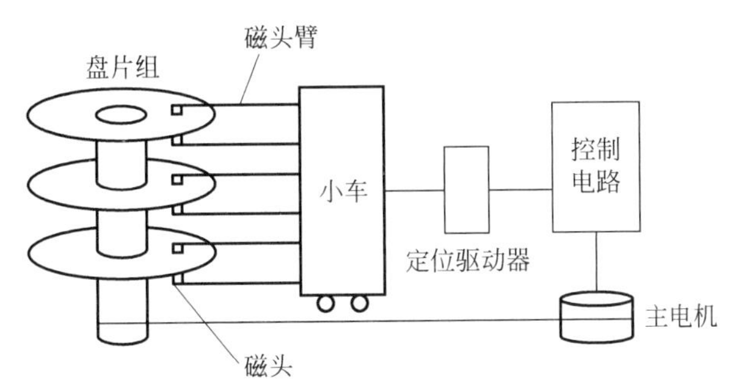

图 5-29 磁盘存储器的结构示意图

磁盘驱动器的机械部分一方面驱动盘片组按一定转速绕主轴转动，另一方面驱动小车通过磁头臂带动磁头沿径向运动，进行磁道的定位。目前磁头小车的驱动方式包括步进电机或音圈电机两种。步进电机靠脉冲信号驱动，控制简单，整个驱动定位系统是开环控制的，因此定位精度较低，一般用于道密度不高的硬磁盘驱动器。而音圈电机是线性电机，可以直接驱动磁头做直线运动；驱动定位系统是一个带有速度和位置信息反馈的闭环控制系统，驱动速度快，定位精度高，因此被更多的硬磁盘驱动器所采用。

磁盘驱动器的电器部分由一些控制电路组成，其功能主要包括主电机和定位电机的控制、磁头的选择和读写控制、磁盘索引的识别和扇区的定位等。

磁盘控制器是主机与磁盘驱动器之间的接口。磁盘存储器是高速外存设备，它与主机之间采用成组数据交换方式。作为主机与驱动器之间的控制器，磁盘控制器有两个接口：一个是与主机的接口，控制磁盘与主机之间通过外部总线交换数据；另一个是与磁盘驱动器的接口，根据主机命令控制磁盘驱动器的操作。另外，磁盘控制器还能完成磁盘与主机之间的数据格式转换以及数据的编码和解码工作。

3. 磁盘存储器的数据组织

磁盘是以“盘面｜磁道｜扇区”的方式来进行数据组织的。磁盘的盘面由一个个同心圆环组成，每一个圆环称为一个磁道。当对磁盘进行读写操作时，磁头定位在磁道上。为防止或减少由于磁头定位不准确或磁域间的干扰所引起的错误,相邻磁道间有一定的间隙。一般来讲,一个磁盘面有上千个磁道。

磁道又进一步被分割成几十到上百个等长的圆弧,每一段圆弧称为一个扇区。一个扇区可以存储若干位信息,它也是磁盘与主机之间交换信息的基本单位。也就是说,主机对磁盘的读写操作一次至少是一个扇区。一个扇区所存储的二进制位数由操作系统对磁盘进行格式化时确定,大多数系统所定义的扇区为 512B~2KB。相邻扇区间同样留有一定的间隙。磁盘的数据组织形式如图 5-30 所示。

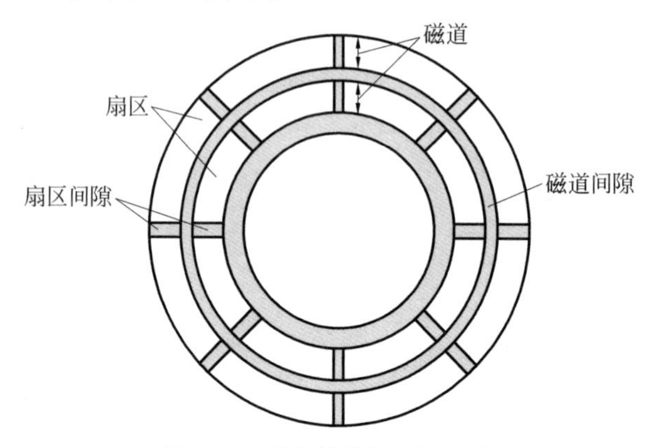

图 5-30 磁盘的数据组织形式

当磁盘转动时,内圈磁道经过磁头的速率要比外圈慢。因此,需要寻找一种方式来补偿速率的变化,使磁头能以同样的速率读写所有的磁道。一种有效的办法是通过增大信息位的间隙来实现。这样以恒定角速度(constant angular velocity,CAV)转动的盘,就能使磁头以相同的速率来扫描所有信息位。图 5-30 就是一种采用 CAV 技术的磁盘布局格式,它的好处是能方便地以磁道号和扇区号来直接寻址各个数据块。要将磁头从当前位置移到指定位置,只需将磁头径向移动到指定磁道,然后等待指定扇区转到磁头下即可。CAV 的缺点是外圈的长磁道上存储的数据位数与内圈的短磁道相同,浪费了长磁道的存储空间。

一个磁道的存储容量是与磁道的长度(周长)有关的。在上述 CAV 方式中,为使所有磁道的容量相同,从外圈磁道到内圈磁道的线性密度是逐渐增大的,磁盘的容量也就受到最内圈磁道所能达到的最大记录密度的限制。为提高存储容量,现代磁盘系统使用一种称为多区式记录(multi zone recording,MZR)的技术。它将磁盘盘面划分成若干个区(典型的是 16 区),每个区中所有磁道的扇区数是相同的。从而磁道的容量也是相同的。但不同区的磁道所拥有的扇区数是不同的,从而容量也就不同。越往内圈的区,磁道容量越小。当磁头由一个区移动到另一个区时,容量的改变会引起磁头上读写时序的变化,也就使磁盘控制电路的控制更为复杂,但这种电路的复杂所带来的是磁盘容量的提升。

为使磁头能对扇区进行准确定位,磁道上会有一个起始点,称为磁盘索引,同时每个扇区还有起点和终点的标识。磁盘经格式化后,相关控制信息被记录在磁盘上,并由磁盘驱动器所识别和使用。

磁盘格式化的例子如图 5-31 所示。在此例中,每个磁道包含 30 个固定长度扇区,每个扇区的大小为 600B,其中 512B 为有效数据,剩余的为磁盘控制器使用的控制信息。其中各控制信息的含义如下。

ID域：是唯一的一个标识或地址，用于定位具体扇区。

同步字节：是一个特殊的位序列，用来定义区域的起始点。

磁道号：用来标识磁盘上的一个磁道。

磁头号：用来标识磁盘组中的一个磁头。

扇区号：用来标识磁道上的一个扇区。

CRC：循环冗余校验码。

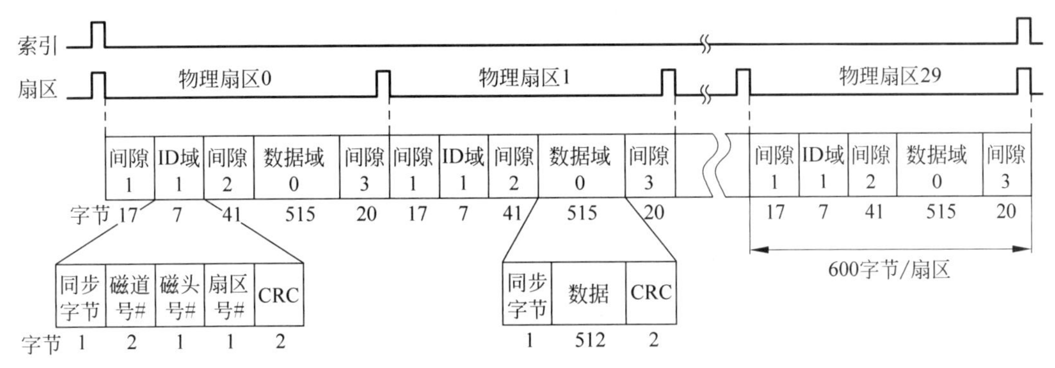

图 5-31 磁盘格式化形式

4. 磁盘存储器的性能参数

磁盘存储器的主要性能指标包括存储密度、存储容量和访问时间等。

(1) 存储密度。磁盘表面的存储密度主要分为道密度和位密度。道密度是指沿磁盘径向单位长度上的磁道数，单位为道/英寸(TPI)或道/毫米(TPM)。位密度是指磁道单位长度上能记录的二进制代码位数，单位为位/英寸(BPI)或位/毫米(BPM)。

(2) 存储容量。一个磁盘存储器所能存储的字节总数称为磁盘存储器的存储容量。存储容量有格式化容量和非格式化容量之分。格式化容量是指按照某种特定的记录格式所能存储信息的总量，也就是用户可以真正使用的容量。非格式化容量是磁记录表面可以利用的磁化单元总数。将磁盘存储器用于某计算机系统中，必须首先进行格式化操作，然后才能供用户记录信息。从图5-30可以看出，格式化后的磁盘的每个扇区内部和扇区之间都留有间隙及控制和校验信息，因此，格式化容量比非格式化容量小，一般为非格式化容量的60%～70%。

在所有磁道容量相同的磁盘存储器中，格式化容量可以按下述方法计算：

$$\text{磁盘存储器总容量} = \text{盘面数} \times \text{每面容量}$$
$$\text{面容量} = \text{磁道数} \times \text{每道容量}$$
$$\text{道容量} = \text{扇区数} \times \text{每扇区容量}$$

而非格式化容量则可以按下述方法计算：

$$\text{磁盘存储器总容量} = \text{盘面数} \times \text{每面容量}$$
$$\text{面容量} = \text{磁道数} \times \text{每道容量}$$
$$\text{磁道数} = \text{道密度} \times \text{径向有效距离}$$
$$\text{道容量} = \text{位密度} \times \text{磁道周长}$$

(3) 访问时间。磁盘存储器的访问时间主要由寻道时间、旋转延时和传送时间三部分组成。

当磁盘驱动器操作时，磁盘主轴电机带动盘片以恒定的速度转动。为了读或写，磁头必须精确定位在所含数据的磁道和扇区的起始处。磁道选择包括在可移动磁头系统中移动磁头或在固定磁头系统选择某个磁头。在可移动磁头系统中，磁头定位到该磁道所花的时间称为寻道时间。无论哪一种磁头系统，一旦磁道选定，磁盘控制器将处于等待状态，直到相关扇区旋转到磁头可读写的位置，这段时间称为旋转延时。寻道时间和旋转延时的总和称为存取时间，即定位到读写位置所需要的时间。从所访问的扇区头开始，整个扇区从磁头下经过，即完成了该扇区的数据传送，这部分时间称为传送时间。

由于寻道时间是不确定的，因此一般取平均寻道时间。平均寻道时间是最大寻道时间与最小寻道时间的平均值，目前硬盘的平均寻道时间通常在 5～10ms，而 SCSI 硬盘则应小于或等于 8ms。

磁盘存储器的旋转延时也是不同的，因此旋转延时也取平均值，现在一般在 3～6ms。平均旋转延时和磁盘转速有关，它用磁盘旋转一周所需时间的一半来表示。转速为 7200r/min 的磁盘，其平均旋转时间为 4.17ms。

磁盘的数据传送时间除了与所传送的数据量有关外，主要取决于磁盘的数据传输率。磁盘存储器在单位时间内向主机传送数据的字节数称为数据传输率。数据传输率与存储设备和主机接口逻辑有关。从主机接口逻辑考虑，应有足够快的传送速度向设备接收/发送信息；从存储设备考虑，磁盘转速越快，数据传输率也就越高。假设磁盘旋转速度为每秒 r 转，每条磁道容量为 N 个字节，则数据传输率为：

$$D = rN(\mathrm{B/s})$$

若要传送的数据为 b 字节，则传送时间为：

$$T = \frac{b}{rN}$$

故磁盘存储器总的平均访问时间 T_a 可表示成：

$$T_a = T_s + \frac{1}{2r} + \frac{b}{rN}$$

其中，T_s 为平均寻道时间。

表 5-5 给出了一些典型磁盘存储器的性能参数。

表 5-5 典型磁盘存储器的性能参数

特　性	Seagate Barracuda 180	Seagate CheetahX15-36LP	Toshiba DT01ACA05050	Toshiba HDD1242	Hitachi Microdrive
应用	大容量服务器	高性能服务器	桌面系统	便携式	手持设备
容量/GB	181.6	36.7	500	5	4
最小寻道时间/ms	0.8	0.3	0.6	—	1
平均寻道时间/ms	7.4	3.6	15.5	15	12
转速/(r/min)	7200	15 000	7200	4200	3600
平均旋转延时/ms	4.17	2	4.17	7.14	8.33
最大传输率/(MB/s)	160	522～709	140	66	7.2
每扇区字节数	512	512	4096	512	512

续表

特　　性	Seagate Barracuda 180	Seagate CheetahX15-36LP	Toshiba DT01ACA05050	Toshiba HDD1242	Hitachi Microdrive
每道扇区数	793	485	—	63	—
盘面数	24	8	2	2	2
柱面数(每盘面磁道数)	24 247	18 851	—	10 350	—

【例 5.3】 设某磁盘组有 6 片磁盘，每片有两个记录面，最上和最下两个面不用。存储区域内圈直径为 20mm，外圈直径为 80mm，道密度为 20 道/mm，最内圈磁道位密度为 1000B/mm。问：

(1) 盘组总存储容量是多少字节？

(2) 若该磁盘经格式化后，每个磁道有 12 个扇区，每扇区的容量为 512B，则该磁盘格式化容量为多少字节？

解 (1)每个盘面的磁道数＝20×(80－20)/2＝600(道)

每道的容量＝3.14×20×1000＝62 800(B)

盘组总存储容量＝盘面数×磁道数×道容量＝10×600×62 800/8＝47(MB)

(2) 磁盘格式化容量＝盘面数×磁道数×每道扇区数×每扇区容量

＝10×600×12×512＝36.8(MB)

【例 5.4】 设一个转速为 15 000r/min 的磁盘，其平均寻道时间为 4ms，每磁道有 500 扇区，每扇区大小为 512B。现欲从该磁盘上读取一个由 2500 个扇区组成的、总长为 1.28MB 的文件。

(1) 假设该文件随机分布在磁盘的不同扇区中，试计算读取该文件所需的总访问时间。

(2) 若该文件所占扇区分布在同一个柱面的 5 个磁道上，试计算读取该文件所需的总访问时间。

解 (1)根据磁盘转速可以计算得到平均旋转延时为 2ms，对每个扇区而言：

访问时间＝平均寻道时间＋平均旋转延时＋传送时间＝4＋2＋4/500＝6.008(ms)

则读取该文件所需的总访问时间为

总访问时间＝2500×6.008＝15.02(s)

(2) 由于 2500 个扇区正好占用了 5 个磁道，且这 5 个磁道又位于同一柱面上，因此寻道只需一次，时间为 4ms，读取该文件所需的总访问时间为

总访问时间＝4＋5×读取一个磁道的时间＝4＋5×(2＋4)＝0.034(s)

知识拓展

现代磁盘接口

主机与硬盘存储器的连接是通过磁盘接口进行的。计算机中的磁盘接口主要包括 IDE 接口、SCSI 接口、光纤通道和 USB 接口等。

传统 PC 机主板上主要集成的是 IDE 接口，如图 5-32 所示。IDE 是 Integrated Device Electronics 的简称，又被称为 ATA(advanced technology attachment)。这两个名词都有厂商在使用，指的是相同的东西。IDE 之后又推出了 EIDE，即扩展的 IDE(Enhanced IDE)，而这个接口标准同时又被称为 Fast ATA。所不同的是 Fast ATA 专指硬盘接口，而 EIDE

还制定了连接光盘等产品的标准。之后又陆续推出了速度更快的接口，名称都留有 ATA 的字样，如 Ultra ATA 以及传输速度分别达到 66MB/s、100MB/s、133MB/s 的 ATA/66、ATA/100、ATA/133 等。

SCSI 的英文全称为 small computer system interface（小型计算机系统接口），是同 IDE（ATA）完全不同的接口。SCSI 并不是专门为硬盘设计的接口，而是一种广泛应用于小型机上连接各种具有 SCSI 接口设备的高速数据传输接口。SCSI 接口具有支持多任务、带宽大、CPU 占用率低以及支持热插拔等优点，但其硬盘价格较高，很难在 PC 中普及，因此 SCSI 硬盘主要应用于中、高端服务器和高档工作站中。SCSI 接口从诞生到现在已经历了 30 多年的发展，先后衍生出了 SCSI-1、Fast SCSI、FAST-WIDE-SCSI-2、Ultra SCSI、Ultra 2 SCSI、Ultra 160 SCSI、Ultra 320 SCSI 等，现在市场中占据主流的是传输速度分别达到 160MB/s、320MB/s 的 Ultra 160 SCSI、Ultra 320 SCSI 接口产品。

以上传统的 ATA 和 SCSI 接口均采用并行传输方式。现代 PC 机主要采用串行硬盘接口。由 ATA 和 SCSI 分别发展出的串行 ATA 和串行 SCSI 接口就是目前被广泛使用的两种硬盘接口。

串行 ATA（serial ATA，SATA）接口如图 5-33 所示。它以连续串行的方式传送数据，可以在较少的位宽下使用较高的工作频率来提高数据传输的带宽。serial ATA 1.0、serial ATA 2.0 和 serial ATA 3.0 所定义的数据传输率分别为 150MB/s、300MB/s 和 600MB/s。SATA 一次只传送 1 位数据，能减少 SATA 接口的针脚数目，因此连接电缆数目变少。而且其接口非常小巧，排线也很细，有利于机箱内部的空气流动，不仅有利于机箱散热，也使机箱内部显得不太凌乱。与并行 ATA 相比，SATA 还有一大优点就是支持硬盘的热插拔。

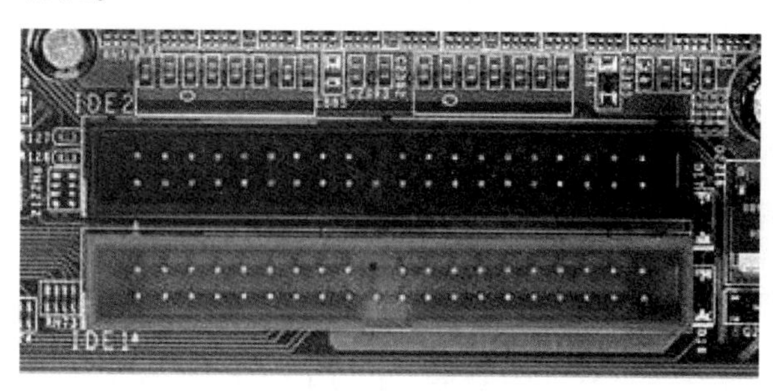

图 5-32 IDE 接口

图 5-33 串行 ATA 接口

SAS（serial attached SCSI）即串行连接 SCSI，是新一代的 SCSI 技术，和 serial ATA（SATA）接口相同，都采用串行技术来获得更高的传输速度，并通过使用更少的连接电缆数和更小巧的接口来改善机箱内部空间等。SAS 的接口技术可以向下兼容 SATA。具体来说，二者的兼容性主要体现在物理层和协议层的兼容。在物理层，SAS 接口和 SATA 接口完全兼容，SATA 硬盘可以直接使用在 SAS 的环境中。从接口标准上而言，SATA 是 SAS 的一个子标准，因此 SAS 控制器可以直接操控 SATA 硬盘。但是 SAS 却不能直接使用在 SATA 的环境中，因为 SATA 控制器并不能对 SAS 硬盘进行控制。在协议层，SAS 由 3 种类型的协议组成，根据连接设备的不同使用相应的协议进行数据传输。其中串行 SCSI 协议（SSP）用于传输 SCSI 命令，SCSI 管理协议（SMP）用于对连接设备进行维护和管理，SATA 通道协议（STP）用于在 SAS 和 SATA 之间进行数据传输。在这 3 种协议的配合下，

SAS可以和SATA以及部分SCSI设备无缝结合。与传统的并行SCSI接口相比，SAS在数据传输速度上也得到了进一步提升。

光纤通道(fibre channel)和SCSI接口一样最初也不是为硬盘设计开发的接口技术，而是专门为网络系统设计的，随着存储系统对速度的需求，才逐渐应用到硬盘系统中。光纤通道硬盘是为提高多硬盘存储系统的速度和灵活性而开发的，它的出现大大提高了多硬盘系统的通信速度。光纤通道的主要特性有热插拔性、高速带宽、远程连接、连接设备数量大等。

光纤通道是为像服务器这样的多硬盘系统环境而设计的，能满足高端工作站、服务器、海量存储子网络、外设间通过集线器/交换机和点对点连接进行双向串行数据通讯等系统对高数据传输率的要求。

USB接口不是专为硬盘设计的接口标准。目前在PC上，USB接口用途广泛，如可以用于连接移动硬盘。有关USB接口的内容将在第6章详细讲述。

5.3.2　磁带存储器

磁带存储器也属于一种磁介质存储器，与磁盘存储器一样，它也是通过磁记录原理来存储信息的。但与磁盘不同的是，它是通过在一条柔韧的聚酯薄膜带上涂上一层磁性材料来记录信息的。磁带卷在两个可以来回转动的转轴上，并固定装入一个盒中，组成盒式磁带。计算机所使用的磁带和磁带机与家用的磁带录音机相似，也是通过磁带在一个固定磁头下的平行移动来完成数据存取的。计算机中所用的磁带宽度为0.15in(0.38cm)～0.5in(1.27cm)，长度为600in(182m)到2400in(728m)。

磁带上的磁道是沿磁带运动方向平行排列的。早期的磁带系统一般使用9个磁道，每次存取一个字节；其中8个磁道构成一个有效字节信息，第9个磁道上是附加的奇偶校验位。后来的磁带系统使用18或36个磁道，对应于数字的一个字或双字。这种记录格式称为并行记录。然而，现代大多数磁带系统使用串行记录方式，数据作为一系列二进制位串沿同一磁道顺序存储，就如同磁盘在同一磁道上顺序存储数据一样。随着技术的发展，磁带上的磁道数可以达到几百道，这大大提高了磁带存储器的容量。

串行记录磁带使用一种被称为蛇形记录(serpentine recording)的记录方式。按此方式，数据从一个磁带的头部开始，沿一个磁道从头到尾记录；到达磁带尾部时，再沿另一磁道从尾到头记录；再次回到磁带头部时，又沿第三个磁道从头到尾记录；如此往复，如图5-34所示。

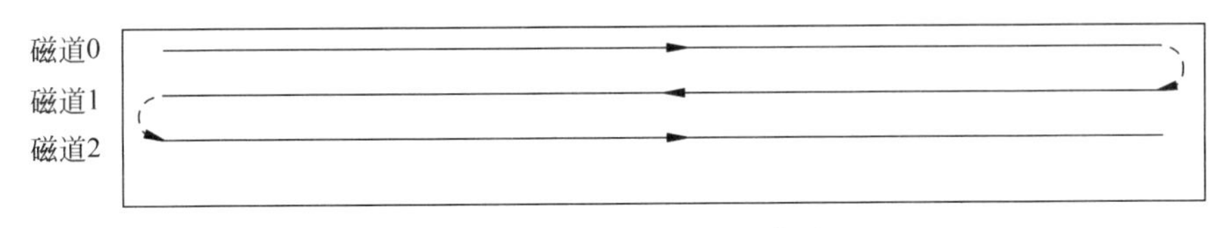

图5-34　磁带的蛇形记录方式

磁带在数据组织上也是采用分块的方式。图5-35(a)和5-35(b)分别是采用并行记录的0.5in 9道启停式磁带和采用串行记录的0.25in数据流磁带的数据记录格式。

0.5in 9道启停式磁带是一种国际上通用的标准磁带。每盘带均设有卷头标BOT和卷

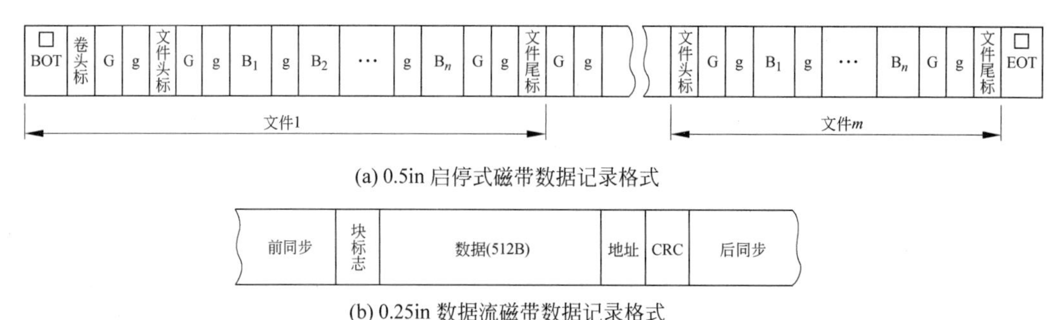

(a) 0.5in 启停式磁带数据记录格式

(b) 0.25in 数据流磁带数据记录格式

图 5-35　磁带记录格式

尾标 EOT，标记用一块矩形金属反光薄膜制成。光电检测元件可检测到这两个标记，表示记录的开始和结束。磁带上留有间隙 G(3.75in)或 g(0.6in)，后者为数据块间的间隙，它们的大小取决于磁带机的快启停性能。

信息可用两种形式存储：一种是文件形式。一盘带可记录若干个文件，一个文件又分若干数据块(B*i*)，每个文件始末有文件头标和文件尾标，卷头标、索引、文件头标、文件尾标的大小均为 80B，其内容视操作系统而定。第二种是数据块形式，磁带可在数据块之间启停，进行数据传输。在 9 道带中，8 位是数据磁道，存储一个字节；另一位是这一字节的奇偶校验位，叫作横向奇偶校验码。在每一数据块 B*i* 内部，沿走带方向每条磁道还有 CRC 校验码。

0.25in 数据流磁带也是一种通用的标准磁带。其中 9 道磁带的数据记录格式包括前同步、数据块标志(1B)、用户数据(512B)、地址号(4B)、CRC 校验码(2B)和后同步。

为提高磁带存储器的访问速度，磁头能同时对几个相邻磁道(通常是 2～8 个磁道)进行读写操作。数据仍是沿各磁道蛇形串行记录，但数据块不是在同一磁道上顺序存放，而是在相邻磁道依序排列的。如图 5-36 所示是一个能同时进行 4 个磁道读写的磁带的块分布图。

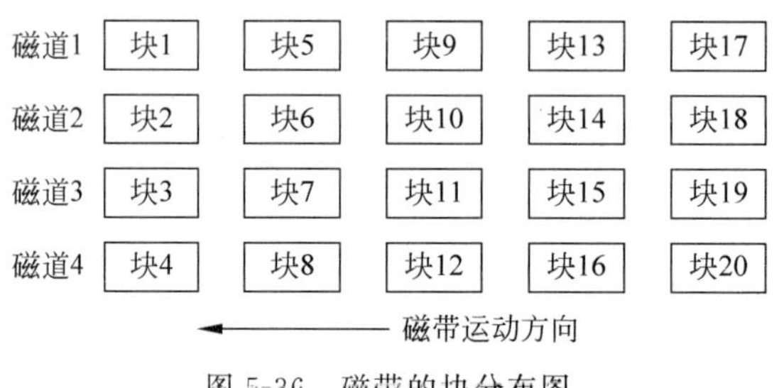

图 5-36　磁带的块分布图

表 5-6 给出了几个磁带的系统参数。

磁带驱动器是一种顺序存取设备。若磁头当前定位于块 1，而需读块 *N*，则它必须依次读物理块 1～*N*－1，每次一个块。若磁头当前定位已超越所需访问的块时，它必须倒带，从前面开始重新向前读。

磁带存储器是一种低价格、慢速、大容量的辅助存储器，在计算机系统中常用于数据备份。

表 5-6　几个磁带的系统参数

系统参数	DLT4000	DLT8000	SDLT600
容量/GB	20	40	300
数据速率/(MB/s)	1.5	6	36
位密度/(Kb/cm)	32.3	38.6	92
磁道密度/(道/cm)	101	164	587
磁带长度/m	549	549	597
磁带宽度/cm	1.27	1.27	1.27
磁道数	128	208	448
同时读写的磁道数	2	4	8

5.3.3　光盘存储器

光盘存储器是一种采用光存储技术存储信息的存储器，它采用聚焦激光束，在盘式介质上非接触地记录高密度信息，以介质材料光学性质(如反射率、偏振方向)的变化来表示所存储信息的“1”或“0”。由于光盘存储器具有容量大、价格低、携带方便及交换性好等特点，已成为计算机中一种重要的辅助存储器，也是现代多媒体计算机 MPC 不可或缺的存储设备。

光存储技术源于 20 世纪 70 年代。1972 年，Philips 公司设计出世界上第一个能播放模拟电视信号的光盘系统。1978 年，世界上第一台商品化的激光视盘机(laser vision，LV)由 Philips 推出，其原理是仿效声音唱片的形式，把图像和伴音信号记录在圆盘上；用激光束检测盘上记录的信息，将其转换成电信号；经处理后还原成视频和音频信号，由电视机显示图像和发出声音。1981 年，Philips 公司和 Sony 公司携手推出了数字激光唱盘(compact disc-digital audio，即 CD-DA)，并为此制定了光盘技术领域非常重要的基础性技术文件——《红皮书标准》。

1985 年，Philips 和 Sony 的研究人员在经过几年的努力后终于解决了光盘上只能记录数字音乐信息，而不能记录计算机文件信息的问题。具体来说就是解决如何在光盘上划分地址，以便计算机系统可以根据地址编号随时存取数据的问题和降低光盘数据存取误码率问题。为此他们公布了在光盘上记录计算数据的《黄皮书标准》。后来国际标准化组织 ISO 又对该标准进行了完善，发布了 ISO 9660 标准。由此，CD-ROM 便进入了计算机，并很快得到了广泛的应用，现已成为现代多媒体计算机中的标准配置之一。随后，研究人员们一方面努力提高 CD-ROM 的读取速度，由最初的 2 倍速、4 倍速(MPC3 标准)发展到今天的 52 倍速；另一方面又进一步推出了用于计算机中的、可读写的光盘和 DVD 等，巩固和确立了光盘存储器在计算机辅助存储器中的重要地位。

1. 光盘存储器的分类

按可擦写性分类，光盘主要包括只读型光盘和可擦写型光盘。

只读型光盘所存储的信息由光盘制造厂家预先用模板一次性写入，以后只能读出数据而不能再写入任何数据。按照盘片内容所采用的数据格式的不同，又可以将盘片分为 CD-DA、CD-I、Video-CD、CD-ROM、DVD 等。

可擦写型光盘是由制造厂家提供空盘片，用户可以使用刻录光驱将自己的数据刻写到光盘上，包括 CD-R、CD-RW、相变光盘及磁光盘等。

常见的光盘种类、功能及相关标准如表 5-7 所示。

表 5-7 常见光盘种类、功能及相关标准

光盘种类	数据容量	执行标准	出现时间	功能说明
CD-DA	最大播放音乐时长 74 min	红皮书	1982 年	CD 系列光盘的始祖，由 Philips 和 Sony 于 1982 年正式发布，主要用于音乐存储
CD-ROM	可存储 650MB 数据	黄皮书	1985 年	由 Philips 和 Sony 联合制定，定义了存储计算机数据的规范，规定了地址数据结构、数据纠错、扇区大小等，使光存储进入计算机领域
CD-I	760MB	绿皮书	1986 年	Philips 和 Sony 针对消费电子市场推出的一种交互式多媒体数据存储格式，使之能同步播放声音、影像及其他信息如文字等
CD-R	700MB	橙皮书	1992 年	一次刻录型的光盘片，不管数据是否填满盘片，只能写入一次，即使还剩余空间，也不能再写
CD-RW	700MB	橙皮书的第三部分	1996 年	刻录方式与 CD-R 相同，区别是其可以擦除和重复写入，CD-RW 驱动器完全兼容 CD-R 盘片
Video CD	70 min MPEG1 格式数据	白皮书	1993 年	可存储按 MPEG1 格式压缩的视频和音频信息，主要应用播放电影等
DVD	可存储 17GB 数据	ISO/IEC 16448	1996 年	全称是数字视盘（digital video disk），将计算机和家庭娱乐融合起来，DVD 驱动器可以识别各种 CD 盘片，已取代 CD-ROM

2. CD-ROM

标准 CD-ROM 盘片的直径为 120mm，中心装卡孔径为 15mm，厚度为 1.2mm，质量约 14～18g，其基质由树脂（如聚碳酸酯）制成，数据信息以一系列微凹坑的样式刻录在光盘表面上。CD-ROM 光盘在制作时，首先用精密聚焦的高强度激光束制造一个母盘，然后以母盘作为模板压印出聚碳酸酯的复制品；再在凹坑表面上镀一层高反射材料（铝或金），最后在外层上涂一层丙烯酸树脂以防灰尘或划伤，如图 5-37 所示。

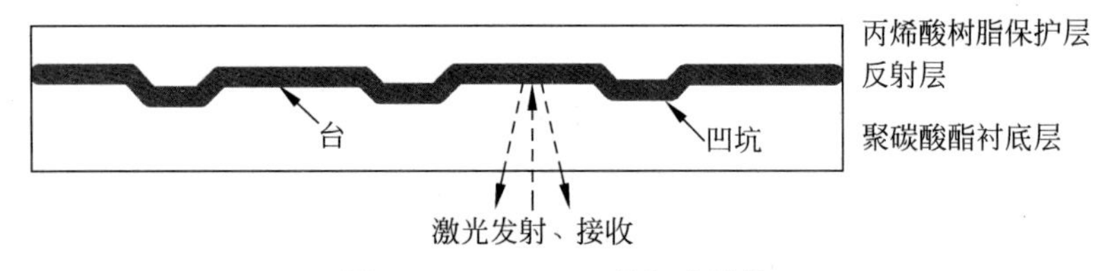

图 5-37 CD-ROM 的组成结构

CD-ROM 是通过安装在光盘驱动器内的激光头来读取盘片上的信息的。当盘片转动并经过激光头时，激光头能产生可以穿过透明聚碳酸酯层的低强度激光束。激光束照射到盘片的不同区域时，反射的激光强度会发生变化。具体来说，当激光束照射在凹坑上时，由于凹坑表面有些不平，光被散射，反射回的光强度变低；凹坑之间的区域称为岸台（land），岸台的表面光滑平坦，反射回的光强度高。光传感器将检测到的这种光强变化转换成数字信号。传感器以固定的间隔检测盘表面，一个凹坑的开始或结束表示存储了一位二进制“1”；间隔之间无标高变动出现时，记录的是“0”。

CD-ROM 与磁盘在数据记录方式上有所不同。磁盘由一个个同心圆的磁道组成；而 CD-ROM 却不同,它的整个盘面上只有一条螺旋式轨道,由靠近中心处开始,逐圈向外旋转直到盘的外沿。靠外的扇区与靠内的扇区具有相同的长度,因此按同样大小的段分组的信息可以均匀分布在整个盘上。

CD-ROM 的数据存储也是以块为单位进行组织的,典型的块格式如图 5-38 所示。

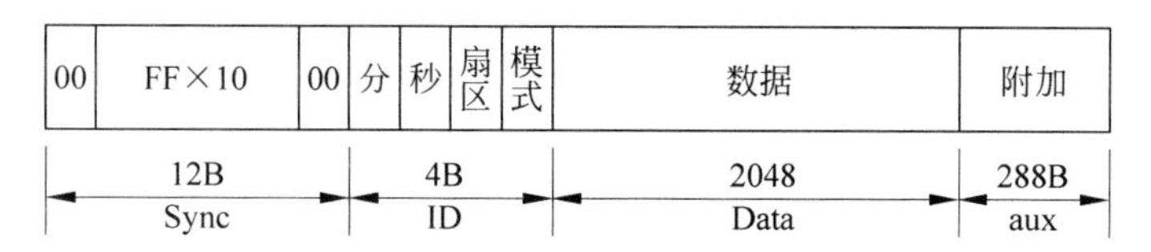

图 5-38　CD-ROM 的数据块格式

它由下列字段组成。

(1) Sync：同步字段,标志一个块的开始。Sync 由 12 B 组成,第 1 B 为全 0,第 2～11 B 为全 1,第 12 B 为全 0。

(2) ID：标识字段,包含块地址和模式字节。模式 0 表示一个空的数据域,模式 1 表示使用纠错码和 2048 B 的数据,模式 2 表示不带纠错码的 2336 B 的用户数据。

(3) Data：用户数据域。

(4) Auxiliary：此辅助域在模式 2 下是附加用户数据,在模式 1 下是 288 B 的纠错码。

与传统的硬盘相比,CD-ROM 有两个优点：

(1) 价格便宜,单片容量达 650MB,单位价格比硬盘低得多；

(2) 光盘是可交换的,可以用于批量制作软件产品,也方便用户存档和交换等。

CD-ROM 的缺点是只能读,不能修改；存取时间比磁盘驱动器长得多。

CD-ROM 是通过专门的 CD-ROM 驱动器(即通常所说的光驱)来进行读操作的。CD-ROM 驱动器一方面完成对光盘的读操作,另一方面与主机相接口。常见的 CD-ROM 驱动器接口标准主要有 3 种。

(1) 专用接口。专用接口是由各 CD-ROM 驱动器生产厂家提供的,用于将 CD-ROM 与主机连接起来。目前专用接口正逐步被取代。

(2) IDE(EIDE)接口。IDE 接口的 CD-ROM 驱动器直接插在计算机主板上的 IDE 或 EIDE 插口上,无须配置总线接口卡,这也是目前微型计算机中普遍采用的一种接口方式。

(3) SCSI 接口。SCSI(small computer system interface,小型计算机系统接口)是目前比较流行的输入输出接口标准。相对来说,SCSI 接口比 IDE 接口速度更快。

3. CD-R

CD-R 是一种一次写、多次读的可刻录光盘系统,它由 CD-R 盘片和刻录光驱组成。

CD-R 光盘与普通 CD-ROM 光盘在外观尺寸、记载数据的方式等方面是相同的,也同样是利用激光束的反射原理来读取信息的。但与 CD-ROM 不同的是,CD-R 光盘表面除了含有聚碳酸酯层、反射层和丙烯酸树脂保护层外,另外还在聚碳酸酯层和反射层之间加上了一个有机染料记录层。

当使用 CD-R 刻录光驱对空白盘片进行刻录时,将写激光束照射到有机染料记录层上,激光照射时产生的热量将有机染料烧熔,并使其产生光痕。光痕会使今后读激光束改变光的反射率，从而达到一次刻录改写信息的目的。

4. CD-RW

CD-RW 光存储系统是在 CD-R 基础上进一步发展起来的，是一种多次写、多次读的可重复擦写的光存储系统。

CD-RW 光盘结构与 CD-ROM 基本相同，只是在盘片中增加了可改写的染色层。读写数据采用相变技术。相变技术利用物质的状态变化进行数据的读、写和擦除。CD-RW 盘片在内部镀上了一层一定厚度的薄膜，即相变记录层。相变记录层由一种银合金材料组成，随着加热温度的不同，它可以形成晶体，也可以形成非晶体。因此，适当调整加热温度就可以自由地控制记录层的结晶状态。在晶体状态中，原子排列整齐，光反射率高；相反，在非晶体状态中，原子排列不整齐，光反射率低。对 CD-RW 的读、写和擦除正是利用光反射率的这种变化来实现的。由于材料的因素，晶体状态改变的次数是有限的，因此 CD-RW 盘片的擦写次数也是有限的。

CD-RW 盘片中相变记录层的记录膜在出厂时处于晶体状态，写入时用强的激光束照射，使之变为非晶体状态。如果此时中止激光照射，记录膜温度急剧下降，写入数据的区域便稳定在非结晶状态，数据被写入。读出时用弱的激光束照射记录区，并根据反射光的反射率判别是 0 还是 1。仅用弱光照射时，记录膜记录的数据不会被破坏，这与普通光驱读取光盘的原理是一样的。在擦除数据时，用中等强度的激光束照射记录膜，使其温度上升少许，记录膜又返回晶体状态，数据被擦除。

对 CD-RW 盘片的读写操作是通过 CD-RW 刻录机完成的。目前的 CD-RW 刻录机兼容 CD-ROM 和 CD-R 盘片，它分为内置式和外置式两种。在与主机连接上，内置式刻录机主要通过 IDE、SCSI 等接口连接，而外置式刻录机通过计算机的外部并行接口连接。

5. DVD

DVD 不仅可用来存储视频数据，还可以用来存储其他类型的数据，因此 DVD 又称为 Digital Versatile Disk，即数字通用盘，是一种能够保存视频、音频和计算机数据的光盘，它容量更大，运行速度更快，采用 MPEG2 压缩标准。

DVD 采用了类似 CD-ROM 的技术，但是可以提供更高的存储容量。从表面上看，DVD 盘片与 CD-ROM 盘片很相似，其直径为 80mm 或 120mm，厚度为 1.2mm。但实质上，两者之间有本质的差别。相对于 CD-ROM 光盘 650MB 的存储容量，DVD 光盘的存储容量高达 17GB。另外在读盘速度方面，CD-ROM 的单倍速传输速度是 150KB/s，而 DVD 的单倍速传输速度是 1358KB/s。

如图 5-39 是 DVD 和 CD-ROM 盘片数据记录道和凹坑密度比较。从图 5-39 中可以看出，CD-ROM 盘的道间距为 1.6μm，而 DVD 盘的道间距为 0.74μm；CD-ROM 盘的最小凹坑为 0.83μm，而 DVD 盘的最小凹坑为 0.4μm。DVD 盘片的道密度和凹坑密度都远高于 CD-ROM 盘片。单从这两方面的改进，就使 DVD 的单片单层容量提高到 CD-ROM 的 7 倍多，可达 4.7GB。

DVD 盘片分为单面单层、单面双层、双面单层和双面双层 4 种物理结构。因此，可以将 DVD 盘片分为 4 种规格，分别是 DVD-5、DVD-9、DVD-10 和 DVD-18，它们的容量分别如

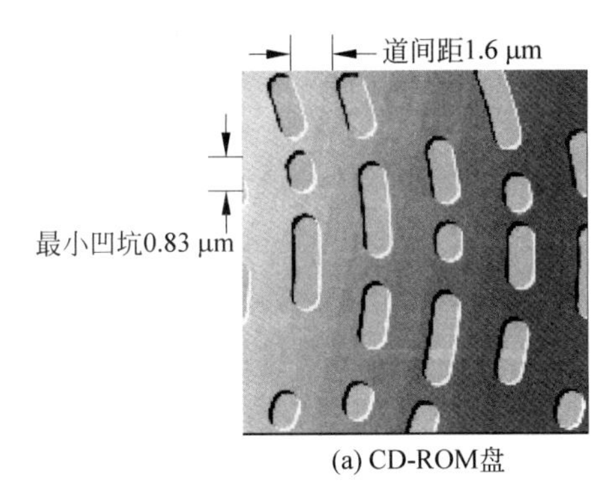

(a) CD-ROM盘

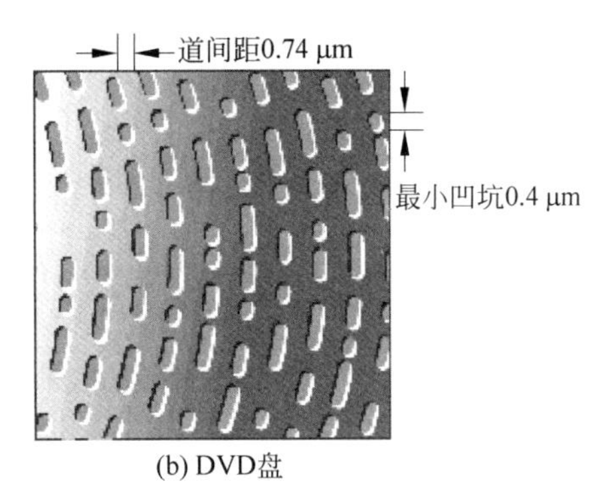

(b) DVD盘

图 5-39 DVD 盘与 CD-ROM 盘片数据记录道和凹坑密度比较

表 5-8 所示。

表 5-8 4 种 DVD 盘片比较

盘片类型	盘片直径/cm	面数/层数	容量/GB
DVD-5	12	单面单层	4.7
DVD-9	12	单面双层	8.5
DVD-10	12	双面单层	9.4
DVD-18	12	双面双层	17

无论是单层盘还是双层盘，都是由两片基底组成，每片基底的厚度均为 0.6mm，因此 DVD 盘片的厚度为 1.2mm。对于单面盘来说，只有下层基底包含数据，上层基底没有数据；而双面盘的上下两层基底均包含数据。

从读写功能上，DVD 盘片也分为两类：只读型和可擦写型。只读型 DVD 包括用于计算机辅助存储器的 DVD-ROM 和用于存储音频、视频的 DVD-Audio 及 DVD-Video；可擦写型 DVD 主要有一次可刻录的 DVD-R 和多次可擦除、可改写的 DVD-RW 等。

5.4 RAID 技术

计算机技术发展到今天，人们已可以在包括微型计算机在内的各种机器中配置大容量磁盘。而在此之前，只有在一些大型计算机系统中根据其应用需要才配备大容量磁盘系统。那时，大容量磁盘的价格还相当高，对工作环境的要求也非常高。虽然那时磁盘的可靠性已很高，但对磁盘不恰当的使用仍然容易造成磁盘的损坏。一旦磁盘损坏，就会造成不可修复的磁盘错误，将使其在商业、科研及学术等领域造成不可估量的损失。因此使用单一的磁盘存储重要的数据总存在安全问题。解决数据存储安全问题的主要方法是使用磁带机等设备进行数据备份。这种方法虽然可以在一定程度上提高数据的安全性，但一方面数据的备份需要科学合理的安排和严格的制度来保障，另一方面今后对数据的检索工作相当烦琐。

1988 年，美国加州大学伯克利分校的 David Patterson、Garth Gibson 和 Randy Katz 三人发表了一篇题为 *A Case of Redundant Array of Inexpensive Disks*（《廉价磁盘冗余阵列方案》）的论文，首次提出了 RAID 一词。在论文中他们提出将多个小容量、价格低廉的磁盘进行有机组合，来替代通常在大型计算机中使用的昂贵的大容量磁盘系统，并使其具有更好的性能和更高的可靠性。在这篇论文中，Patterson、Gibson 和 Katz 还定义了 5 种类型（称为级,level)的 RAID,每一级 RAID 都具有不同的性能和可靠性。以前这些级的编号是从 1 到 5,后来人们又定义了 RAID 的第 0 级和第 6 级。所以 RAID 主要分为 7 个级,即从第 0 级到第 6 级。当然,一些研究机构和公司还定义了其他的一些 RAID 级,但 7 级 RAID 是业界普遍认同的标准。

总的来说,RAID 的设计思想是通过在多个硬盘上(又称为磁盘阵列)同时存取数据来大幅提高磁盘存储系统的数据吞吐率,而且一些 RAID 模式还通过较为完备的相互校验/恢复的措施,甚至是直接相互的镜像备份,来提高 RAID 系统的容错度,从而提高了磁盘存储系统的安全性和可靠性。RAID 的这一设计思想很快被接受,从此 RAID 技术得到了广泛应用,数据存储进入了更快速、更安全、更廉价的新时代。

表 5-9 对 RAID 分级进行了概括。

表 5-9 RAID 分级

RAID 级	描　述	磁盘数	容错性能	并行 I/O 响应
0	无容错的条带磁盘阵列	N	无容错	有
1	磁盘镜像	$2N$	容错性最好	有
2	专用汉明校验盘位分布磁盘系统	$N+m$	允许一个磁盘失效	无
3	专用奇偶校验盘位分布磁盘系统	$N+1$	允许一个磁盘失效	无
4	专用奇偶校验盘分块独立存取磁盘系统	$N+1$	允许一个磁盘失效	有
5	分散校验分块独立存取磁盘系统	N	允许一个磁盘失效	有
6	分散双校验分块独立存取磁盘系统	N	允许两个磁盘失效	有

1. RAID0

RAID0 的全称是 striped disk array without fault tolerance(无容错的条带磁盘阵列),其结构如图 5-40 所示。

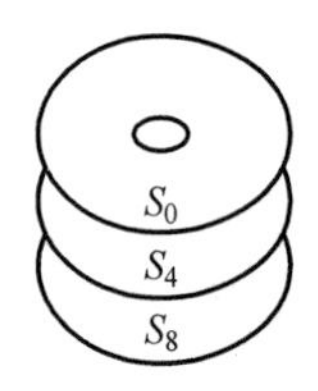

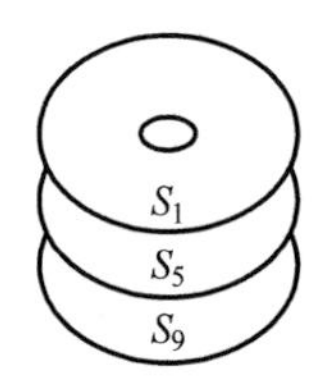

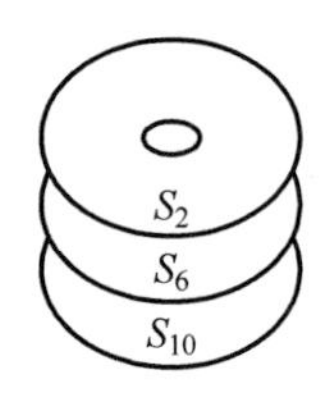

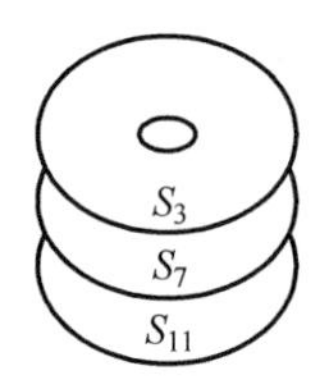

图 5-40　RAID0 的分条带数据组织

图 5-40 中,一个圆盘就是一个磁盘(以下同)。磁盘以条带(strip)的形式划分,每个条带是一些物理的块、扇区或其他单位。所有的磁盘组成一个逻辑磁盘,系统数据和用户数据存储在该逻辑磁盘上。逻辑磁盘上的一个个条带数据以轮转方式映射到连续的阵列磁盘中。例如,在一个由 N 个磁盘组成的阵列中,逻辑磁盘的第 $1\sim N$ 个条带数据按顺序依次分布在第 $1\sim N$ 个磁盘的第 1 个条带上,第 $N+1\sim 2N$ 个条带数据按顺序依次分布在第 $1\sim N$ 个磁盘的第 2 个条带上……这种布局的优点是,如果单个 I/O 请求由多个逻辑相邻的条带组成,则对多达 n 个条带的请求可以并行处理,这样可以大大提高 I/O 的数据传输率。

实际上,RAID0 有些类似在计算机主存中采用的交叉存储技术,通过使用多个磁盘的并行存取提高主机对磁盘的访问速度。每个磁盘都有自己独立的访问控制电路,能够独立地进行数据的传输。而逻辑磁盘和物理磁盘间的数据映射则在磁盘阵列管理系统(由软件或硬件实现)的统一控制下完成。

不过,RAID0 不是 RAID 家族中的真正成员,因为它没有数据冗余能力。由于没有采用备份和校验恢复技术,RAID0 阵列中任何一个磁盘损坏都会导致整个磁盘阵列数据的损坏,因为数据都是分布存储的。而且,RAID0 磁盘阵列的整体可靠性会随着磁盘数量的增加而降低。例如,如果阵列由 5 个磁盘组成,每个磁盘的设计寿命为 50 000h,那么整个系统的期望设计寿命为 50 000/5=10 000h。当磁盘数量进一步增加时,磁盘阵列失效的概率会随之增加,最后达到某个不确定的值。

2. RAID1

RAID1 又称为磁盘镜像(disk mirroring),是所有 RAID 级中具有最佳失效保护的一种方案。它使用两组互为镜像的磁盘进行简单的完全数据备份,从而实现数据冗余,其结构如图 5-41 所示。

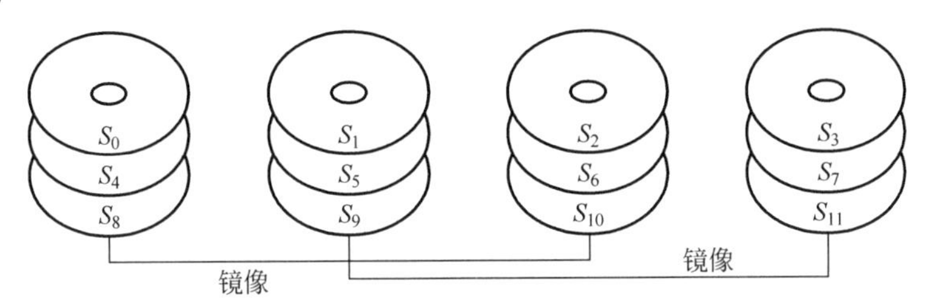

图 5-41 RAID1 的磁盘镜像

图 5-41 中包含了两组相同的磁盘阵列。RAID1 在每次写入时,都会同时将数据写入到两组磁盘中,使两组磁盘的数据保持完全相同,以实现磁盘阵列的高可靠性。

RAID1 也采用与 RAID0 相同的条带数据划分形式,即在每组内,所有磁盘以条带方式进行数据组织,以保持与 RAID0 同样的高性能。

与 RAID0 相比,RAID1 具有以下特点。

(1) 一个读请求可由包含请求数据的两组磁盘中的某一个提供服务,只要它的寻道时间加旋转延迟较小。因此,RAID1 具有比 RAID0 更优的读性能。尤其是在一些面向事务的应用场合,当需要对磁盘进行大量数据读取时,RAID1 的性能甚至能近似达到 RAID0 性能的两倍。

(2) 一个写请求需要更新两组磁盘中两个对应的条带,而这组磁盘的写操作可以并行进行。因此,写性能由两者中较慢的一个写操作来决定,即由寻道时间较长和旋转延迟较大的那一个写。

(3) 恢复一个损坏的磁盘很简单。当一个磁盘损坏时,数据仍能从与之镜像的磁盘中读取。

RAID1 的主要缺点是价格昂贵,它需要支持两倍于逻辑磁盘的磁盘空间。因此,RAID1 的配置常用在存储关键的系统数据和用户数据的场合中。在这种情况下,RAID1 对所有的数据提供实时备份,即使一个磁盘损坏,所有的关键数据仍能立即可用。

3. RAID2

RAID1 虽然同时具有高可靠性和高性能，但成本太高，需要整整两倍于实际所需的磁盘数量才能达到数据的冗余。更好的方式是只使用磁盘组中的一个或几个磁盘，用于数据冗余或数据校验。RAID2 就定义了这些方法中的一种。

RAID2 称为汉明码校验，也采用条带划分的方式。但它在每个条带中只写入 1 位二进制位，而不是采用像 RAID0 和 RAID1 中的数据块。因此，如果以字节为单位进行数据组织，则一个磁盘阵列中至少需要 8 个磁盘。RAID2 采用汉明纠错码进行数据校验。与数据磁盘相对应，磁盘阵列中还需要一组磁盘用于存储纠错码信息，如图 5-42 所示。

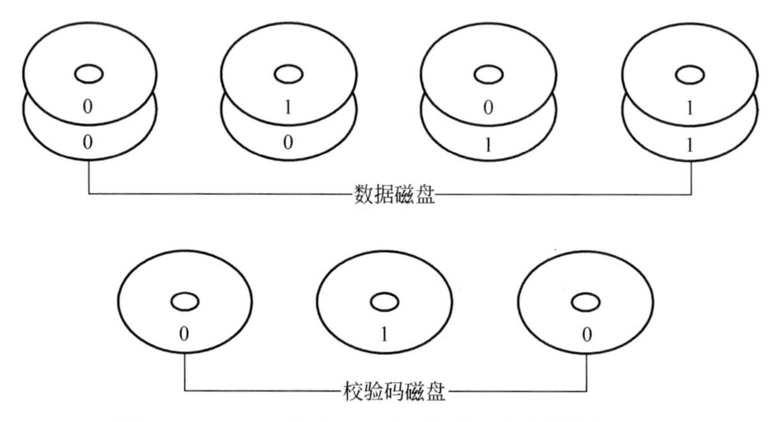

图 5-42 RAID2 的采用汉明码校验的分条带数据组织

纠错码所需的磁盘数量取决于汉明纠错码所需的校验位数。无论是数据盘还是校验盘，只要有一个磁盘损坏，其中的数据都可以通过汉明纠错码来重建恢复。

因为每个磁盘都只写入 1 位数据，因此整个 RAID2 的磁盘组就好像是一个大型的数据磁盘。所有的磁盘数据（包括数据磁盘和校验码磁盘）都必须严格地同步，否则数据变乱，使汉明码起不到校验的作用。由于系统对磁盘的读写是按位并行执行的，因此数据传输率高。但由于生成汉明码较为耗时，所以 RAID2 对大多数商业应用来说速度太慢。事实上，今天大多数磁盘驱动器都有内置的 CRC 纠错功能。在单个磁盘和驱动器具有高可靠性的情况下，RAID2 就没有太大的应用意义了。

4. RAID3

RAID3 称为带校验的并行传输。像 RAID2 一样，RAID3 按照每次 1 位的方式将数据交错分配到各个数据盘的条带上。但是，与 RAID2 不同的是，RAID3 只使用一个磁盘来存储一个简单的奇偶校验位，如图 5-43 所示。这种奇偶校验位可以使用简单的硬件快速计算出来，具体方法是对分布在每一个磁盘上的每一个数据位（D_i）进行异或运算（对偶校验），生成的偶校验位存储到校验盘上。例如，假设磁盘组共有 8 个数据磁盘，分布在这 8 个盘上的数据位分别为 $D_0 \sim D_7$，则偶检验位为：

$$P = D_0 \oplus D_1 \oplus D_2 \oplus D_3 \oplus D_4 \oplus D_5 \oplus D_6 \oplus D_7$$

其中，P 位存储在校验盘中。

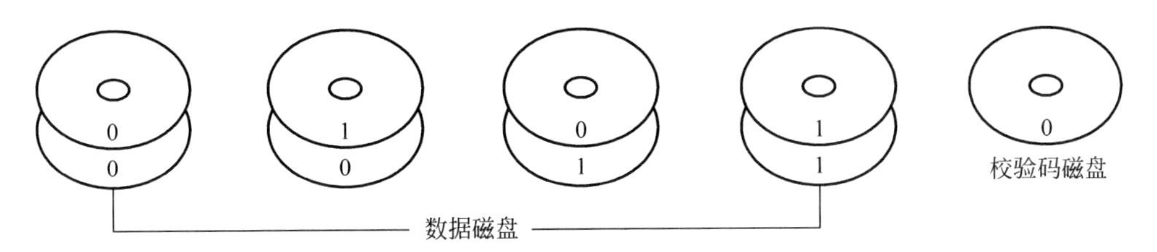

图 5-43 RAID3 的采用奇偶校验码的分条带数据组织

利用相同的方法可以在确认了某一磁盘损坏的情况下,很方便地对该磁盘数据进行重建。例如,假设图 5-43 中的 5 号磁盘损坏了,并且被替换掉,用户可以通过对其他剩余的数据磁盘和校验码磁盘的对应数据进行如下偶校验运算,即可重新生成损坏了的磁盘上的数据:

$$D_5 = D_0 \oplus D_1 \oplus D_2 \oplus D_3 \oplus D_4 \oplus D_6 \oplus D_7 \oplus P$$

当然,RAID3 也要求使用与 RAID2 同样的数据复制方法和同步操作,以免造成数据的混乱。由于只使用了一个校验盘用于数据的恢复,因此,RAID3 比 RAID1 和 RAID2 都更经济。

5. RAID4

RAID2 和 RAID3 都采用将数据以位为单位分布到各个数据磁盘上的方式,对数据的读写必须在所有盘上同时进行。因此,RAID2 和 RAID3 不适合多个并行 I/O 的响应。而从 RAID4 到 RAID6 都采用了一种独立的存取方式,磁盘阵列中每个磁盘的操作都是独立的,从而也就能同时响应多个 I/O 请求。

RAID4 又称为带有共享校验磁盘的独立数据磁盘系统。它与 RAID3 一样,同样采用"数据磁盘+校验码磁盘"的组织形式,如图 5-44 所示。但与 RAID3 不同的是,RAID4 不是以位为单位进行数据的读写。它将所有磁盘划分成大小相同的条带,每个条带都能存储一个块的数据。

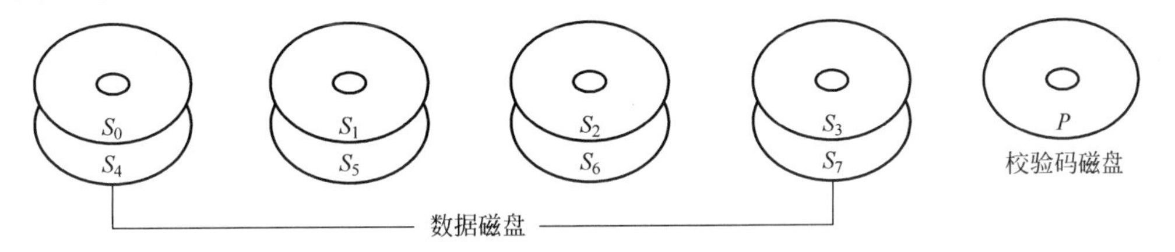

图 5-44 RAID4 的带奇偶校验磁盘的独立数据磁盘组织

校验方法是每次对每个数据盘上对应条带的同一位进行奇偶校验运算,生成该位的奇偶校验位。对应一个数据条带,就生成一个奇偶校验条带。例如,假设某个由 4 张磁盘组成的 RAID4 磁盘系统的条带单位是字节,4 个磁盘对应的条带分别为 S_0、S_1、S_2、S_3,与该条带对应的偶校验条带为 P,则:

$$P(1) = S_0(1) \oplus S_1(1) \oplus S_2(1) \oplus S_3(1)$$
$$P(2) = S_0(2) \oplus S_1(2) \oplus S_2(2) \oplus S_3(2)$$
$$\vdots$$
$$P(8) = S_0(8) \oplus S_1(8) \oplus S_2(8) \oplus S_3(8)$$

RAID4 的这种奇偶校验组织方式能有效地解决对并行 I/O 的响应问题，但它的写效率较低。对于每一次写操作，磁盘阵列管理系统不仅要修改用户数据，而且要修改相应的奇偶校验位。对于上例来说，假设某次写操作只在 S_1 条带上执行。

初始时，对每位 i 有下列关系式：

$$P(i)=S_0(i)\oplus S_1(i)\oplus S_2(i)\oplus S_3(i)$$

修改后，可能改变的位以撇号"′"表示：

$$\begin{aligned}P(i)&=S_0(i)\oplus S_1'(i)\oplus S_2(i)\oplus S_3(i)\\&=S_0(i)\oplus S_1'(i)\oplus S_2(i)\oplus S_3(i)\oplus S_1(i)\oplus S_1(i)\\&=S_0(i)\oplus S_1(i)\oplus S_2(i)\oplus S_3(i)\oplus S_1(i)\oplus S_1'(i)\\&=P(i)\oplus S_1(i)\oplus S_1'(i)\end{aligned}$$

可以看出，为了计算新的奇偶校验位，系统必须读取旧的数据条带和奇偶校验条带，然后用新的数据和新计算出的奇偶校验位修改上述两个条带。因此，每个条带的写操作包括两次读和两次写，写操作效率比较低。

从 RAID4 的架构和写操作可以看出，RAID4 的校验码磁盘是整个系统的关键，它的失效会带来整个系统的失效。正是这个原因限制了 RAID4 的实际应用。

6. RAID5

RAID5 的全称是带分散校验码磁盘的条带数据磁盘系统，它是在 RAID4 基础上加以改进的优化方案。对 RAID4 而言，校验码磁盘是独立的，它的失效将带来整个磁盘系统的失效，因此校验码磁盘成为 RAID4 的瓶颈。RAID5 则是将奇偶检验分散到整个磁盘阵列中，如图 5-45 所示。

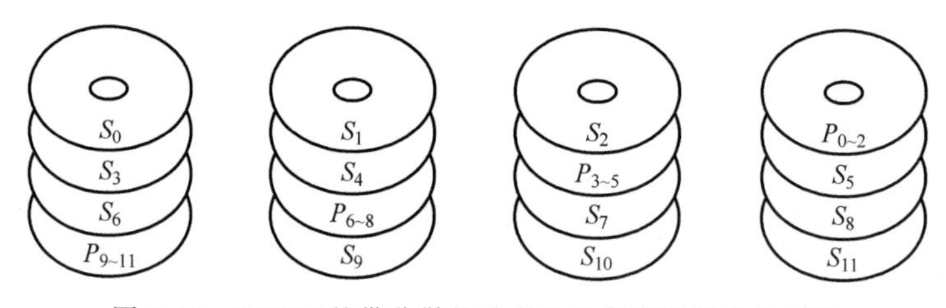

图 5-45 RAID5 的带分散校验盘的分条带数据磁盘组织

在图 5-45 中，条带(S_0、S_1、S_2)、(S_3、S_4、S_5)、(S_6、S_7、S_8)、(S_9、S_{10}、S_{11})的对应校验条带 $P_{0\sim2}$、$P_{3\sim5}$、$P_{6\sim8}$ 和 $P_{9\sim11}$ 分布在不同的磁盘上。这样一方面保存了 RAID4 原有的独立磁盘所带来的对并行 I/O 的响应能力，另一方面又较好地解决了 RAID4 的校验码磁盘瓶颈问题。但相对来说，RAID5 的磁盘控制功能是最复杂的。

RAID5 是目前在商业上得到了很好应用的 RAID 方案之一。

7. RAID6

前面所讨论的大多数 RAID 系统只能允许最多有一个磁盘失效，但实际情况是大型计算机系统的磁盘常常会发生成群成簇的失效。发生这种情况一般有两大原因：一是几乎同一时间生产的磁盘会在相同的时间里到达它们预期的使用寿命；二是磁盘的损坏通常是某些灾难性事件引起的，比如电源故障等。如果在第一个损坏的磁盘还未来得及更换之前第二个磁盘又损坏了,那么整个磁盘系统将崩溃。RAID6 就是为解决这种问题而提出的一种方案。

RAID6 是由一些大型企业提出来的私有 RAID 级别标准,全称为带有两个独立分布式校验方案的独立数据磁盘。它是在 RAID5 的基础上发展而成的,因此它的工作模式与 RAID5 有相似之处。所不同的是 RAID5 只使用了一种奇偶校验码,并只写入到一个磁盘上;而 RAID6 除使用奇偶校验码外,还使用 Reed-Soloman 纠错编码来提供第二层保护,并将这两种校验码写入到两个不同的磁盘上面。这样就增强了磁盘的容错能力,允许磁盘阵列中出现故障的磁盘可以达到两个。图 5-46 是 RAID6 的组织架构图。

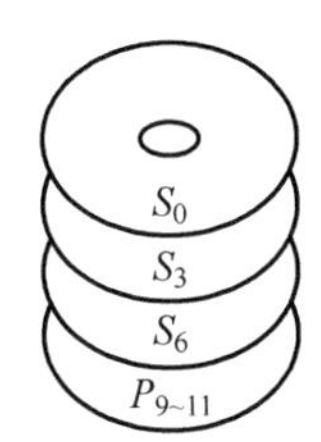

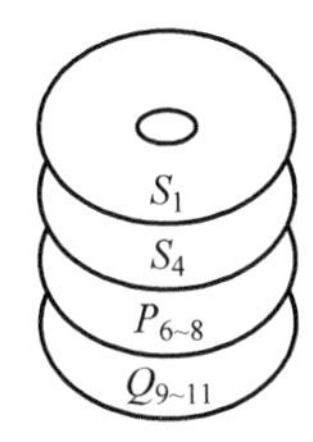

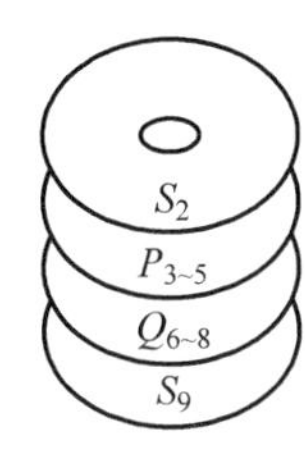

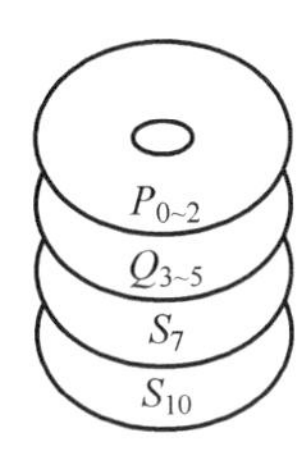

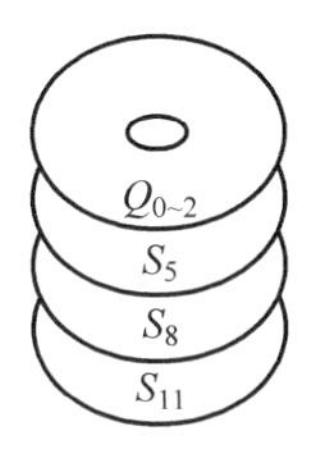

图 5-46 RAID6 的带有两个独立分布式校验方案的独立数据磁盘组织

虽然 RAID6 有更强的容错能力,但直到最近,还没有实际商业配置的 RAID6 系统。这主要有两个方面的原因:一是生成 Reed-Soloman 编码需要相当大的费用代价;二是在 RAID6 系统中,更新磁盘上的纠错编码要求双倍的读写操作。

8. 混合 RAID 系统

许多大型的计算机系统并不局限于只使用一种类型的 RAID。在某些情况下,平衡磁盘系统的高可用性和经济性是非常重要的。例如,人们可能希望使用 RAID1 来保护操作系统文件等重要数据,而用户数据文件使用 RAID5 就足够了;RAID0 非常适合于存放大程序运行过程中产生的临时文件,并且 RAID0 高效并行的 I/O 访问能力特别适合于频繁磁盘操作的多进程运行。

用户还可以将多个 RAID 方案组合起来构建一种"新型"的 RAID。其中 RAID10 就是这样一种磁盘系统,它组合了 RAID0 的条带方式和 RAID1 的镜像功能。虽然代价昂贵,但是 RAID10 可以提供优良的读取性能和最佳的可用性。

最后,通过表 5-10 总结 RAID0~RAID6 的优缺点及适应的应用场合。

表 5-10 RAID0~RAID6 的优缺点及应用

RAID 级	优　点	缺　点	应　用
RAID0	(1) 支持并行 I/O 的处理; (2) 不会因为校验、容错等占用磁盘及 CPU 资源; (3) 使用和配置简单	(1) 缺乏校验恢复机制; (2) 没有磁盘数据容错能力; (3) 随磁盘数的增加可靠性降低	视频生成、图像处理以及其他并行 I/O 处理频度较高的应用
RAID1	(1) 具有最佳失效保护功能; (2) 对磁盘的读取速度最快; (3) 使用和配置简单	占用的冗余磁盘最多	一些需要数据高可靠性的行业,如金融、政府部门等

续表

RAID级	优　　点	缺　　点	应　　用
RAID2	(1) 即时数据校验能力,具有较好的数据恢复功能; (2) 并行数据传输速度快,但一次只能执行一个I/O请求	(1) ECC占用比例较大; (2) ECC的生成成本高且费时,导致整个磁盘阵列读写速度慢	目前的实际应用较少
RAID3	(1) 简单高效的校验功能,具有较好的数据恢复功能; (2) 并行数据传输速度快,但一次只能执行一个I/O请求	磁盘控制器设计比较复杂	视频生成、图像处理以及其他需要较高数据传输率的应用
RAID4	(1) 高效率的数据校验功能; (2) 支持并行I/O的处理	(1) 磁盘控制器设计非常复杂; (2) 数据恢复及重建工作复杂; (3) 写效率低; (4) 校验码磁盘成为系统瓶颈	在商业上没有得到应用
RAID5	(1) 高效率的数据校验功能; (2) 支持并行I/O的处理	磁盘控制器设计非常复杂	实际应用较广,包括应用于各种数据库服务器、文件和应用服务器等
RAID6	(1) 最强的磁盘容错功能,允许两个磁盘同时失效; (2) 支持并行I/O的处理	(1) 磁盘控制器设计非常复杂; (2) 写效率很低; (3) 校验码占用磁盘空间较多	目前的实际应用较少

知识拓展

网络存储系统

随着Internet的发展,网络上大量的数据需要存储,人们对更加简便、快速、安全地存储数据的需求、对存储系统的容量和速度提出了空前的要求。传统的以服务器为中心的DAS方式(将RAID硬盘阵列直接安装到网络系统的服务器上)已不能满足用户的需要,越来越多的用户已经从原来的"以服务器为中心"模式转变为"以数据为中心"的网络存储模式,这其中使用较为广泛的是NAS和SAN。

NAS(network attached storage,网络直接存储)的架构如图5-47(a)所示。在NAS存储结构中,存储系统不再通过I/O总线附属于某个特定的服务器或客户机,它完全独立于网络中的主服务器,可以看作一个专用的数据或文件服务器。NAS包括处理器、磁盘系统和数据管理模块,和服务器、客户机一起连接成网络,客户机对数据的访问不再需要服务器的干预,允许客户机与NAS之间进行直接的数据访问。

SAN(storage area network,存储区域网络)的架构如图5-47(b)所示。在SAN结构中,各种存储设备通过光纤及光纤通道交换机与服务器一起连接成高速网络,使与服务器连接成LAN的客户机可以非常方便地访问存储设备。在SAN结构中,每一个应用服务器上都应安装文件管理系统,客户机对存储系统中文件的访问必须通过服务器进行。

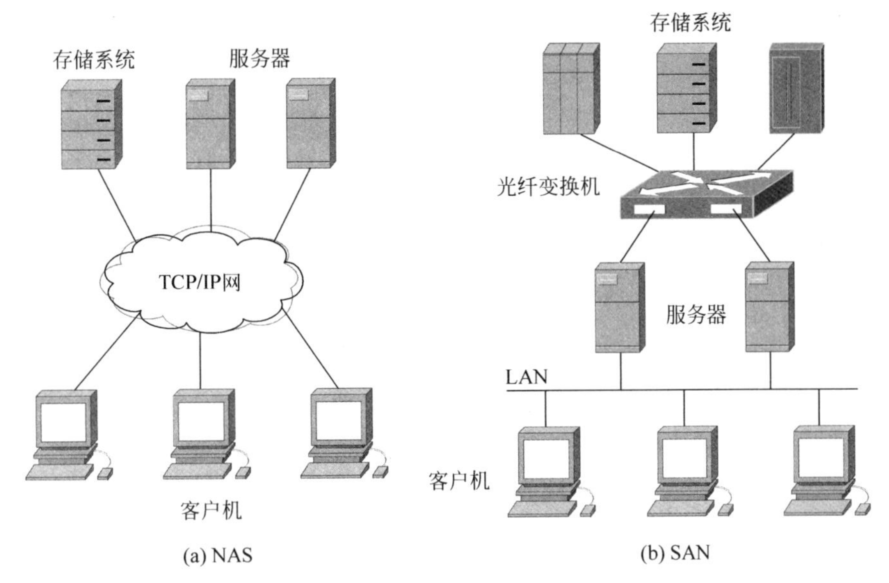

图 5-47 网络存储系统

本章小结

本章主要讲述了以下内容。

(1) 输入输出接口的组成与功能，CPU 对输入输出设备的编址和管理。

(2) 输入输出的传输控制方式，包括程序控制方式、中断控制方式、DMA 控制方式和通道方式等。这些不同的控制方式在 CPU 利用率、数据传输效率等方面各有不同，分别应用于对不同设备的输入输出控制。

(3) 外部存储器的组织，包括磁盘存储器、磁带存储器和光盘存储器的数据组织及工作原理。

(4) RAID 技术，包括 RAID1 到 RAID6 的磁盘组织、校验及冗余技术的应用等。

习题

一、名词解释

1. 外围设备	2. I/O 接口	3. I/O 端口	4. 中断
5. 中断向量	6. 单级中断	7. 多级中断	8. 中断嵌套
9. DMA	10. 通道	11. 磁道	12. 扇区
13. 磁盘存储密度	14. 磁盘访问时间	15. 磁盘数据传输率	16. RAID

二、选择题

1. 中断向量地址是(　　)。

A. 子程序入口地址　　B. 中断服务程序入口地址的地址

C. 主程序地址　　D. 中断返回地址

2. 为了便于实现多级中断,保存现场信息最有效的方法是采用(　　)。

A. 通用寄存器　　B. 堆栈　　C. 辅存　　D. 通道

3. 如果有多个中断同时发生,系统将根据中断优先级响应优先级最高的中断请求。若要调整中断事件的中断处理次序,可以利用(　　)。

A. 中断嵌套　　B. 中断向量　　C. 中断响应　　D. 中断屏蔽

4. 外部中断包括不可屏蔽中断(NMI)和可屏蔽中断。下列关于外部中断的叙述中,错误的是(　　)。(2020年全国硕士研究生入学统一考试计算机学科专业基础综合试题)

A. CPU处于关中断状态时,也能响应NMI请求

B. 一旦可屏蔽中断请求信号有效,CPU将立即响应

C. 不可屏蔽中断的优先级比可屏蔽中断的优先级高

D. 可通过中断屏蔽字改变可屏蔽中断的处理优先级

5. 异常是指令执行过程中在处理器内部发生的特殊事件,中断是来自处理器外部的请求事件。下列关于中断或异常情况的叙述中,错误的是(　　)。(2016年全国硕士研究生入学统一考试计算机学科专业基础综合试题)

A. "访存时缺页"属于中断　　B. "整数除以0"属于异常

C. "DMA传送结束"属于中断　　D. "存储保护错"属于异常

6. 内部异常(内中断)可分为故障(fault)、陷阱(trap)和终止(abort)三类。下列有关内部异常的叙述中,错误的是(　　)。(2015年全国硕士研究生入学统一考试计算机学科专业基础综合试题)

A. 内部异常的产生与当前执行指令相关

B. 内部异常的检测由CPU内部逻辑实现

C. 内部异常的响应发生在指令执行过程中

D. 内部异常处理后返回到发生异常的指令处继续执行

7. 下列是关于多重中断系统中CPU响应中断的叙述,其中错误的是(　　)。(2021年全国硕士研究生入学统一考试计算机学科专业基础综合试题)

A. 仅在用户态(执行用户程序)下,CPU才能检测和响应中断

B. CPU只有在检测到中断请求信号后,才会进入中断响应周期

C. 进入中断响应周期时,CPU一定处于中断允许(开中断)状态

D. 若CPU检测到中断请求信号,则一定存在未被屏蔽的中断源请求信号

8. 在采用中断I/O方式控制打印输出的情况下,CPU和打印控制接口中的I/O端口之间交换的信息不可能是(　　)。(2015年全国硕士研究生入学统一考试计算机学科专业基础综合试题)

A. 打印字符　　B. 主存地址　　C. 设备状态　　D. 控制命令

9. 在采用DMA方式高速传输数据时,数据传送是(　　)。

A. 在总线控制器发出的控制信号控制下完成的

B. 在DMA控制器本身发出的控制信号的控制下完成的

C. 由CPU执行的程序完成的

D. 由CPU响应硬中断处理完成的

10. 下列陈述中正确的是(　　)。

A. 在 DMA 周期内,CPU 不能执行程序

B. 中断发生时,CPU 首先执行入栈指令,将程序计数器的内容保护起来

C. 在 DMA 传送方式中,DMA 控制器每传送一个数据就窃取一个指令周期

D. 输入输出操作的最终目的是实现 CPU 与外设之间的数据传输

11. 若设备采用周期挪用 DMA 方式进行输入和输出,每次 DMA 传送的数据块为 512 字节,相应的 I/O 接口中有一个 32 位的数据缓冲寄存器。对于数据输入过程,下列叙述中错误的是(　　)。(2020 年全国硕士研究生入学统一考试计算机学科专业基础综合试题)

A. 每准备好 32 位数据,DMA 控制器就发出一次总线请求

B. 相对于 CPU,DMA 控制器总线使用权的优先级更高

C. 在整个数据块的传送过程中,CPU 不可以访问主存储器

D. 数据块传送结束时,会产生"DMA 传送结束"中断请求

12. 一般来讲,主机与硬盘之间的数据交换比软盘快,其主要原因是(　　)。

A. 硬盘有多个盘片

B. 硬盘采用密封式安装

C. 硬盘使用的是铝片等"硬"基质,转速快

D. 硬盘容量更大

13. 以下可用作数据备份之用的光盘是(　　)。

A. CD-R　　B. CD-ROM　　C. CD-RW　　D. CD

14. 以下不具有校验恢复机制的 RAID 技术是(　　)。

A. RAID0　　B. RAID1　　C. RAID2　　D. RAID3

15. 下列有关 I/O 接口的叙述中,错误的是(　　)。(2014 年全国硕士研究生入学统一考试计算机学科专业基础综合试题)

A. 状态端口和控制端口可以合用同一寄存器

B. I/O 接口中 CPU 可访问的寄存器称为 I/O 端口

C. 采用独立编址方式时,I/O 端口地址和主存地址可能相同

D. 采用统一编址方式时,CPU 不能用访存指令访问 I/O 端口

16. 某设备中断请求的响应和处理时间为 100ns,每 400ns 发出一次中断请求,中断响应所容许的最长延迟时间为 50ns,则在该设备持续工作过程中 CPU 用于该设备的 I/O 时间占整个 CPU 时间的百分比至少是(　　)。(2014 年全国硕士研究生入学统一考试计算机学科专业基础综合试题)

A. 12.5%　　B. 25%　　C. 37.5%　　D. 50%

17. 下列选项中,用于提高 RAID 可靠性的措施有(　　)。(2013 年全国硕士研究生入学统一考试计算机学科专业基础综合试题)

Ⅰ. 磁盘镜像　　Ⅱ. 条带化　　Ⅲ. 奇偶校验　　Ⅳ. 增加 cache 机制

A. 仅Ⅰ、Ⅱ　　B. 仅Ⅰ、Ⅲ　　C. 仅Ⅰ、Ⅲ和Ⅳ　　D. 仅Ⅱ、Ⅲ和Ⅳ

18. 若磁盘转速为 7200 转/分,平均寻道时间为 8ms,每个磁道包含 1000 个扇区,则访问一个扇区的平均存取时间大约是(　　)。(2015 年全国硕士研究生入学统一考试计算机

学科专业基础综合试题)

A. 8.1ms　　B. 12.2ms　　C. 16.3ms　　D. 20.5ms

19. 某磁盘的转速为10 000转/分,平均寻道时间是6ms,磁盘传输速率是20MB/s,磁盘控制器的延迟为0.2ms,读取一个4KB的扇区所需的平均时间约为(　　)。(2013年全国硕士研究生入学统一考试计算机学科专业基础综合试题)

A. 9ms　　B. 9.4ms　　C. 12ms　　D. 12.4ms

20. 下列关于中断I/O方式和DMA方式比较的叙述中,错误的是(　　)。(2013年全国硕士研究生入学统一考试计算机学科专业基础综合试题)

A. 中断I/O方式请求的是CPU处理时间,DMA方式请求的是总线使用权

B. 中断响应发生在一条指令执行结束后,DMA响应发生在一个总线事务完成后

C. 中断I/O方式下数据传送通过软件完成,DMA方式下数据传送由硬件完成

D. 中断I/O方式适用于所有外部设备,DMA方式仅适用于快速外部设备

21. 在响应外部中断的过程中,中断隐指令完成的操作除保护断点外,还包括(　　)。(2012年全国硕士研究生入学统一考试计算机学科专业基础综合试题)

Ⅰ. 关中断　Ⅱ. 保存通用寄存器的内容　Ⅲ. 形成中断服务程序入口地址并送PC

A. 仅Ⅰ、Ⅱ　　B. 仅Ⅰ、Ⅲ　　C. 仅Ⅱ、Ⅲ　　D. Ⅰ、Ⅱ、Ⅲ

三、综合题

1. I/O接口一般由哪些部件组成?I/O接口主要应实现哪些功能?

2. 对I/O端口的编址主要有哪两种方式?

3. 计算机都有哪些输入输出传输控制方式?这些方式各有何特点?分别应用于什么样的场合?

4. 计算机系统中的中断源是怎样分类的?都有哪些中断源?

5. 简述中断系统的中断处理过程。

6. 中断响应所实现的功能主要有哪些?

7. 简述采用中断向量法的中断响应过程。

8. 简述DMA的传输控制过程。

9. 通道与DMA有什么不同?

10. 通道主要有哪些种类?它们各有何特点?分别适合与什么样的设备连接?

11. 光盘主要有哪些种类?

12. 设某机器中断系统有5级中断A、B、C、D、E,其中断响应优先级由高到低顺序为A→B→C→D→E,现要求将中断处理次序改为B→D→A→E→C。

试问:

(1) 表5-11中各级中断处理程序的各中断屏蔽码如何设置("1"表示屏蔽中断,"0"表示开放中断)?

(2) 若在执行一个CPU程序时这5级中断同时都发出中断请求,按更改后的次序画出各级中断响应和中断处理的过程示意图。

表 5-11　中断屏蔽码

中断处理程序	中断屏蔽码				
	A	B	C	D	E
A					
B					
C					
D					
E					

13. 假定计算机的主频为 500MHz，CPI 为 4。现有设备 A 和 B，其数据传输率分别为 2MB/s 和 40MB/s，对应的 I/O 接口中各有一个 32 位数据缓冲寄存器。请回答下列问题，要求给出计算过程。（2018 年全国硕士研究生入学统一考试计算机学科专业基础综合试题）

（1）若设备 A 采用定时查询 I/O 方式，每次输入输出都至少执行 10 条指令。设备 A 最多间隔多长时间查询一次才能不丢失数据？CPU 用于设备 A 输入输出的时间占 CPU 总时间的百分比至少是多少？

（2）在中断 I/O 方式下，若每次中断响应和中断处理的总时钟周期数至少为 400，则设备 B 能否采用中断 I/O 方式？为什么？

（3）若设备 B 采用 DMA 方式，每次 DMA 传送的数据块为 1000B，CPU 用于 DMA 预处理和后处理的总时钟周期数为 500，则 CPU 用于设备 B 输入输出的时间占 CPU 总时间的百分比最多是多少？

14. 设某磁盘存储器的转速为 7200 转/分，平均寻道时间为 10ms，每道存储容量为 600KB，求磁盘的平均存取时间和数据传输率。

15. 设某磁盘存储器的转速为 3000 转/分，共有 18 个记录面，每面有 20 000 个磁道，每道存储容量为 300KB，每道扇区数为 600。

试求：

（1）磁盘存储器的总存储容量。

（2）磁盘数据传输率。

（3）磁盘的平均等待时间。

（4）每扇区的容量。

（5）给出一个磁盘地址格式方案。

16. 设某磁带机有 9 个磁道，带长为 600m，带速为 2m/s，每个数据块大小为 1KB，块间隔为 14mm。若数据传输率为 128 000B/s。

试求：

（1）磁带的记录密度。

（2）若带的首尾各空 2m，求磁带的最大有效存储容量。

17. 有一台磁盘机，其平均寻道时间为 30ms，平均等待时间为 10ms，数据传输率为 500KB/ms，磁盘机上存放着 1000 个文件，每个文件大小为 3000KB。现需要将所有文件逐个取走，更新后再放回原处（文件大小不变）。已知每个文件的更新时间为 4ms，且更新操作与磁盘读写不相重叠。

试问：

(1) 更新磁盘上所有文件并重新写回磁盘共需多少时间？

(2) 若磁盘机转速提高一倍，则更新磁盘上所有文件并重新写回磁盘共需多少时间？

18. RAID 有哪些分级？各有什么特点？

19. 设某单位要构建一个双机磁盘冗余阵列系统（使用 RAID1），试查阅资料，给出一个具体实现的方案。

20. 某计算机的 CPU 主频为 500MHz，CPI 为 5（即执行每条指令平均需 5 个时钟周期）。假定某外设的数据传输率为 0.5MB/s，采用中断方式与主机进行数据传送，以 32 位为传输单位，对应的中断服务程序包含 18 条指令，中断服务的其他开销相当于 2 条指令的执行时间。请回答下列问题，要求给出计算过程。（2009 年全国硕士研究生入学统一考试计算机学科专业基础综合试题）

(1) 在中断方式下，CPU 用于该外设 I/O 的时间占整个 CPU 时间的百分比是多少？

(2) 当该外设的数据传输率达到 5MB/s 时，改用 DMA 方式传送数据。假设每次 DMA 传送的数据为 5000B，且 DMA 预处理和后处理的总开销为 500 个时钟周期，则 CPU 用于该外设 I/O 的时间占整个 CPU 时间的百分比是多少？（假设 DMA 与 CPU 之间没有访存冲突）

总线与接口组织

在计算机内部，CPU与存储器、输入输出接口之间需要互连，这种互连采用的是总线结构；在计算机外部，主机与输入输出设备以及主机与主机之间也需要互连，这种互连是使用标准总线接口进行的。

本章首先讲述计算机内部各部件之间的总线互连结构，介绍总线的基本概念、总线的类别和总线的控制方式等；然后列举几种现代微机中常用的总线标准，如ISA、PCI等；最后介绍几种目前在计算机中常用的外部总线接口标准，如USB、Type-C和SCSI等。

6.1 部件的互连结构

计算机从硬件上讲主要由CPU、存储器和输入输出接口等组成。它们不是孤立的部件，而是需要互相交换信息的，因此，它们之间需要通过某种方式互连。图6-1给出了CPU、存储器和I/O接口交换的信息种类。

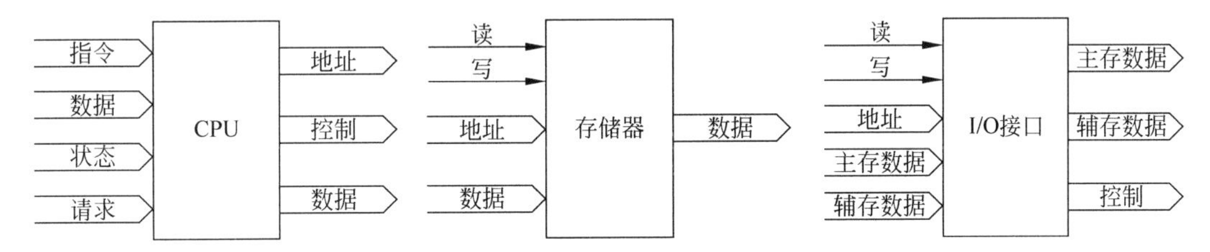

图6-1 CPU、存储器和I/O接口交换的信息种类

在计算机中，主要的通信包括以下几种。

(1) 存储器到CPU。CPU从存储器中读指令或数据。为完成这一工作，CPU要向存储器提供地址信号并发出读控制信号。

(2) CPU到存储器。CPU向存储器中写入数据。为完成这一工作，CPU要向存储器提供地址信号和写入的数据，并发出写控制信号。

(3) I/O到CPU。CPU从I/O接口中读数据。为完成这一工作，CPU要向I/O接口提供地址信号并发出读控制信号，I/O接口向CPU提供设备状态信号并向CPU发出中断请求等控制信号。

(4) CPU到I/O。CPU向I/O接口中写入数据。为完成这一工作，CPU要向I/O接口提供地址信号和写入的数据，并发出写控制信号，I/O接口向CPU提供设备状态信号并向CPU发出中断请求等控制信号。

(5) I/O与存储器之间。I/O接口代替CPU,控制I/O设备与存储器之间进行直接数据传输(如DMA方式)。

对于多个部件之间的通信,可以有多种互连方式。图6-2给出的是几种常见的部件互连结构。

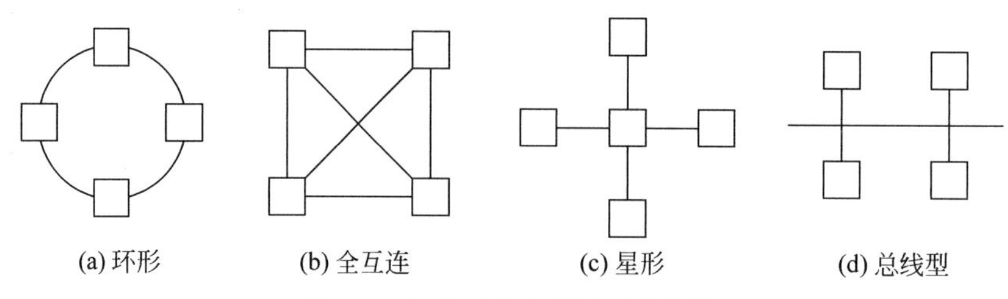

图6-2 几种常见的部件互连结构

(1) 环形结构。环形结构是将所有部件连接成一个环状,环是所有部件通信的公共通路。这一结构的缺点是环或任一部件出现故障都将使整个系统通信瘫痪。

(2) 全互连结构。全互连结构是将所有部件都一一相连,这种结构的优点是并行性好,两两部件之间可以同时通信。但缺点是使用的信号线多,每增加一个部件需要增加 n 组信号线。过多的信号线会使计算机系统的设计变得十分复杂。

(3) 星形结构。星形结构是由一个核心部件与其他部件一一相连。这种结构虽然从理论上讲符合CPU作为计算机硬件核心与其他部件一一相连的模式,但实际上是不可行的。因为CPU每与一个部件相连就需要增加一组重复的引出信号线,这对CPU的设计来说是不现实的。另外,计算机系统是一个多主设备和多从设备互连的系统。若将CPU放置在核心位置,其他主设备就无法独立对从设备实施控制。

(4) 总线型结构。总线型结构是将所有部件连接在一组公共信号线上,总线是所有部件通信的公共通路。这一结构非常适合于计算机系统各部件的互连,原因如下:一是连接结构简单,整个系统互连信号线最少;二是部件之间通过共享的总线进行通信,并不影响并行性。因为在计算机系统中,更多的场合总是一个主设备与一个从设备进行通信。即使发生同时有多个主设备和多个从设备通信的情况,也可以通过合理的设计和调度较好地解决并行性问题。

多年来,人们通过尝试各种互连结构,迄今为止在计算机中普遍采用的是总线型互连结构。

6.2 总线互连

总线是目前计算机中各部件互连的一种主要方式。本节主要介绍总线的基本概念、计算机中常见的总线互连结构和总线的控制方式。

6.2.1 总线的基本概念

总线(Bus)是一组信号线,用于将两个或两个以上的部件连接起来,形成部件之间的公共通信通路;每个部件将自己的信号线与总线相连。

总线具有以下两个最主要的特点。

(1) 共享性。总线是供所有部件进行通信所共享的,任何两个部件之间的数据传输都是通过共享的公共总线进行的。

(2) 独占性。一旦有一个部件占用总线与另一个部件进行数据通信,其他部件就不能再使用总线。也就是说,一个部件对总线的使用是独占的。之所以这样,是因为计算机的总线是由一组传输电信号的信号线组成的,任何时候一条信号线的有效状态或者为"0",或者为"1"(这种"0""1"状态是通过信号线的电压值来表示的)。若同时有两个部件向某条信号线发送数据,其中一个将信号线置"1",另一个置"0",这将导致信号线处于不稳定状态。也就是说,一条信号线无法同时接纳两个或两个以上部件对其状态的设置。

有趣的是,总线的英文单词与公共汽车 Bus 相同。实际上可以将总线与公共汽车道路作一个类比。首先,相同之处是:计算机中的总线是所有连接在其上的部件所发出信息传输的公共通路,而公共汽车道也是从所有车站发出的公共汽车行驶的公共通路。不同之处是:对计算机的总线而言,一旦有一个部件发出的信息在总线上传输,其他部件就不能再使用总线,这是由总线的特性所决定的;而对公共汽车道而言,同一时刻允许多个站发出的汽车在其上行驶。

从图 6-1 所示的计算机各功能部件之间所交换的信息种类可以看出,总线中主要包含地址信息、数据信息和控制及状态信息等。因此,根据总线的功能划分,总线包括地址总线(address bus,AB)、数据总线(data bus,DB)和控制总线(control bus,CB)。另外,总线也提供电源线和接地线等。

(1) 地址总线。地址总线上传送的是由 CPU 等主设备发往从设备的地址信号。当 CPU 对存储器或 I/O 接口进行读写时,首先必须给出所要访问的存储器单元的地址或 I/O 端口的地址,并在整个读写周期一直保持有效。地址总线的位数决定了总线可寻址的范围,地址线越多,可寻址范围越大。比如,地址总线有 30 条,可寻址范围为 2^{30},即 1GB。

(2) 数据总线。数据总线上传送的是各部件之间交换的数据信息。数据总线通常是双向的,即数据可以由从设备发往主设备(称为读或输入),也可以由主设备发往从设备(称为写或输出)。数据总线通常由多条并行的数据线构成,如 64 位总线是指该总线的数据线有 64 条,数据线越多,总线一次能够传输的位数就越多。

(3) 控制总线。控制总线上传送的是一个部件对另一个部件的控制或状态信号,如 CPU 对存储器的读、写控制信号,外部设备向 CPU 发出的中断请求信号等。总线的控制信号线越多,控制功能越强,但同时控制协议和操作越复杂。

按数据传输格式,总线可以分为串行总线和并行总线。

(1) 串行总线。每次只传输 1 位数据,按比特流顺序逐位进行传输,通常用于远距离、传输速度快的场合,可以节省硬件成本。

(2) 并行总线。同时传输多位数据,如 8 位、16 位、32 位等。通常用于短距离的数据传输。

按结构层次和其所连接的不同部件或设备,总线可划分为四类。

(1) 片内总线。片内总线指用于连接芯片内部各基本逻辑单元的总线,如 CPU 芯片总线。

(2) 局部总线。局部总线用来连接 CPU 和外围控制芯片和功能部件,用于芯片一级的互连。随着计算机对CPU访存速度和图像处理速度的要求越来越高，现代机器往往采用多总线结构设计，即将CPU与存储器及显示器适配器相连接的信号线从系统总线中分离出来，形成CPU与存储器和CPU与显示器适配器之间的专用总线，称为局部总线。

局部总线一般是CPU芯片引脚的延伸，与CPU密切相关。局部总线的设置可以大大提高CPU与存储器或显示器适配器之间的数据传输速率。

(3) 系统总线。在现代计算机系统中，CPU、存储器和部分输入输出接口都设计在机器的主板上。主板上还会设计一些I/O插槽(又称为I/O通道)，用于接插一些I/O设备适配器，通过这些适配器连接I/O设备。用于将CPU、存储器和输入输出接口及I/O通道连接起来的一组信号线就称为系统总线。系统总线是计算机系统最核心的一条总线，它的设计通常需符合一定的标准或规范，具有相同标准系统总线的机器通常在硬件上是兼容的。

计算机的系统总线通常具有三态性，即高电平状态(通常用于表示“1”)、低电平状态(通常用于表示“0”)和高阻状态。CPU在正常工作状态下，其总线中的信号线或者处于高电平状态，或者处于低电平状态。而当CPU需要将总线的控制权交给其他DMA控制器等主设备时，它会将其连接的总线置为高阻状态。正是因为总线的这种三态性，多个主设备才可以同时连接在总线上。

ISA、EISA、MCA、STD、VME、MultiBus、PCMCIA、PCI和PCI-E等都属于系统总线。

(4) 外部总线。外部总线主要是指计算机与计算机、计算机与外部设备之间的通信总线。一些已形成工业标准的外部总线除了对总线的信号线功能和通信规程等进行了定义外，还对机器之间或机器与设备之间的接口标准也做了规定。例如，用于微型计算机之间进行串行数据通信之用的RS-232/RS-485接口标准、连接并行打印机的Centronics总线、微机与外部设备之间的USB和IEEE 1394通用串行总线接口标准等。

衡量总线性能的主要技术指标是总线宽度、总线频率和总线带宽。

总线宽度是指总线中数据线的位数。总线宽度通常为8位、16位、32位、64位等。总线宽度越大，该总线一次能传输的数据越多，相应的数据传输率就越高。

总线频率是指每秒进行传输数据的次数。总线频率越高，总线的数据传输率就越高。总线频率通常用MHz表示，如PCI总线标准的频率为33MHz。

总线带宽是指总线所能达到的最高数据传输率，单位是兆字节/秒(MB/s)。总线带宽在一定程度上影响着机器的整体性能。随着技术的发展，总线所能提供的最高数据传输率也在不断提高。例如，微型计算机系统中采用的标准总线，其带宽从ISA总线的8MB/s发展到EISA总线的33MB/s，从PCI总线的133MB/s、PCI-X总线的1066MB/s发展到PCI-E总线的10GB/s甚至更高。

6.2.2 总线互连结构

随着计算机性能的不断提高，计算机各部件之间的总线互连结构也在不断发生着变化，这种变化主要体现在两个方面：一是由单总线结构向多总线结构发展；二是通过增加局部总线，提高CPU与一些部件之间数据交换的速度。

1. 单总线结构

单总线结构是指 CPU、存储器和各种设备接口之间通过单条总线相连。CPU 与存储器及各种设备接口之间的数据通信都是通过这条单总线进行的，如图 6-3 所示。单总线结构是早期计算机普遍采用的一种总线互连结构。在这种机器中，无论是快速还是慢速的各种设备的接口都和主存储器一道连接在同一总线上，因此对总线带宽的要求不能很高，这也就限制了 CPU 对一些相对高速的部件（如主存）的访问速度。

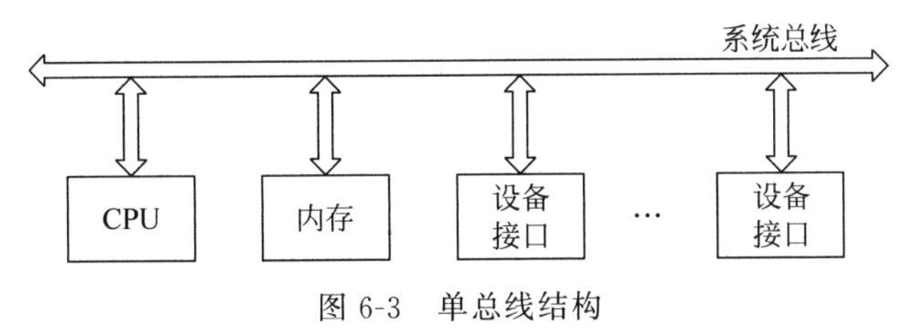

图 6-3 单总线结构

2. 局部总线结构

随着 CPU 性能的不断提高，CPU 与主存之间的速度差异越来越成为提高机器整体性能的瓶颈之一。为了减小这种差异，提高 CPU 的访存速度，计算机开始逐步使用高速缓存（cache），并将之集成在计算机主板上。高速缓存的速度比主存速度更快，为充分发挥其作用，在 CPU 与高速缓存之间设置一条专用总线，称为存储总线或局部总线。它的总线带宽更宽，专用于 CPU 与高速缓存之间的数据交换。使用了局部总线的总线互连结构如图 6-4 所示。

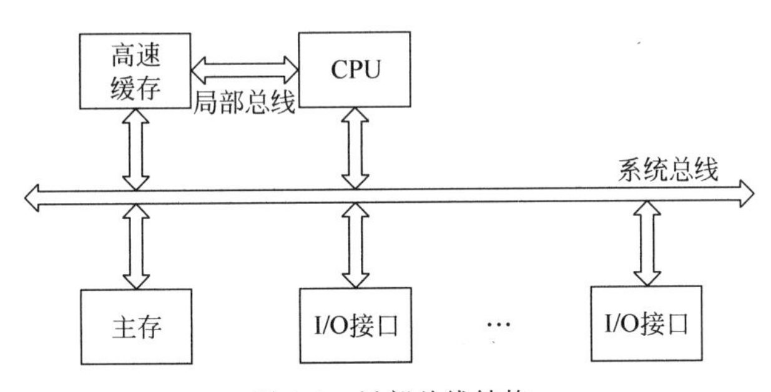

图 6-4 局部总线结构

3. 多总线结构

局部总线所具有的优势是明显的，同时它也为总线结构的发展奠定了良好的基础。在计算机中，不仅存储器需要与 CPU 之间进行高速互连，多媒体技术的发展对计算机的图像处理速度提出了更高的要求，高速局域网的发展对计算机网络传输速度的要求越来越高；CPU 与磁盘等高速辅存之间也同样需要高速数据交换，因此需在计算机系统中采用多总线结构。多总线结构的基本思想是：根据所连接部件或设备性能的不同，在机器系统中配置多条总线，原则上根据部件或设备的速度进行分类，将高速部件通过高速总线与 CPU 互连，低速部件通过低速总线与 CPU 互连。多总线结构如图 6-5 所示。

图 6-5 中，CPU 与主存之间通过传统的系统总线互连，而与高速缓存之间则使用一条

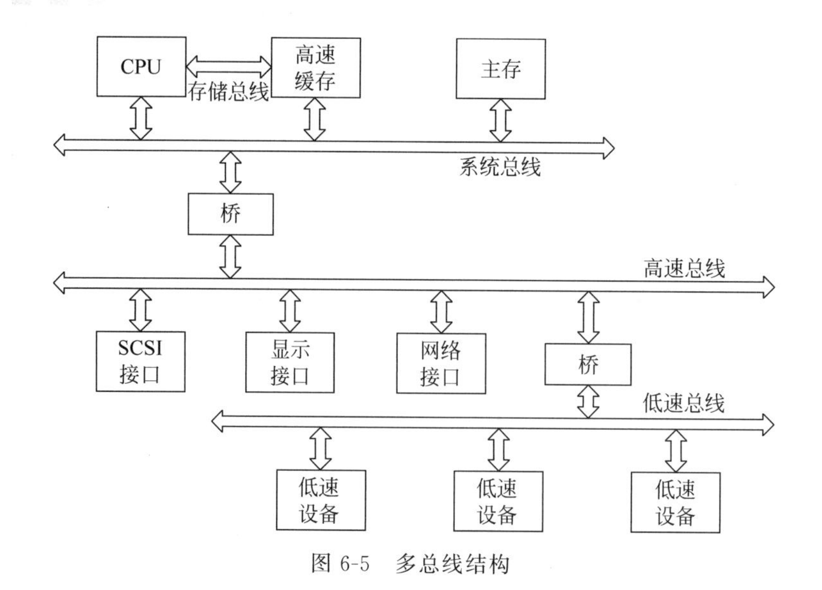

图 6-5 多总线结构

专用高速存储总线连接；系统中的一些高速部件(如主机与 SCSI 硬盘的 SCSI 接口、显示接口和网络接口等)均连接在一条高速总线上，高速总线通过一个“桥”与系统总线相连；一些慢速设备则连接在低速总线上，低速总线通过另一个“桥”与高速总线相连。

6.2.3 总线的控制方式

1. 总线仲裁

计算机系统的部件分为主设备和从设备，主设备是指能够通过总线控制和访问从设备的部件，如 CPU；而从设备是被主设备控制和访问的部件，如存储器。在机器系统中，有可能发生多个主设备同时申请使用总线的情况，但由于总线的特性决定了在同一时刻只允许一个主设备占用总线，因此，对于多个主设备同时申请总线的情况需要进行总线仲裁。

按照总线仲裁电路位置的不同，仲裁方式分为集中式仲裁和分布式仲裁。

(1) 集中式仲裁。集中式仲裁由一个称为总线控制器或仲裁器的硬件设备负责对多个主设备使用总线申请的裁决。总线仲裁器可以是独立的部件，也可以是 CPU 的一部分。常用的集中式仲裁方式主要有链式查询方式、计数器定时查询方式和独立请求方式等。无论哪种方式，申请总线的主设备与总线仲裁器之间至少需要两条信号线进行连接，一条是总线请求信号线(bus request，BR)，另一条是总线授权信号线(bus grant，BG)。

链式查询方式如图 6-6(a)所示，BG 串行地从一个设备传送到下一个设备。如果 BG 到达的设备无总线请求，则继续往下查询；如果 BG 到达的设备有总线请求，就不再往下传。该设备就获得了总线使用权，建立总线忙信号(bus，state，BS)。链式查询方式的优点是只需很少几根线就能按一定优先次序实现总线仲裁，而且很容易扩充设备；缺点是对电路故障较敏感，如果第 i 个设备电路出现故障，那么第 i 个以后的设备都不能进行工作。另外链式查询方式不能保证公正性，即一个低优先级设备的请求可能长期得不到允许，因而优先级较低的设备可能长期不能使用总线。

计数器定时查询方式如图 6-6(b)所示，它比链式查询方式多了一组设备地址线，少了

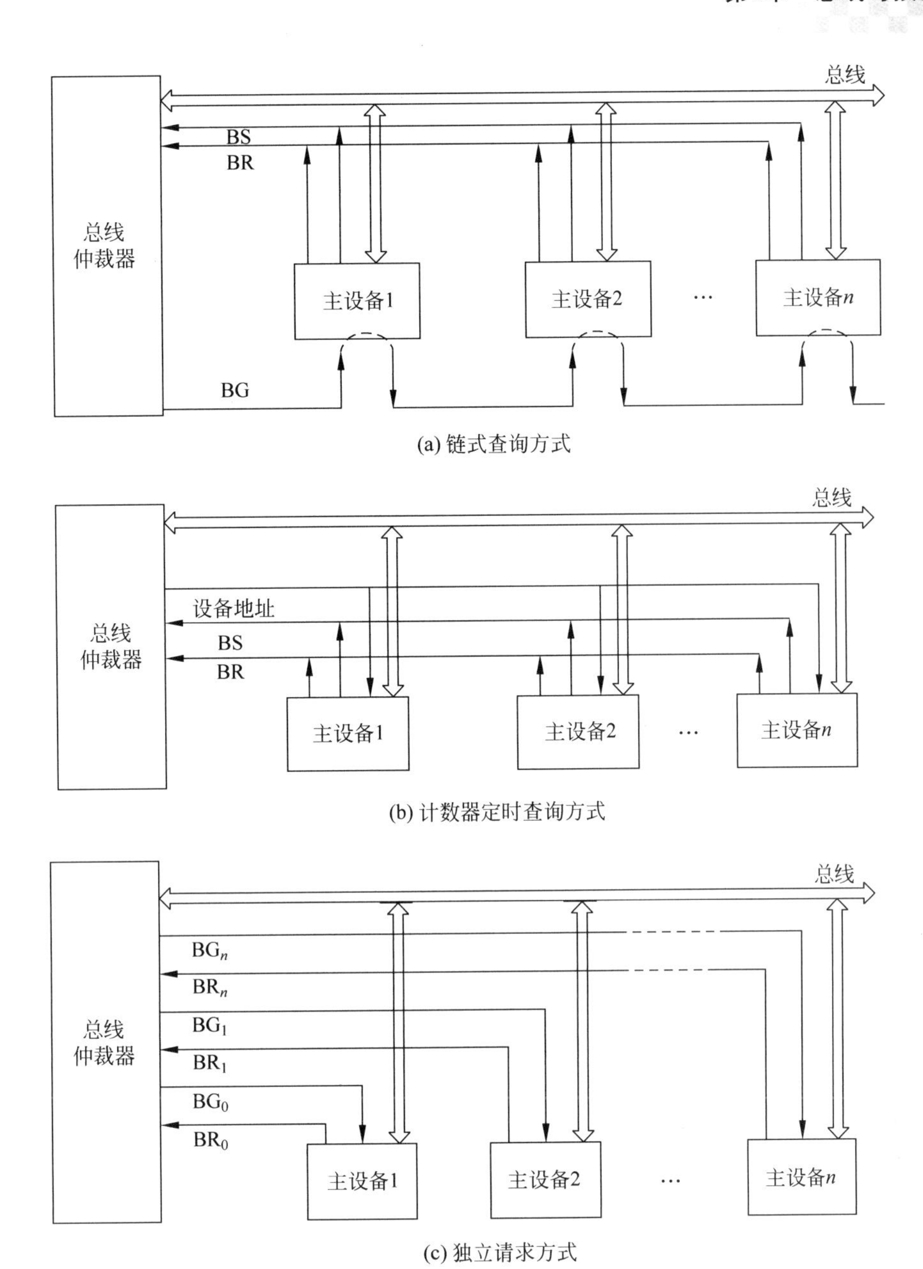

图 6-6 集中式总线仲裁

一根 BG。总线上的任一设备要使用总线时，通过 BR 发出总线请求；总线仲裁器收到总线请求信号后，在总线未被使用(BS＝0)的情况下让计数器开始计数，并将计数值通过一组地址线发往各设备；当地址线上的计数值与某个有总线请求的设备地址相一致时，该设备建立总线忙信号(BS＝1)，获得总线使用权，此时终止计数查询。计数器的初值可由程序设置，因此可以方便地改变设备的优先级。若每次计数都从 0 开始，则各设备的优先次序与链式查询方式相同，优先次序是固定的；若每次计数的初值总是从上次的中止点开始，则每个设备使用总线的优先级就是相等的。计数器定时查询方式是以增加线数作为代价来换取灵活的优先次序的。

独立请求方式如图 6-6(c)所示，每个设备都有一对 BR_i 和 BG_i。当设备要使用总线时，便发出总线请求信号；总线仲裁器按照一定的优先次序决定首先响应哪个设备的请求，然后发给设备 BG_i。总线仲裁器可以给各个请求线以固定的优先级，也可以设置可编程的优先级。该方式的优点是响应速度快，缺点是控制线数量多。

假设用 n 表示允许挂接在总线上的最大设备数，则链式查询方式只需两根裁决线，计数器定时查询方式需要 $\log_2 n$ 根裁决线，而独立请求方式需要 $2n$ 根裁决线。

(2) 分布式仲裁。总线仲裁电路分散于连接在总线上的各个主设备中。分布式仲裁不需要中央仲裁器，每个主设备都有自己的仲裁号和仲裁器。当有总线请求时，把它们唯一的仲裁号发送到共享的仲裁总线上；每个仲裁器将仲裁总线上得到的号与自己的号进行比较，如果仲裁总线上的号大，则它的总线请求不予响应，并撤销其仲裁号；最后，获胜者的仲裁号保留在仲裁总线上。显然，分布式仲裁是以优先级仲裁策略为基础的。分布式仲裁主要可以分为自举分散式仲裁、并行竞争仲裁、冲突检测分散式仲裁，读者可以自己查阅相关资料进行了解。

与集中式仲裁相比，分布式仲裁要求的总线信号更多，控制电路更复杂，但能有效地防止总线仲裁过程可能出现的时间浪费，提高总线仲裁的速度。

2. 总线的定时

总线的定时是指为完成一次总线操作主、从设备所给出的地址、数据及控制信号在时序上的关系。总线的时序关系分为同步时序和异步时序。

(1) 同步时序。在同步时序下，总线中包含一条时钟信号线，总线上的所有操作都与时钟信号同步。每个部件发送和接收信息都由这个统一的时钟规定，完成一次数据传输的时间是固定的。时钟信号是一个由等宽的高、低电位交替出现的规则信号，一次高、低电位的交替称为一个时钟周期，每一个时钟周期中都含有一个上升沿和一个下降沿，总线上的操作正是通过由时钟周期的上升沿或下降沿的触发来实现同步的。图 6-7 给出了一个典型的同步总线操作时序。

图 6-7 中，一次总线操作需要 $T_1 \sim T_4$ 4 个时钟周期，它们构成一个总线周期。主设备在第 1 个时钟周期的开始就给出所访问的从设备的地址信号，并保持在整个总线周期有效。若是读周期，则主设备需给出对从设备的读控制信号；经过一段时间后，从设备将数据读出到数据总线上。若是写周期，则主设备需给出对从设备的写控制信号，并将要写入的数据放到数据总线上，经过一段时间后写入从设备。所有地址、数据和控制信号都在时钟周期的上升沿或下降沿开始有效。

同步时序的优点是控制简单，实现容易；缺点是必须兼顾速率慢的部件，特别是部件的速率差异较大时会降低总线传输的效率。对各种操作来说，总线周期往往是相同的，这对于短操作(所需时间短)来说，在时间上就有些浪费。

(2) 异步时序。在异步时序中，后一个操作出现在总线上的时刻取决于前一个操作的发生，即前后操作建立在应答式基础上，各种操作的产生不需要统一的公共时钟信号。操作时间根据传输的需要安排，完成一次数据传输的时间是不固定的。图 6-8 给出了一个典型的异步总线操作时序。

异步传输通常用于传输距离较长、设备差异较大的场合。异步时序的优点是总线周期

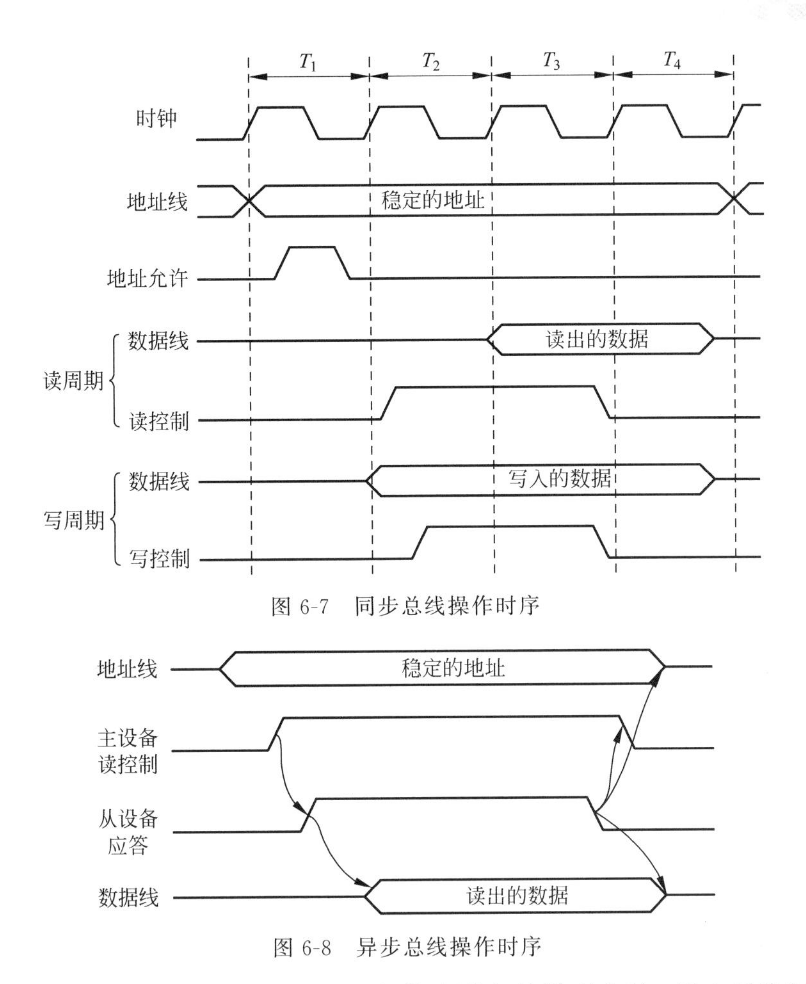

图 6-7 同步总线操作时序

图 6-8 异步总线操作时序

长度可变,利用率高,这对于快速和慢速的操作来讲都能做到高效;缺点是控制复杂,需要以更多的硬件成本为代价。

微型计算机系统中较多采用同步时序,但部分也引入了异步时序的思想。具体方法是让总线周期所含时钟数目可变,总线周期的长度可根据需要灵活调整。这样既保持了同步时序控制简单的优点,同时也具有异步总线的高效性。

3. 总线的数据传输

当前的总线标准能支持以下 4 种模式的数据传输。

(1) 单个字的读写操作。单个字的读写操作即一次总线操作完成一个字的读或写操作,字的宽度通常与总线宽度一致。读/写操作都由主设备发起,读操作是由从设备到主设备的数据传送,写操作是由主设备到从设备的数据传送。每次的字传输操作都是首先由主设备给出字单元地址,然后给出读/写控制信号。一次字的读/写操作一般在一个总线周期内完成。

(2) 块传送操作。块传送又称为猝发式传送,每次完成一个数据块的传输。每次传输时,主设备只需给出数据块的起始地址,然后对固定块长度的数据一个接一个地读出或写入,直到一个数据块全部传输完成。

(3) 写后读、读后写操作。每次操作只给出地址一次,然后对同一地址单元的内容或进行“先写后读”操作,或进行“先读后写”操作。“先写后读”操作主要用于对存储器等的校验,即将一个数据先写入某一地址单元,然后读出比较,据此判断存储单元是否存在故障。“先读后写”操作用于多道程序系统中对共享存储资源的保护。无论是“先写后读”还是“先读后写”,整个操作都是不可分的。

(4) 广播操作。总线传送通常是在一个主设备和一个从设备之间进行的,但有些总线允许一个主设备同时对多个从设备进行写操作,这种操作称为广播。

6.3 总线标准及举例

本节首先介绍总线标准包含哪些方面的内容,然后举例进行说明,最后介绍现代机器中总线的配置方式。

6.3.1 总线标准

不同厂家生产的部件或设备可以通过同一总线互连,例如同一厂家生产的显卡可以插接在不同厂家生产的计算机主机板上,而同一厂家生产的机器也可以插接不同厂家生产的显卡。之所以这样,是因为这些厂家生产的机器中的I/O插槽和显卡都遵循了同一个系统总线标准。

总线标准是指芯片之间、部件之间、插板之间或系统之间通过总线进行连接和通信时应遵守的一些协议与规范。

通常一个总线标准应定义以下几个方面的特性(规范)。

(1) 物理特性。物理特性又称为机械特性,指总线的物理连接方式,包括总线信号线的条数,总线的插头、插座的形状和物理尺寸,以及引脚线的排列方式等。

(2) 电气特性。电气特性是指每一条线上信号的传递方向及有效电平范围。通常对于数据信号和地址信号,规定高电平为逻辑“1”,低电平为逻辑“0”,控制信号则没有统一的约定。例如,TTL高电平为3.6~5V,低电平为0~2.4V等。若在总线上用高电平表示“1”,低电平表示“0”,则当某一部件需要通过某条信号线向另一部件传递“1”时,只需将这条线的电压值置为3.6~5V之间即可,而接收的一方也同样使用TTL电平。

(3) 功能特性。功能特性用于描述总线中每一条线的功能,如定义地址线、数据线和各种控制及状态信号线。对系统总线而言,地址线的条数决定了CPU能访问的存储器的最大物理空间的大小,数据线的条数决定了CPU与存储器及设备间能够并行传输的数据的位数,控制信号则根据CPU功能的不同而有所不同。

一般来讲,总线中所包含的信号有以下几种:

- CPU访存、访I/O的读写控制信号;
- 实现中断机制的中断控制信号;
- 对其他主设备请求总线的总线仲裁信号;
- 反映设备状态的状态信号;

- 通信同步、复位、休眠等信号；
- 电源和地线。

(4) 时间特性。时间特性用于定义信号线之间的时序关系，比如在总线操作过程中每根信号线上信号什么时候有效、持续多久等。机器中所有部件的操作都是在CPU产生的各种控制信号的控制下完成的，这些控制信号必须遵循一定的时序关系。换句话说，一个机器系统的设计正确与否，一方面取决于逻辑关系设计的正确与否，另一方面还取决于时序关系设计的正确与否。

6.3.2　ISA总线

1981年，IBM公司推出了基于8088 CPU的IBM PC微型计算机，其上使用的是一个62条引脚的XT总线。1984年，IBM公司又推出了基于80286 CPU的IBM PC/AT机，其上使用的总线是AT总线。AT总线是在原XT总线的基础上扩充而来的，总线引脚在原来的62条的基础上又增加了36条，从而扩充到98条引脚。AT总线具有16位数据宽度，最高工作频率为8MHz，数据传输速率达到16MB/s，地址线为24条，可寻访16MB内存单元。1987年，IEEE以XT/AT总线为蓝本，定义了工业标准体系结构ISA(industry standard architecture)，其中原XT总线定义为8位ISA总线，原AT总线定义为16位ISA总线。ISA总线在微型计算机上使用了20多年，直到在以P4为CPU的主板上才开始不再普遍使用。图6-9给出了一个ISA总线在机器主板上的分布情况图。

ISA总线具有很强的CPU相关性特征。也就是说，ISA是针对某一CPU而专门设计的，其中8位ISA是针对8088 CPU设计的，而16位ISA是针对80286 CPU设计的。总线的引脚信号可以看成CPU引脚的延伸。例如，62线的ISA总线中包含了与8088 CPU引脚相同的20条地址线、8条数据线和读/写、中断请求、总线请求、复位及电源、地线等。而16位ISA增加的36线包括与80286 CPU相匹配的8条数据线、4条地址线以及新增的中断请求、总线请求线等。

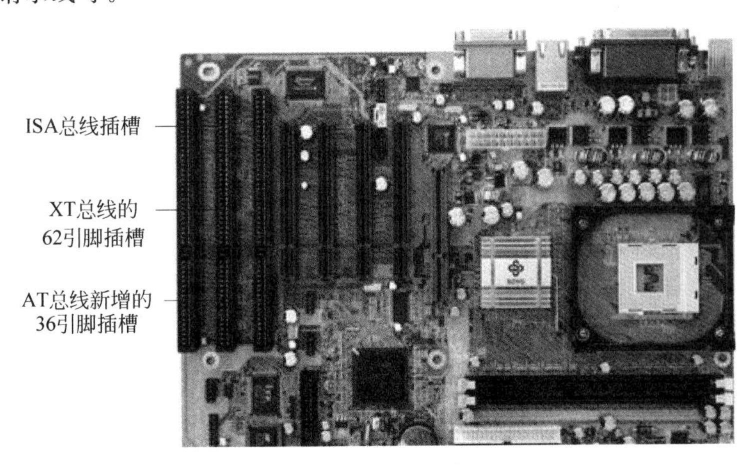

图6-9　ISA总线

ISA 总线在设计时采用的是单总线结构，主存和所有输入输出接口通过单条 ISA 总线与 CPU 连接。

6.3.3 PCI 总线

Windows 图形用户界面的迅速发展以及多媒体技术的广泛应用，要求系统具有高速图形处理和 I/O 吞吐能力。为了适应计算机的这种发展要求，Intel 公司首先提出了 PCI (peripheral component interconnection，外设部件互连)总线的概念。之后，Intel 联合 IBM、Compaq、AST、HP、Apple、NCR、DEC 等 100 多家公司共同开发总线，并于 1993 年推出了 PCI 总线标准。目前 PCI 已成为一种新的总线标准，广泛用于微机、工作站以及便携式计算机中。

1. PCI 总线的特点

PCI 总线主要具有以下 6 个特点。

(1) 数据传输率高。PCI 的数据总线宽度为 32 位，并可扩充到 64 位。它以 33.3MHz 或 66.6MHz 的时钟频率工作。若采用 32 位数据总线，其数据传输速率可达 133MB/s；而采用 64 位数据总线，则最高的数据传输速率可达 266MB/s。

(2) 支持猝发传输。通常的数据传输是先输出地址后进行数据操作，即使所要传输数据的地址是连续的，每次也要有输出和建立地址的阶段。而 PCI 支持猝发数据传输周期，该周期在一个地址相位(phase)后可跟若干个数据相位。这意味着传输从某一个地址开始后，可以连续对数据进行操作，而每次的操作数地址是自动加 1 形成的。显然，这减少了无谓的地址操作，加快了传输速度。这种传输方式对使用高性能图形的设备尤为重要。

(3) 支持多主设备。同一条 PCI 总线上可以有多个主设备，各个主设备通过总线仲裁竞争总线控制权。相比之下，在 ISA 总线系统中，DMA 控制器和 CPU 对总线的争用是不平等的，DMA 控制器采用"周期窃取"法向 CPU 申请总线，得到 CPU 的允许后才能使用总线。而 PCI 总线专门设有总线占用请求和总线占用允许信号，各个主设备可平等竞争总线。

(4) 独立于处理器。传统的系统总线(如 ISA 总线)实际上是 CPU 引脚信号的延伸或再驱动，而 PCI 总线以一种独特的中间缓冲器方式独立于处理器，并将 CPU 子系统与外围设备分开。一般来说，在 CPU 总线上增加更多的设备或部件，会降低系统性能和可靠程度。采用这种缓冲器的设计方式后，用户可随意增添外围设备，而不必担心会导致系统性能的下降。这种独立于 CPU 的总线结构还可保证外围设备互连系统的设计不会因处理器技术的变化而变得过时。

(5) 支持即插即用。所谓即插即用(plug and play)，是指在新的接口卡插入 PCI 总线插槽时，系统能自动识别并装入相应的设备驱动程序，因而立即可以使用。即插即用功能使用户在安装接口卡时不必再拨开关或设跳线，也不会因设置错误而使接口卡或系统无法正常工作。即插即用的硬件基础是每个 PCI 接口卡(PCI 设备)中的 256B 的配置寄存器。在操作系统启动或在 PCI 接口卡刚接入时，PCI 总线驱动程序要访问这些寄存器，以便对其初始化，并装入相应的设备驱动程序。

(6) 适用于多种机型。PCI 总线适用于各种类型的计算机系统，如台式计算机、便携式计算机及服务器等。

PCI 总线支持 3.3V 的电源环境，可应用于便携式计算机中。在服务器环境下，往往要求能连接较多的外围设备，而 PCI 总线规则规定一个计算机系统可同时使用多条 PCI 总线，因此 PCI 总线非常适合应用于服务器中。

2. PCI 总线的系统结构

PCI 总线属于局部总线，它支持多总线结构，允许 PCI 总线和 CPU 总线及其他总线在同一个机器系统中并存。它的这一特点使得采用 PCI 总线的机器系统的设计非常灵活，一方面可以通过 PCI 总线连接各种 PCI 设备，另一方面可以通过其他总线连接一些非 PCI 设备。图 6-10 给出了一个采用 PCI 总线的机器系统的结构图。

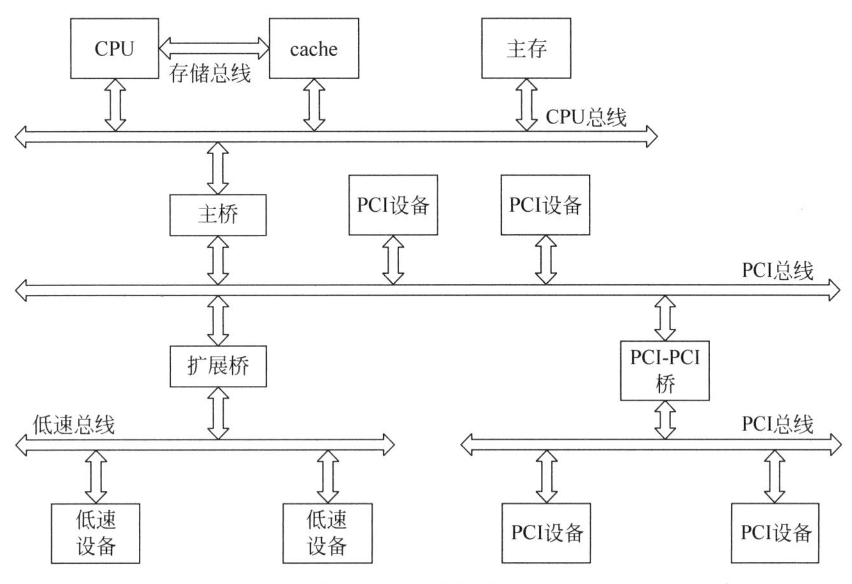

图 6-10　PCI 总线结构

从图 6-10 中可以看出，连接在 CPU 总线上的 cache 和主存系统经过一个桥与 PCI 总线相连。此桥电路提供了一个低延迟的访问通路，从而使 CPU 能够直接访问通过它映射于存储器空间或 I/O 空间的 PCI 设备；也提供了能使 PCI 主设备直接访问主存的高速通路。该桥电路还能提供数据缓冲功能，以使处理器与 PCI 总线上的设备并行工作而不必相互等待。另外，桥电路可使 PCI 总线的操作与 CPU 局部总线分开，以免相互影响，实现了 PCI 总线的独立驱动控制。

扩展总线桥电路的设置是为了能在 PCI 总线上引出一条传统的标准 I/O 扩展总线，如 ISA、EISA 或 MCA 总线，从而可继续使用原有的 I/O 设备，增加 PCI 总线的兼容性和选择范围。通常，典型的 PCI 局部总线最多支持 3 个插槽。如果一个系统要连接多个 PCI 设备，可通过增加桥电路的方式形成多条 PCI 局部总线。一个系统最多可有 256 条 PCI 局部总线。通常，把连接 CPU 总线与 PCI 总线的桥电路称为主桥或宿主桥(host bridge)，连接 PCI 总线与 PCI 总线的桥电路称为 PCI-PCI 桥，连接 PCI 总线与其他总线的桥电路称为 PCI 扩展桥。

3. PCI 总线的信号定义

在一个 PCI 系统中，总线信号通常分为必备和可选两大类。如果只作为从设备，则至少需要 47 根信号线；若作为主设备，则需要 49 根信号线。另外还有可选信号线 51 条，主要用于 64 位扩展、中断请求、高速缓存支持等。PCI 信号线总数为 120 条(包括电源、地线、保留引脚等)。PCI 总线信号按功能分组的表示如图 6-11 所示。其中信号名称后面有“#”号表示低电平有效，否则表示高电平有效；对于有两种意义的信号(如 C/BE[0]#)，低电平时表示有“#”号的信号(例中的 BE[0])起作用，高电平时表示没有“#”号的信号(例中的 C)起作用。“#”相当于通常表示中的上横杠。

图 6-11 PCI 总线信号

(1) 系统信号。

CLK：输入，系统时钟信号，用于为所有 PCI 传输提供时序，对于所有的 PCI 设备都是输入信号。其频率最高可达 33MHz/66MHz，这一频率也称为 PCI 的工作频率。

RST#：输入，复位信号，用于将所有 PCI 专用的寄存器、定序器和信号设置为初始状态。

(2) 地址和数据信号。

AD[31-0]：这是一组双向三态的 32 位地址、数据的复用信号。PCI 总线上地址和数据的传输必须在 FRAME# 有效期间进行。在 FRAME# 有效时的第 1 个时钟，AD[31-00]上的信号为地址信号，称为地址期；当 IRDY# 和 TRDY# 同时有效时，AD[31-00]上的信号为数据信号，称为数据期。一个 PCI 总线传输周期包含一个地址期和随后的一个或多个数据期。

C/BE[3-0]#：总线命令和字节允许复用信号，双向三态。在地址期，这4条线上传输的是总线命令；在数据期，它们传输的是字节允许复用信号，用来指定在数据期AD[31-00]线上的4个数据字节中哪些字节为有效数据。

PAR：奇偶校验信号，双向三态。它通过AD[31-0]和C/BE[3-0]进行奇偶校验。主设备在地址周期和写数据周期驱动PAR，从设备在读数据周期驱动PAR。

(3) 接口控制信号。

FRAME#：帧周期信号，双向三态，由主设备驱动，表示一次总线传输的开始和持续时间。当FRAME#有效时，预示总线传输开始；在其有效期间，先传地址，后传数据。当FRAME#撤销时，预示总线传输结束，并在IRDY#有效时进行最后一个数据期的数据传送。

TRDY#：从设备(被选中的设备)准备就绪信号，双向三态。同样，TRDY#要与IRDY#联合使用，只有两者同时有效时，数据才能传输。

IRDY#：主设备准备就绪信号，双向三态。IRDY#要与TRDY#联合使用，当两者同时有效时，数据方能传输，否则为未准备好而进入等待周期。在写周期中，当该信号有效时，表示数据已由主设备提交到AD[31-0]线上；在读周期中，当该信号有效时，表示主设备已做好接收数据的准备。

STOP#：从设备要求主设备停止当前数据传送的信号，双向三态。显然，该信号应由从设备发出。

LOCK#：锁定信号，双向三态。当对一个设备进行可能需要多个总线传输周期才能完成的操作时，使用锁定信号CLK进行独占性访问。例如，某一设备带有自己的存储器，那么它必须能进行锁定，以便实现对该存储器的完全独占性访问。也就是说，对此设备的操作是排它性的。

IDSEL：输入，初始化设备选择信号。在参数配置读/写传输期间用作片选信号。

DEVSEL#：设备选择信号，双向三态。该信号由从设备在识别出地址时发出。当它有效时，说明总线上有某处的某一设备已被选中，并作为当前访问的从设备。

(4) 仲裁信号(只用于总线主控器)。

REQ#：总线占用请求信号，双向三态。该信号有效表明驱动它的设备要求使用总线。它是一个点到点的信号线，任何主设备都有它自己的REQ#信号。

GNT#：总线占用允许信号，双向三态。该信号有效，表示申请占用总线的设备的请求已获得批准。

(5) 错误报告信号。

PERR#：数据奇偶校验错误报告信号，双向三态。一个设备只有在响应设备选择信号(DEVSEL#)和完成数据期之后，才能报告一个PERR#。

SERR#：漏极开路信号，低电平有效。系统错误报告信号，用做报告地址奇偶错、特殊命令序列中的数据奇偶错以及其他可能引起灾难性后果的系统错误。它可由任何设备发出。

(6) 中断信号。

INTx#：漏极开路信号，电平触发，低电平有效的中断请求信号。此类信号的建立与撤销与时钟不同步。单功能设备只有1条中断线，而多功能设备最多可有4条中断线。在前一种情况下，只能使用INTA#，其他3条中断线没有意义。所谓多功能的设备，是指将几个相互独立的功能集中在一个设备中。PCI总线中共有4条中断请求线，分别是INTA#、

INTB＃、INTC＃和 INTD＃，均为漏极开路信号，其中后 3 个只能用于多功能设备。一个多功能设备上的任何功能都可对应于 4 条中断请求线中的任何一条，即各功能与中断请求线之间的对应关系是任意的，没有附加限制。两者的最终对应关系由中断引脚寄存器定义，因而具有很大的灵活性。如果一个设备要实现一个中断，就定义为 INTA＃；要实现两个中断，则定义为 INTA＃和 INTB＃；其他情况以此类推。对于多功能设备，可以多个功能公用同一条中断请求线，或者各自占一条，或者是两种情况的组合；而单功能设备只能使用一条中断请求线。

（7）cache 支持信号。

为了使具有缓存功能的 PCI 存储器能够和全写式或写回式的 cache 操作相配合，PCI 总线设置了两个高速缓冲支持信号。

SBO＃：窥视返回信号，双向低电平有效。当该信号有效时，表示命中了一个修改行。

SDONE＃：查询完成信号，双向低电平有效。当它有效时，表示查询已经完成；反之，查询仍在进行中。

（8）64 位扩展信号。

REQ64＃：64 位传输请求信号，双向三态，低电平有效。该信号用于 64 位数据传输，由主设备驱动，时序与 FRAME＃相同。

ACK64＃：64 位传输响应信号，双向三态，低电平有效，由从设备驱动。该信号有效表明从设备将启用 64 位通道传输数据，其时序与 DEVSEL＃相同。

AD[63-32]：扩展的 32 位地址和数据复用线。

C/BE[7-4]＃：高 32 位总线命令和字节允许信号。

PAR64：高 32 位奇偶校验信号，是 AD[63-32]和 C/BE[7-4]的校验位。

PCI 总线使用 124 线总线插槽，用于连接总线板卡；板卡的总线连接头上每边各有 62 个引线。扩充到 64 位时，总线插槽需增加 64 线，变成 188 线。相应地，板卡的总线连接头上每边变成 94 线。限于篇幅，这里不再列举 PCI 总线插槽及板卡的全部 188 个引脚，读者如有需要，可查阅有关资料。

6.3.4 PCI-X 总线

PCI-X 是由 IBM、HP、Compaq 提出来的，它是并行接口，是 PCI 的修正，也就是兼容 PCI。PCI-X 是在增加了电源管理功能和热插拔技术的 PCI V2.2 版本的基础上，将 PCI 的总带宽由 133MB/s 增至 1.066GB/s。同时它还采用了分离事务（即多任务的设计），允许一个正在向某个目标设备请求数据的设备，在目标设备未准备好之前处理其他任何事情；而在目前的 PCI 体系中，设备在完成一次请求之前不能理会任何事情，此时的总线时钟周期都被白白浪费掉了。同时 PCI-X 还允许把没有准备好发送数据的设备从总线上移走，这样总线带宽可以被其他事务使用，使总线的利用率大幅上升。所以，在相同的频率下，PCI-X 能提供比 PCI 高 14％～35％的性能。PCI-X 还采用了与 IA-64 相同的 128b 标准尺寸的数据块设计，使通过总线的数据块大小相同，这样就提供了更多的流水线机制，改善了处理器的管理。

PCI-X 目前分为 66MHz、100MHz 和 133MHz 三个版本。工作于 66MHz 的 PCI-X 控制器最多能访问 4 个 PCI-X 设备。当然，如果增加 PCI-X 至 PCI-X 的桥接芯片，那么可以支持更多的设备。66MHz 的 PCI-X 拥有 533MB/s 的带宽。100MHz 的 PCI-X 设备均工作于 100MHz

下，此时 PCI-X 总线最多只能管理两个 PCI-X 设备，在 64b 总线和 100MHz 频率下，拥有 800MB/s 的带宽。最豪华的 133MHz PCI-X 工作于 133MHz，能提供 1066MB/s 带宽。

6.3.5 PCI-E 总线

PCI-E 是最新的总线和接口标准。它原来的名称 3GIO 是由 Intel 提出的，Intel 的意思是它代表着下一代 I/O 接口标准。交由 PCI-SIG（Peripheral Component Interconnect Special Interest Group，PCI 特殊兴趣组织）认证发布后才改名为 PCI-E。这个新标准将全面取代现行的 PCI 和 AGP（accelerate graphical port，加速图形接口），最终实现总线标准的统一。它的主要优势就是数据传输速率高，目前最高可达到 10GB/s 以上。

PCI-E 共有如下 4 种带宽（双向传输模式）。

（1）1 lane - x1：500MB/s。

（2）4 lane - x4：2GB/s（2000MB/s）。

（3）8 lane - x8：4GB/s（4000MB/s）。

（4）16 lane - x16：8GB/s（8000MB/s）。

PCI-E 总线是一种完全不同于过去 PCI 总线的一种全新总线规范。与 PCI 总线共享并行架构相比，PCI-E 总线是一种点对点串行连接的设备连接方式。点对点意味着每一个 PCI-E 设备都拥有自己独立的数据连接，各个设备之间并发的数据传输互不影响；而过去 PCI 的那种共享总线方式，PCI 总线上只能有一个设备进行通信。一旦 PCI 总线上挂接的设备增多，每个设备的实际传输速率就会下降，性能得不到保证。现在，PCI-E 以点对点的方式处理通信，每个设备在要求传输数据的时候各自建立自己的传输通道。对于其他设备来说这个通道是封闭的，这样的操作保证了通道的专有性，能避免其他设备的干扰。自从 PCI-E 1.0 标准正式发布后，主板厂商逐渐减少了传统 PCI 插槽，PCI-E 在工业界被广泛支持。与 PCI 标准一样，PCI-E 总线标准家族也包括多个版本，且每个版本都对前一版本的技术和性能进行了升级。PCI 总线标准均由 PCI-SIG 认证通过并统一发布，其各个版本的参数如表 6-1 所示。

表 6-1 PCI 各个版本的参数

版本	发布时间/年	传输方式	位宽/b	传输率	有效带宽
PCI 1.0	1992	并行方式	32	33MT/s	133MB/s
PCI X 66	1998		64	66MT/s	533MB/s
PCI-E 1.0	2002	串行方式	1	2.5GT/s	250MB/s
PCI-E 2.0	2007		1	5.0GT/s	500MB/s
PCI-E 3.0	2010		1	8.0GT/s	984.6MB/s
PCI-E 4.0	2017		1	16.0GT/s	1.969GB/s
PCI-E 5.0	2019		1	32.0GT/s	3.938GB/s
PCI-E 6.0	2022		1	64.0GT/s	7.563GB/s
PCI-E 7.0	2025（计划）		1	128.0GT/s	15.125GB/s

6.3.6 现代微机的总线配置

1. 南、北桥结构

现代微型计算机采用多总线结构，图 6-12 是其主板总线结构图。

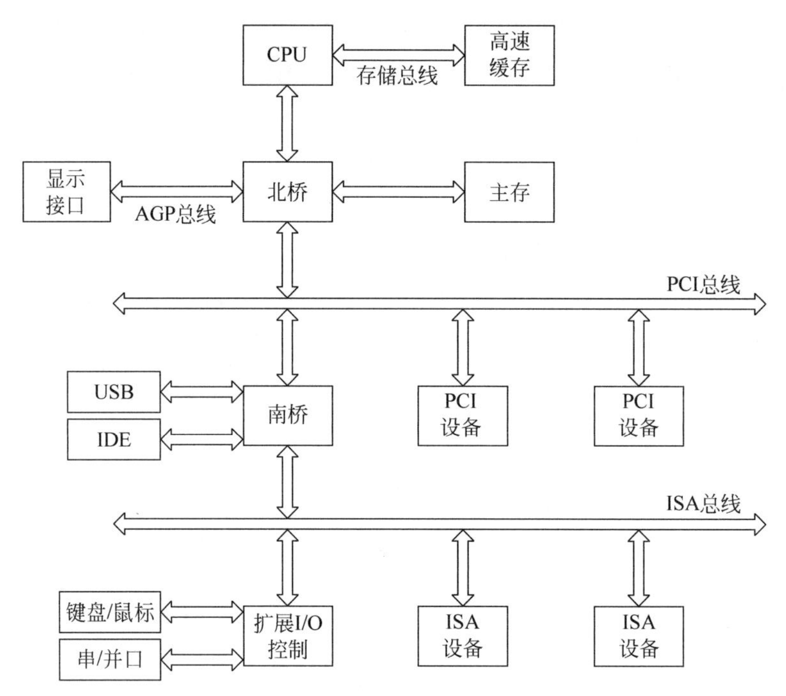

图 6-12 现代微机的主板总线结构图

其中，北桥芯片(north bridge)是主板芯片组中起主导作用的重要组成部分，也称为主桥(host bridge)。一般来说，芯片组的名称就是以北桥芯片的名称来命名的，例如，Intel 845E 芯片组的北桥芯片是 82845E，Intel 875P 芯片组的北桥芯片是 82875P 等。北桥芯片负责与 CPU 进行联系并控制内存、AGP 数据等在北桥内部传输，提供对 CPU 的类型和主频、系统的前端总线频率、内存的类型(SDRAM、DDR SDRAM 以及 RDRAM 等)和最大容量、AGP 插槽、ECC 纠错等的支持，整合型芯片组的北桥芯片还集成了显示核心。北桥芯片是主板上离 CPU 最近的芯片，这主要是考虑到北桥芯片与处理器之间的通信最密切，为了提高通信性能而缩短传输距离。因为北桥芯片的主要功能之一是控制内存，而内存标准与处理器一样变化比较频繁，所以不同芯片组中北桥芯片是肯定不同的。当然这并不是说所采用的内存技术就完全不一样，而是不同的芯片组中北桥芯片间可能存在一定的差异。

南桥芯片(south bridge)是主板芯片组的另一个重要的组成部分，一般位于主板上离 CPU 插槽较远的下方、PCI 插槽的附近。这种布局是考虑到它所连接的 I/O 总线较多，离处理器远一点有利于布线。南桥芯片不与处理器直接相连，而是通过一定的方式(不同厂商的不同芯片组有所不同)与北桥芯片相连。南桥芯片负责 I/O 总线之间的通信，如 PCI 总线、USB、LAN、ATA、SATA、音频控制器、键盘控制器、实时时钟控制器、高级电源管理等。这些技术一般相对来说比较稳定，所以不同芯片组中可能南桥芯片是一样的，不同的只是北桥芯片。所以现在主板芯片组中北桥芯片的数量要远远多于南桥芯片。例如，早期 Intel 不同架构的芯片组 Socket 7 的 430TX 和 Slot 1 的 440LX，其南桥芯片都采用 82317AB，而近两年的芯片组 845E/845G/845GE/845PE 等配置都采用 ICH4 南桥芯片，但也能搭配 ICH2 南桥芯片。更有甚者，有些主板厂家生产的少数产品采用的南北桥是不同芯片组公司的产品。南桥芯片的发展方向主要是集成更多的功能，如网卡、RAID、IEEE 1394 及 Wi-Fi 无线网络等。

传统的南北桥结构是通过 PCI 总线来连接的，常用的 PCI 总线工作于 33.3MHz，32 b 传输位宽，所以理论最高数据传输率仅为 133MB/s。由于 PCI 总线的共享性，当子系统及其他周边设备的传输速率不断提高以后，主板南北桥之间偏低的数据传输率就逐渐成为影响系统整体性能发挥的瓶颈。因此，从 Intel i810 开始，芯片组厂商都开始寻求一种能够提高南北桥连接带宽的解决方案。

2. 加速中心结构

加速中心结构(accelerated hub architecture，AHA)首次出现在 Intel 的著名整合芯片组 i810 中。在 i810 芯片组中，Intel 一改过去经典的南北桥架构，采用了新的 AHA 结构。AHA 结构由相当于传统北桥芯片的 GMCH(graphics & memory controller hub，图形/存储器控制中心)和相当于传统南桥芯片的 ICH(I/O controller hub，I/O 控制中心)以及新增的 FWH(firmware hub，固件控制器，相当于传统体系结构中的 BIOS ROM)共 3 块芯片构成。

在这种新的 AHA 结构中，两块芯片不是通过 PCI 总线进行连接的，而是利用能提供两倍于 PCI 总线带宽的专用总线，故每种设备包括 PCI 总线都可以与 CPU 直接通讯。Intel i810 芯片组中的内存控制器和图形控制器也可以使用一条 8 倍 133MHz 的“2×模式”总线，使数据带宽达到 266MB/s。它的后续芯片组也大多采用 AHA 结构。

这种体系本质上跟南北桥结构相差不大，它主要是把 PCI 控制部分从北桥中剥离出来(北桥成为 GMCH)，由 ICH 负责 PCI 以及其他以前南桥负责的功能；而 ICH 也采用了加速中心结构，在图形卡和内存中与整合的 AC'97 控制器、IDE 控制器、双 USB 端口和 PCI 附加卡之间建立一个直接的连接。由于 AHA 结构提供了每秒 266MB 的 PCI 带宽，使 I/O 控制器和内存控制器之间可以传输更多的信息；再加上优化了仲裁规则，系统可以同时执行更多的线程，从而有了较为明显的性能提升。在 GMCH 与 ICH 之间的传输速率则达到了 8 位 133MHz DDR(等效于 266MHz，266MB/s)，使 PCI 总线、USB 总线以及 IDE 通道与系统内存和处理器之间的带宽有了较大的提高。

6.4　外部总线接口

计算机与外部设备之间除了通过设备适配器经系统总线互连外，还可通过一些标准的外部总线进行连接。一般来讲，计算机主板上集成了一些常用的标准外部总线接口，如 SCSI 接口、USB 接口、USB Type-C 接口等。

6.4.1　SCSI 接口

SCSI 是一种外部总线接口标准，是由美国的 Shugart Associates 和 NCR 公司在 1979 年发明的。Shugart Associates 是当时磁盘驱动器的主要制造厂商(希捷公司前身)，而 NCR 也曾经在小型计算机市场中扮演重要的角色。这个接口开始的名字为 SASI，即 Shugart Associates Systems Interface。1982 年 4 月，美国国家标准委员会 ANSI 将其改名为 SCSI,使其有了一个更通用的名字。1986 年 6 月,ANSI 发布了 SCSI-1 标准,从此真正开始了 SCSI 的应用和发展历程。

SCSI 正如其名字所表示的那样,最初用于小型计算机系统。随着微型计算机技术的发展,后来也用于微机系统,但主要应用于对性能要求较高或专业性较强的场合,如网络服务器等。

1. SCSI 的特点

与微型计算机中的 IDE 接口相比,SCSI 具有以下 4 个特点。

(1) 应用面广。SCSI 是一种连接主机和外围设备的接口,它不仅用于连接磁盘驱动器、磁带机、光驱等辅存设备,还支持其他多种输入输出设备。

(2) 适应性强。SCSI 接口适配器(又称 SCSI 控制器)中包含了一个相当于小型 CPU 功能的控制逻辑,它有自己的命令集和缓冲存储器。SCSI 的命令与设备和主机无关,而是采用命令描述块 CDB 的形式由主设备发送给目标设备。CDB 说明了操作的性质、源和目的数据块的地址、传送的块数等信息。无论主机采用什么类型的接口、设备甚至系统总线结构,SCSI 总线都有相同的物理和逻辑特性。另外,SCSI 接口控制器能够独立完成输入输出过程中的数据缓冲、数据格式转换及 DMA 控制等,从而可以减轻 CPU 的负担,有效提高 CPU 的利用率。

(3) 扩展性好。SCSI 系统可以是一个主机,即一个主适配器和一个外设控制器的最简单的形式,也可以是一个或多个主机与多个外设控制器的组成。SCSI 规定系统至多有的 SCSI 设备数目为 SCSI 总线数据的位数,如采用 32 位数据总线,则至多有 32 个 SCSI 设备。而微型计算机上的 IDE 接口最多只能连接 4 个设备。因此,SCSI 具有良好的可扩展性。

(4) 速度快。SCSI 总线在刚推出时最大的数据传输速率仅为 5MB/s,而新一代的 SCSI 接口标准最大的数据传输率可达 640MB/s,甚至上千 MB/s。

但 SCSI 比 IDE 的价位高出许多,而且在使用方面不如 IDE 方便。目前,SCSI 的设计正朝着支持即插即用、多功能化及网络化的方向发展。

2. SCSI 家族

SCSI 有多种版本,但作为标准来说,主要包括三种:SCSI-1、SCSI-2 和 SCSI-3。另外,即将推出的 SCSI-4 和 SCSI-5 也将加入 SCSI 家族的行列。

(1) SCSI-1。SCSI-1 是最早的 SCSI 接口,在 1979 年由 Shugart 制定,并于 1986 年由 ANSI 发布正式标准。它支持 8 位并行数据传输,可同时连接 7 台 SCSI 设备,最大数据传输率为 5MB/s。

(2) SCSI-2。SCSI-2 是继 SCSI-1 后的接口标准,于 1992 年推出,也称为 Fast SCSI(快速 SCSI)。其中,采用 8 位并行数据传输的 SCSI 称为 Fast SCSI(Narrow 模式),它的数据传输率为 10MB/s,最大支持连接设备数为 7 台;后来出现的采用 16 位并行数据传输的 SCSI 称为 Fast Wide SCSI(快速宽带 SCSI),它的数据传输率提高到了 20MB/s,最大支持连接设备数为 15 台。

(3) SCSI-3。SCSI-3 是在 SCSI-2 之后推出的 Ultra SCSI(超级 SCSI)类型,在这个大类中也按数据位宽的不同先后推出了两个小类。采用 8 位并行数据传输时称为 Ultra

SCSI,它的数据传输率为20MB/s,最大支持连接设备数为8台。在将并行数据传输的总线带宽提高到16位后出现了Ultra Wide SCSI,它的传输率又成倍提高,达到了40MB/s,最大支持连接设备数为15台。

(4) Ultra2 SCSI。Ultra2 SCSI是在Ultra SCSI的基础上推出的SCSI接口类型。Ultra2 SCSI于1997年提出,采用了LVD(low voltage differential,低电平微分)的传输模式,允许接口电缆最长为12米,这大大增加了设备的灵活性。与上面几种SCSI接口一样,它也分为采用8位的Narrow模式和采用16位的Wide模式。8位的Narrow模式即Ultra2 SCSI,它的传输率为40MB/s,最大支持连接设备数为7台;而采用16位的Wide模式则称为Ultra2 Wide SCSI,它将传输率提高到了80MB/s,最大支持连接设备数为15台。

(5) Ultra3 SCSI。Ultra3 SCSI是Ultra2 SCSI的更新接口,于1998年9月提出。它除支持现有的SCSI规格,使用和Ultra2 SCSI完全一样的接口电缆及终结器外,还包含了一些新功能。首先,Ultra3 SCSI采用双缘传输频率(double transition clocking),而Ultra2 SCSI采用的是单缘传输频率,因此Ultra3 SCSI的传输率是前者的两倍,即最高可达160MB/s;此外,Ultra3 SCSI还提供了领域确认、CRC、封包协议、快速仲裁选取等几项新功能。为了加快Ultra3 SCSI新技术的推出,很多厂商首先推出了Ultra160 SCSI。Ultra160 SCSI的技术和Ultra3 SCSI一样,只是没有快速仲裁选取和封包协议这两项功能,可以说Ultra160 SCSI就是Ultra3 SCSI的子集。

(6) Ultra320 SCSI。Ultra320 SCSI的全称为Ultra320 SCSI SPI-4技术规范。Ultra320 SCSI单通道的数据传输速率最大可达320MB/s,如果采用双通道SCSI控制器,则可以达到640MB/s。从基础架构的发展来看,160MB/s到320MB/s的提升在技术上并不复杂,花费也不大,因此对于系统集成商来说,服务器从SCSI Ultra160 SCSI到Ultra320 SCSI的技术过渡是非常容易实现的。

3. SCSI的配置结构

一个SCSI适配器通过一组SCSI总线与多个SCSI设备连接,它们构成一个独立的I/O子系统,称为一个SCSI域。一台机器可以有多个SCSI域,如图6-13所示。其中ID编号用来标识一个域中的不同设备,不同域的ID编号之间没有关系,可以重复。

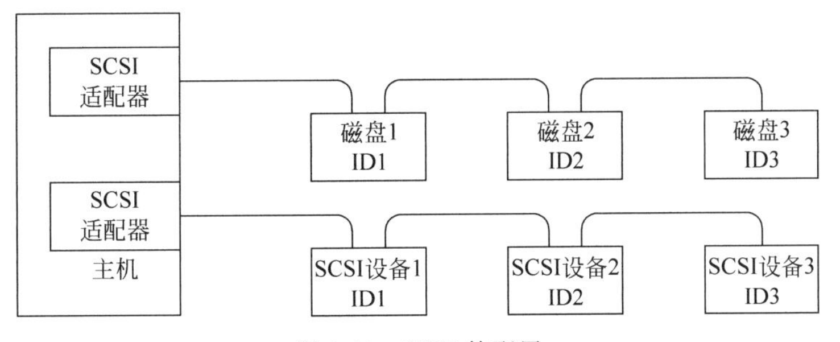

图6-13　SCSI的配置

SCSI设备沿着一条SCSI总线构成菊花链接的结构,即一个SCSI设备的输出利用SCSI电缆连接到另一个设备的输入。CPU只与其SCSI适配器进行通信,当有需要时发布各种I/O命令。在接下来的时间里,CPU执行自己的任务,而由SCSI适配器来负责管理输入输出操作。

4. SCSI 的接口类型

SCSI 的接口分为内置和外置两种。内置接口的外型和 IDE 接口类似，只是针数和规格稍有差别，主要用于连接光驱和硬盘；外置接口主要包括 50 针接口、68 针接口和 80 针接口等。SCSI 的接口类型如图 6-14 所示。

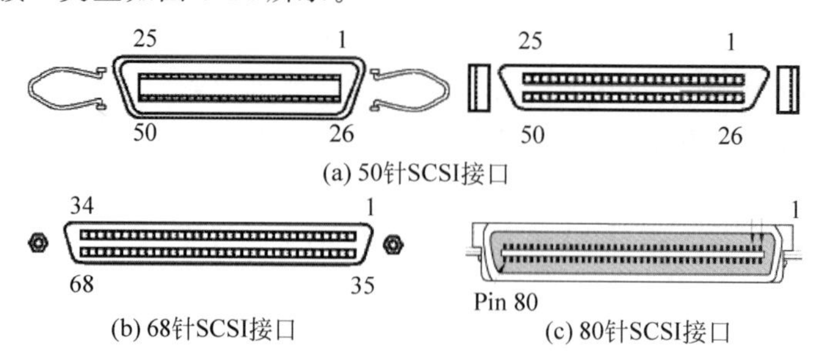

图 6-14 SCSI 的接口类型

(1) DB-50 接口。DB-50 接口指连线上使用 50 针公接头 DB-50，人们通常称作“大 50 接头”(centronics 50-pin)。DB-50 的使用率较高，许多大型的外接设备都采用此种接头。但它的体型庞大，不适合应用在接口卡上。它的传输率不高，主要应用在 SCSI-1、Fast SCSI 等级的设备上。

(2) HD-50 接口。HD-50 接口指连线上使用 50 针公接头 HD-50，人们通常称作“小 50 接头”(high density 50-pin)。此外，它还有 Micro DB-50、Mini DB-50 等名称。除了可接 Fast SCSI 等级的设备之外，还可用于连接 Ultra SCSI 等级的高速设备。由于接头体型小，同样也是 50 针高密接头(比较容易转接)，它几乎成为了 SCSI 卡的标准外接接头。HD-50 的传输率比 DB-50 快。

(3) HD-68 接口。HD-68 接口指连线上使用 68 针公接头 HD-68(high density 68-pin)。和 HD-50 同属于高密接头，但针脚比 HD-50 多，适用于 Wide、Ultra2 SCSI 等级的高速设备，使用较少。

(4) HD-80 接口。HD-80 接口主要在 Ultra SCSI 等级的高速设备上使用，使用较少。随着各种新型接口的推出，现代机器也基本不采用 SCSI 接口了。

6.4.2 USB 接口

早期 PC 机箱背面的几个标准外设接口，一种是串行接口(又称 COM 口)，一种是并行接口，还有一种是 PS2 口。串行接口支持的是串行数据传输，其数据传输速度可以达到 115～230Kb/s，一般被用来连接早期的鼠标和 Modem 等慢速设备；并行接口支持的是并行数据传输，其数据传输率能达到 1Mb/s 左右，一般用来连接打印机、扫描仪等对速率要求较高的外设；PS2 口则用来连接现代 PC 的键盘和鼠标。

对串行接口和并行接口而言，一方面它们所能达到的数据传输速度低，另一方面每个串行接口或并行接口上只能连接一个设备，所以，它们都具有扩展能力差的先天不足。另外，虽然现在很多串行/并行设备都可以实现即插即用，但热插拔仍然是个危险的动作。

而 USB 正是为了解决速度、扩展能力和易用性这三个问题而提出的低成本解决方案。1994 年，Intel、Compaq、Digital、IBM、Microsoft、NEC、Nortel 等 7 家计算机和通讯厂商为了解决上述的问题，联合成立了 USB 论坛，并分别于 1996 年、1998 年、1999 年、2008 年和 2013 年正式制定了 USB 1.0、USB 1.1、USB 2.0、USB 3.0 及 USB 3.1 规范，用于形成统一的 PC 外设接口标准。

USB 论坛于 1996 年 1 月正式提出 USB 1.0 规格，带宽为 12Mb/s。不过因为当时支持 USB 的周边装置少得可怜，所以主机板厂商不太把 USB 口直接设计在主机板上。

USB 1.1 规范在 1998 年 9 月提出，用来修正 USB 1.0，但传输的的带宽不变，仍为 12Mb/s。USB 1.1 向下兼容于 USB 1.0。

USB 2.0 技术规范是在 1999 年发布的，把外设数据传输速度提高到了 480Mb/s，是 USB 1.1 设备的 40 倍。

USB 3.0 标准在 2008 年 11 月 18 日公开发布，新规范提供了十倍于 USB 2.0 的传输速度(5Gb/s)和更高的节能效率，可广泛用于 PC 外围设备和消费电子产品。

USB 3.1 规范在 2013 年发布。新标准在接口方面没有什么改变，但它可以提供两倍于 USB 3.0 的传输速度(即 10Gb/s)，同时还能向下兼容 USB 2.0。

目前，USB 接口已成为 PC 机上标准配置的接口类型，其应用也越来越广泛，除了键盘、鼠标、打印机等计算机传统的设备逐渐采用 USB 接口方式与主机连接外，各种家电产品也纷纷加入了 USB 的行列。

1. USB 接口的特点

USB 的主要特点如下。

(1) 高速度。与传统的串行接口和并行接口相比较，USB 接口提供的数据传输速度更快。其中 USB 1.1 提供全速(12Mb/s)和低速(1.5Mb/s)两种速率来适应各种不同类型的外设，而 USB 2.0 的传输速度可以达到 480Mb/s，USB 3.0 的传输速度可以高达 5Gb/s，目前已发展到 USB 3.1 版本，数据传输速度达 10Gb/s。

(2) 即插即用和支持热插拔。系统对 USB 设备能够自动识别和自动配置，并且允许在不关闭电源的情况下对 USB 设备直接插拔。

(3) 可以连接多个设备。USB 设备可以直接连在 PC 上任意的 USB 接口，还可以使用 USB Hub 进行扩展，使更多的 USB 设备连接到系统中。USB 的 Hub 有一个上行端口，用于连接到 Host，多个下行端口，用于连接其他的设备，它们以一种分层星形结构的方式互连，使整个的系统最多可以扩展连接 127 个设备，这足以满足各种应用的需要。

(4) 支持多种数据传输方式。针对设备对系统资源需求的不同，USB 规范规定了 4 种不同的数据传输方式：一是控制传输方式。这是一种双向传送方式，数据量通常比较小。二是同步传输方式传送。这种传输方式提供了确定的带宽和间隔时间，用于时间严格并具有较强容错性的流数据传输，或者用于要求恒定数据传送率的即时应用中。三是中断传输方式。这种传输方式主要应用于少量的、分散的、不可预测数据的传输，键盘、操纵杆和鼠标就属于这一类型。四是大量数据传输方式。这种传输方式主要应用在大量数据的传输和接收上，打印机和扫描仪等属于这种类型。

2. USB 的配置结构

USB 的物理连接采用的是一种分层的星形结构，如图 6-15 所示。USB Hub 是每个星形结构的中心，主机则相当于根 Hub。所有 USB 设备或者直接与主机相连，或者与 USB Hub 相连。USB Hub 可以级联，最多可达 5 层，所连接设备最多为 127 个。

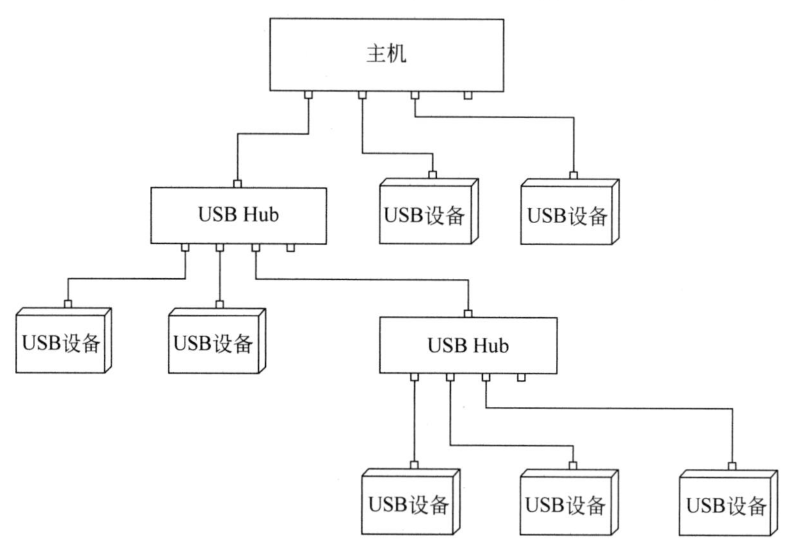

图 6-15　USB 的配置结构

3. USB 的接口类型

所有 USB 设备都需要通过 USB 电缆与计算机主机进行物理连接后才能正常使用。USB 电缆分为屏蔽型和非屏蔽型两种，使用的大多数都是非屏蔽型的 USB 电缆。不管何种类型的电缆，它们的接头都是一样的，一端为扁形的接口，称为下行端口，用于连接主机或 USB Hub 的扩展端口；另一端为方形接口，称为上行端口，用于连接 USB 设备及 USB Hub，如图 6-16 所示。

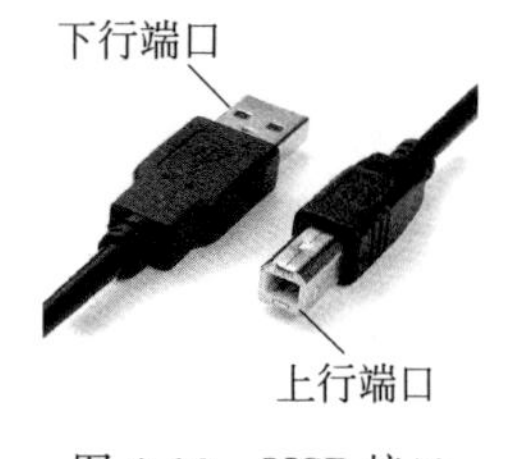

图 6-16　USB 接口

USB 通过一根 4 线电缆来传输信号和电源，其中两线组成一对传输数据的差模信号线，另外两线则提供了+5 V 的电源，可以有条件地给一些设备供电。

USB 设备的供电通常有两种方式：一种是设备本身不带独立的电源适配器，电源由主机的 USB 接口直接供应。这种设备大多是耗电量不大的纯电路类产品，如 USB 接口的 Modem、鼠标、U 盘、MP3 等；另一种 USB 设备需要单独供电。这类设备通常都是机电一体的装置，如 USB 接口的扫描仪、打印机等，因为这些设备的机械传动部分需要大功率的电源才能驱动。

6.4.3 USB Type-C 接口

USB Type-C 简称 Type-C，是一种新型 USB 接口标准，如图 6-17 所示。它主要用于外部设备（如手机等移动终端设备）的充电以及主机与外部设备的数据传输。Type-C 由 USB Implementers Forum（USB 实施者论坛）制定，在 2014 年获得苹果、谷歌、Intel、Microsoft 等厂商支持后开始普及。2022 年 6 月，欧洲议会和欧洲理事会一致同意，将自 2024 年秋天起在欧盟境内统一使用 Type-C 接口为移动设备充电。目前，除苹果公司外，各大科技公司的平板电脑、手机等移动终端设备均支持 USB Type-C，在可预见的未来，苹果 Lightning 接口的产品也将改用 USB Type-C 接口。

图 6-17　Type-C 接口

1. Type-C 接口的特点

USB Type-C 接口具有以下 5 个特点。

(1) 纤薄。与生活中常见的传统 USB Type-A 接口不同，新型的 USB Type-C 接口在尺寸上进行了极大的瘦身，仅为 8.3×2.5mm，更适合在日益小型化的计算设备中使用，可承受 1 万次反复插拔。

(2) 传输速度快。USB Type-C 支持 USB 3.1 规范，数据传输速度可达 10Gb/s。

(3) 无方向性。与苹果 Lightning 接口类似，USB Type-C 接口没有方向性上的要求，即正反面插入都可以完成配对，极大提高了接口的易用性。

(4) 供电能力强。USB 3.1 规范的 Type-C 接口可以提供高达 100W 的功率输出，可以通过 Typc-C 接口实现双向供电，既可给设备自身充电，也可给外接设备供电，设备充电时间是原来的 1/2 甚至 1/4。

(5) 可扩展能力强。Type-C 可传输影音信号，可扩展为多种音视频输出接口，如 HDMI、DVI、VGA 接口，甚至能实现达到 4K 分辨率的扩展。

2. Type-C 接口定义

Type-C 接口总计有 24 个针脚，而 USB 3.0 接口通常是 9 到 11 个，USB 2.0 只有 4 个针脚。针脚的增多并没有导致 Type-C 接口体积变大，实际上它还缩小了体积（相对标准口来说），满足了移动设备的需求。图 6-18 和图 6-19 分别显示了 Type-C 插座和插头的插针。

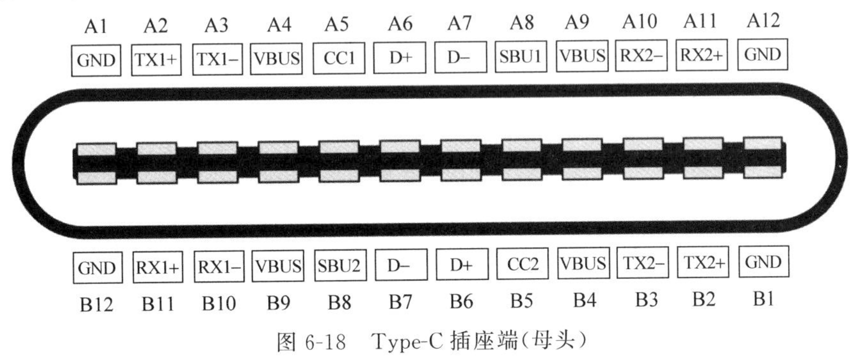

图 6-18　Type-C 插座端（母头）

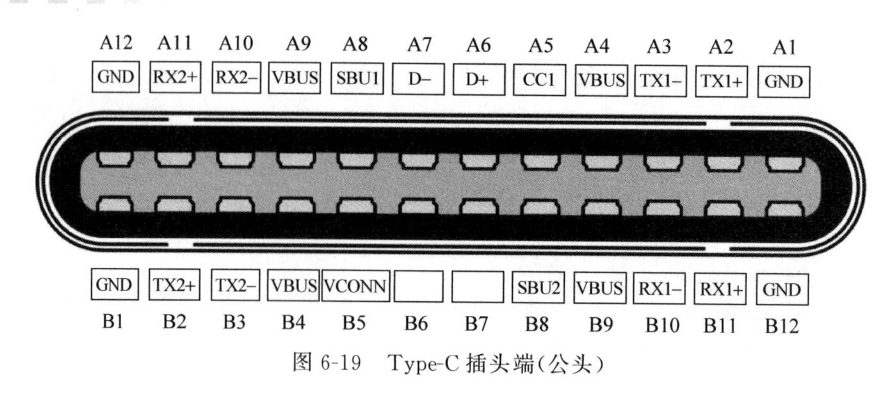

图 6-19 Type-C 插头端(公头)

有关 Type-C 接口每一个引脚的定义在此不作详细介绍,有兴趣的读者可以查阅相关资料。

知识拓展

串行传输还是并行传输?

从技术发展的情况来看,USB 取代 IEEE 1284,SATA 取代 PATA ,PCI-E 取代 PCI……似乎串行传输方式大有彻底取代并行传输方式的势头。

从原理来看,并行传输方式其实优于串行传输方式。那么,为何现在的串行传输方式会更胜一筹? 下面将从并行、串行的变革以及技术特点分析隐藏在其表面现象背后的深层原因。

计算机中的总线和接口是主机与外部设备间传输数据的“大动脉”。随着处理器速度的节节攀升,总线和接口的数据传输速度也需要逐步提高,否则就会成为计算机发展的瓶颈。从计算机中使用的总线从 ISA 发展到 PCI 就足以说明这一点。

并行数据传输技术向来是提高数据传输率的重要手段,但是进一步发展却遇到了障碍。首先,由于并行传输方式的前提是用同一时序传播信号,用同一时序接收信号,而过分提升时钟频率将难以让数据传输的时序与时钟合拍。布线长度稍有差异,数据就会以与时钟不同的时序送达。此外,提升时钟频率还容易引起信号线间的相互干扰,因此,并行方式难以实现高速化。另外,增加位宽无疑会导致主板和扩充板上的布线数目随之增加,成本随之攀升。

如果有人问关于串行传输与并行传输谁更好,目前只能说“在相同频率下并行传输率更高”这个基本道理是永远不会错的,通过增加位宽来提高数据传输率的并行策略仍将发挥重要作用。当然,前提是有更好的措施来解决并行传输的种种问题。串行传输现在之所以走红,是将单端信号传输转变为差分信号传输,并提升了控制器工作频率的原因。

技术进步周而复始,以至无穷,没有一项技术能够永远适用。计算机技术将来跨入 THz 时代后,对信号传输速度的要求会更高,差分传输技术是否能满足要求? 是否需要另一种更好的技术来完成频率的另一次突破呢? 不妨拭目以待!

本章小结

本章主要讲述了以下内容。

(1) 总线概述。讲述了总线的基本概念、总线的类型、总线的性能指标、总线的规范和单总线、局部总线、多总线结构等，介绍了总线的控制方式，包括总线的仲裁、总线的定时和总线的数据传输模式等。

（2）总线标准及总线举例。介绍了几种应用非常广泛的系统总线（以ISA总线为例）和局部总线（PCI总线、PCI-X总线以及PCI-E总线），讲述了这些总线的特点、配置结构及应用。

（3）外部总线接口标准。讲述了SCSI和两种高速串行总线Type-C和USB。这两种总线接口标准在计算机中得到了越来越广泛的应用，尤其是对于今后计算机与家用电器的连接和融合将起到越来越重要的作用。

习题

一、名词解释

1. 总线　2. 局部总线　3. 外部总线　4. 前端总线
5. 地址总线　6. 数据总线　7. 控制总线　8. 总线宽度
9. 总线频率　10. 总线带宽　11. 主设备　12. 从设备
13. 总线标准　14. 总线仲裁　15. 总线定时

二、选择题

1. 下列对总线的描述不正确的是（　　）。
A. 总线是可共享的　B. 总线是可独占的
C. 总线的数据传输是串行的　D. 可通过总线仲裁实现对总线的占用

2. 通过总线可以（　　）。
A. 减少部件之间的连接信号线　B. 提高部件之间的传输速度
C. 增加数据信号线的条数　D. 增加地址信号线的条数

3. 系统总线是用于连接（　　）。
A. 存储器各个模块　B. CPU、存储器和I/O设备
C. 主机与I/O设备　D. 计算机与计算机

4. 下列对PCI总线的描述正确的是（　　）。
A. PCI总线是一个与处理机无关的高速外围总线
B. PCI总线的基本传输机制是串行传输
C. PCI设备一定是主设备
D. 系统中只允许有一条PCI总线

5. 下列不属于外部总线标准的是（　　）。
A. IEEE 1394　B. USB　C. SCSI　D. ISA

6. 一次总线事物中，主设备只需给出一个首地址，从设备就能从首地址开始的若干连续单元格读出或写入的个数，这种总线事务方式称为（　　）。（2014年全国硕士研究生入学统一考试计算机学科专业基础综合试题）
A. 并行传输　B. 串行传输　C. 突发　D. 同步

7. 下列选项中，用于设备和设备控制器（I/O接口）之间互连的接口标准是（　　）。（2013年全国硕士研究生入学统一考试计算机学科专业基础综合试题）

A. PCI　　B. USB　　C. AGP　　D. PCI-E

8. 某同步总线的时钟频率为100MHz,宽度为32位,地址/数据线复用,每传送一次地址或者数据占用一个时钟周期。若该总线支持突发(猝发)传输方式,则一次"主存写"总线事务传输128位数据所需要的时间至少是(　　)。(2012年全国硕士研究生入学统一考试计算机学科专业基础综合试题)

A. 20ns　　B. 40ns　　C. 50ns　　D. 80ns

9. 下列关于USB总线特性的描述中,错误的是(　　)。(2012年全国硕士研究生入学统一考试计算机学科专业基础综合试题)

A. 可实现外设的即插即用和热拔插

B. 可通过级联方式连接多台外设

C. 是一种通信总线,可连接不同外设

D. 可同时传输2位数据,数据传输率高

10. 下列选项中,在I/O总线的数据线上传输的信息包括(　　)。(2012年全国硕士研究生入学统一考试计算机学科专业基础综合试题)

Ⅰ. I/O接口中的命令字　　Ⅱ. I/O接口中的状态字　　Ⅲ. 中断类型号

A. 仅Ⅰ、Ⅱ　　B. 仅Ⅰ、Ⅲ　　C. 仅Ⅱ、Ⅲ　　D. Ⅰ、Ⅱ、Ⅲ

11. 在系统总线的数据线上,不可能传输的是(　　)。

A. 指令　　B. 操作数　　C. 握手(应答)信号　D. 中断类型号

12. 假设某系统总线在一个总线周期中并行传输4B信息,一个总线周期占用两个时钟周期,总线时钟频率为10MHz,则总线带宽是(　　)。

A. 10MB/s　　B. 20MB/s　　C. 40MB/s　　D. 80MB/s

13. 某同步总线采用数据线和地址线复用方式,其中地址/数据线有32条,总线时钟频率为66MHz,每个时钟周期传送两次数据(上跳沿和下跳沿各传送一次数据),该总线的最大数据传输率(总线带宽)是(　　)。

A. 132MB/s　　B. 264MB/s　　C. 528MB/s　　D. 1056MB/s

14. 下列关于总线设计的叙述中,错误的是 (　　)。

A. 并行总线传输比串行总线传输速度快

B. 采用信号线复用技术可减少信号线数量

C. 采用猝发传输方式可提高总线数据传输率

D. 采用分离事务通信方式可提高总线利用率

15. 下列关于总线的叙述中,错误的是(　　)。

A. 总线是在两个或多个部件之间进行数据交换的传输介质

B. 同步总线由时钟信号定时,时钟频率不一定等于工作频率

C. 异步总线由握手信号定时,一次握手过程完成一位数据交换

D. 猝发传送总线事务可以在总线上连续传送多个数据

三、综合题

1. 为什么总线结构适合于计算机系统中各部件的互连?再列举几种书中没有提到的互连结构,并与总线结构进行比较。

2. 总线两个最主要的特点是什么?

3. 总线中都有哪些类型的信号线？分别用于传输哪种信息？

4. 总线按功能及所连接的部件种类可划分为哪几类？

5. 什么是系统总线？列举几种计算机中常用的系统总线。

6. 什么是总线带宽？

7. 总线仲裁主要实现什么功能？有哪些总线仲裁方式？

8. 按总线定时方式的不同，有哪两种总线数据传输方式？

9. 总线标准主要定义了哪几个方面的特性(规范)？

10. PCI 总线提供了哪几类“桥”？分别起到什么作用？

11. 试将 SCSI 接口与 IDE 接口进行对比。

12. 假设总线的时钟频率为 100MHz，总线宽度为 32 位，每个时钟周期传输一个数据，该总线的最大数据传输率(总线带宽)为多少？若要将总线带宽提高一倍，有哪些可行方案？

13. 假设总线的时钟频率为 33MHz，且一个总线时钟周期为一个总线传输周期。若在一个总线传输周期可并行传送 4B 的数据，求该总线的带宽。

14. 某 16 位地址/数据复用的同步总线中，总线时钟频率为 8MHz，每个总线事务只传输一个数据，需要 4 个时钟周期。该总线的可寻址空间、数据传输率各是多少？

15. 观察自己使用的家用电器产品，看看它们分别使用了什么样的接口标准，在与计算机的连接上是怎样使用和操作的？

第7章 CPU组织与结构

将运算器和控制器集成在一个芯片上，称为中央处理器，随着超大规模集成电路技术的发展，CPU中还集成了一级或多级高速缓冲存储器。CPU是计算机系统的核心，它根据指令的要求指挥协调计算机各部件的工作，实现数据的加工处理，并对数据处理过程中出现的异常情况进行处理。

本章主要介绍CPU的基本功能和组成、指令周期的基本概念、指令的执行过程、时序与控制方式、硬布线控制器的结构与设计方法、微程序控制器的结构与设计方法等内容。

7.1 CPU的功能和组成

随着集成电路设计、制造及工艺水平的进步，芯片的集成度越来越高，可以制造出功能越来越强大的集成电路，因此CPU的性能越来越高。虽然不同时期、不同厂家生产的CPU在结构、组成上有许多差异，但CPU的基本功能——执行程序，周而复始地取指令、执行指令的工作，是不会变的。

7.1.1 CPU的功能

当用计算机解决某个问题时，人们首先要编写程序或者利用已有的程序，而程序是由一系列的指令按解决问题的步骤构成的。这一系列的指令明确地告诉计算机应该执行什么操作，在什么地方找到用来操作的数据。程序一旦装入主存储器，计算机就能按照程序规定的顺序自动地、逐条地取指令，对指令进行译码并执行指令，直到指令序列全部执行完毕，程序所要求的功能也就完成了。因此，整个计算机工作的过程就是不断地取出指令、对指令进行译码并执行指令的过程。

作为执行程序的主要功能部件，从保证程序功能正确性的角度看，CPU应该具备以下几方面的功能。

1. 程序控制

程序控制指控制程序中指令的执行顺序，即控制程序中的指令按事先规定的顺序自动地执行。冯·诺依曼计算机的程序，其指令通常按顺序执行，遇到分支指令且分支条件满足时会改变执行顺序。CPU必须能够正确地确定下一条指令的地址。

2. 操作控制

操作控制指产生指令执行过程中需要的微操作控制信号，以控制执行部件按指令规定的操作正确运行。例如，执行加法指令时，CPU 的控制器必须产生控制运算器做加法的信号，以保证其进行加法操作。

3. 时间控制

时间控制指对每个微操作控制信号进行定时，严格控制每个微操作控制信号的开始时间和持续时间，以便按规定的时间顺序执行各操作、控制各功能部件。对任何一条指令而言，如果微操作控制信号的时间不正确，则指令的功能就不能正确实现。

4. 数据加工

数据加工就是对数据进行算术运算和逻辑运算，并进行逻辑测试等。

在执行指令过程中，如出现运算溢出错误、存储器校验错及外部设备的服务请求等异常情况时，必须转入异常处理；异常处理一般由中断系统执行中断服务程序来完成。所以，取指令、分析指令并执行指令是 CPU 根本的功能。

7.1.2 CPU 的基本组成

在早期的计算机中，运算器和控制器是组成计算机的两个部件。后来出现了集成电路技术，把运算器和控制器集成在一个芯片中称为中央处理器(CPU)。

CPU 有通用 CPU 和嵌入式 CPU 两种，主要是根据应用模式的不同而划分的。通用 CPU 芯片的功能一般比较强，能运行复杂的操作系统和大型应用软件；嵌入式 CPU 在功能和性能上有很大的变化范围。随着集成度的提高，在嵌入式应用中，人们倾向于把 CPU、存储器和一些外围电路集成到一个芯片上，构成所谓的系统芯片(system on chip，SoC)，而把 SoC 上的那个 CPU 称为 CPU 核。

1. 运算器

运算器是计算机中的执行部件，它接收控制器的微操作控制信号，完成对数据的加工和处理。运算器主要由算术逻辑单元、累加寄存器、数据缓冲寄存器、状态条件寄存器及通用寄存器组等组成。目前许多 CPU 还内置了协处理器，主要负责浮点运算和向量运算。

(1) 算术逻辑单元。算术逻辑单元(arithmetic and logic unit，ALU)主要完成对二进制数据的定点算术运算(加、减、乘、除)、逻辑运算(与、或、非、异或)以及移位操作等，在某些 CPU 中还有专门用于处理移位操作的移位器。通常 ALU 有两个输入端和一个输出端。整数单元有时也称为 IEU(Integer Execution Unit)，人们通常所说的“CPU 是 XX 位的”就是指 ALU 一次能处理二进制数据的位数。

(2) 浮点运算单元。浮点运算单元(floating point unit，FPU)主要负责浮点运算和高精度整数运算。有些 FPU 还具有向量运算的功能，另外一些则具有专门的向量处理单元。

(3) 通用寄存器组。通用寄存器组是一组最快的存储器，用来保存参加运算的操作数和中间结果。在通用寄存器的设计上，RISC 与 CISC 有着很大的不同。CISC 的寄存器通常很少,主要是受到当时硬件成本所限,比如 80x86 指令集只有 8 个通用寄存器。所以,CISC 的 CPU 执行指令时大多数时间是在访问存储器中的数据,而不是寄存器,这就拖慢了整个系统的速度。而 RISC 系统往往具有非常多的通用寄存器,并采用了重叠寄存器窗口和寄存器堆等技术使寄存器资源得到充分的利用。

对于 80x86 指令集只支持 8 个通用寄存器的缺点,Intel 和 AMD 最新的 CPU 都采用了一种叫做“寄存器重命名”的技术,这种技术使 80x86 CPU 的寄存器可以突破 8 个的限制,达到 32 个甚至更多。不过,相对于 RISC 来说,采用这种技术的寄存器在操作时要多出一个时钟周期,用来对寄存器进行重命名。

(4) 专用寄存器。专用寄存器通常是一些状态寄存器,不能通过程序改变,由 CPU 自身控制,表明某种状态。

2. 控制器

控制器主要由程序计数器、指令寄存器、指令译码器、地址译码器、时序发生器和操作控制器等组成。控制器是计算机中发布命令的“决策机构”,即完成协调和指挥整个计算机系统的操作。它接收来自主存储器的指令,根据各条机器指令的不同功能和要求,正确地、严格地按照一定的时间次序为各个部件提供微操作控制信号,并控制各个寄存器之间、CPU 同主存及 I/O 设备之间的数据流向。

数据要在不同部件之间流动,就必须有传送的通路。多个寄存器之间传送数据的路径称为数据通路。数据从什么地方开始,中间经过哪个寄存器或多路开关,最后传送到哪个寄存器,都要加以控制。在各寄存器之间建立数据通路的任务,是由操作控制器部件来完成的。操作控制器的功能就是根据指令操作码和时序信号产生各种微操作控制信号,以便正确地建立数据通路,从而完成取指令和执行指令的控制。

根据操作控制器的组成及产生微操作控制信号方法的不同,控制器可分为硬布线控制器和微程序控制器两种,硬布线控制器采用组合逻辑技术或门阵列实现;微程序控制器采用存储逻辑实现。

无论是硬布线控制器还是微程序控制器,它们给出的微操作控制信号都是在时序发生器部件输出的时序信号同步下产生的。这些微操作控制信号控制计算机的各个部件有条不紊地工作。

随着超大规模集成电路技术的发展,许多早期放在 CPU 外部的功能部件被集成到 CPU 芯片上,使 CPU 的内部结构越来越复杂。现在通用的 CPU 中除集成了运算器、控制器部件外,还集成了高速缓存 cache。近年来,在一个芯片上集成了多个处理器核心的处理器称为多核处理器,有关多核处理器的内容请参考第 8 章的相关内容。

CPU 内置 cache 的容量和结构对 CPU 的性能影响很大,一般容量越大越好。在许多高性能处理器内部,一级缓存通常设置为两个,一个是指令 cache,另一个是数据 cache,以减少取指令和读操作数的访问冲突。这种结构也叫哈佛结构。

Intel 80386 CPU 不包含片内 cache,但首次在 CPU 外部(主板上)使用了 cache 技术。80486 CPU 速度的提高使外部总线成为处理器访问外部 cache 的瓶颈,于是在 80486 CPU 片内使用了一个小容量的 cache(8KB)。现在各种 CPU 片内都集成了一级、二级甚至三级 cache,其容量也越来越大。有关 cache 的详细内容请参考第 4 章的相关内容。

为方便读者建立计算机整机概念，本书对CPU内部结构进行了一定的简化，给出了如图7-1所示的CPU模型。

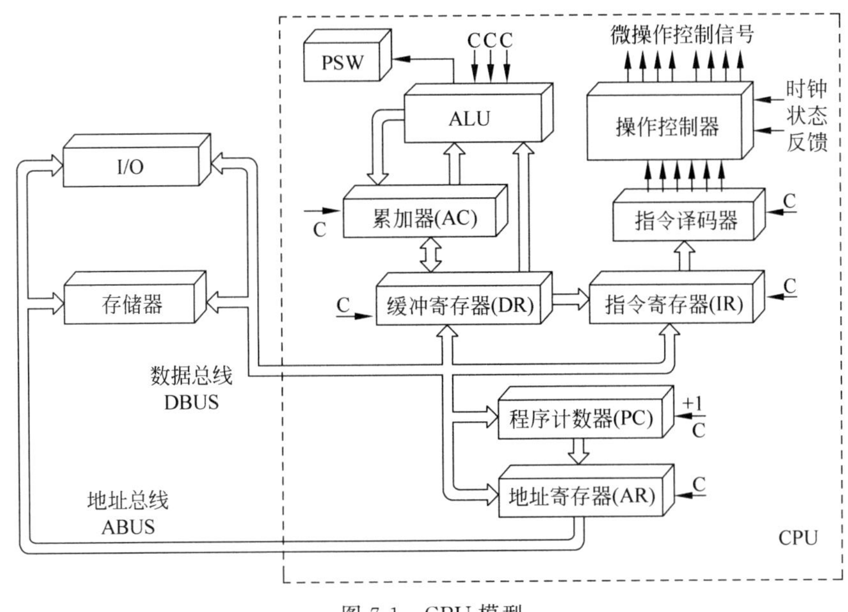

图7-1 CPU模型

7.1.3 CPU的寄存器组织

计算机中传送的信息包括控制信息和数据信息，而寄存器就是用来暂存这些信息的部件。CPU内部有多个寄存器，有的用于数据处理，有的用于控制，还有的用作在CPU与主存、I/O接口间传送信息。下面介绍这些寄存器的功能与结构。

1. 累加寄存器

累加寄存器通常简称为累加器，它是一个通用寄存器。其功能是：当运算器的算术逻辑单元执行算术或逻辑运算时，为ALU提供一个工作区。累加寄存器可提供操作数，也可存放运算结果。显然，运算器中至少要有一个累加寄存器。

目前CPU中的累加寄存器有16个的，有32个的，还有更多的。当使用多个累加寄存器时，就变成通用寄存器结构，其中任何一个都可存放源操作数，也可存放运算结果。在这种情况下，需要在指令格式中对寄存器进行编址。通用寄存器是一组用户编程时可访问的、具有多种功能的寄存器，在指令系统的说明资料中会说明这组寄存器的存在与基本用途。

有的计算机将这组寄存器设计成基本通用，如PDP-11中的通用寄存器组命名为R_0、R_1、R_2……它们可被指定担任各种工作，大部分寄存器没有特定的分工。有的计算机则为这组寄存器分别规定某一基本任务，并按各自的基本任务命名，如Intel 8086 CPU设置有累加器(AX)、基址寄存器(BX)、计数寄存器(CX)、数据寄存器(DX)等。

2. 用于控制的寄存器

(1) 指令寄存器。指令寄存器用来保存当前正在执行的一条指令。当执行一条指令时，先把它从主存中取出并放到缓冲寄存器中，然后再传送至指令寄存器。指令由操作码和地址码字段组成，用二进制代码表示。为了执行任何给定的指令，必须对操作码进行测试，以便识别所要求的操作。指令译码器就是做这项工作的。指令寄存器中操作码字段的输出就是指令译码器的输入，操作码一经译码后，即可向操作控制器发出具体操作的特定信号。

为了提高读取指令的速度，常在主存的数据寄存器与指令寄存器间建立直接传送通路。为了提高指令间的衔接速度，大多数计算机都将指令寄存器扩充为指令队列，允许预取若干条指令。

(2) 程序计数器。为了保证程序能够连续地执行下去，CPU 必须通过某些手段来确定下一条指令的地址，而程序计数器(PC)正是起这种作用的，所以通常又称为指令计数器。在程序开始执行前，必须将它的起始地址，即程序的第一条指令所在的主存单元地址送入 PC，因此，程序开始执行时，从主存取到的是该程序的第一条指令。当程序流程为顺序执行时，每读取一条指令后，程序计数器内容就增量计数，以指向后继指令的地址。若主存按字节编址，则增量值取决于指令字节数。例如，每读取一条单字节指令，PC 值相应加 1；如果读取一条二字节指令，则 PC 加 2。

但是，当遇到转移指令(如 JMP 指令)时，那么后继指令的地址(即 PC 的内容)必须从指令的地址字段取得。在这种情况下，下一条从主存取出指令的地址将由转移指令来规定，而不是像通常一样按顺序来取得。因此程序计数器是具有计数和寄存信息两种功能的寄存器。

(3) 状态条件寄存器。CPU 执行程序的过程一方面取决于编程时的程序流向，另一方面也取决于程序实际执行的状态。因此，许多计算机设置有一个状态条件寄存器，其内容表示 CPU 当前的工作状态，也记录现行程序的状态，称为程序状态字(program status word，PSW)。

PSW 中的若干位可用来记录程序执行的状态，称为标志位或特征位。一条指令执行后，将根据运行结果自动修改标志位的有关内容，可作为决定程序流向的判定条件。常见的标志位如下：

① 进位标志 C：表示运算后是否有进位产生。

② 溢出标志 OV：表示运算结果是否有溢出。

③ 零标志 Z：表示运算结果是否为零。

④ 符号标志 N：表示运算结果是否为负数。

⑤ 奇偶标志 P：表示运算结果中 1 的个数是奇数还是偶数。

有的计算机还设置有中断允许标志(IF)、半进位标志(AF)、单步标志(TF)、方向标志(DF，指示地址由低到高还是由高到低)等。

3. 用于主存接口的寄存器

当 CPU 访问主存或 I/O 接口时，都要先送出地址码，然后再读、写数据。为此，CPU 中常设置以下两个寄存器。

(1) 地址寄存器。地址寄存器用来保存当前 CPU 所访问的主存单元的地址。由于在主存和 CPU 之间存在着操作速度上的差别，所以必须使用地址寄存器来保存地址信息，直到主存的读/写操作完成为止。

当 CPU 从主存读/写操作数或者从主存取指令时，都要使用地址寄存器和数据缓冲寄存器。同样，如果把外围设备的地址当作主存单元的地址来看待，那么，当 CPU 和外围设备交换信息时，同样要使用地址寄存器和数据缓冲寄存器。

（2）数据缓冲寄存器 。数据缓冲寄存器用来暂时存放由主存读出的一条指令或一个数据；反之，当向主存存入一个数据时，也暂时将它们存放在数据缓冲寄存器中。

缓冲寄存器的作用如下：

① 作为 CPU 和主存、外围设备之间信息传送的中转站；

② 补偿 CPU 和主存、外围设备之间在操作速度上的差别；

③ 在单累加寄存器结构的运算器中，数据缓冲寄存器还可兼作操作数寄存器。

设置 AR 与 DR，使 CPU 与主存间的传送通路变得比较单一，容易控制。对用户来说，这两个寄存器往往是“透明”的，不能直接编程访问。

地址寄存器、数据缓冲寄存器、指令寄存器的结构一样，通常使用单纯的寄存器结构。信息的存入一般采用电位-脉冲方式，即电位输入端对应数据信息位，脉冲输入端对应控制信号，在控制信号的作用下实时地将信息写入寄存器。

CPU 中除了上述组成部分外，还有中断系统、总线接口等其他功能部件，这些内容将在其他章节进行详细讨论。

7.2 指令周期

CPU 执行指令的过程必须保证有条不紊，为此，指令被分成一个个操作步，称为微操作。每一个微操作被分配到一个时间单元中执行，以保证它们在执行上的顺序关系。本节先介绍 3 个时间概念，再以一个模型机为例介绍将典型指令划分成若干个微操作的方法，然后说明这些微操作的执行过程。

7.2.1 3个时间概念

计算机之所以能自动工作，是因为预先编写好了解决问题的程序并存放在主存中。开始工作后，CPU 按要求从主存中取出一条指令并执行这条指令；紧接着取下一条指令，执行下一条指令……如此周而复始，构成了一个封闭的循环。除非遇到停机指令，否则这个循环将一直继续下去，其过程如图 7-2 所示。

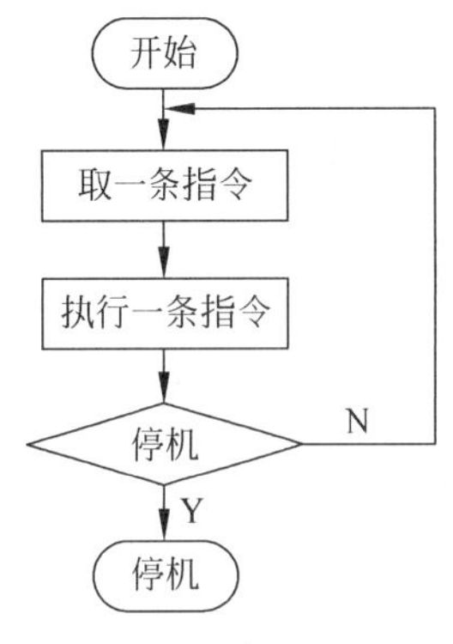

图 7-2 指令处理过程

指令的处理过程需要一定的时间，取指令需要时间，指令的执行也需要时间，通常将 CPU 从主存中取出一条指令并执行这条指令的时间总和称为指令周期。

由于机器指令的功能不同，指令中操作数所采用的寻址方式也不尽相同，所以不同指令执行时间的长短是不相同的，即不同机器指令的指令周期不相同。例如，同样是加法指令，操作数采用寄存器寻址和采用直接寻址所花的时间就不相同。

指令周期通常用机器周期来描述，机器周期又称为 CPU 周期。指令执行过程中每一步操作（如取指令）所需的时间对应着一个 CPU 周期。由于 CPU 访存的时间相对 CPU 内部操作的时间较长，常将从主存读出一个指令字的最短时间作为一个 CPU 周期，它代表了大多数指令操作步骤的时间。

应当指出，在不同的计算机中对 CPU 周期的规定是不尽相同的，有的指令周期包含的 CPU 周期数多，有的则较少。有的机器中一个 CPU 周期中所包含的时钟周期数是固定的，这叫定长机器周期，如图 7-3 所示；有的机器则采用不定长机器周期，如图 7-4 所示。

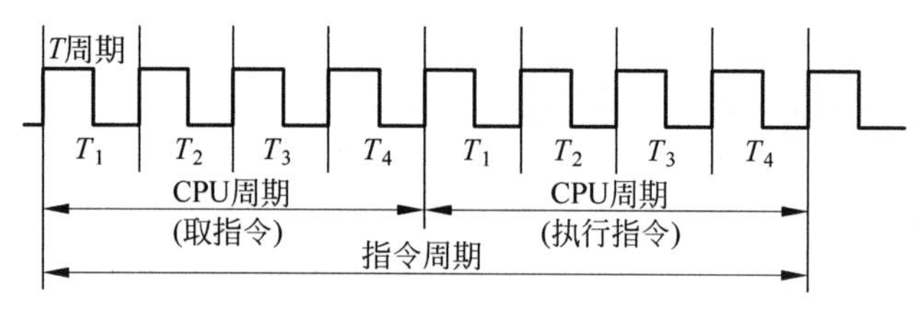

图 7-3 定长机器周期

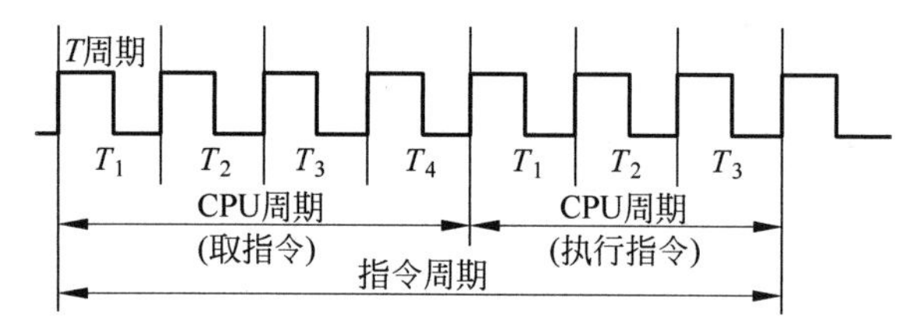

图 7-4 不定长机器周期

(1) 取指周期。取指周期是每条指令都必须有的。取指周期要完成两项任务，一是要以 PC 的内容为地址从主存中取出指令代码送 IR，二是要修改 PC 形成后继指令地址。但是，当执行转移指令时，PC 中的地址在转移指令的执行阶段修改。

(2) 取操作数周期。取操作数周期的任务是形成操作数地址并获取操作数。操作数地址的形成与寻址方式有关，提供操作数的部件可以是寄存器、也可以是存储器。因此，取操作数的操作因寻址方式的不同而不同。有些指令的执行过程是不需要取操作数的，因此，这个机器周期不是每条指令都必须有的。

(3) 执行周期。执行周期的主要任务是完成指令操作码规定的操作，并记录指令执行后的状态信息。执行周期的操作对不同的指令也是不相同的。

综上所述，一条指令的指令周期至少包括两个机器周期，不同的指令需要的机器周期数是不同的。

而一个 CPU 周期又包含若干个时钟周期，如图 7-3 所示。时钟周期也叫做节拍脉冲或 T 周期，它对应着计算机中最基本的定时信号，由它可推出计算机的主时钟频率。

【例 7.1】 某计算机执行一条指令平均需要 3 个 CPU 周期，平均需访问主存 2 次。每个 CPU 周期包含 4 个时钟周期。若计算机主频为 100MHz，问：

(1) 若主存为“0 等待”(即不需插入等待周期)，指令执行的平均速度为多少?

(2) 若每次访问主存需插入 1 个等待周期，执行一条指令的平均时间为多少? 指令执行的平均速度又是多少?

解 计算机主频为 100MHz，所以时钟周期为

$$T_{\text{CLK}} = \frac{1}{100 \times 10^6} = 1 \times 10^{-8} = 10(\text{ns})$$

(1) 因为每个 CPU 周期包含 4 个时钟周期，所以 CPU 周期为

$$T_{CPU}=4\times T_{CLK}=40(\text{ns})$$

所以平均速度为

$$\frac{1}{3T_{CPU}}=\frac{1}{3\times 40}=\frac{1}{3\times 40\times 10^{-9}}\approx 8.33(\text{MIPS})$$

(2) 执行一条指令平均需要3个CPU周期,需访问主存2次,且每次访问主存需插入1个等待周期,所以执行一条指令平均时间为

$$3T_{CPU}+2T_{CLK}=3\times 40+2\times 10=140(\text{ns})$$

平均速度为

$$\frac{1}{3T_{CPU}+2T_{CLK}}=\frac{1}{140}=\frac{1}{140\times 10^{-9}}\approx 7.14(\text{MIPS})$$

7.2.2 典型指令的指令周期

表7-1给出了4条典型指令组成的一个简单程序,其中LDA是数据传送指令,ADD是加法指令,STR是存操作数指令,JMP是无条件转移指令,可实现程序顺序控制。

表7-1 4条典型指令组成的一个简单程序

十六进制数地址	十六进制数代码	助　记　符	指令功能说明
0010	3E00	LDA　00H	AC←00H
0011	18E0	ADD　[E0H]	AC←(AC)+(00E0H)
0012	10F0	STR　[F0H]	00F0H←(AC)
0013	6011	JMP　11H	PC←0011H
…	…	…	…
00E0	0005	数据	
00E1	0020		
…	…		
00F0	存放和数		

本节通过介绍每一条指令取指阶段与执行阶段的分解动作,来具体认识每一条指令的指令周期。

1. LDA指令的指令周期

假定表7-1的简单程序已装入主存中,程序计数器(PC)指向程序的首地址,PC=0010H,即存放"LDA　00H"指令的主存单元,所以CPU首先执行的第一条指令是LDA。LDA　00H采用立即寻址方式,执行阶段不访问主存,其功能是把立即数传送到累加器中,其指令周期如图7-5所示。它需要两个CPU周期,其中取指令阶段需要一个CPU周期,执行指令阶段需要一个CPU周期。

第一个CPU周期是取指周期,CPU完成3件事:①从主存取出指令;②将程序计数器(PC)加1,为取下一条指令做好准备;③对指令操作码进行译码或测试,以便确定进行什么操作。

在第二个CPU周期,即执行指令阶段,CPU根据对指令操作码的译码得到的操作控制信号,进行指令所要求的操作。对非访内指令来说,执行阶段通常涉及对累加器进行操作,

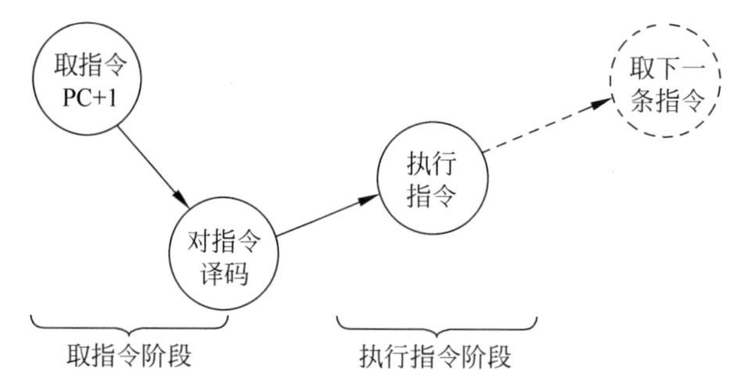

图 7-5 LDA 的指令周期

如累加器内容清零、求反等操作。显然,对其他一些零地址格式的指令,执行阶段也仅需要一个 CPU 周期。

(1) 取指令阶段。LDA 在取指令阶段的操作如图 7-6 所示。

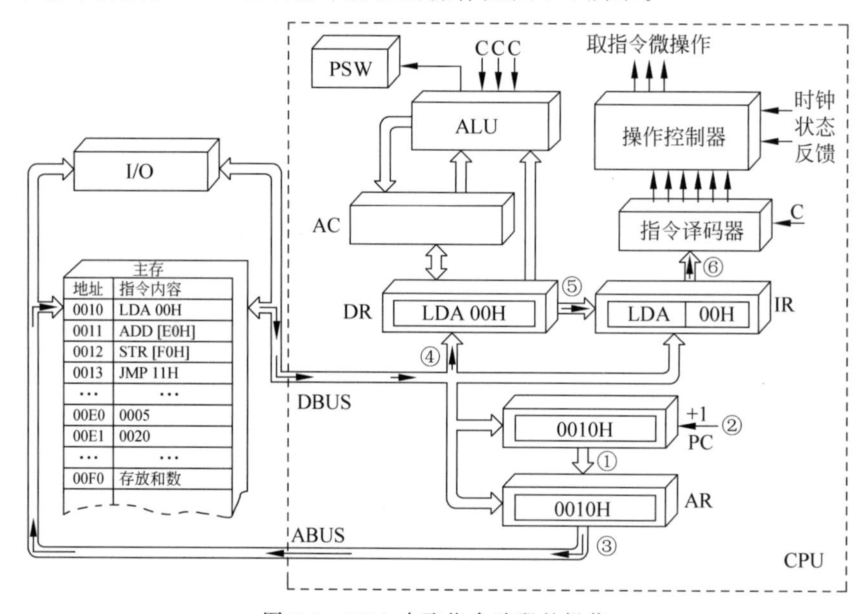

图 7-6 LDA 在取指令阶段的操作

在取指令阶段,CPU 执行如下操作。

① 程序计数器(PC)的内容 0010H 被装入地址寄存器(AR);

② 程序计数器内容加 1,变成 0011H,为取下一条指令做好准备;

③ 地址寄存器的内容被放到地址总线上;

④ 所选存储器单元 0010H 的内容经过数据总线传送到数据缓冲寄存器(DR);

⑤ 缓冲寄存器的内容传送到指令寄存器(IR);

⑥ 指令寄存器中的操作码被译码或测试;

⑦ CPU 识别出指令 LDA。至此,取指令阶段即告结束。

需要说明的是,取指周期的过程和数据通路对每条指令来说都是一样的,所不同的是 PC 的值和取得的指令代码。后续指令 ADD、STR、JMP 的取指周期与 LDA 指令相同,因此不必重复讨论。

(2) 执行指令阶段。LDA 指令的执行阶段如图 7-7 所示。

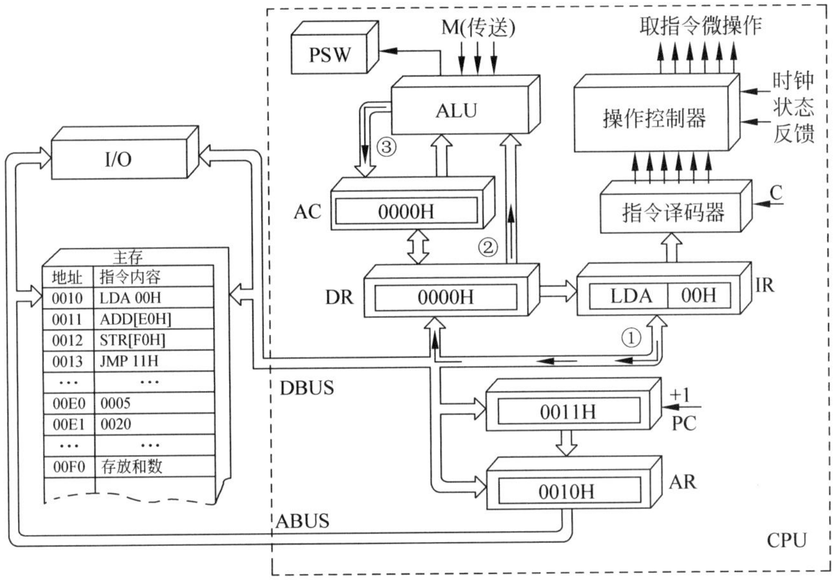

图 7-7 LDA 指令的执行阶段

在此阶段内,CPU 执行如下操作。

① 经译码后,CPU 知道 LDA 00H 指令采用立即寻址方式,操作数跟在操作码之后,已经存放在指令寄存器(IR)中;操作控制器送出控制信号,在指令寄存器(IR)与数据缓冲寄存器(DR)之间建立数据通路,把立即数打入 DR。

② 操作控制器再送出控制信号,在 DR 与 ALU 之间建立数据通路,把立即数送到 ALU 的输入端。

③ ALU 响应传送操作控制信号,将输入 ALU 的数据送到累加寄存器(AC),则执行完了 LDA 00H 指令。

2. ADD 指令的指令周期

取出第一条指令 LDA 时,PC 的内容已经加 1,变成了 0011H。这个地址指向存放“ADD [E0H]”指令的内存单元,所以接下来执行的指令是 ADD [E0H]。

ADD 指令是一条访问内存取数并执行加法的指令,它的指令周期由 3 个 CPU 周期组成,如图 7-8 所示。其中第一个 CPU 周期为取指令阶段;执行阶段由两个 CPU 周期组成,其中在第二个 CPU 周期中计算操作数地址、读操作数,第三个 CPU 周期执行加法操作。

(1) 取指令阶段。

ADD 指令的第一个 CPU 周期完成取指令操作并对指令进行译码。ADD 指令取出后,PC=0012H。

(2) 取操作数阶段。

第二个 CPU 周期主要根据寻址方式计算操作数地址,将其传送到主存,然后读出操作数。此阶段的操作如图 7-9 所示。

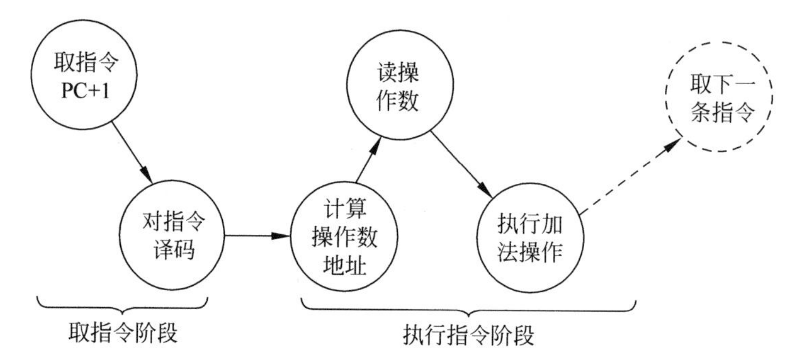

图 7-8 ADD 指令的指令周期

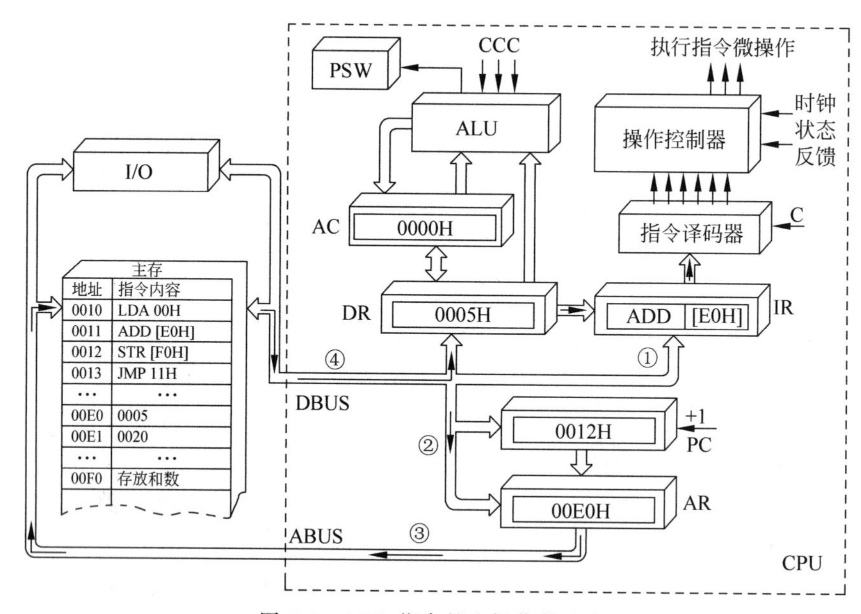

图 7-9 ADD 指令的取操作数阶段

在此阶段内,CPU 执行如下操作。

① ADD [E0H]是直接寻址,操作数地址为 00E0H。

② 把指令寄存器中的地址码部分(E0H)装入地址寄存器(AR)。

③ 把地址寄存器中的操作数地址(00E0H)发送到地址总线上,发出读命令 RD。

④ 从存储器单元(00E0H)中读出操作数(0005H),并经过数据总线传送到缓冲寄存器(DR)。

(3) 执行加法操作。

第三个 CPU 周期完成加法操作,如图 7-10 所示。在此阶段,CPU 完成如下操作:将数据缓冲寄存器(DR)送来的操作数(0005H)送往 ALU 的一个输入端,已等候在累加器内的另一个操作数(因为 LDA 00H 指令执行结束后累加器(AC)的内容为零)送往 ALU 的另一个输入端;ALU 接收到做加法的微操作控制信号后将两数相加,产生运算结果为 0+0005H=0005H;将该结果放回累加器(AC),替换累加器中原先的数 0000H,同时设置程序状态字(PSW)。

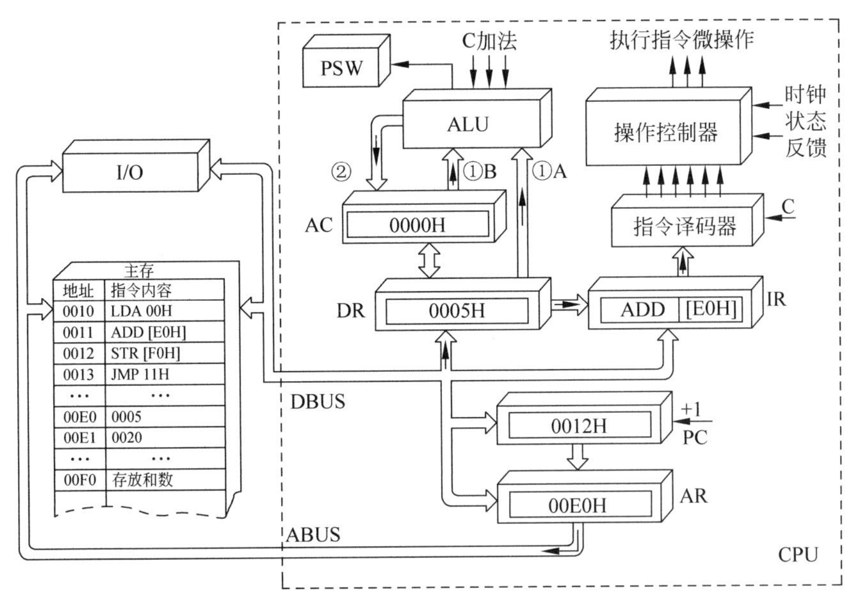

图 7-10 ADD 指令的加法操作阶段

3. STR 指令的指令周期

取出 ADD [E0H]指令时，PC 的内容已经加 1 变成了 0012H。这个地址指向存放"STR [F0H]"指令的主存单元，所以接下来执行的指令是 STR [F0H]。

STR [F0H]是一条直接寻址指令，用于把累加器(AC)的内容存入主存单元。它的指令周期由两个 CPU 周期组成，如图 7-11 所示。其中第一个 CPU 周期为取指令阶段；在第二个 CPU 周期中计算操作数地址，并把操作数写进存储单元。

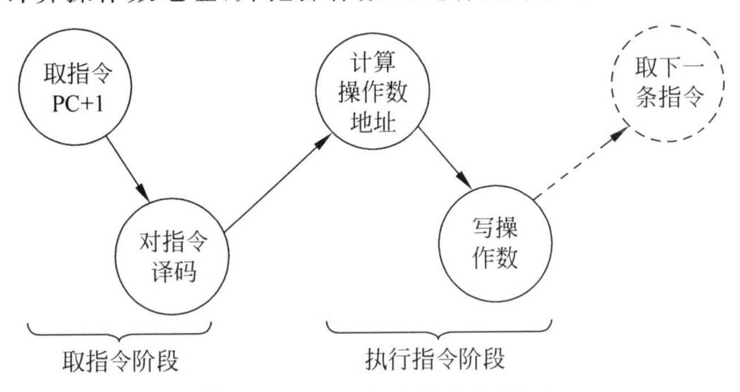

图 7-11 STR 指令的指令周期

(1) 取指令阶段。

STR [F0H]指令在第一个 CPU 周期中完成取指令操作并对指令进行译码。STR 指令取出后，PC=0013H，为取下一条指令做好了准备。

(2) 执行指令阶段。

STR [F0H]指令在第二个 CPU 周期中主要根据寻址方式计算操作数地址，把累加器(AC)的内容写入主存单元。此阶段的操作如图 7-12 所示。

在此阶段内，CPU 执行如下操作。

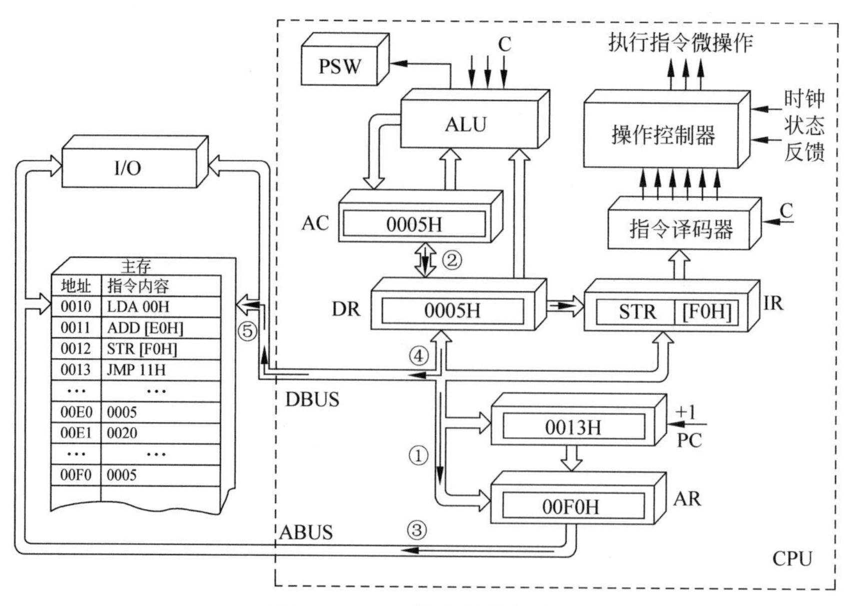

图 7-12　STR 指令的执行阶段

① STR [F0H]采用直接寻址方式，操作数地址为 00F0H，把指令寄存器中的地址码部分(F0H)装入地址寄存器(AR)。

② 累加器(AC)的内容(0005H)被传送到数据缓冲寄存器(DR)。

③ 把 AR 中的操作数的地址(00F0H)发送到地址总线上。

④ 把缓冲寄存器(DR)的内容(0005H)发送到数据总线上。

⑤ 操作控制器发出写 WR 控制信号，将 0005H 写入存储器 00F0H 单元中。

注意：在这个操作之后，累加器中仍然保留和数 0005H，而存储器 00F0H 单元中原先的内容被修改。

4. JMP 指令的指令周期

STR [F0H]指令取出后，PC=0013H，因此下一条要执行的指令是存放在 0013H 单元的 JMP 11H 指令。JMP 是一条程序控制转移指令，其指令周期由两个 CPU 周期组成，如图 7-13 所示。其中第一个 CPU 周期为取指令阶段，第二个 CPU 周期为执行阶段。

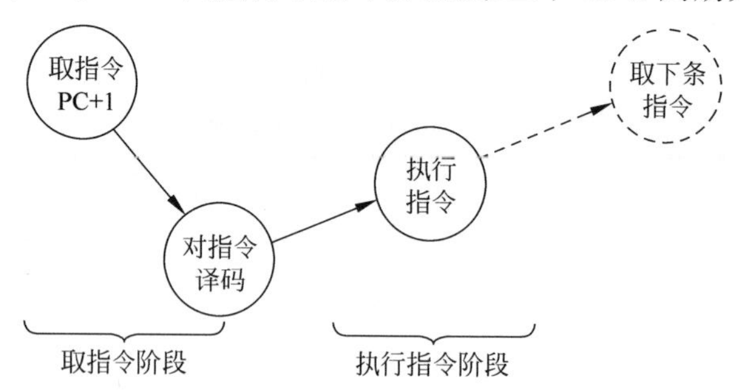

图 7-13　JMP 指令的指令周期

(1) 取指令阶段。

CPU 把 0013H 单元的 JMP 11H 指令取出送到指令寄存器(IR)，同时程序计数器(PC)

内容加 1,变为 0014H;指令译码后知道 IR 中的指令是无条件转移指令。

(2) 执行阶段。

CPU 把指令寄存器(IR)中的地址码部分 0011H 送到程序计数器(PC),从而用新内容 0011H 代替 PC 原先的内容 0014H。这样,下一条指令将不从 0014H 单元读出,而是从主存 0011H 单元开始读出并执行,从而改变了程序原先的执行顺序。

JMP 指令执行阶段的操作如图 7-14 所示。

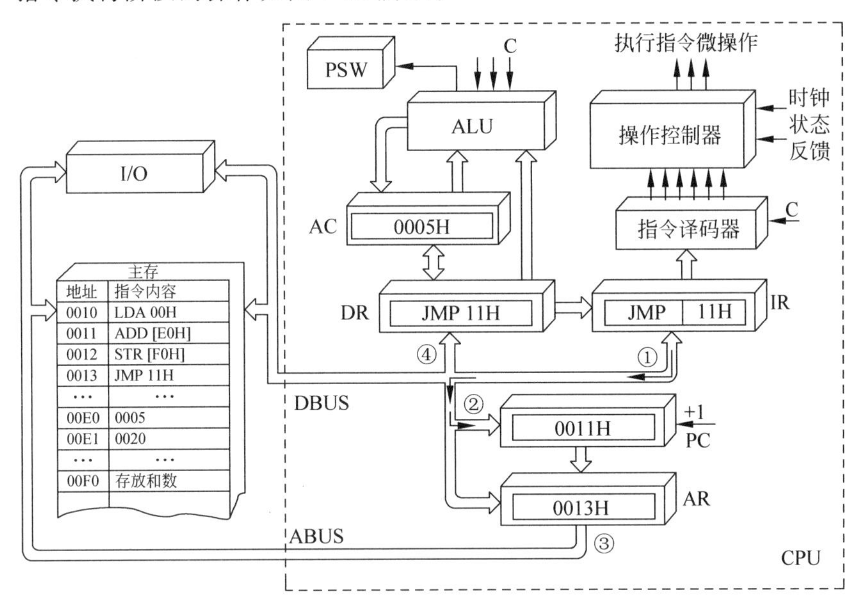

图 7-14 JMP 指令执行阶段

注意:执行“JMP 11H”指令时,这里所给的 4 条指令组成的程序进入了死循环。除非人为停机,否则这个程序将无休止地运行下去,因而主存单元 00F0H 中的和数将一直不断地发生变化。当然,此处所举的转移地址 0011H 是随意的,仅仅用来说明转移指令能够改变程序的执行顺序而已。

7.2.3 指令周期的方框图语言描述

7.2.2 节通过绘制 CPU 内部数据通路的方法表示几条指令的指令周期。这种方法直观、形象,有利于读者理解指令的执行过程。但在进行计算机设计时,如果用这种办法来表示指令周期,那就显得过于烦琐,而且也没有必要。

在进行计算机设计时,可以采用方框图语言来表示一条指令的指令周期。一个方框代表一个 CPU 周期,方框中的内容表示数据通路的操作或某种控制操作。菱形框通常用来表示某种判别或测试,不过时间上它依附于它前面一个方框的 CPU 周期,而不单独占用一个 CPU 周期。

把 7.2.2 节的 4 条典型指令加以归纳,用方框图语言表示的指令周期如图 7-15 所示。从图 7-15 中可以看出,所有指令的取指令阶段是完全一样的,都是占用一个 CPU 周期。但是由于各条指令的功能不同,不同指令执行阶段所占用的 CPU 周期数是各不相同的,其中 LDA、STR 和 JMP 是一个 CPU 周期,ADD 是两个 CPU 周期。

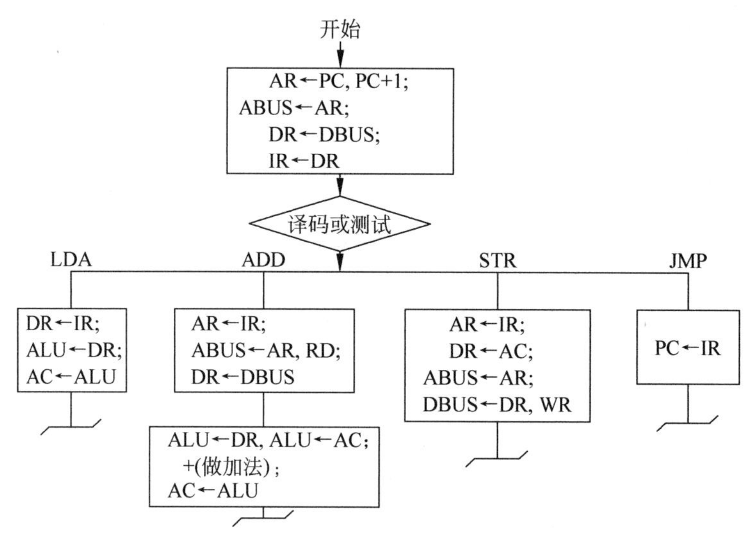

图 7-15 用方框图语言表示的指令周期

图 7-15 中,DBUS 表示数据总线,ABUS 表示地址总线,RD 表示主存读命令,WR 表示主存写命令,⁄——⁄ 表示公操作符号。公操作就是一条指令执行完毕后,CPU 要进行的一些操作。这些操作主要是 CPU 对外设请求的处理,如中断处理、通道处理等。如果没有外设请求要处理,那么 CPU 又转向主存取下一条指令。由于所有指令的取指令阶段完全是一样的,因此取指令也可认为是公操作。所以,一条指令的指令周期结束后,一定会转入公操作。

7.3 CPU 的时序和控制

CPU 是通过指令周期-节拍-工作脉冲三级时序系统来控制指令的执行。本节主要介绍控制指令执行的时序系统和 CPU 的控制方式。

7.3.1 CPU 的时序系统

通过 7.2 节的讲解已经看到,指令在 CPU 中执行时,是通过控制器产生的操作控制信号去控制各个部件完成指令的功能的。由此可以看出,指令还可以再进一步细分为更小的操作步,称为微操作。微操作是 CPU 控制执行单元所能完成的最小操作步,如部件之间的数据传送、运算或执行部件所执行的操作等。

由于执行指令的各微操作是有先后次序的,并且许多控制信号的长短也有严格的时间限制,因此需要引入时序信号对它们进行定时控制。时序系统是控制器的心脏,其功能是为指令的执行提供各种定时信号。

7.2 节讨论了典型指令的指令周期,指令周期由若干机器周期组成。不同指令的指令周期是不完全相同的。在时序系统中一般不为指令周期设置完整的时间标志信号,因此一般不将指令周期视为时序的一级。由于 CPU 内部的操作速度快,而 CPU 访问主存所开销的时间较长,所以许多计算机系统往往以主存的存取周期为基础来规定机器周期的长度。

通常，每个机器周期都有一个与之对应的周期状态触发器，机器运行在不同的机器周期时，其对应的周期状态触发器被置为1。显然，在机器运行的任何时刻只能处于一种周期状态，因此有且仅有一个周期状态触发器被置为1。

1. 节拍

一个机器周期内要完成若干微操作，其中有的可并行执行，有的要求顺序操作。因此，需要把一个机器周期分为若干个相等的时间段，每一时间段对应一个节拍信号，称为节拍脉冲信号。节拍的宽度取决于CPU完成一次基本操作的时间，如ALU完成一次正确的运算、寄存器间完成一次传送等。

由于不同的机器周期内需要完成的微操作的个数及难易程度是不同的，因此不同机器周期内所需要的节拍数也不相同。定长机器周期以最复杂的机器周期为准来定出节拍数，每一节拍时间的长短也以最繁的微操作为准，这种方法使所有的机器周期长度相等，并且每一机器周期内含有相同数目的节拍。不定长机器周期按照实际的需要安排节拍数，需要多少个节拍就提供多少个节拍，这种方式的时间利用率高。还有一种方法是在照顾多数机器周期要求的前提下，选取适当的节拍数作为基本节拍。若某个机器周期内按规定的基本节拍数无法完成该周期的全部微操作，则可延长节拍。

某些微型机的时序信号中不设置节拍，直接使用时钟周期信号。一个机器周期中含有若干个时钟周期，时钟周期的数目取决于机器周期内完成微操作数目的多少以及相应功能部件的速度。一个机器周期的基本时钟周期数确定之后，还可以不断插入等待时钟周期，如图7-16所示。例如，PC系列微机的一个总线周期（即机器周期）中包含4个基本时钟周期$T_1 \sim T_4$，在T_3和T_4之间可以插入若干个等待时钟周期T_W，以等待速度较慢的存储部件或I/O设备完成读/写操作。

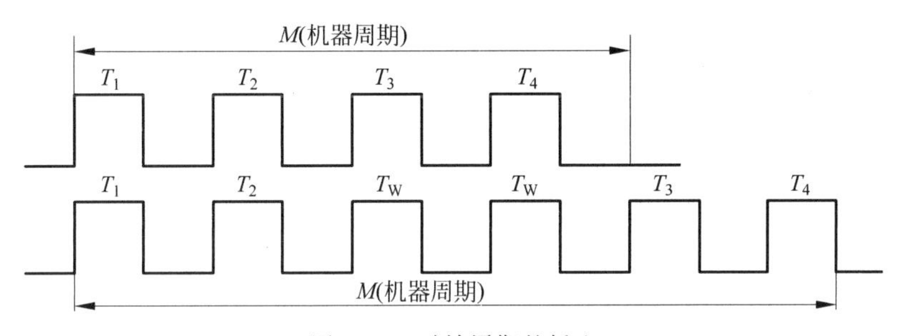

图7-16 时钟周期的插入

2. 工作脉冲

通常，在一个节拍内还设置一个或几个具有一定宽度的工作脉冲，以确保触发器可靠、稳定地翻转。在节拍中执行的微操作，有些需要同步定时脉冲，如将稳定的运算结果打入寄存器、机器周期状态切换等。

一般小型机中常采用如图7-17所示的周期-节拍-工作脉冲三级时序系统，其中每个机器周期M中包括四个节拍$T_1 \sim T_4$，每个节拍内有一个工作脉冲P。

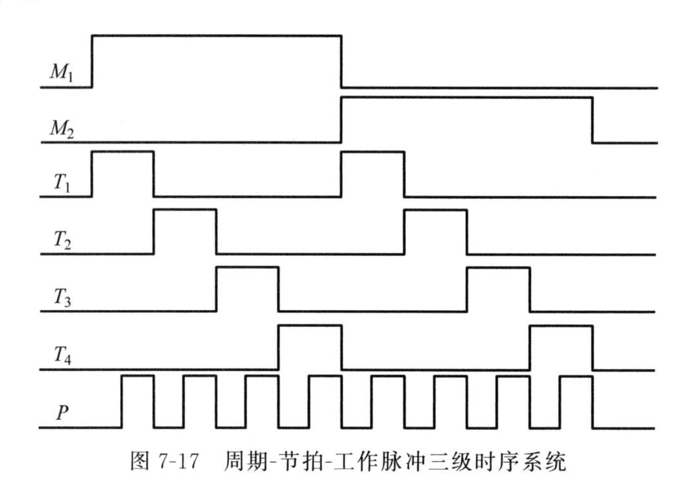

图 7-17 周期-节拍-工作脉冲三级时序系统

3. 节拍脉冲和工作脉冲的时间配合

在时序系统中，节拍脉冲和工作脉冲所起的作用是不同的。节拍脉冲信号在数据通路传输中起开门、关门的控制作用，是信息的载体；而工作脉冲则作为打入脉冲，作用在触发器的时钟脉冲输入端，起定时触发作用。通常触发器采用节拍-脉冲工作方法。例如，对于D触发器，节拍脉冲控制信息送到触发器的D端，工作脉冲送到CP端，它们之间的配合关系如图7-18所示。

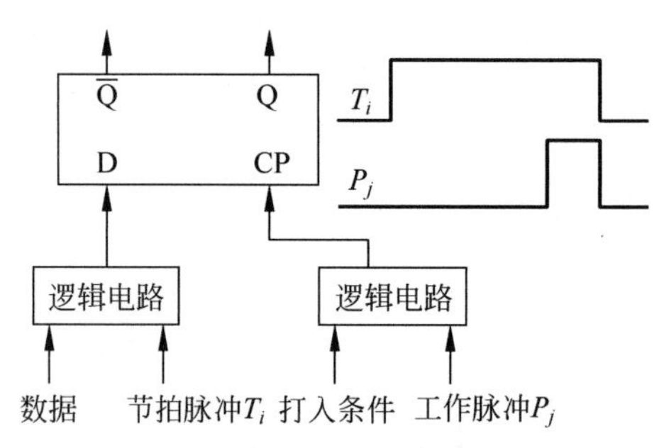

图 7-18 节拍脉冲和工作脉冲的配合关系

7.3.2 CPU的控制方式

一条指令的执行是由许多微操作组成的，不同的指令对应着不同的微操作序列。控制器控制指令的执行过程是依次执行一个确定的微操作序列的过程。由于不同的机器指令所对应的微操作序列的长短和繁简程度各不相同，所以执行每条指令所需的时间也不相同，这就存在着用何种时序方式来形成微操作序列的问题。形成微操作序列的时序方式称为控制方式，它不仅直接决定着微操作控制信号的产生，也影响着控制器和其他部件的组成以及指令的执行速度等。常用的控制方式有同步控制方式、异步控制方式和联合控制方式等。

1. 同步控制方式

所谓同步控制方式，是指系统有一个统一的时钟，所有的控制信号均来自这个统一的时钟信号。同步控制方式亦称为固定时序控制方式，其基本思想是选取部件中最长的操作时间作为统一的时间间隔标准，使所有的部件都在这个时间间隔内启动并完成操作。通常采用同步的时序发生器，产生固定的、周而复始的机器周期电位、节拍脉冲，用统一的时序信号定时各种操作，实现同步控制。

根据指令周期、机器周期和节拍的长度固定与否，同步控制方式又可分为以下 3 种。

(1) 定长指令周期。即所有指令的执行时间都相等。若指令的繁简差异很大，规定统一的指令周期无疑会造成太多的时间浪费。因此，定长指令周期的方式很少被采用。

(2) 定长机器周期。各个机器周期都相等，一般都等于主存的存取周期；而指令周期不固定，等于机器周期的整数倍。

(3) 变长机器周期、定长节拍。指令周期长度不固定，而且机器周期长度也不固定，其含有的节拍数根据需要而定，与主存存取周期和总线周期没有固定关系。这种控制方式根据指令的具体要求和执行步骤，确定安排哪几个机器周期，以及每个机器周期中安排多少个节拍和工作脉冲，因此不会造成时间浪费。但时序系统的控制比较复杂，要根据不同情况确定每个机器周期的节拍数。

CPU 内部操作均采用同步控制方式，其原因是同一芯片的材料相同，工作速度相同，片内传输线短，又有共同的脉冲源。

在同步控制方式中，各条指令所需的时序由控制器统一发出，所有微操作都与时钟同步，所以又称为集中控制方式或中央控制方式。同步控制方式的优点是时序关系比较简单，控制器设计方便；但对简单的指令会产生空闲时间，降低了指令的执行速度。

2. 异步控制方式

异步控制方式即可变时序控制方式，各项操作不采用统一的时序信号控制，而根据指令或部件的具体情况决定，需要多少时间，就占用多少时间。

图 7-19 所示是一种采用“应答通信”实现的控制方式。各操作之间的衔接是由“结束-启动”信号来实现的，由前一项操作已经完成的“结束”信号，或由“准备好”信号来作为下一项操作的启动信号，在未收到“结束”或“准备好”信号之前不开始新的操作。例如，当存储器读操作时，CPU 向存储器发一个读命令(启动信号)，启动存储器内部的时序信号，以控制存储器读操作，此时 CPU 处于等待状态；当存储器操作结束后，存储器向 CPU 发出 MFC(结束信号)，以此作为下一项操作的起始信号。

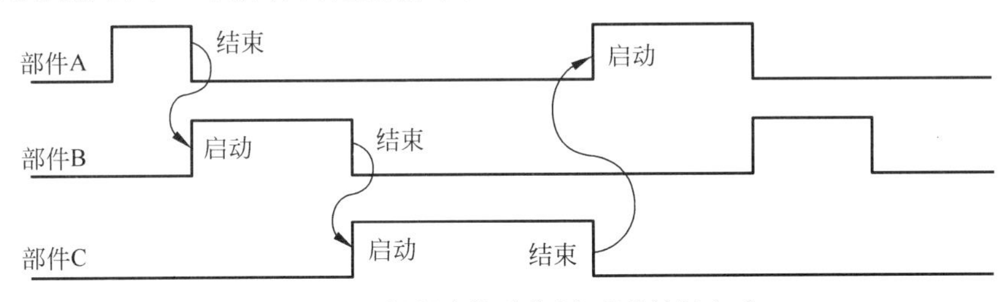

图 7-19 采用“应答通信”实现的控制方式

异步控制方式采用不同时序，没有时间上的浪费，因而提高了机器的效率，但是控制比较复杂。由于这种控制方式没有统一的时钟，而是由各功能部件本身产生各自的时序信号进行自我控制，故又称为分散控制方式或局部控制方式。

3. 联合控制方式

CPU内部的操作采用同步方式,CPU与主存和I/O设备的操作采用异步方式,这就带来一个同步方式与异步方式如何过渡、衔接的问题。也就是说,当主存或I/O设备的Ready信号到达CPU时,不可能恰好为CPU脉冲源的整周期或节拍的整周期。解决方法是一种折中方案,即联合控制方式。

联合控制方式是同步控制和异步控制相结合的方式。现代计算机中几乎没有完全采用同步或异步控制方式的,多数是采用联合控制方式。通常的设计思想是在功能部件内部采用同步方式或以同步方式为主的控制方式,在功能部件之间采用异步方式。

联合控制方式是介于同步和异步之间的一种折中。对大多数需要节拍数相近的指令,用相同的节拍数来完成,即采用同步控制;而对少数需要节拍数多的指令或节拍数不固定的指令,给予必要的延长,即采用异步控制。在联合控制方式中,CPU内部基本时序采用同步方式,当CPU通过总线与主存或其他I/O设备交换数据时,就转入异步方式。CPU只需给出启动信号,主存和I/O设备按自己的时序信号去安排操作。一旦操作结束,则向CPU发送结束信号,以便CPU再安排它的后继工作。CPU并不是在任何时刻都能立即对来自主存和I/O接口的请求信号做出反应,而是在一个节拍周期的结束(下一个节拍周期的开始)时才进行反应。也就是说,当CPU进行主存的读写操作或进行I/O设备的数据传输时,按同步方式插入一个节拍或几个节拍,直到主存或I/O设备的结束信号到达为止。联合控制方式是CPU进行主存的读写操作和I/O数据传输操作时通常采用的方式,能较好地解决同步与异步的衔接问题。

7.4 控制部件的硬布线实现

通过以上几节内容的介绍,我们已建立起了整机的概念。控制器是计算机中发布命令的"决策机构",由程序计数器、指令寄存器、指令译码器、地址译码器、时序发生器和操作控制器组成。操作控制器根据指令操作码和时序信号产生各种微操作控制信号,用以控制计算机各部分的操作,它是整个控制器的核心。

硬布线控制器是早期计算机的一种设计方法,这种方法是将控制部件做成产生固定时序控制信号的逻辑电路。该逻辑电路由门电路和触发器构成复杂的树形网络,所以称为硬布线控制器。由于微操作控制信号序列是硬布线控制器中的组合逻辑网络产生的,因而又称为组合逻辑控制器。随着大规模集成电路制造技术的发展,可使用通用可编程逻辑器件设计控制器,这种方式实现的控制器称为门阵列控制器;微操作控制信号序列也可用微程序产生,用这种方式实现的控制器称为微程序控制器。这部分内容将在下一节介绍。

对实际使用的计算机,其控制器的组成是很复杂的。在本节介绍硬布线控制器设计时,采取了一种较为简单的机器组成结构,略去了许多烦琐的细节,重点突出控制器的设计思路及要点,以加深读者对整机概念及其工作原理的认识与掌握。

7.4.1 硬布线控制器的基本原理

硬布线控制器主要由组合逻辑网络、指令寄存器、指令译码器和节拍电位/节拍脉冲发生器等部分组成，由门电路和触发器构成的复杂树形网络实现。它以使用最少的元件和取得最高的操作速度为设计目标。

硬布线控制器的结构方框图如图 7-20 所示，其中组合逻辑网络产生计算机所需的全部微操作命令，是控制器的核心。

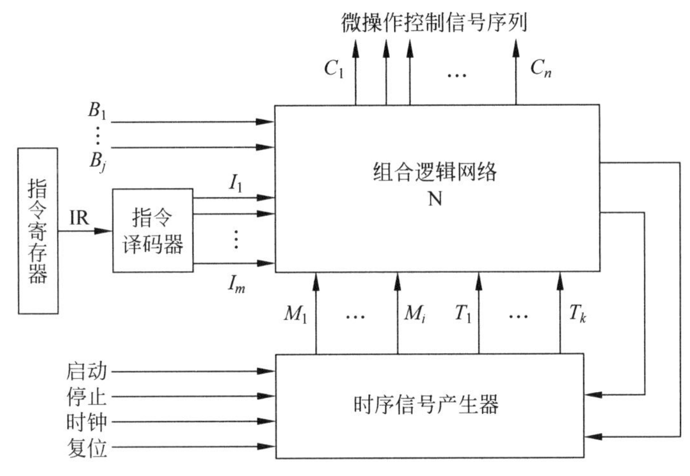

图 7-20 硬布线控制器结构方框图

组合逻辑网络的输入信号来源有 3 个。

(1) 来自指令译码器的输出 $I_1 \sim I_m$。译码器每根输出线表示一条指令，译码器的输出反映出当前正在执行的指令。

(2) 来自执行部件的反馈信息 $B_1 \sim B_j$。

(3) 来自时序信号产生器的时序信号，包括节拍电位信号 $M_1 \sim M_i$ 和节拍脉冲信号 $T_1 \sim T_k$。其中节拍电位信号是机器周期(CPU 周期)信号，节拍脉冲信号是时钟周期信号。组合逻辑网络 N 的输出信号就是微操作控制信号 $C_1 \sim C_n$，用来对执行部件进行控制。另有一些信号则根据条件变量来改变时序发生器的计数顺序，以便跳过某些状态，从而可以缩短指令周期。

硬布线控制器的基本原理归纳起来可叙述为：某一微操作控制信号 C_n 是指令译码器输出 I_m、时序信号(节拍电位 M_i 和节拍脉冲 T_k)和状态条件信号 B_j 的逻辑函数，其数学描述为

$$C_n = f(I_m, M_i, T_k, B_j)$$

控制信号 C_n 是用门电路、触发器等许多器件采用布尔代数方法来设计实现的。当机器加电工作时，某一操作控制信号 C_n 在某条特定指令和状态条件下，在某一操作的特定节拍电位和节拍脉冲时间间隔中起作用，从而激活这条控制信号线，对执行部件实施控制。显然，从指令流程图出发，就可以一个不漏地确定指令周期中各个时刻必须激活的所有操作控制信号。例如，对引起一次主存读操作的控制信号 C_3 来说，当节拍电位 $M_1=1$，取指令时被激活；而节拍电位 $M_4=1$，三条指令(LDA、ADD、SUB)取操作数时也被激活，此时指令

译码器的 LDA、ADD、SUB 输出均为 1，因此 C_3 的逻辑表达式为

$$C_3 = M_1 + M_4(\text{LDA} + \text{ADD} + \text{SUB})$$

一般来说，还要考虑节拍脉冲和状态条件的约束，所以每一控制信号 C_n 可由以下形式的布尔代数表达式来确定

$$C_n = \sum_i (M_i \cdot T_k \cdot B_j \cdot \sum_m I_m)$$

7.4.2 硬布线控制器设计举例

一台实际机器的控制部件是非常复杂的，是有几百条输出控制线的逻辑网络，不可能在书中作详细的描述与设计。本小节以最简单的模型机为实例，来讨论其设计的方法和步骤。

在这里仍以图 7-1 作为模型机。图中包含了各种部件设置以及它们之间的数据通路结构。在数据通路结构的基础上，就可拟出各种信息传送路径，以及为实现这些传送所需的微操作控制信号。

假设模型机的指令系统只包括 4 条典型的指令，如表 7-2 所示。

表 7-2 模型机的指令系统

助 记 符	操作描述与功能说明
LDA n	AC←n，把立即数 n 传送给累加寄存器 AC
ADD [X]	AC←(AC)+(X)，AC 的内容与存储单元 X 的内容相加送 AC
STR [X]	X←(AC)，AC 的内容存入存储单元 X
JMP X	PC←X，实现转移

(1) 根据 CPU 数据通路和指令功能，排列出每条指令的微操作控制序列。把表 7-2 的 4 条典型指令加以归纳，画出如图 7-21 所示的指令流程。

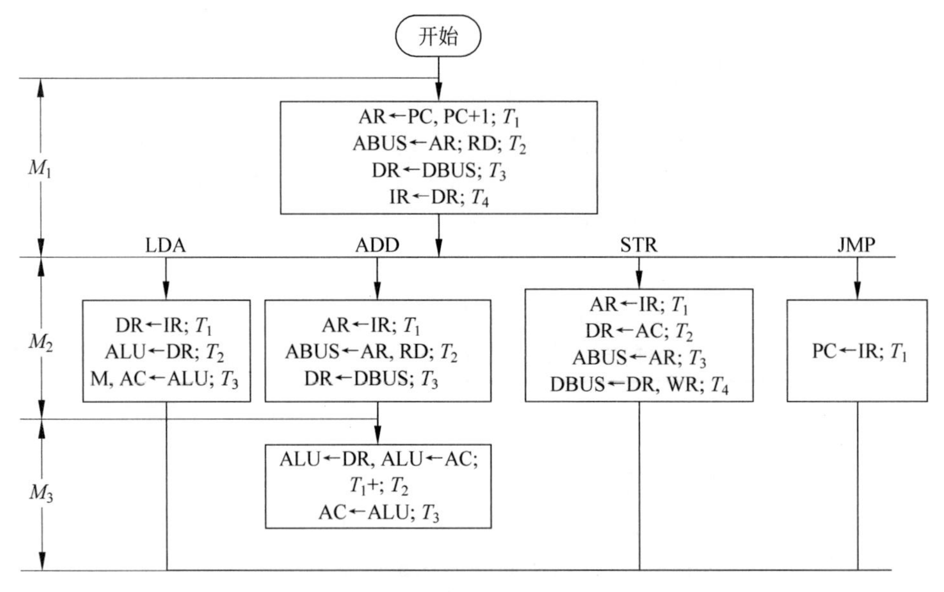

图 7-21 指令流程及节拍分配

由图 7-21 可知，所有指令的取指阶段都放在 M_1 节拍。在此节拍中，操作控制器发出微操作控制信号，完成从主存取出一条机器指令。

指令的执行阶段由 M_2、M_3 两个节拍完成。LDA、STR 和 JMP 指令只要一个节拍(M_2)即可完成,ADD 指令需要两个节拍(M_2、M_3)。为了简化节拍控制,指令的执行过程可采用同步控制方式,即各条指令的执行阶段均用最长节拍数 M_3 来考虑。但这样,对 LDA、STR 和 JMP 指令来说,在 M_3 节拍就没有什么操作了。因此,同步控制方式虽然简化了节拍控制,但是对于短指令来说,造成了时间上的浪费,降低了 CPU 的指令执行速度。在实际的机器中,设计短指令流程时可以跳过某些节拍。当然在这种情况下,节拍信号发生器的电路要复杂一些。

(2) 微操作控制信号逻辑条件的综合与化简。

根据上一步列出的全部操作时间表,可列出全机在各种工作状态下所需的所有微操作控制信号,并将可以合并的微操作控制信号予以合并与简化。为了化简,常将周期电位、节拍等时间条件以及操作码、寻址方式、寄存器号等逻辑条件综合为一些中间逻辑变量。组合逻辑电路的输出是所需的微操作控制信号,可分为维持一个时钟周期宽的电位型微操作控制信号,或是短暂的、靠边沿作用的脉冲型微操作控制信号。

设每一个节拍电位又由 4 个节拍脉冲组成,分别为 T_1、T_2、T_3、T_4。下面列出模型机微操作控制信号的逻辑表达式并进行化简:

$\mathrm{AR}\leftarrow\mathrm{PC}=M_1\cdot T_1$;

$\mathrm{PC}+1=M_1\cdot T_1$;

$\mathrm{ABUS}\leftarrow\mathrm{AR}=M_1\cdot T_2+M_2(\mathrm{ADD}\cdot T_2+\mathrm{STR}\cdot T_3)$;

$\mathrm{RD}=(M_1+\mathrm{ADD}\cdot M_2)\,T_2$;

$\mathrm{DR}\leftarrow\mathrm{DBUS}=(M_1+\mathrm{ADD}\cdot M_2)\,T_3$;

$\mathrm{IR}\leftarrow\mathrm{DR}=M_1\cdot T_4$;

$\mathrm{DR}\leftarrow\mathrm{IR}=\mathrm{LDA}\cdot M_2\cdot T_1$;

$\mathrm{AR}\leftarrow\mathrm{IR}=(\mathrm{ADD}+\mathrm{STR})\cdot M_2\cdot T_1$;

$\mathrm{PC}\leftarrow\mathrm{IR}=\mathrm{JMP}\cdot M_2\cdot T_1$;

$\mathrm{ALU}\leftarrow\mathrm{DR}=\mathrm{LDA}\cdot M_2\cdot T_2+\mathrm{ADD}\cdot M_3\cdot T_1$;

$\mathrm{DR}\leftarrow\mathrm{AC}=\mathrm{STR}\cdot M_2\cdot T_2$;

$M=\mathrm{LDA}\cdot M_2\cdot T_3$;

$\mathrm{AC}\leftarrow\mathrm{ALU}=(\mathrm{LDA}\cdot M_2+\mathrm{ADD}\cdot M_3)T_3$

$\mathrm{DBUS}\leftarrow\mathrm{DR}=\mathrm{STR}\cdot M_2\cdot T_4$;

$\mathrm{WR}=\mathrm{STR}\cdot M_2\cdot T_4$;

$\mathrm{ALU}\leftarrow\mathrm{AC}=\mathrm{ADD}\cdot M_3\cdot T_1$;

$+=\mathrm{ADD}\cdot M_3\cdot T_2$;

要说明的是:为简化问题,在上述逻辑表达式中,假定每个微操作控制信号都持续一个节拍脉冲,即一个时钟周期的时间。而实际的机器中各个微操作控制信号持续节拍脉冲数是不同的。

(3) 微操作控制信号的逻辑实现。

传统的方法是直接用门电路实现上述逻辑表达式,这一组电路就泛称为微操作控制信号发生器,它们是控制器的主要实体。下面给出产生微操作控制信号 ABUS←AR 的组合逻辑电路,如图 7-22 所示[$\mathrm{ABUS}\leftarrow\mathrm{AR}=M_1\cdot T_2+M_2(\mathrm{ADD}\cdot T_2+\mathrm{STR}\cdot T_3)$]。

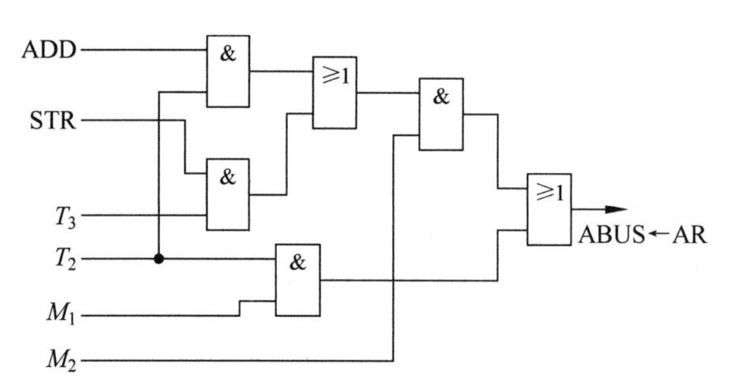

图 7-22 产生微操作控制信号 ABUS←AR 的组合逻辑电路

在图 7-22 中，M_1、M_2、T_2、T_3 是时序产生器的输出，ADD、STR 是指令译码器的输出，它们是组合逻辑网络的输入，产生的输出是微操作控制信号 ABUS←AR。其他的微操作控制信号也可以按类似的方法产生，在此不一一画出。产生所有微操作控制信号的逻辑电路构成了一个复杂的组合逻辑网络。一台计算机所需的微操作控制信号可能有成百上千，因此硬布线控制器中的微操作控制信号产生器实际上是一组不规整的组合逻辑电路，即门电路集合。

随着大规模集成电路制造技术的发展，现在广泛采用可编程门阵列来实现控制器，或者尽量用门阵列产生大部分微操作控制信号，使电路结构得到简化。产生微操作控制信号的各种逻辑条件作为门阵列的输入，芯片内部产生相关的译码输出，再经编码形成若干微操作控制信号输出。这种多输入-多输出组合逻辑电路很适合构成微操作控制信号发生器。

(4) 硬布线控制器逻辑设计中注意的事项。

综上所述，硬布线控制器的设计是用大量的逻辑门电路，按一定规则组合成一个逻辑网络，从而产生各机器指令的微操作控制信号序列。其设计过程一般分为以下步骤。

① 根据给定的 CPU 数据通路和指令功能，排列出每条指令的微操作控制序列。

② 确定机器的状态周期、节拍与工作脉冲。根据指令的功能和器件的速度，确定指令执行过程中的周期及节拍的基本时间。

③ 列出每个微操作控制信号的逻辑表达式。确定了每条指令在每一状态周期中各个节拍内所完成的操作，也就得出了相应的操作控制信号的表达式。该表达式由指令操作码、时序状态(周期、节拍和工作脉冲)以及状态条件信息(允许有空缺)等因子组成。

④ 进行指令综合。综合所有指令的每一个微操作命令，写出逻辑表达式并进行化简。

⑤ 逻辑电路设计。合理选用逻辑门电路，将简化后的逻辑表达式用组合逻辑电路来实现。

总之，控制器的设计与实现技巧性较强，以上讨论的是手工设计过程。实际的 CPU 设计有功能强大的专用工具软件供逻辑设计使用，但是对全局的考虑主要依靠设计人员的智慧和经验。

7.4.3 硬布线控制器的缺点及其改进

在比较完整地介绍了硬布线控制器的设计之后，将会发现硬布线控制方式的缺点，并找到相应的改进方向。

如前所述，硬布线控制方式是用许多门电路产生微操作控制信号的，而这些门电路所需的逻辑形态很不规整,因此硬布线控制器的核心部分比较烦琐、零乱,设计效率较低,检查调试困难。就其设计方法而言,虽有一定的规律,但对于不同的指令与不同的安排,所构成的微操作控制信号形成的电路也就不同。改进的方向是将程序设计技术引入到CPU机器的构成级,使设计规整化,也就是像编制程序那样去编制微操作控制信号序列。

硬布线控制方式的另一缺点是不易修改或扩展。这是因为设计结果用印刷电路板(硬布线)固定下来以后,就很难再修改与扩展。而且,在各个微操作控制信号逻辑表达式中往往包含着许多条件,其中一些逻辑变量可能是其他微操作控制信号所公用的,修改一处就会牵动其他,因而很难改动。机器一旦设计并制造出来,要想修改其操作过程或某些操作的处理方式,或进一步修改与扩充指令系统,基本上是不可能的。这就使一台新设计的机器可能难以达到理想的效果。如果推出一种新的指令系统,原有的机器就不能执行它。改进的方向是将存储逻辑引入CPU,取代组合逻辑的微操作控制信号发生器。也就是将微操作控制信号作为数字代码直接存入一个存储器中,只要修改所存储微操作控制信号的代码,就可修改有关的功能与执行的方式。

这两种改进方向促进了微程序控制思想的出现,但组合逻辑控制方式仍是产生控制命令的一种基本方式,即使采用微程序控制后,仍有部分微操作控制信号需要组合逻辑电路产生。组合逻辑控制方式的优点是速度较快,因此目前主要应用于高速计算机,如RISC处理器等。

7.5 微程序控制器

前面讲过,在计算机系统中,控制器常常采用硬布线设计技术和微程序设计技术,微程序控制设计技术是利用软件方法进行硬件设计的一门技术。本节将重点介绍微程序控制器。

早在1951年,英国剑桥大学的M. V. Wilkes教授就提出了微程序控制的思想。他认为每条机器指令都可以分解为若干基本的操作序列,故一旦机器的体系结构和指令系统确定后,计算机所需要的全部操作控制信号也就确定了。可将这些操作信号以微码的形式编制成微指令,微指令中的每个二进制位定义成相应的控制码位,该位为1,表示执行该操作;该位为0,表示不执行该操作。这样,一条机器指令的执行可通过执行若干条微指令(这些微指令的集合叫作微程序)来实现。指令系统确定后,可将各条机器指令对应的微程序集中存放到一个只读存储器中(即控制存储器,简称控存)。因此,控存实际上成了一个微操作控制信号发生器。

微程序控制器的基本设计思想概括起来有以下两点。

(1) 将指令周期中所需的微操作控制信号以代码(微码)形式编成微指令,存入一个用ROM构成的控制存储器中。在CPU执行程序时,从控制存储器中取出微指令,用其所包含的微命令控制有关操作。与硬布线控制方式不同,它由存储逻辑事先存储与提供微命令。这体现了7.4.3节提出的一种改进方向,即将存储逻辑引入控制器的设计。

(2) 将各种机器指令的操作分解为若干微操作序列。每条微指令包含的微命令控制实现一步操作,若干条微指令组成一段微程序,解释执行一条机器指令;针对整个指令系统的需要编制出一套完整的微程序,事先存入控制存储器中。这体现了又一种改进方向,利用程序设计技术去编排指令的解释与执行。

上面从两个角度阐明了微程序控制的基本概念：微操作控制信号的产生方式，微程序与机器指令之间的对应关系。

以上所述涉及了两个层次，读者务必分清。

一个层次是程序员看到的传统机器级——机器指令。机器指令是提供给使用者编程的基本单位，它表明CPU所能完成的基本功能。程序员根据某项任务编制的工作程序存放在主存储器中，最终成为可执行的指令序列，由程序计数器指示其流程。

另一个层次是设计者看到的微程序级——微指令。微指令是为实现机器指令中一步操作的微命令组合。它作为CPU内部的控制信息，通常不提供给使用者，对程序员是透明的。微程序是机器设计者事先编制好的，作为解释执行工作程序的一种硬件(固件)手段，在制造CPU时就存入控制存储器中。

工作程序可以很长，如几千条指令，但所使用的机器指令类型有限，所对应的微程序也是有限的。

7.5.1 微程序控制的基本概念

1. 微命令

一台数字计算机基本上可以划分为两大部分——控制部件和执行部件。控制器就是控制部件，而运算器、存储器、外围设备相对控制器来讲，就是执行部件。那么两者之间是怎样进行联系的呢?

控制部件与执行部件的一种联系是控制信息。控制部件通过控制线向执行部件发出各种控制命令，通常把这种控制命令叫做微命令，而执行部件接收微命令后所进行的操作就是微操作。

控制部件与执行部件之间的另一种联系是反馈信息。执行部件通过反馈线向控制部件反映操作情况，以便控制部件根据执行部件的“状态”下达新的微命令，这也叫作“状态测试”。

微操作在执行部件中是最基本的操作。由于数据通路的结构关系，微操作可分为相容性和相斥性两种。所谓相容性微操作，是指同时或同一个微指令周期内可以并行执行的微操作。所谓相斥性微操作，是指不能同时或不能在同一个微指令周期内并行执行的微操作。

为了说明微程序控制器的工作原理，将CPU简化为如图7-23所示。其中ALU为算术逻辑单元，AC为累加寄存器，DR为数据寄存器。AC、DR的内容都可以送至ALU输入端，而ALU的输出可以送往AC。在给定的数据通路中，每个控制门仅是一个常闭的开关，它的一个输入端代表来自寄存器的信息，而另一个输入端则作为操作控制端。只有两个输入端都有输入信号时，它才产生一个输出信号，从而在控制信号能起作用的一个时间宽度中使信息在部件之间流动。

图7-23中每个开关由控制器中相应的微命令来控制。假定ALU只有加、减、传送3种操作，分别由C_1、C_2、C_3微命令来控制。这3种操作在同一个CPU周期中只能选择一种，不能并行，所以加、减、传送3个微操作是相斥性微操作。AC=0为零标志触发器，运算结果为0时该触发器状态为“1”。类似地，C_4、C_5分别是存储器读、写微命令，它们控制的存储

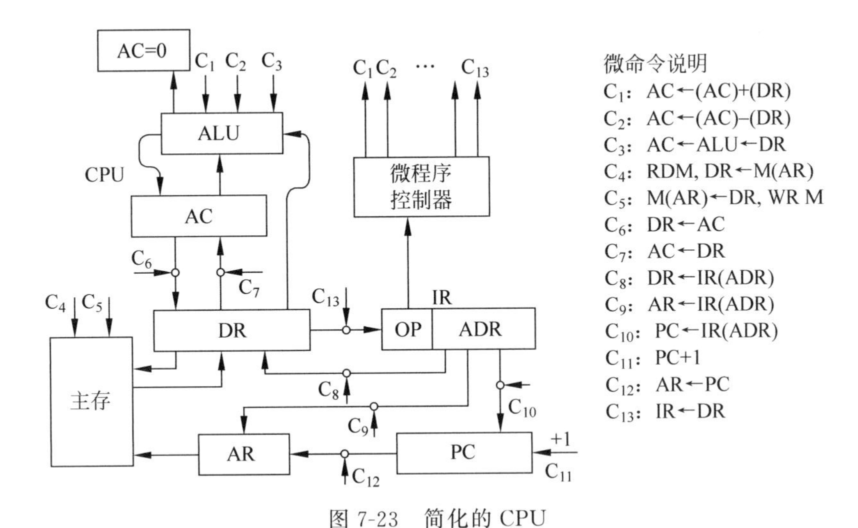

图 7-23 简化的 CPU

器读、写微操作是相斥性的；C_6、C_7 控制的微操作也是相斥性的。C_{11}、C_{12}、C_{13} 控制的微操作可以在同一个微指令周期中进行，所以是相容性微操作。

2. 微指令和微程序

在机器的一个 CPU 周期中，一组实现一定操作功能的微命令的组合构成一条微指令。以图 7-23 所示的简化的 CPU 内的数据通路为例，图 7-24 表示一个具体的微指令结构。微指令字长为 19 位，由操作控制字段和顺序控制字段两大部分组成。

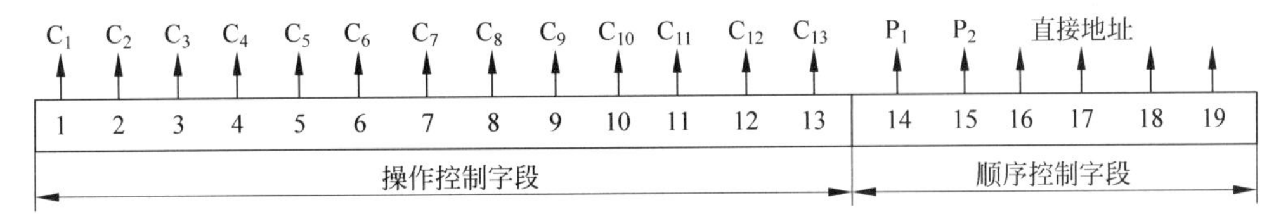

图 7-24 微指令结构

（1）操作控制字段。操作控制字段用来发出控制和指挥全机工作的控制信号。在图 7-24 所示的微指令中，该操作控制字段为 13 位，每一位表示一个微命令。每个微命令的编号同图 7-23 所示的数据通路相对应，具体功能说明在图 7-23 右半部分。当操作控制字段某一位信息为“1”时，表示发出相应的微命令；当某一位信息为“0”时，表示不发出该微命令。例如，当微指令第 1 位信息为“1”时，表示发出 C_1 微命令，那么算术逻辑单元将执行 AC←(AC)＋(DR)的微操作。同样，当微指令第 2 位信息为“1”时，则表示向 ALU 发出进行“－”的微命令，因而 ALU 就执行减法操作。

微命令信号既不能来得太早，也不能来得太晚。因此，要求执行微命令信号时还要加入时间控制，即与时序信号相组合。

（2）顺序控制字段。顺序控制字段用来决定产生下一条指令的地址。一条机器指令的功能是用多条微指令组成的序列来实现的，这些微指令序列通常叫做微程序。当执行当前一条微指令时，必须指出下一条微指令的地址，以便当前微指令执行完毕后，取出下一条微指令。决定下一条微指令地址的方法有多种，但基本上还是由微指令顺序控制字段的信息来决定的。

图 7-24 所示的微指令中,顺序控制字段中的第 16～19 位用于直接给出下一条微指令的地址,第 14、15 两位是判别测试标志。当第 14、15 两位为"0"时,表示不进行测试,直接按顺序控制字段第 16～19 位给出的地址取出下一条微指令;当第 14、15 位为"1"时,表示要进行 P_1 或 P_2 的判别测试,根据测试结果对第 16～19 位的某一位或几位进行修改,然后按修改后的地址取下一条微指令。

7.5.2 微程序控制器的组成

微程序控制器原理框图如图 7-25 所示。它主要由控制存储器(CM)、微指令寄存器(μIR)、微地址寄存器(μAR)和微地址形成逻辑 4 部分组成。

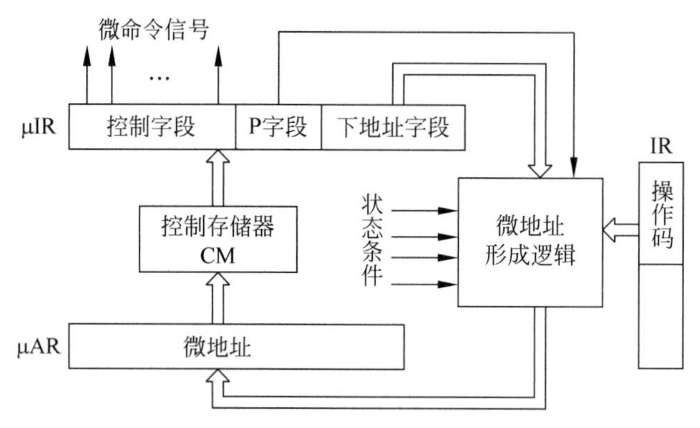

图 7-25 微程序控制器原理框图

1. 控制存储器

控制存储器(CM)用来存放实现全部指令系统的微程序。控制存储器是一种只读型存储器,微程序固化在其中,微指令只能读出而不能改写。其工作过程是:每读出一条微指令,则执行这条微指令;接着读出下一条微指令,执行这一条微指令……读出一条微指令并执行微指令的时间总和称为一个微指令周期。在串行方式的微程序控制器中,微指令周期就是只读存储器的工作周期。控制存储器的字长就是微指令字的长度,其存储容量取决于机器指令系统中指令的功能及数量。对控制存储器的要求是速度要快,读出周期要短,通常采用高速半导体存储器来构造。

2. 微指令寄存器

微指令寄存器(μIR)用来存放由控制存储器读出的一条微指令信息,包括操作控制字段、判别测试字段和下地址字段的信息。其中操作控制字段提供微命令信号,可以直接给出,也可以通过译码而提供,这取决于微指令的编码方式;而判别测试字段和下地址字段决定将要访问的下一条微指令的地址。

3. 微地址寄存器

微地址寄存器(μAR)用于存放要访问的微指令在控制存储器的地址,该地址由微地址形成逻辑提供。

4. 微地址形成逻辑

一般情况下，由控制存储器读出的微指令直接给出下一条微指令的地址，通常简称为微地址。如果微程序不出现分支，下一条微指令的地址就直接由微指令寄存器(μIR)的下地址字段决定。当微程序出现分支时，意味着微程序出现条件转移。在这种情况下，通过判别测试字段P和执行部件的“状态条件”反馈信息，去修改微地址寄存器的内容，并按改好的内容去读取下一条微指令。因此，微地址形成逻辑就承担自动完成修改地址的任务。

7.5.3 微程序设计举例

一条机器指令是由若干条微指令组成的序列来实现的。因此，一条机器指令对应着一个微程序，而微程序的总和便可实现整个指令系统。

现在以表7-3所示的模型机指令系统为例，具体看一看微程序控制的过程。

表7-3 模型机指令系统

指令助记符	操作描述与功能说明
LDA n	AC←n，把立即数n传送给累加寄存器(AC)
ADD [X]	AC←(AC)+(X)，将AC的内容与存储单元X的内容相加后送AC
SUB [X]	AC←(AC)-(X)，将AC的内容减存储单元X的内容后送AC
STR [X]	X←(AC)，将AC的内容存入存储单元X
JZ X	当AC=0时，PC←X；否则，PC不变

1. 分析机器指令的功能

模型机指令系统共有5种指令，采用2种寻址方式。

(1) LDA n：数据传送指令，采用立即寻址方式，把立即数n传送给累加寄存器(AC)，给寄存器赋初值。

(2) ADD [X]：加法指令，采用直接寻址方式。指令执行时，先根据有效地址X访问存储器取操作数；然后将存储单元X的内容与累加寄存器(AC)的内容相加，结果送AC。

(3) SUB [X]：减法指令，采用直接寻址方式。指令执行时，先根据有效地址X访问存储器取操作数；然后用AC的内容减去从存储器取的操作数，结果送AC。

(4) STR[X]：存操作数指令，采用直接寻址方式。指令执行时，将AC的内容存入存储单元X。

(5) JZ X：条件转移指令。当AC=0时，条件满足，用X修改PC的内容，实现程序转移；否则，PC不变，继续执行下一条指令。

2. 设计微程序流程图

机器指令要被执行，首先要完成取指令的操作。

第一条微指令是“取指”微指令，它是一条专门用来取机器指令的微指令，任务有3个：

从主存取出一条机器指令，并把它存放到指令寄存器中；将程序计数器加1，做好取下一条机器指令的准备；对机器指令的操作码用 P_1 进行判别测试，然后修改微地址寄存器的内容；给出下一道微指令的地址，转向相应指令的微程序段。

模型机指令系统的微程序流程图如图7-26所示。每一条微指令用一个长方框表示，每一条微指令的地址用数字标于长方框的右上角。注意：菱形框代表判别测试，它的动作依附于上一条微指令。当微程序转向公操作（用符号"⌐"表示）时，如果没有外围设备请求服务，那么将转向取下一条机器指令。

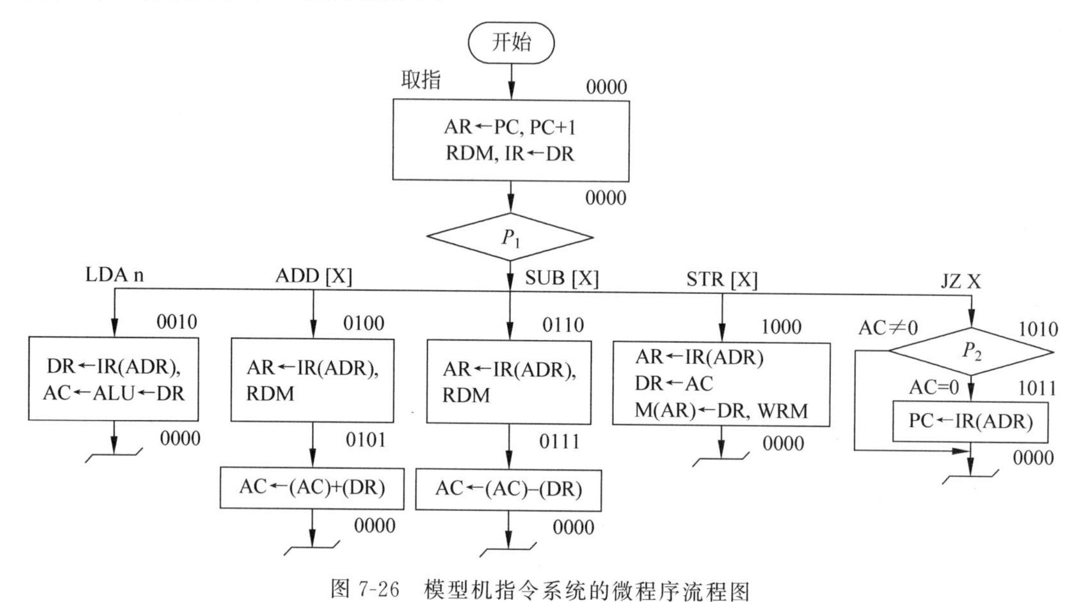

图7-26 模型机指令系统的微程序流程图

3. 编写微程序

假定模型机的CPU如图7-23所示，采用图7-24所示的微指令格式，模型机指令系统的微程序流程图如图7-26所示，则模型机指令系统的微程序代码如表7-4所示。

表7-4 模型机指令系统的微程序代码

控存地址	控制字段 $C_1C_2C_3C_4\cdots C_{13}$	测试字段 P	后继微地址字段
0000	0001 0000 0011 1	1 0	0000
0010	0010 0001 0000 0	0 0	0000
0100	0001 0000 1000 0	0 0	0101
0101	1000 0000 0000 0	0 0	0000
0110	0001 0000 1000 0	0 0	0111
0111	0100 0000 0000 0	0 0	0000
1000	0000 1100 1000 0	0 0	0000
1010	0000 0000 0000 0	0 1	0000
1011	0000 0000 0100 0	0 0	0000

假设把已经编好的微程序存放到控制存储器中，当机器启动时，只要给出控制存储器的首地址，就可以调出所需要的微程序。

为此，首先给出第一条微指令的地址0000，经地址译码，控制存储器选中所对应的"取指”微指令，并将其读到微指令寄存器(μIR)中。第一条微指令的二进制编码如表7-4所示，它的操作控制字段要发出4个微命令：发出 C_{12} 微命令，将PC内容送到地址寄存器(AR)；发出 C_{11} 微命令，PC自加1；发出 C_4 微命令，主存执行读操作，从主存单元取出机器指令代码送到缓冲寄存器(DR)；发出 C_{13} 微命令，将DR中的机器指令代码再送到指令寄存器(IR)。C_{11} 发出PC+1微命令后，程序计数器加1，做好取下一条机器指令的准备。另一方面，微指令的顺序控制字段指明下一条微指令的地址是0000，但是由于判别字段中第14位为1，表明是 P_1 测试，因此0000不是下一条微指令的真正地址。P_1 测试的“状态条件”是指令寄存器的操作码字段，即用OP字段形成下一条微指令的地址，因此微地址寄存器的内容修改成该机器指令微程序段在控存中的地址。

如果在第一个CPU周期完成后，取得的指令是JZ X，经 P_1 测试形成的下一条微指令的地址是1010，则按照1010这个微地址读出第二条微指令，它的二进制编码如表7-4所示。在这条微指令中，顺序控制部分由于判别字段中 P_2 为1，表明进行 P_2 测试，测试的“状态条件”为进位标志AC=0。换句话说，此时微地址0000需要进行修改，当AC=0时，下一条微指令的地址为1011；当AC≠0时，下一条微指令的地址为0000。显然，在测试一个状态时，有两条微指令作为要执行的下一条微指令的“候选”微指令。现在假设AC=0，则要执行的下一条微指令地址为1011。按照1011这个微地址读出的微指令，其控制字段发出 C_{10} 微命令，完成修改PC的操作，从而实现了条件转移。

从这个简单的控制模型中，可以看到微程序控制的主要思想及工作原理。

按上述步骤把指令系统中所有指令的微程序段都编写好，然后固化在控存中，就完成了微程序控制器的设计。要注意的是，对于不同指令的微程序段的公操作应使用一样的微指令，这样可节省控存的容量。

下面介绍微程序控制的计算机的工作过程。计算机加电以后，首先由复位信号(Reset)将开机后执行的第一条指令的地址送入PC内，同时将一条“取指”微指令送入微指令寄存器中，并将其他一些有关的状态位或寄存器置于初始状态。当电压达到稳定值后，自动启动计算机，产生节拍电位和工作脉冲。为保证计算机正常工作，电路必须保证开机后第一个机器周期信号的完整性，并在该CPU周期末产生开机后的第一个工作脉冲。然后计算机开始执行程序，不断地取出指令、执行指令。

程序可以存放在固定存储器中，也可以利用固化在只读存储器中的一小段引导程序，将要执行的程序和数据从外部设备调入主存。实现各条指令的微程序是存放在微程序控制器中的。当前正在执行的微指令从微程序控制器中取出后放在微指令寄存器中，由微指令控制字段中的各位直接控制信息和数据的传送，并进行相应的处理。当遇到停机指令或外来停机命令后，应该等当前这条指令执行完后再停机或至少在本机器周期结束时停机。要保证停机后重新启动计算机能继续工作而且不出现任何错误。

前面介绍了微程序控制计算机工作的过程。实现这一过程的方法有很多，硬件结构也有很大的差别，这里只是简单说明一种实现的方法。

7.5.4 微程序控制的特点

1. 微指令周期与CPU周期的关系

在串行方式的微程序控制器中，微指令周期等于读出微指令的时间加上执行该条微指令的时间。为了保证整个机器控制信号的同步,可以将一个微指令周期时间设计得恰好和CPU周期时间相等。图7-27给出了微指令周期与CPU周期的时间关系。

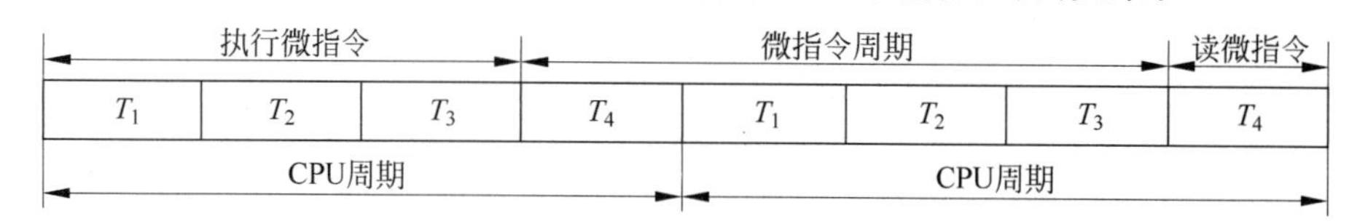

图7-27 微指令周期与CPU周期的时间关系

一个CPU周期包含4个等间隔的节拍脉冲 $T_1 \sim T_4$,假设每个脉冲宽度为200ns。用 T_4 作为读取微指令的时间,用 $T_1+T_2+T_3$ 的时间作为执行微指令的时间。

例如,前600ns时间内运算器进行运算,在600ns时间结束时运算器已经运算完毕,可在 T_4 上升沿将运算结果打入某个寄存器。同时可用 T_4 间隔读取下条微指令,经200ns的时间延迟,下条微指令又从控制存储器读出,并在 T_1 上升沿打入到微指令寄存器。如忽略触发器的翻转延迟,那么下条微指令的微命令信号就从 T_1 上升沿开始有效,直到下一条微指令读出后打入微指令寄存器为止。因此一条微指令的保持时间恰好是800ns,也就是一个CPU周期的时间。

2. 微指令与机器指令的关系

通过前面的学习,已全面了解微指令与机器指令的关系。现在把微指令与机器指令之间的关系归纳如下。

(1) 一条机器指令对应一段微程序,而微程序是由若干个微指令序列组成的。因此,一条机器指令的功能是由若干条指令组成的序列来实现的,即一条机器指令所完成的操作可通过若干条微指令来完成,由微指令进行解释和执行。

(2) 从指令与微指令、程序与微程序、主存与控存、地址与微地址的一一对应关系可知,指令、程序和地址与主存储器有关,而微指令、微程序和微地址与控制存储器有关,并且也有相对应的硬设备。微指令与机器指令间的关系如图7-28所示。

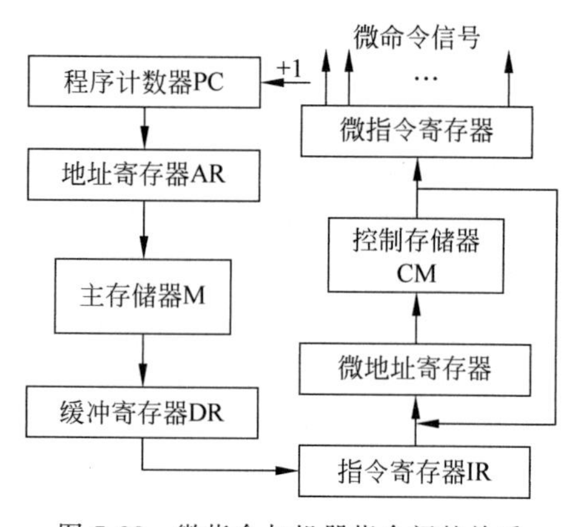

图7-28 微指令与机器指令间的关系

(3) 一个CPU周期对应一条微指令,在7.2节曾讲述指令周期与机器周期的概念,并归纳了4条典型指令的指令周期。从指令的微程序流程图中能看到设计微程序的流程,也可进一步明确机器指令与微指令的关系。

3. 微程序控制器与硬布线控制器的比较

硬布线控制器与微程序控制器相比较,除在操作控制信号的形成上有较大的区别外,其他没有本质的区别。要实现相同的一条指令,不管是采用硬布线控制还是采用微程序控制技术,都可以有多种设计方案,而不同的控制器不仅具体实现方法和手段不同,性能也会有所差异。

微程序控制器与硬布线控制器的主要区别可归纳为以下两点。

(1) 实现方式。微程序控制器的控制功能是在存放微程序的控制存储器和存放当前正在执行的微指令的寄存器的直接控制下实现的,而硬布线控制器的控制功能则由逻辑门组合实现。微程序控制器的电路比较规整,各条指令信号的差别集中在控制存储器的内容上,因此,无论是增加还是修改指令,只要增加或修改控制存储器的内容即可。若控制存储器是ROM,则要更换芯片,在设计阶段可以先用RAM或EPROM来实现,验证正确后或成批生产时再用ROM代替。硬布线控制器的控制信号先用逻辑表达式列出,经化简后用电路来实现,因此显得零乱复杂,当需要修改指令或增加指令时就必须重新设计电路,非常麻烦而且有时甚至无法改变。因此,微程序控制技术取代了硬布线控制技术并得到了广泛应用,尤其是指令复杂的计算机,一般都采用微程序来实现控制功能。

(2) 性能方面。在同样的半导体工艺条件下,微程序控制的速度比硬布线控制的速度慢,因为执行每条微指令都要从控制存储器中读取,影响了速度;而硬布线控制逻辑主要取决于电路延时,因而在超高速机器中,对影响速度的关键部分如(核心部件CPU)往往采用硬布线逻辑实现。近年来,在RISC等一些新型的计算机系统中一般均选用硬布线逻辑电路。

7.6 微程序设计技术

微程序是微指令的集合。在实际设计中应尽量减小控存的容量,提高微程序的执行效率,使其设计灵活,便于修改。而控存的容量大小、微程序的执行效率在很大程度上取决于微指令的结构,因此,微程序设计的关键是确定微指令的结构。设计微指令结构应当追求的目标是:

(1) 有利于缩短微指令字的长度;

(2) 有利于减小控制存储器的容量;

(3) 有利于减少微程序的长度;

(4) 有利于提高微程序的执行速度;

(5) 有利于对微指令进行修改;

(6) 有利于提高微程序设计的灵活性。

这些也是微程序设计技术所要讨论的问题。

7.6.1 微命令编码

微指令是由操作控制字段和顺序控制字段组成的。微命令编码就是对微指令中的操作控制字段进行编码表示,通常有以下几种编码方法。

1. 直接表示法

采用直接表示法的微指令结构如图7-29所示,其特点是操作控制字段中的每一位代表一个微命令。在设计微指令时,只要将微指令操作控制字段相应的位置置"1"或"0",便可发出或禁止某个微命令,这就是直接表示法。

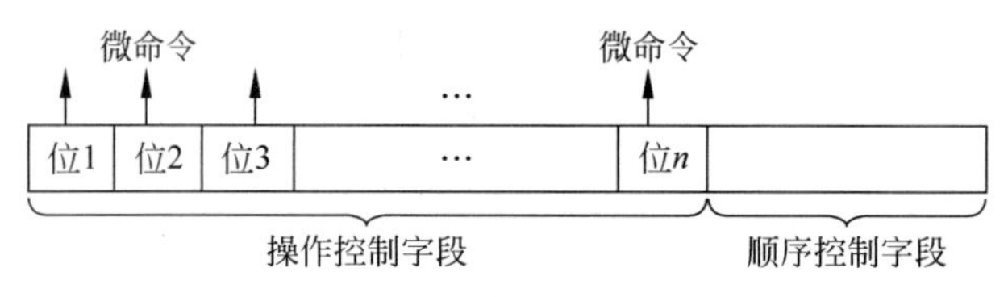

图 7-29 直接表示法

这种方法的优点是简单、直观，输出直接用于控制，微命令的并行控制能力强，编写的微程序行数少；缺点是微指令字较长。如果一台计算机的微命令有 400 个，则微指令的控制字段就需 400 位，这会使微指令字的长度达到难以接受的地步。而且，对如此长的微指令字，在给定的任何一条微指令中，常常仅有少数几个微命令，因此只有少数几位置 1，造成位空间不能充分利用，也造成了控存空间的浪费。因此，为了缩短微指令字的长度，可以采用字段直接译码法。

2. 字段直接译码法

事实上，在控制数据通路的操作中，大多数微命令不是同时需要的，而且许多微命令是互相排斥的。例如，控制 ALU 操作的各种微命令（如+、−、Move 等）不能同时出现，即在一条微指令中只能出现一种运算操作；又如存储器的读/写操作也不能同时出现。通常将在同一个微指令周期中不能同时出现的微命令称为相斥性微命令，将在同一个微指令周期中可以同时出现的微命令称为相容性微命令。

字段直接译码法是把一组相斥性的微命令组成一个字段，用字段的不同代码表示不同的微命令；然后通过字段译码器对每一个微命令进行译码，译码输出作为微操作控制信号。其微指令结构如图 7-30 所示。

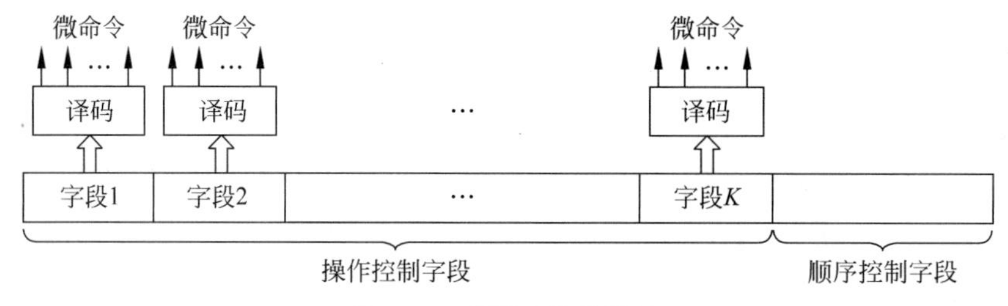

图 7-30 字段直接译码法

字段直接译码法可以缩短微指令字的长度。例如，某机器指令系统总共需要 300 个微命令，采用直接表示法，微指令的操作控制字段需 300 位。采用字段直接译码法，如用 4 位二进制代码表示一个字段，经字段译码器输出，可产生 15 个相斥性的微命令，总共 20 个字段就可以得到 300 个微命令。注意：通常全“0”编码表示不发出任何微命令。微指令的操作控制字段仅 80 位。在此虽然增加了一些译码线路，但使控制存储器的容量大大缩小，这是一种较为经济的做法。

字段直接译码法的分段原则如下。

(1) 相斥性微命令分在同一字段内，相容性微命令分在不同字段内。前者可缩短微指令的字长，后者有利于实现并行操作，加快指令的执行速度。

(2) 一般将同类操作（或控制同一部件的操作）中互斥性的微命令划分在一个字段内，

如将控制 ALU 操作的微命令+、-、Move 等划分在一个字段内。这样做会使微指令的结构清晰,易于编写微程序,也易于修改扩充功能。

(3) 每个字段包含的信息位不能太多,否则将增加译码线路的复杂性和译码时间。

字段直接译码法既能缩短微指令字的长度,又有并行操作效率高的优点,执行速度也比较快,因此得到了广泛的应用,如 IBM 370 系列、VAX-11 系列机都采用此编码法。

3. 混合表示法

混合表示法是把直接表示法与字段直接译码法混合起来,即部分微命令用分段编码表示,一些速度要求高或与其他微命令都相容的微命令用直接表示法表示,其微指令结构如图 7-31 所示。混合表示法能综合考虑微指令的字长、灵活性和执行微程序的速度等方面的要求。

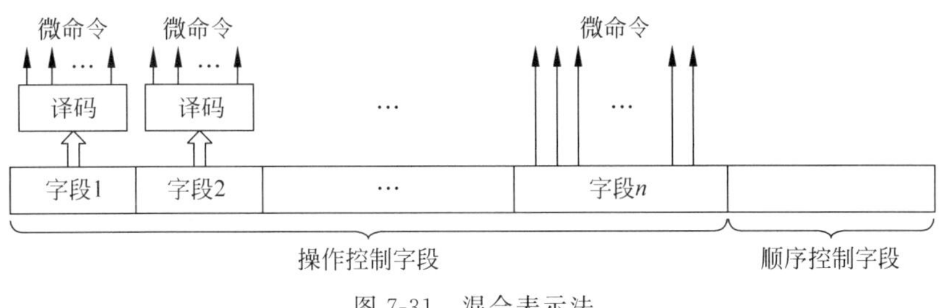

图 7-31 混合表示法

4. 常数字段控制法

另外,在微指令中还可以附设一个常数字段,就像指令中的立即数一样,来给某些执行部件直接发送常数。该常数字段可作为操作数送入 ALU 参与运算,也可作为计数器初值用来控制微程序的循环次数。

【例 7.2】 表 7-5 中给出了 8 条微指令 $I_1 \sim I_8$ 所包含的微命令控制信号。试设计微指令操作控制字段的格式,要求所用的控制位最少,而且保持微指令本身内在的并行性。

表 7-5 8 条微指令 $I_1 \sim I_8$

微指令	所含微命令	微指令	所含微命令
I_1	ABCDE	I_5	CEGI
I_2	ADFG	I_6	AHJ
I_3	BH	I_7	CDH
I_4	C	I_8	ABH

解 要使操作控制位最少,则应利用字段直接译码法对相斥性微命令进行编码;要保持并行性,则尽量对相容性微命令进行直接编码。在同一条微指令中出现的微命令即可认为它们可并行,因此可采用混合表示法进行编码。

观察表 7-5 可以发现 $I_1 \sim I_8$ 8 条微指令中共有 A、B、C、D、E、F、G、H、I、J 共 10 个微命令,且部分微命令是两两互斥的。首先由 I_1 微指令可知,A、B、C、D、E 是相容性微命令,任意两个都不能分在同一个字段;又通过比较,可知以下两组微命令两两互斥:{B、I、J}、{E、F、H}。所以,可按如图 7-32 所示的方式进行编码,只需 8 位。当然,结果不是唯一的,还可有其他的编码方式。

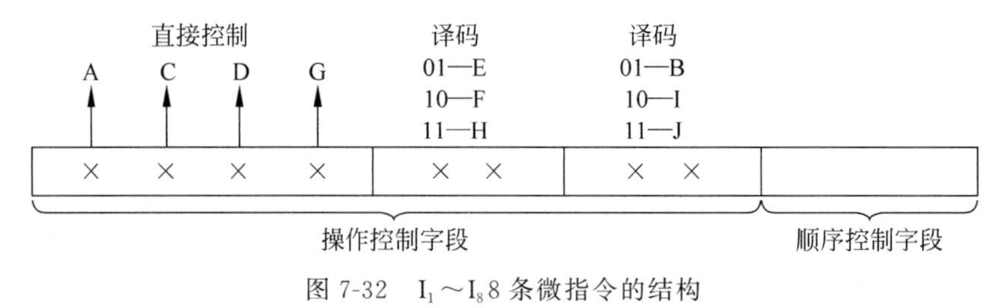

图 7-32 $I_1 \sim I_8$ 8 条微指令的结构

7.6.2 微地址的形成方法

微程序的执行过程同程序的执行过程一样，也同样存在执行顺序的控制问题。所谓微程序的顺序控制，是指在执行现行微指令的过程中或在执行完毕后，怎样控制产生下一条微指令的地址。下面讨论微指令中入口地址和后继微地址的形成问题。

1. 微程序入口地址的形成

由于每条机器指令都需要取指操作，所以将取指操作编制成一段公用微程序，通常安排在控存的 0 号或特定单元开始的一段控存空间内。

每一条机器指令对应着一段微程序，其入口就是初始微地址。首先由“取指令”微程序取出一条机器指令到 IR 中，然后根据机器指令操作码转换成该指令对应的微程序入口地址。这是一种多分支(或多路转移)的情况，常用以下 3 种方式形成微程序的入口地址。

(1) 一级功能转移。如果机器指令操作码字段的位数和位置固定，可以直接使操作码与入口地址码的部分位相对应。例如，某计算机有 16 条机器指令，指令操作码用 4 位二进制数表示，分别为 0000、0001、…、1111。现以字母 Q 表示操作码，令微程序的入口地址为 Q11B，则 000011B 为 MOV 指令的入口地址，000111B 为 ADD 指令的入口地址，001011B 为 SUB 指令的入口地址……

由此可见，相邻两段微程序的入口地址相差 4 个单元，如图 7-33 所示。

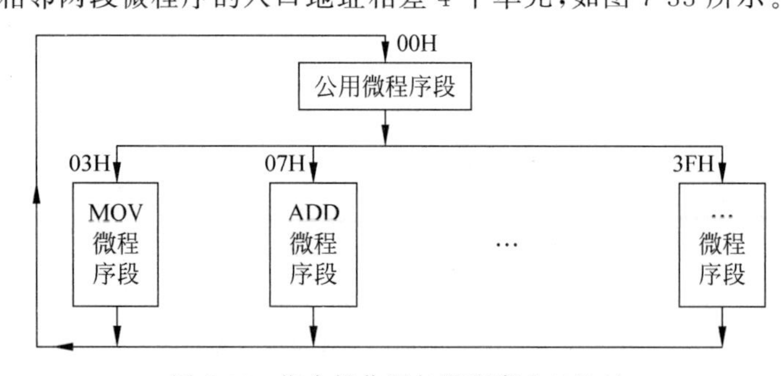

图 7-33 指令操作码与微程序入口地址

(2) 二级功能转移。当各类指令操作码的位数和位置不固定时，需采用分级转移，第一次先按指令类型标志转移，以区分出指令属于哪一类，如单操作数指令、双操作数指令等。在每一类机器指令中，操作码的位数和位置应当是固定的，第二次即可按操作码区分出具体是哪条指令，以便转移到相应的微程序入口。

(3) 通过 PLA 电路实现功能转移。可编程逻辑阵列(programable logic array,PLA)实质上是一种译码-编码阵列,具有多个输入和多个输出。PLA 的输入是机器操作码和其他判别条件,输出是相应微程序的入口地址。这种方法对于变长度、变位置的操作码的处理更为有效,而且转移速度较快。

2. 后继微地址的形成

在转移到一条机器指令对应的微程序入口地址后,则开始执行微程序。每条微指令执行完毕时,需根据其中的顺序控制字段的要求形成后继微指令地址。

(1) 增量方式(顺序-转移型微地址)。增量方式和机器指令的控制方式相类似,它也有顺序执行、转移和转子之分。顺序执行时,后继微地址就是现行微地址加上一个增量(通常为"1");转移或转子时,由微指令的顺序控制字段产生转移微地址。因此,微程序控制器中应当有一个微程序计数器(μPC)。为降低成本,一般情况下都是将微地址寄存器(μAR)改为具有计数功能的寄存器,以代替μPC。

在非顺序执行微指令时,用转移微指令实现转移。转移微指令的顺序控制字段分成两部分:转移控制字段(BCF)与转移地址字段(BAF),如图 7-34 所示。将这两个字段结合,当转移条件满足时,将转移地址字段作为下一个微地址送μPC;当转移条件不满足时,将直接从微程序计数器(μPC)中取得下一条微指令地址。

图 7-34　增量方式产生后继微地址

实现增量方式的微程序控制器如图 7-35 所示。其中,微程序计数器(μPC)的位数与控制存储器(CM)的容量相适应,由μPC 给出 CM 地址,然后从 CM 中顺序读出微指令。

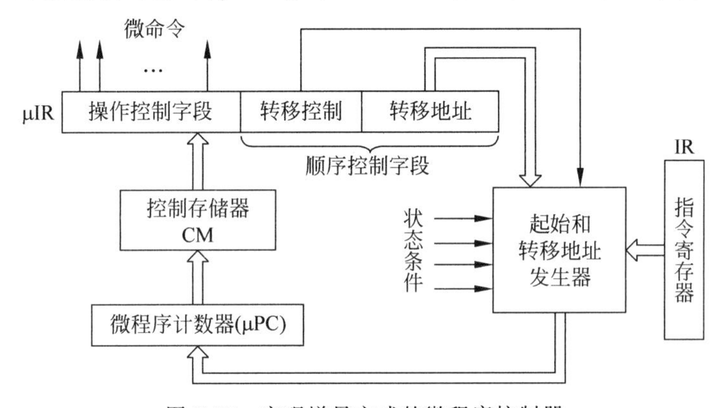

图 7-35　实现增量方式的微程序控制器

起始和转移地址发生器的功能有两个:一个功能是当一条新的机器指令装入 IR 时,它就形成机器指令微程序段的起始地址且将其装入μPC;而且随着节拍电位信号的到来,μPC 会自动地增加一个增量,以便连续地从 CM 中读出微指令,相应的微操作控制信号按规定顺序发送到 CPU 的各个部分。另一个功能是当微指令指示其测试状态标志、条件代码或机器指令的某些位时,它就对指定的条件进行测试,若满足转移条件,就把新的转移地址装入μPC,实现转移;否则不装入新地址,微程序就顺序执行。所以,每次从CM中取出一条新的微指令时,μPC都增加,只有下列情况例外:

① 遇到END微指令时,就把"取指"微程序的入口地址装入μPC,开始取指令周期;

② 当一条新的指令装入IR时,就把该指令的微程序入口地址装入μPC;

③ 遇到转移微指令且满足转移条件时,就把转移地址装入μPC。

增量方式的优点是简单,易于掌握,编制微程序容易,每条机器指令所对应的一段微程序一般安排在CM的连续单元中;缺点是这种方式不能实现两路以上的并行微程序转移,因而不利于提高微程序的执行速度。

(2) 断定方式。断定方式与增量方式不同,它不采用μPC,微指令地址由微地址寄存器(μAR)提供。在微指令格式中设置一个下地址字段,用于指明下一条要执行的微指令地址。当一条微指令被取出时,下一条微指令的地址(即下地址字段)送μAR,相当于每条微指令都具有转移微指令的功能。采用这种方法就不必再设置专门的转移微指令,但增加了微指令字的长度。

(3) 增量方式与断定方式的结合。采用增量方式与断定方式的结合时,微地址寄存器(μAR)有计数的功能(断定方式中的微地址寄存器无计数功能),但在微指令中仍设置有一个顺序控制字段。在这种控制方式中,其顺序控制字段一般由两部分组成:顺序地址字段和测试字段。

① 顺序地址字段:可由设计者指定,一般是微地址的高位部分,用来指定后继微地址在CM中的某个区域内。

② 测试字段:根据有关状态的测试结果确定其地址值,一般对应微地址的低位部分,相当于在指定区域内确定具体的分支。所依据的测试状态可能是指定的开关状态、指令操作码、状态字等。

测试字段如果只有1位,则微地址产生2路分支;若有2位,则最多可产生4路分支;以此类推,测试字段为n位时,最多可产生2^n路分支。

③ 若无转移要求,则可由微地址寄存器(μAR)计数得到后继微指令的地址。

【例7.3】 微地址寄存器(μAR)有6位($\mu A_5 \sim \mu A_0$),当需要修改其内容时,可通过某一位触发器的置1端S将其置"1"。

现有以下3种情况:

(1) 执行"取指"微指令后,微程序按IR的OP字段($IR_3 \sim IR_0$)进行16路分支;

(2) 执行条件转移指令微程序时,按进位标志C的状态进行2路分支;

(3) 执行控制台指令微程序时,按IR_4、IR_5的状态进行4路分支。

请按多路转移方法设计微地址转移逻辑。

解 按所给设计条件,微指令的顺序控制字段有3种判别测试,分别为P_1、P_2、P_3。修改$\mu A_5 \sim \mu A_0$的内容具有很大的灵活性,现分配如下:

(1) 用P_1和$IR_3 \sim IR_0$修改$\mu A_3 \sim \mu A_0$;

(2) 用P_2和C修改μA_0;

(3) 用P_3、IR_5、IR_4修改μA_5、μA_4。

另外还要考虑时间因素T_4(假设为CPU周期的最后一个节拍脉冲),故转移逻辑表达式如下:

$\mu A_5 = P_3 \cdot IR_5 \cdot T_4$

$\mu A_4 = P_3 \cdot IR_4 \cdot T_4$

$\mu A_3 = P_1 \cdot IR_3 \cdot T_4$

$\mu A_2 = P_1 \cdot IR_2 \cdot T_4$

$\mu A_1 = P_1 \cdot IR_1 \cdot T_4$

$\mu A_0 = P_1 \cdot IR_0 \cdot T_4 + P_2 \cdot C \cdot T_4$

由于从触发器置1端S修改，故前5个表达式可用与非门实现，最后一个用与或非门实现，如图7-36所示即微地址转移逻辑图。

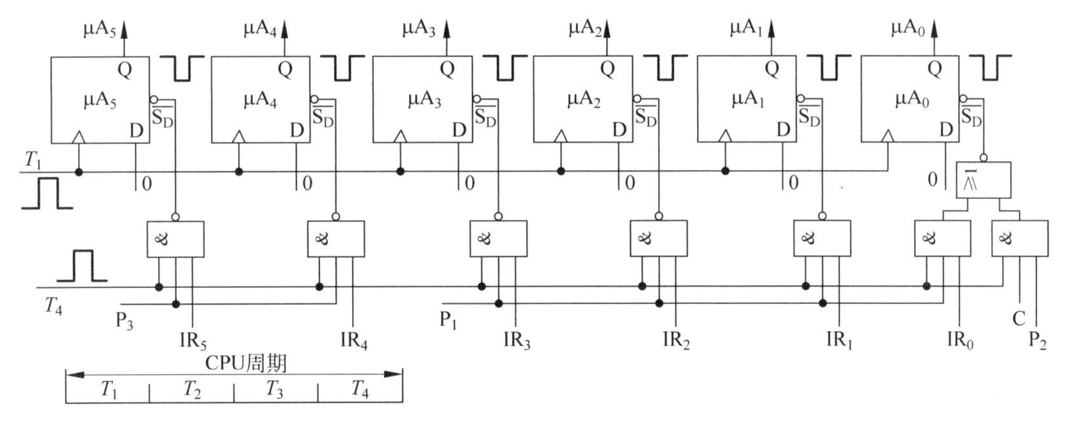

图7-36　微地址转移逻辑图

7.6.3　微指令的格式及执行方式

1. 微指令的格式

微指令操作控制字段的表示方法是决定微指令格式的主要因素。在设计计算机时，考虑到速度、成本等原因，可采用不同的编码译码控制法，即在一台计算机中，可以有几种编码译码控制法同时存在。微指令的格式大体分成两类：水平型微指令和垂直型微指令。

（1）水平型微指令。一次能定义并执行多个并行操作微命令的微指令叫作水平型微指令。水平型微指令的一般格式如图7-37所示。

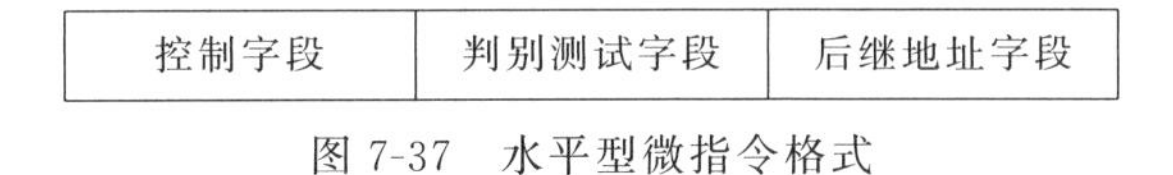

控制字段	判别测试字段	后继地址字段

图7-37　水平型微指令格式

按照控制字段编码方法的不同，水平型微指令又分为三种：第一种是全水平型（直接表示法）微指令，第二种是字段直接译码法水平型微指令，第三种是直接表示法和字段直接译码法相混合的水平型微指令。

（2）垂直型微指令。在微指令中设置微操作码字段，采用微操作码编译法来规定微指令功能的微指令，称为垂直型微指令。垂直型微指令的结构类似于机器指令，它有微操作码，在一条微指令中只定义1～2个微操作命令，且每条微指令的功能简单。因此，实现一条机器指令的微程序要比水平型微指令编写的微程序长得多，它是采用较长的微程序结构去换取较短的微指令结构。

下面对 4 条垂直型微指令的微指令格式加以说明。设微指令字长为 16 位，微操作码为 3 位(占高 3 位)，可最多定义 8 种类型的微指令，这里只将其中典型的 4 种列出。

① 寄存器-寄存器传送型微指令。

寄存器-寄存器传送型微指令的格式如图 7-38 所示。

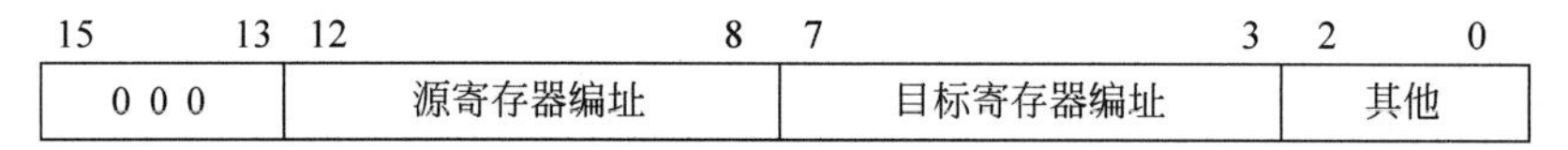

图 7-38 寄存器-寄存器传送型微指令的格式

寄存器-寄存器传送型微指令的功能是把源寄存器的数据送目标寄存器。其中 13～15 位为微操作码(下同)；源寄存器和目标寄存器编址各 5 位，可指定 31 个寄存器之一；第 0～2 位是其他字段，可协助本条微指令完成其他控制功能。

② 运算控制型微指令。

运算控制型微指令的格式如图 7-39 所示。

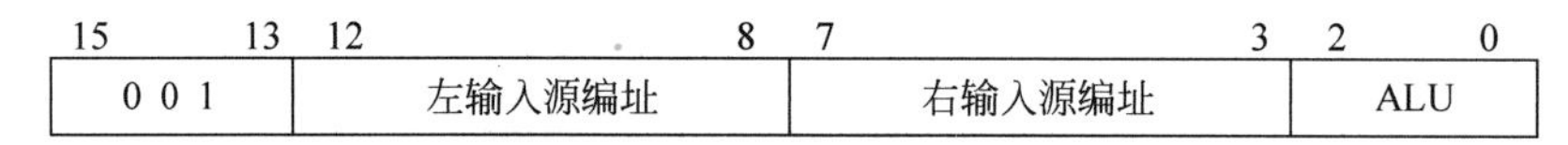

图 7-39 运算控制型微指令的格式

运算控制型微指令的功能是选择 ALU 的左、右两输入源信息，按 ALU 字段，即第 0～2 位所指定的 8 种运算操作中的一种功能进行处理，并将结果送入暂存器中。左、右输入源编址可指定 31 种信息源之一。

③ 访问主存微指令。

访问主存微指令的格式如图 7-40 所示。

15～13	12～8	7～3	2～1	0
0 1 0	寄存器编址	存储器编址	读/写	其他

图 7-40 访问主存微指令的格式

访问主存微指令的功能是将主存中一个单元的信息送入寄存器或者将寄存器的数据送往主存。其中，存储器编址是指按规定的寻址方式进行编址，第 1、2 位指定读操作或写操作，第 0 位可协助本条微指令完成其他控制功能。

④ 条件转移微指令。

条件转移微指令的格式如图 7-41 所示。

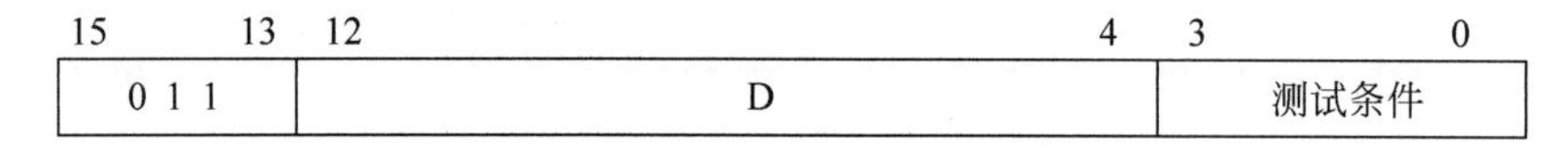

图 7-41 条件转移微指令的格式

条件转移微指令的功能是根据测试对象的状态决定是转移到 D 所指定的微地址单元，还是顺序执行下一条微指令。9 位 D 字段不足以表示一个完整的微地址，但可以用来替代现行 μPC 的低位地址。测试条件字段有 4 位，可规定 16 种测试条件。

除了这 4 种类型的微指令之外，还有移位控制型微指令、无条件转移微指令、其他微指令等，本书不再赘述。

2. 水平型微指令与垂直型微指令的比较

(1) 水平型微指令并行操作能力强，效率高，灵活性强；垂直型微指令则较差。

水平型微指令中设置有控制机器中信息传送通路以及进行所有操作的微命令。因此在进行微程序设计时，可以同时定义较多的并行操作微命令，控制尽可能多的并行信息传送，从而使水平型微指令具有效率高及灵活性强的优点。

一条垂直型微指令一般只能完成一个微操作，控制一两个信息传送通路，因此垂直型微指令的并行操作能力弱，效率低。

(2) 水平型微指令执行一条机器指令的时间短，垂直型微指令执行的时间长。

水平型微指令的并行操作能力强，因此与垂直型微指令相比，可以用较少的微指令数来实现一条机器指令的功能，从而缩短了机器指令的执行时间。而且当执行一条微指令时，水平型微指令的微命令一般直接控制对象，而垂直型微指令要经过译码，这也会影响速度。

(3) 由水平型微指令解释指令的微程序，具有微指令字长比较长而微程序较短的特点；垂直型微指令则相反，微指令字长比较短而微程序较长。

(4) 水平型微指令较复杂，用户难以掌握；而垂直型微指令与机器指令比较相似，相对来说较容易掌握。

水平型微指令与机器指令差别很大，一般需要对机器的结构、数据通路、时序系统以及微命令很精通才能进行设计。对机器已有的指令系统进行微程序设计是设计人员而不是用户的事情，因此这一特点对用户来讲并不重要，然而某些计算机允许用户自行设计并扩充指令系统，此时就要注意是否容易编写微程序的问题。

实际上，水平型微指令和垂直型微指令之间并无明确的界限，一台机器的微指令也往往不局限于一种类型的微指令。混合型微指令兼有两者的特点，它可以采用不太长的微指令，又具有一定的并行控制能力，但微指令格式相对复杂。

3. 串行微程序控制方式和并行微程序控制方式

(1) 串行微程序控制方式。前面所讲的微程序控制方式属于串行微程序控制方式。串行微程序控制方式在执行当前微指令与取下一条微指令在时间上是顺序进行的，即只有当现行微指令执行完毕后，才能取下一条微指令，如图 7-42(a)所示。

在串行微程序控制中，微指令周期等于取指令的时间加上执行微指令时间之和，即等于只读存储器的读周期。串行微程序控制的微指令周期较长，但控制简单，形成微地址的硬件较少。

(2) 并行微程序控制方式。在微指令周期中，取微指令和执行微指令分别由不同的计算机硬件来完成，不同微指令的取指令和执行指令周期之间可以重叠(即并行工作)，以缩短微指令周期。所谓并行微程序控制方式，就是采用将取微指令和执行微指令这两类操作在时间上重叠并行进行的方式，如图 7-42(b)所示。

在并行微程序控制方式中，要求在执行本条微指令的同时预取下一条微指令，使微指令周期仅等于执行微操作的时间，可以节约取微指令的时间。并行微程序控制可以

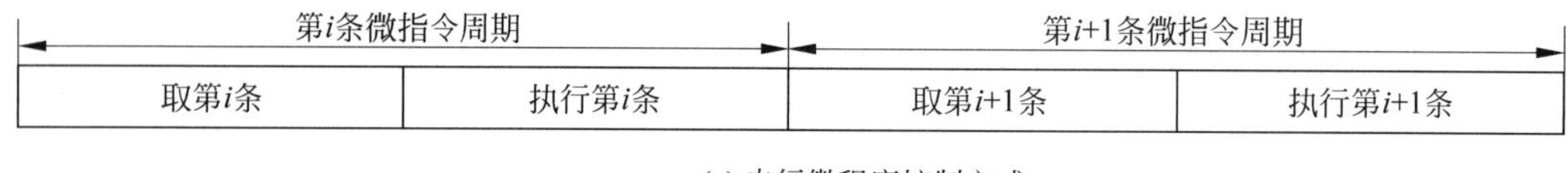

(a) 串行微程序控制方式

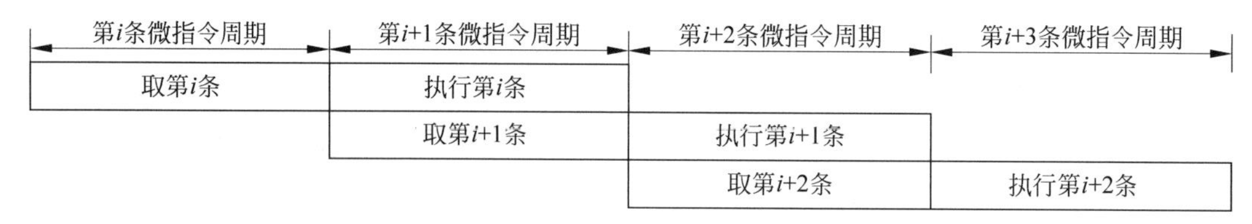

(b) 并行微程序控制方式

图 7-42　串行微程序控制和并行微程序控制方式

缩短微指令周期，但是为了不影响本条微指令的正确执行，需要增加一个微指令寄存器。

4. 动态微程序设计

微程序设计技术还有静态微程序设计和动态微程序设计之分。若一台计算机的机器指令只有一组微程序，而且这一组微程序设计好之后，一般无须改变而且也不好改变，这种微程序设计技术称为静态微程序设计。本小节前面讲述的内容基本上属于静态微程序设计的范畴。当采用 EPROM 作为控制存储器时，还可以通过改变微指令和微程序来改变机器的指令系统，这种微程序设计技术称为动态微程序设计。采用动态微程序设计时，微指令和微程序可以根据需要加以改变，因而可以在一台机器上实现不同类型的指令系统。这种技术又称为仿真其他机器指令系统，以便扩充机器的功能。

【例 7.4】 某微程序控制器采用水平型直接控制微指令格式的断定方式。已知全机共有微命令 20 个，可判定的外部条件有 4 个，控制存储器容量为 256×32 位。

(1) 设计出微指令的具体格式；

(2) 画出该控制器的结构框图。

解 (1) 已知微命令有 20 个，采用水平型直接控制方式，所以微命令字段需 20 位；可判定的外部条件有 4 个，所以判别测试字段为 4 位；控制存储器容量为 256 个单元，所以下地址字段需 8 位。由于控制存储器的字长为 32 位，操作控制字段用直接表示法，微指令的格式如图 7-43 所示。

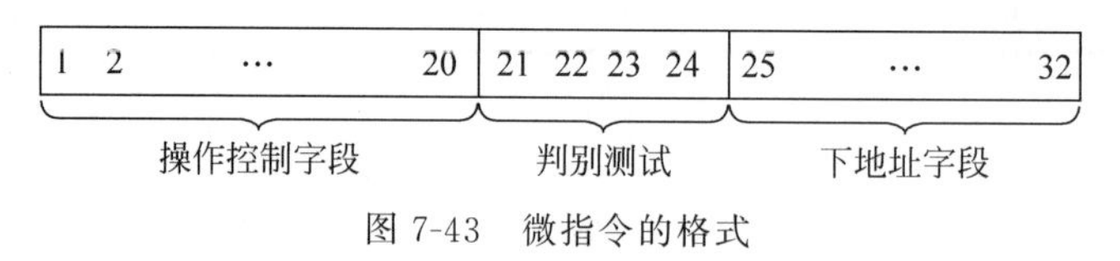

图 7-43　微指令的格式

(2) 对应上述微命令格式的微程序控制器逻辑框图如图 7-44 所示。其中，微地址寄存器对应下地址字段，P 字段为判别测试字段。地址转移逻辑的输入是指令寄存器的操作码、各状态条件以及判别测试字段所给的判别标志(某一位为 1)，其输入修改地址寄存器的适当位数，从而实现微程序的分支转移。

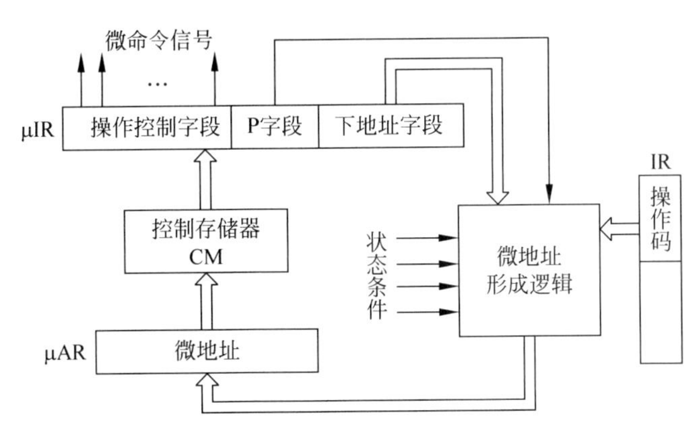

图 7-44 微程序控制器逻辑框图

7.7 典型 CPU 及主要技术

前面的章节中已经介绍了 CPU 的基本组成部分、工作原理及设计原理。下面将以 Intel 公司研发的系列 CPU 为例，简要介绍它们的结构、技术和原理。

7.7.1 Intel CPU

1. 80x86 系列 CPU

1971 年，尚处于发展阶段的 Intel 公司推出了世界上第一个微处理器 4004。它是第一个用于计算机的 4 位微处理器。虽然微处理器中仅集成了 2300 个晶体管，速度很慢且功能有限，但是它是划时代的产品。

1978—1989 年，Intel 公司相继推出了 8086、8088、80286、80386、80486 系列 CPU，字长从 16 位增加到了 32 位，时钟频率从 8086 的 4.77MHz 提高到了 80486 的 100MHz，其中 80486 集成了 120 万个晶体管。随着 CPU 技术的不断发展，Intel 公司陆续研制出了多款新型 CPU。为了保证计算机能继续运行以往开发的各类应用程序，保护和继承丰富的软件资源，后续的 CPU 仍兼容 80x86 的基本指令集，从而形成了今天庞大的兼容 CPU 系列。

2. Pentium 系列 CPU

1993—2005 年，Intel 公司推出的处理器开始命名为“Pentium”，即奔腾处理器，主要的型号有 Pentium、Pentium MMX、Pentium Pro、Pentium Ⅱ、Pentium Ⅲ、Pentium 4、Pentium M(移动版)、Pentium D(双核)和 Pentium EE(双核)等。Intel 公司通过研发新的微架构(Intel Micro-architecture)和采用新技术，不断提高奔腾系列处理器的性能，以满足用户的需求，占领处理器市场。其中，Pentium 4 是一款有代表性的 32 位微处理器，它基于 NetBurst 微架构，其逻辑功能如图 7-45 所示。

NetBurst 微架构的主要技术特点如下。

(1) 快速执行引擎。Pentium 4 中有两组 2 倍速的 ALU 及两组 2 倍速的 AGU，一个用于生成存储地址，一个则用于生成读取地址。另外还有一个慢速 ALU，用于执行复杂运算

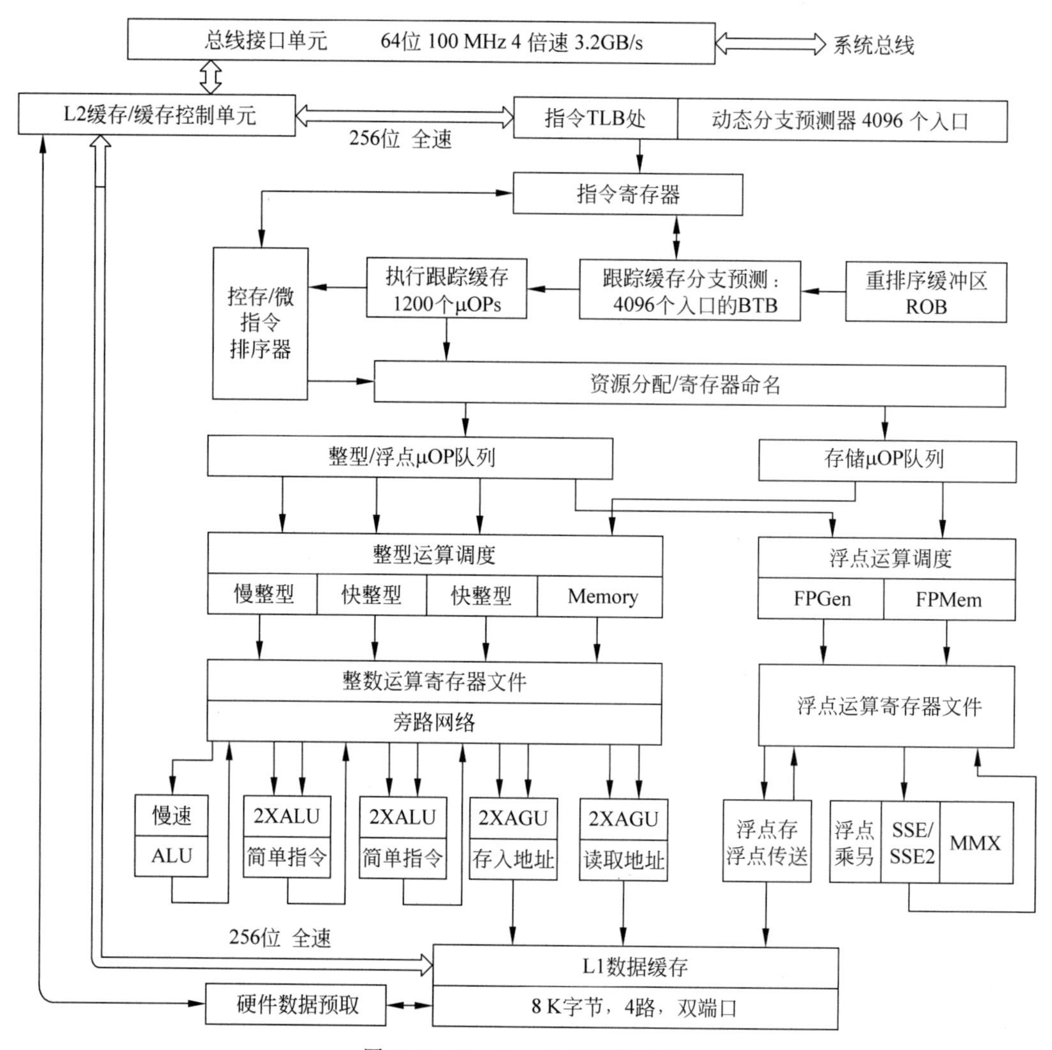

图 7-45 Pentium 4 的逻辑功能

指令。4 个 ALU 和 AGU 均可在一个时钟周期内执行两次基本的整型运算，其执行速度可达 CPU 主频的 2 倍。

(2) 超流水线技术。Pentium 4 具有 20 级的流水线，它能使所有部件以极高的时钟频率全速运行。

(3) 高级动态执行。乱序推测执行引擎保证同时可执行的指令高达 126 条，流水线可同时执行 48 个读操作和 24 个写操作；增强了分支预测的能力，采用的分支预测算法使准确度大大提高；分支目标缓存中的入口地址达到 4096 个，降低了流水线在预测失败时清除工作造成的延迟。

此外，Pentium 4 还采用了两级缓存体系结构、超标量并行执行机制、寄存器重命名技术和硬件指令预取技术。

3. Intel Core(酷睿)CPU

2005 年，我们进入 Intel Core(酷睿)系列微处理器时代，处理器的微架构、制造工艺不断演进，采用了多种新技术，以获得出众的性能和能效。2006 年 7 月 27 日，Intel 发布了 Core 2 Duo(酷睿 2)。酷睿是 Intel 基于 Core 微架构产品体系的统称，它是一个跨平台的构架体系，包括服务器版、桌面版、移动版三大领域。

随着 Intel 在 2010 年开始采用 32nm 工艺制程和改良的 Nehalem 核心，高端应用的代表被 Core i7-980X 处理器取代，全新的 32nm 工艺解决了六核心技术，拥有强大的性能表现。Core i5 是一款基于 Nehalem 架构的四核处理器，采用整合主存控制器、达到 8MB 的 L3、成熟的 DMI(direct media interface，直接媒体接口)总线、支持双通道的 DDR3 主存、32nm 工艺制程，主流级别的代表有 Core i5-650/760 处理器。Core i3 可看作是 Core i5 的精简版，其特点是整合了 GPU，由 CPU+GPU 两个核心封装而成，代表产品有 Core i3-530/540 处理器。这里的 Core i7、Core i5、Core i3 称作第一代 Core i 系列处理器。

2011—2022 年，Intel 又相继发布了第二代、第三代……第十二代 Core i 系列处理器，其架构代号、工艺制程、发布时间如表 7-6 所示。同一时期，Intel 还发布了 Intel Xeon、Intel Pentium、Intel Celeron、Intel Atom 等系列处理器，具体的型号、性能参数请读者参阅 Intel 公司官网。

表 7-6 Intel Core 系列处理器

代　次	架构/代号	发布时间/年	工艺制程
第十二代 Core	Alder Lake	2021—2022	10nm
第十一代 Core	Tiger Lake	2021	10nm
第十代 Core	Lce Lake	2019	10nm
第九代 Core	Coffee Lake-Refresh	2018—2019	14nm++
第八代 Core	Coffee Lake	2017—2018	14nm++
第七代 Core	Kaby Lake	2016	14nm+
第六代 Core	Sky lake	2015	14nm
第五代 Core	Broadwell	2014—2015	14nm
第四代 Core	Haswell	2013	22nm
第三代 Core	Lvy Bridge	2012	22nm
第二代 Core	Sandy Bridge	2011	32nm
第一代 Core	Nehalem/Westmere	2008—2011	32nm
Core2	Conroe	2006—2008	65/45nm

4. Intel 处理器的升级策略

Intel 创始人戈登·摩尔(Gordon Moore)在 1965 年提出了摩尔定律：集成电路上可容纳的元器件的数目，约每隔 18～24 个月便会增加一倍，性能也将提升一倍。从 1979 年开始的 Intel 8086/8088、80x86 到 Pentium 系列处理器，功能越来越强，价格越来越低，这一定律经过了半个世纪的验证。不仅是在微处理器芯片领域，包括半导体存储器及系统软件在内的研发和升级都与“摩尔定律”的内容相吻合。

为了更好地遵循这一定律，Intel 在 2007 年为旗下的处理器产品推出了著名的 Tick-Tock 升级策略。当在工艺年(Tick)的时候，重点是使用新的工艺制程，小幅修改微架构；当在架构年(Tock)的时候，将会推出较大改进的微架构，并且优化上一年推出的工艺制程，进一步改善功耗和良率，采取在已经取得成功的产品上持续改进的策略，使 Intel 始终保持对竞争对手的优势。

到 14nm 工艺的时候，Tick-Tock 策略出现了危机，因为 Tick 工艺节点时间出现了较大的延迟；在 Skylake 发布之后，10nm 工艺再一次难产，Intel 意识到工艺问题远没有预期的那么简单。于是，2016 年 Intel 宣布，将 Tick-Tock 策略改为三步走的 PAO(process-architecture-optimization)策略，即“制程-架构-优化”。具体内容是：制程是指在架构不变的情况下，缩小晶体管体积，以减少功耗及成本；架构是指在工艺制程不变的情况下，更新处理器架构，以提高性能；优化是指在工艺制程及架构不变的情况下，对架构进行修复及优化，将缺陷降到最低，并提升处理器时钟的频率。

7.7.2 Intel 第 12 代 Core 处理器

2021 年 10 月 28 日，Intel 正式发布了第 12 代 Core 处理器，号称是“全球顶级游戏处理器”。第 12 代 Core 处理器首发型号为 i9 12900K(F)、i7 12700K(F)、i5 12600K(F)，均采用 intel 7(10nm enhanced super fin)工艺，配备 UHD 770 核显，热设计功耗为 125 W。i9 12900K(F)采用 8 个性能核+8 个能效核配置，共有 16 个核心、24 个线程，性能核单核最大睿频为 5.2GHz，全核睿频为 4.9GHz，三级缓存为 30MB；i7 12700K(F)采用 8 个性能核+4 个能效核，在 i9 的基础上屏蔽了一组能效核，共有 12 个核心、20 个线程，性能核单核最大睿频为 5.0GHz，全核睿频为 4.7GHz，三级缓存为 25MB；i5 12600K(F)采用 6 个性能核+4 个能效核，在 i7 的基础上屏蔽了 2 个性能核，共有 10 个核心、16 个线程，性能核单核最大睿频为 4.9GHz，全核最大睿频为 4.5GHz，三级缓存为 20MB。i9 12900K(F)和 i5 12600K(F)的处理器如图 7-46 所示。

图 7-46 Core i9 12900K(F)和 Core i5 12600K(F)处理器

第 12 代 Core 处理器的核心代号是“Alder Lake-S”，采用 Golden Cove 和 Gracemont 两种架构的混合设计，是 Intel 最近 10 年最大的架构变革。Intel 将 Golden Cove 核心称作 P-Core，意指 Performance Core(性能核)，专为单线程和轻度多线程而优化，提高了游戏性能和生产力性能。Gracemont 核心则被称作 E-Core，意指 Efficient Core(能效核)，专为提高多线程性能而优化,降低了后台任务对前台应用的影响。

P-Core(性能核)支持超线程设计,一个核心有两个线程; E-Core(能效核)不支持超线程设计,一个核心仅有一个线程。两者之间的混合搭配具有更强的灵活性,可灵活地使用在移动平台甚至低功耗移动平台。在桌面平台,混合架构的搭配同样灵活。Core i9 12900K(F)采用8P+8E设计,Core i7 12700K(F)采用8P+4E设计,Core i5 12600K(F)采用6P+4E设计。

Alder Lake-S的混合架构设计不同于ARM架构的大小核设计。ARM架构的大小核是为了省电而设计,Alder Lake-S的混合架构则是为了优化单核性能和多核性能,一方面减少了后台任务对前台应用的影响,让P-Core达到更高的睿频;一方面在保持能效比的前提下,提升了处理器的多核性能。总的来说,E-Core的存在是一种为性能而优化的取舍,在强调能效比的同时最大化单核性能和多线程性能。

要达到以上目标,还需要精确调配核心与应用的分配。这项任务通过硬件和软件共同完成,在Alder Lake-S核心中内嵌了一个控制器,叫intel thread director(ITD,线程调度器)。它可以实时反馈处理器的前端负载、缓存队列、解码器负载、分支预测并读取储存单元状态等给Windows 11判断,再由系统对负载进行调度,整个流程仅需短短的30 μs。而单纯依靠系统完成,这个过程需要100 μs以上。

有评测机构进行了评测,从结果看,i9 12900K(F)、i7 12700K(F)不管是基准测试、游戏还是生产力应用测试,性能表现都十分出众,加上PCI-E 5.0、DDR5、更智能的前后台应用工作模式等新特性,对得起Intel给它的“全球顶级游戏处理器”的称号。

知识拓展

苹果A系列仿生处理器

2010年,苹果发布了iPhone 4,明确向外界宣布了其自研处理器A4。这种研发模式和产生的结果是再一次改变世界的开始。

苹果A系列处理器是基于ARM指令集架构授权的自研内核,其指令集架构包括ARMv7和ARMv8等。2010年3月至2017年06月,苹果先后发布了A4、A5、A5Ⅱ、A5Ⅲ、A5X、A6、A6X、A7、A7Ⅱ、A8、A8X、A9、A9X、A10 Fusion、A10XFusion等处理器,运行于苹果的iPhone 4到iPhone 7和iPad等一系列移动设备,工艺制程从45nm升级到10nm。到A10XFusion时,集成的晶体管数量已达到40亿。

2017年9月开始,苹果相继发布了A11到A15系列仿生处理器,具体如下:

(1) A11 Bionic:发布时间为2017年09月,代号为APL1W72;采用2.39GHz双核加1.19GHz四核,GPU型号为Apple x3,内核架构为ARMv8.2-A,技术工艺为10nm,内核大小为87.66mm^2,晶体管数约43亿,AI神经网络引擎计算能力为x2600GOPS;初始系统为iOS 11,最终系统为最新,可运行设备为iPhone 8、iPhone 8 Plus、iPhone X。

(2) A12 Bionic:发布时间为2018年09月,代号为APL1W81;采用2.49GHz双核加1.59GHz四核,GPU型号为Apple x4,内核架构为ARMv8.3-A,技术工艺为N7-7nm,内核大小为83.27mm^2,晶体管数约69亿,AI神经网络引擎计算能力为x85TOPS;初始系统为iOS 12,最终系统为最新,可运行设备为iPhone XS、iPhone XS Max、iPhone XR、iPad Air 3(2019)、iPad Mini 5(2019)。还有A12X Bionic、A12Z Bionic,分别运行于iPad Pro 3、iPad

Pro 4。

(3) A13 Bionic：发布时间为 2019 年 09 月，代号为 APL1W85；采用 2.65GHz 双核加 1.80GHz 四核，GPU 型号为 Apple x4，内核架构为 ARMv8.4-A，技术工艺为 N7P-7nm，内核大小为 98.48mm^2，晶体管数约 85 亿，AI 神经网络引擎计算能力为 x85TOPS；初始系统为 iPadOS 13，最终系统为最新，可运行设备为 iPhone 11、iPhone 11 Pro、iPhone 11 Pro Max、iPhone SE (2 代 2020)、iPad 9(2021)。

(4) A14 Bionic：发布时间为 2020 年 09 月，代号为 APL1W87；采用 3.09GHz 双核加 1.82GHz 四核，GPU 型号为 Apple x4，内核架构为 ARMv8.5-A，技术工艺为 N5-5nm，内核大小为 88mm^2，晶体管数约 118 亿，AI 神经网络引擎计算能力为 x1611TOPS；初始系统为 iPadOS 14，最终系统为最新，可运行设备为 iPad Air 4(2020)、iPhone 12、iPhone 12 Mini、iPhone 12 Pro、iPhone 12 Pro Max。

(5) A15 Bionic：发布时间为 2021 年 09 月，代号为 APL1W07；采用 3.20GHz 双核加 1.82GHz 四核，GPU 型号为 Apple x4 加 Apple x5，内核架构为 ARMv8.5-A，技术工艺为 N5p-5nm，内核大小为 107.68mm^2，晶体管数约 150 亿，AI 神经网络引擎计算能力为 x1615.8TOPS；初始系统为 iPadOS 15，最终系统为最新，可运行设备为 iPhone 13、iPhone 13 Mini、iPhone 13 Pro、iPhone 13 Pro Max、iPad Mini 6(2021)。

苹果仿生芯片最核心的部分包括 CPU、GPU 和 NPU(neural network processing unit，神经网络处理器)。其中 CPU 负责处理通用计算，能够完成各种复杂的任务，具有非常强的适应性；GPU 负责处理图形任务，包括图像、模型的渲染等工作；NPU 则负责人工智能计算，包括语音、图片识别、人脸识别等。独立的 NPU 芯片具有体积小、功耗低、可靠性高、保密性强等优势，相比单纯依靠 CPU 或 GPU 进行一些算法处理，NPU 芯片专芯专用更加符合当前的趋势。

苹果除了自研芯片，还不断升级其 iOS 系统，目前已经是 iOS 15.5，这种软硬合一的研发模式显现出了极大的优势。苹果 A 系列芯片从一开始就并非只是为了芯片本身，而是为了用户最终的体验，考虑它的使用场景，甚至为某个具体功能而优化。

本章小结

本章主要讲述了以下内容。

(1) CPU 是计算机的中央处理部件，具有指令控制、操作控制、时间控制、数据加工等基本功能。

(2) 介绍了典型 CPU 的组成、工作原理及特点。早期的 CPU 由运算器和控制器两大部分组成。随着高密度集成电路技术的发展，当今的 CPU 芯片包括运算器、cache 和控制器三大部分，其中还包括浮点运算器、存储管理部件等。CPU 至少要有如下 6 类寄存器：指令寄存器、程序计数器、地址寄存器、缓冲寄存器、通用寄存器、状态条件寄存器。

(3) CPU 从存储器取出一条指令并执行这条指令的时间和称为指令周期。由于各种指令的操作功能不同，各种指令的指令周期是不尽相同的。划分指令周期是设计操作控制器的重要依据。

(4) 时序信号产生器可提供 CPU 周期(也称机器周期)所需的时序信号。操作控制器利用这些时序信号进行定时，有条不紊地取出一条指令并执行这条指令。

(5) 微程序设计技术是利用软件方法设计操作控制器的一门技术，具有规整性、灵活性、可维护性等一系列优点，因而在计算机设计中得到了广泛的应用，并取代了早期采用的硬布线控制器设计技术。但是随着 VLSI 技术的发展和对机器速度的要求，硬布线逻辑设计思想又得到了重视。硬布线控制器的基本思想是：某一微操作控制信号是指令操作码译码输出、时序信号和状态条件信号的逻辑函数，即用布尔代数写出逻辑表达式，然后用门电路和触发器等器件实现。

习题

一、名词解释

1. 指令周期　2. 机器周期　3. 时钟周期　4. 节拍
5. 微操作　6. 微命令　7. 微程序　8. 微指令

二、选择题

1. 在 CPU 中，用(　　)的内容指定下一条要取指令的地址。
A. 地址寄存器　B. 指令寄存器
C. 程序计数器　D. 状态条件寄存器

2. 状态条件寄存器主要用来存放(　　)。
A. 运算类型
B. 逻辑运算结果标志
C. 算术运算结果标志
D. 算术、逻辑运算及测试指令结果标志和 CPU 当前的状态标志

3. 下列给出的部件中，其位数(宽度)一定与机器字长相同的是(　　)。(2020 年全国硕士研究生入学统一考试计算机学科专业试题)
Ⅰ. ALU　Ⅱ. 指令寄存器　Ⅲ. 通用寄存器　Ⅳ. 浮点寄存器
A. 仅Ⅰ、Ⅱ　B. 仅Ⅰ、Ⅲ　C. 仅Ⅱ、Ⅲ　D. 仅Ⅱ、Ⅲ、Ⅳ

4. 下列关于数据通路的叙述中，错误的是(　　)。(2021 年全国硕士研究生入学统一考试计算机学科专业试题)
A. 数据通路包含 ALU 等组合逻辑(操作)元件
B. 数据通路包含寄存器等时序逻辑(状态)元件
C. 数据通路不包含用于异常事件检测及响应的电路
D. 数据通路中的数据流动路径由控制信号进行控制

5. 一般来说，和微指令的执行周期相对应的是(　　)。
A. 时钟周期　B. 机器周期　C. 指令周期　D. 节拍周期

6. 硬布线控制器也称为(　　)。
A. 存储逻辑控制器　B. 运算器
C. 微程序控制器　D. 组合逻辑控制器

7. 相对于微程序控制器，硬布线控制器的特点是(　　)。(2009 年全国硕士研究生入学统一考试计算机学科专业试题)

A. 指令执行速度慢,指令功能的修改和扩展容易

B. 指令执行速度慢,指令功能的修改和扩展难

C. 指令执行速度快,指令功能的修改和扩展容易

D. 指令执行速度快,指令功能的修改和扩展难

8. 下列关于主存储器(MM)和控制存储器(CM)的叙述中,错误的是(　　)。(2017 年全国硕士研究生入学统一考试计算机学科专业试题)

A. MM 在 CPU 外,CM 在 CPU 内

B. MM 按地址访问,CM 按内容访问

C. MM 存储程序和数据,CM 存储微程序

D. MM 用 RAM 和 ROM 实现,CM 用 ROM 实现

9. 在微程序控制器中,机器指令和微指令的关系为(　　)。

A. 一条微指令由若干条机器指令组成

B. 每条机器指令由一条微指令解释执行

C. 每一段微程序由一条机器指令解释执行

D. 每条机器指令由一段微指令解释执行

10. 关于微指令的编码方式,下列说法正确是(　　)。

A. 字段直接译码法的微指令位数多

B. 直接表示法的微指令位数多

C. 直接表示法和字段直接译码法不影响微指令的长度

D. 以上说法都不对

11. 某计算机采用微程序控制器,共有 32 条指令;公共的取指令微程序包含 2 条微指令,各指令对应的微程序平均由 4 条微指令组成。采用断定法(下址字段法)确定下条微指令的地址,则微指令中下址字段的位数至少是(　)位。(2014 年全国硕士研究生入学统一考试计算机学科专业试题)

A. 5　　B. 6　　C. 8　　D. 9

12. 某计算机的控制器采用微程序控制器方式,微指令中的操作控制字段采用字段直接译码法,共有 33 个微命令,构成 5 个互斥类,分别包含 7、3、12、5 和 6 个微命令,则操作控制字段的位数至少有(　　)位。(2012 年全国硕士研究生入学统一考试计算机学科专业试题)

A. 5　　B. 6　　C. 15　　D. 33

三、综合题

1. CPU 的基本功能是什么?一个典型的 CPU 至少由哪些部件组成?

2. 试对微程序控制器和硬布线控制器进行比较。

3. 计算机为什么要设置时序系统?说明指令周期、机器周期及时钟周期的含义。

4. CPU 的控制方式有哪几种?试说明它们的特点。

5. 某 CPU 的时钟频率为 100MHz,其时钟周期是多少?若已知每个机器周期平均包含 2 个时钟周期,该机的平均指令执行速度为 25MIPS。

试问:

(1) 平均指令周期是多少?

(2) 平均每个指令周期含有多少个机器周期?

(3) 若要得到 50MIPS 的指令执行速度，则应采用主频率为多少 MHz 的 CPU 芯片？

6. CPU 结构如图 7-47 所示，其中有一个累加寄存器(AC)、一个状态条件寄存器，各部分之间的连线表示数据通路，箭头表示信息传送方向。

(1) 标明图中 4 个寄存器的名称；

(2) 简述指令从主存到控制器的数据通路；

(3) 简述数据在运算器和主存之间进行存/取访问的数据通路。

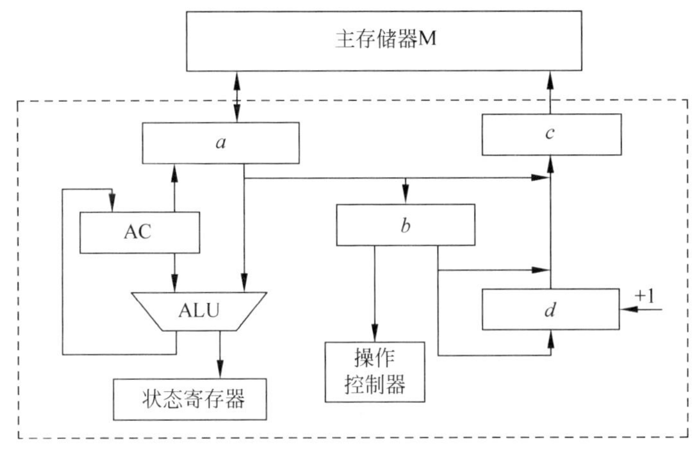

图 7-47　CPU 的结构图

7. 某计算机有如下部件：ALU、移位器、主存(M)、主存数据寄存器(MDR)、主存地址寄存器(MAR)、指令寄存器(IR)、通用寄存器 $R_0 \sim R_3$、暂存器 C 和 D，如图 7-48 所示。

(1) 请将各逻辑部件组成一个数据通路，并标明数据流向；

(2) 画出 ADD R_1,(R_2) 指令的指令周期流程图，指令功能是(R_1)+((R_2))→R_1。

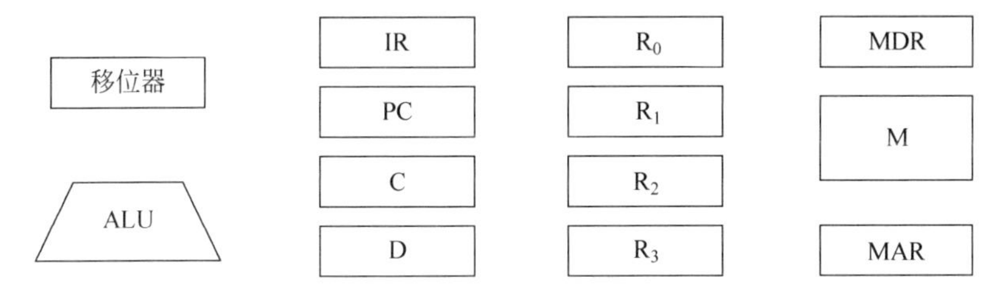

图 7-48　逻辑部件

8. 图 7-49 为双总线结构 CPU 的数据通路，IR 为指令寄存器，PC 为程序计数器(具有自增功能)，M 为主存(受 R/W 控制)，AR 为地址寄存器，DR 为数据缓冲寄存器，ALU 由加、减控制信号决定完成何种操作，G 控制的是一个门电路，另外的输入、输出等控制信号已由图中标明。

(1) 使用 SUB R_1,R_3 指令完成 R_3←(R_3)-(R_1)的操作。

(2) 使用 LDA (R_2),R_0 指令将(R_2)中为地址主存单元的内容取至寄存器 R_0 中。

画出它们的指令周期流程图，并列出相应的微操作控制信号(假定指令地址已送入 PC)。

9. 运算器结构如图 7-50 所示，R_1、R_2、R_3 是 3 个寄存器，A 和 B 是两个三选一的多路开关。通路的选择由 AS_0、AS_1 和 BS_0、BS_1 端控制，例如，BS_0BS_1=11 时，选择 R_3；BS_0BS_1=01 时，选择 R_1……ALU 是算术/逻辑单元，S_1S_2 为它的两个操作控制端。其功能如下：

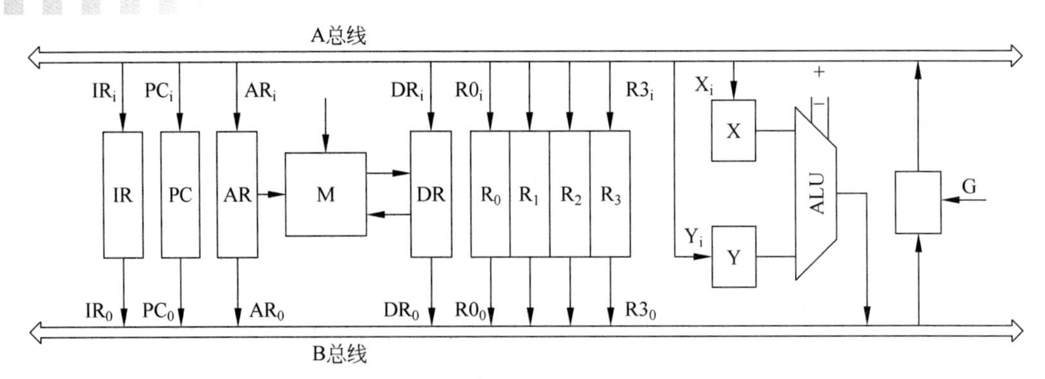

图 7-49　双总线结构 CPU 的数据通路

$S_1S_2=00$ 时,ALU 输出 $=A$

$S_1S_2=01$ 时,ALU 输出 $=A+B$

$S_1S_2=10$ 时,ALU 输出 $=A-B$

$S_1S_2=11$ 时,ALU 输出 $=A\oplus B$

请设计控制运算器通路的微指令格式。

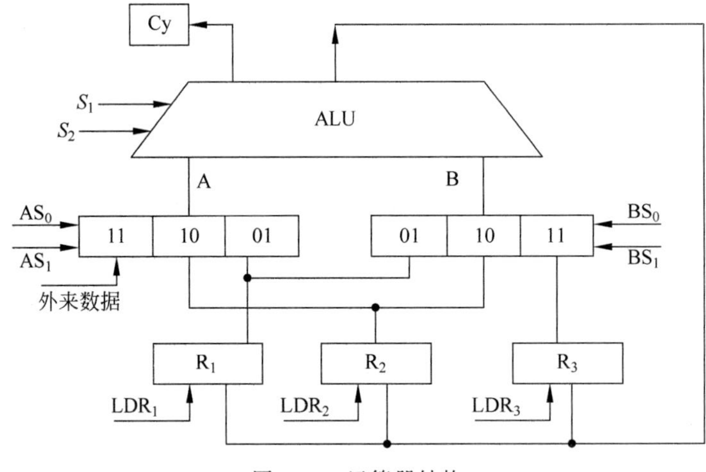

图 7-50　运算器结构

10. 已知某机器采用微程序控制方式,其控制存储器容量为 512×48 位,微程序在整个控制存储器中实现转移,可控制的条件共 4 个。微指令采用水平型格式,后继微指令地址采用断定方式,如图 7-51 所示。

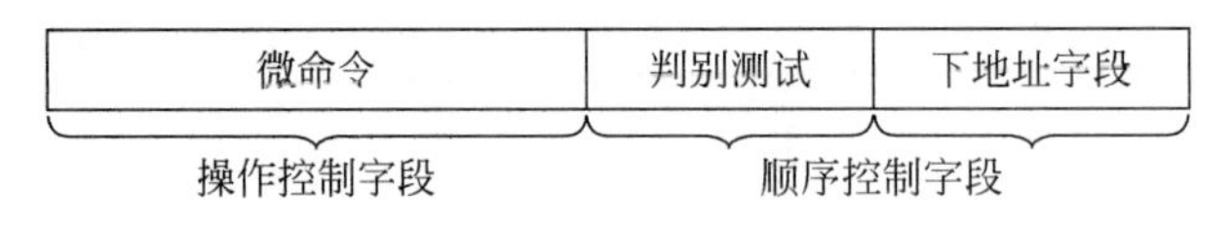

图 7-51　微指令格式

(1) 微指令中的三个字段分别对应多少位?

(2) 画出对应这种微指令格式的微程序控制器逻辑框图。

11. 假设某计算机的运算器框图如图 7-52 所示,其中 ALU 为 16 位的加法器(高电平工作),SA、SB 为 16 位锁存器,4 个通用寄存器由 D 触发器组成,Q 端输出,其读写控制分别如表 7-7、表 7-8 所示。

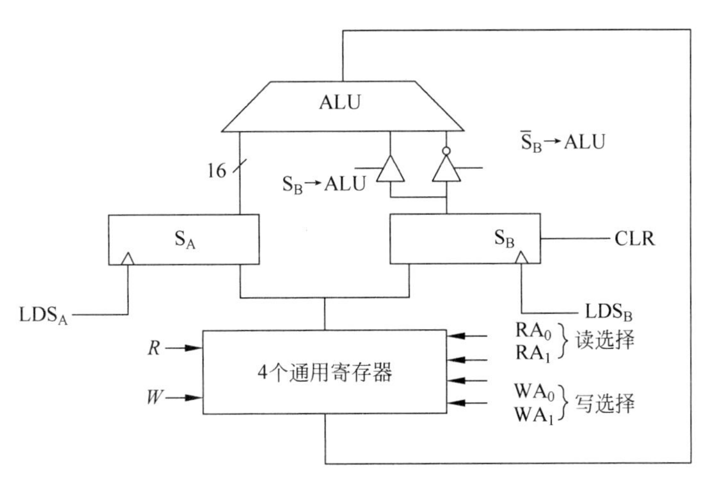

图 7-52 运算器框图

表 7-7 读控制

R	RA_0	RA_1	选　　择
1	0	0	R_0
1	0	1	R_1
1	1	0	R_2
1	1	1	R_3
0	×	×	不读出

表 7-8 写控制

W	WA_0	WA_1	选　　择
1	0	0	R_0
1	0	1	R_1
1	1	0	R_2
1	1	1	R_3
0	×	×	不写入

要求：

(1) 设计微指令格式。

(2) 画出 ADD、SUB 两条微指令的程序流程图(不编码)。

12. 某 16 位计算机的主存按字节编址，存取单位为 16 位，采取 16 位定长指令字格式；CPU 采用单总线结构，主要部分如图 7-53 所示。其中 R_0～R_3 为通用寄存器，T 为暂存器；SR 为移位寄存器，可实现直送(mov)、左移一位(left)和右移一位(right)3 种操作，控制信号为 SRop，SR 的输出由 SRout 信号控制；ALU 可实现直送(mova)、A 加 B(add)、A 减 B(sub)、A 与 B(and)、A 或 B(or)、非 A (not)、A 加 1(inc)7 种操作，控制信号为 ALUop。(2015 年全国硕士研究生入学统一考试计算机学科专业试题)

请回答下列问题。

(1) 图中哪些寄存器是程序员可见的？为何要设置暂存器 T？

(2) 控制信号 ALUop 和 SRop 的位数至少各是多少？

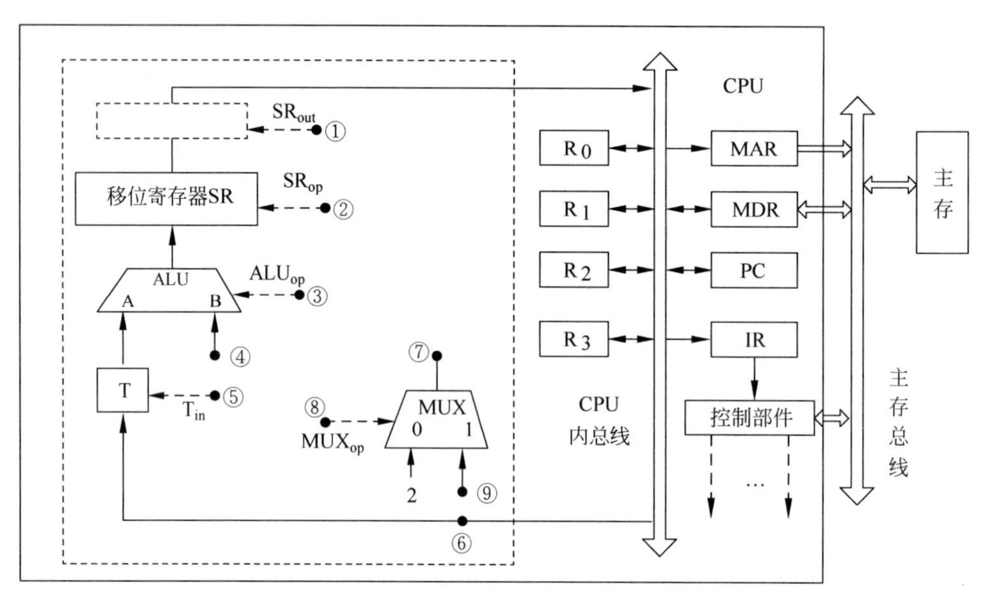

图 7-53 CPU 结构图

(3) 控制信号 SRout 所控制部件的名称或作用是什么?

(4) 端点①~⑨中,哪些端点须连接到控制部件的输出端?

(5) 为完善单总线数据通路,需要在端点①~⑨中相应的端点之间添加必要的连线。写出连线的起点和终点,以正确表示数据的流动方向。

(6) 为什么二路选择器 MUX 的一个输入端是 2?

第8章 并行组织与结构

由于器件本身的限制，任何单处理器的速度都不能超过某个上限值。要突破这个界限，采用多处理机或多计算机的并行体系结构是行之有效的途径。现代计算机的设计者，无论是在CPU内部还是在计算机体系结构上，越来越多地采用并行处理技术和并行体系结构。

本章首先介绍计算机系统的并行性概念，对计算机中使用的时间重叠、资源重复和资源共享等提高并行性的技术途径进行概括性的介绍；然后分别介绍现代计算机普遍采用的流水线技术和多处理机技术等并行处理技术；最后对近20年发展起来且应用非常广泛的多核处理器进行讨论。

8.1 计算机系统的并行性

现代计算机系统是由硬件和软件组成的复杂系统。当设计一种新型计算机系统时，首先面临的问题是什么呢？人们会列出很多问题，如机器指令系统的设计、功能组织、逻辑设计、实现技术等。实现技术又包括集成电路设计、制造和封装技术、系统制造和组装技术、供电技术、冷却技术等，而最重要的是确定计算机的体系结构。本节首先介绍计算机体系结构的概念及分类，然后介绍提高机器性能所采用的时间并行和空间并行的技术途径。

8.1.1 计算机体系结构的概念

计算机体系结构这个名词来源于英文 computer architecture，也有译成计算机系统结构的。architecture 这个词原来用于建筑领域，其意义是建筑学、建筑物的设计或式样，它是指一个系统的外貌。20世纪60年代，这个词被引入计算机领域。如今，计算机体系结构一词已经得到普遍应用，它研究的内容不但涉及计算机硬件，也涉及计算机软件，已成为一门学科。但对计算机体系结构一词的含义仍有多种说法，并无统一的定义。

经典的计算机体系结构定义是C. M. Amdahl等人在1964年设计IBM 360系统时提出的。他们把计算机体系结构定义为程序员所看到的一个计算机系统的概念性结构和功能特性。这实际上是计算机系统的外特性。

按照计算机的层次结构，不同程序设计者所看到的计算机有不同的属性。例如，对于使用高级语言的程序员来讲，一台IBM 3090大型机、一台VAX-11/780小型机或一台PC微型机，看起来都是一样的，因为在这三台计算机上运行他所编制的程序，所得到的结果是一样的。但对于使用汇编语言程序的程序员来讲，由于这三台机器的汇编语言指令完全不一样，他所面对的计算机的属性也就会不一样。另外，即使对同一台机器来讲，处在不同级别的程序员，例如应用程序员、高级语言程序员、系统程序员和汇编程序员，他们所看到的计算机外特性也是完全不一样的。那么通常所讲的计算机体系结构的外特性应是处在哪一级的程序员所看到的外特性呢？比较一致的看法是机器语言程序员或编译程序编写者所看到的外特性，这种外特性是指由他们所看到的计算机的基本属性，即计算机的概念性结构和功能特性。这是机器语言程序员或编译程序编写者为使其所编写、设计或生成的程序能在机器上正确运行所必须遵循的。由机器语言程序员或编译程序编写者所看到的计算机的基本属性是指传统机器级的体系结构，在传统机器级之上的功能属于软件功能，而在其之下的则属于硬件和固件功能。因此，计算机系统的概念性结构和功能属性实际上是计算机系统中软、硬件之间的界面。

在计算机技术中，一种本来存在的事物或属性从某种角度看似乎不存在的现象称为透明性现象。通常，在一个计算机系统中，低层机器级的概念性结构和功能特性对高级语言程序员来说是透明的。由此可看出在层次结构的各个级上都有它的体系结构。

就目前的通用机来说，计算机体系结构的属性应包括以下几个方面。

(1) 机器的数据表示：即机器硬件能直接识别和处理的数据类型。

(2) 寄存器组：包括各种寄存器的定义、数量和使用方式等。

(3) 指令系统：包括机器提供的各种指令集及寻址方式等。

(4) 数据通路：机器不同部件进行数据传输的通路。

(5) 中断系统：包括中断的类型和中断的处理方法等。

(6) 机器状态：如管态、目态及各种状态之间的切换等。

(7) 存储系统：主存容量，即程序员可用的最大存储空间和存储保护等。

(8) 输入输出：包括输入输出的连接方式、输入输出的传输控制方式等。

现代计算机体系结构的概念除了包括经典的计算机体系结构的概念范畴(指令集结构)，还包括计算机组成和计算机实现的内容。

计算机组成(computer organization)研究的是计算机系统的逻辑实现，而计算机实现(computer implementation)研究的是计算机系统的物理实现。计算机体系结构、计算机组织、计算机实现三者互不相同但又互相影响。相同体系结构的计算机可以因为速度不同而采用不同的组织结构(如系列机)；同样，一种组织结构可有多种不同的实现方法。

随着计算机体系结构的发展，出现了各种复杂程度、运行速度、处理能力各异的计算机系统，同时也出现了对计算机系统进行分类的不同方法。

1966 年，Flynn 提出了按指令流和数据流的多倍性对计算机体系结构进行分类的方法。Flynn 分类法是基于指令流和数据流这两个概念的，指令流是机器执行的指令序列；数据流是由指令流调用的数据序列，包括输入数据和中间结果。而多倍性是指在系统受限制的部件上，同时处于同一执行阶段的指令或数据的最大数目。从某种程度上说，指令流和数据流是相互独立的，因此有单指令流单数据流(SISD)、单指令流多数据流(SIMD)、多指令流单数据流(MISD)和多指令流多数据流(MIMD)四种类型。

(1) SISD 体系结构。

符合 SISD 体系结构的计算机代表了传统的冯·诺依曼机器，即大多数单机系统。处理器串行执行指令或者处理器内部采用指令流水线，以时间重叠技术实现了一定程度上的指令并行执行。但其都是以单一的指令流从存储器取指令，以单一的数据流从存储器取操作数和将结果写回存储器。

(2) SIMD 体系结构。

SIMD 体系结构有单一的控制部件，但是有多个处理部件。计算机以一个控制单元从存储器取单一的指令流，一条指令同时作用到各个处理单元，控制各个处理单元对来自不同数据流的数据组进行操作。这种体系结构的典型代表是阵列处理机。

(3) MISD 体系结构。

MISD 体系结构中有若干个处理部件，各自配有相应的控制部件。各个处理部件接收不同的指令，多条指令同时在一份数据上进行操作。大多数人认为能列在这一系统中的计算机很少或根本不存在。

(4) MIMD 体系结构。

MIMD 体系结构中同时有多个处理部件，并且每个处理部件都配有相应的控制部件。各个处理部件可以接收不同的指令并对不同的数据流进行操作。大多数现代的并行计算机都属于这一类，多处理机系统和多计算机系统都是 MIMD 型的计算机。

8.1.2 体系结构中的并行性

研究计算机体系结构的目的是提高计算机系统的性能，开发计算机系统的并行性是计算机体系结构的重要研究内容之一。现代计算机的一个共同特点是大量采用并行技术，使计算机的性能得以不断提高。

并行性(parallelism)指的是在同一时刻或是同一时间间隔内完成两种或两种以上性质相同或不相同的工作。也就是说，只要时间上互相重叠，就存在并行性。这里，并行性包含同时性和并发性两层含义。其中同时性(simultaneity)指两个或多个事件在同一时刻发生的并行性，并发性(concurrency)指两个或多个事件在同一时间间隔内发生的并行性。

80x86 微处理器的发展就是并行技术发展的一个很好的体现：多流水线、超标量设计等都是提高 CPU 并行处理能力的关键。而机群的体系结构更是充分利用了并行性这一特点。创建和使用并行计算机主要是为了解决单处理器的速度瓶颈，利用并行技术来提高应用性能。

计算机系统中的并行性有不同的等级。不同的分类标准，分类的结果也不相同。

从执行程序的角度看，并行性等级从低到高可分为如下 5 种。

(1) 指令内部并行：指令内部的微操作之间的并行。

(2) 指令级并行：并行执行两条或多条指令，也就是指令之间的并行。

(3) 线程级并行：并发执行多个线程，通常以一个进程内控制派生的多个线程为调度单位。

(4) 任务级或过程级并行：并行执行两个或多个过程或任务(程序段)。

(5) 作业或程序级并行：多个作业或程序间的并行。

不同级的并行性在不同机器系统中的实现方式不同。在单处理机系统中，这种并行性升到某一级别后(如任务、作业级并行)，要通过软件(如操作系统中的进程管理、作业调度等)来实现；而在多处理机系统中，由于已有了完成各个任务或作业的处理机，其并行性是由硬件来实现的。

从处理数据的角度，并行性等级从低到高可分为4种。

(1) 字串位串：同时只对一个字的一位进行处理。

(2) 字串位并：同时对一个字的全部位进行处理，不同字之间是串行的。

(3) 字并位串：同时对许多字的同一位(称位片)进行处理。

(4) 全并行：同时对许多字的全部或部分位进行处理。

一个计算机系统中可以采取多种并行性措施，既可以有执行程序方面的并行性，也可以有处理数据方面的并行性。

8.1.3 提高并行性的技术途径

1. 三种基本并行技术

提高并行性的技术途径主要有时间重叠、资源重复和资源共享3种。

(1) 时间重叠。时间重叠指的是多个处理过程在时间上相互错开，轮流重叠地使用同一套硬件设备的各个部分，以加快硬件周转而赢得速度。

实现时间重叠的基础就是部件功能专用化，实质就是把一件工作按功能分割为若干个相互联系的部分；然后把每一部分指定给专门的部件完成；最后按时间重叠原则把各部分的执行过程在时间上重叠起来，使所有部件依次分工完成一组同样的工作。流水线技术就是时间重叠的典型应用。

例如，一条指令的执行可以看成由4个过程组成，即取指令、指令译码、指令执行和写结果，如图8-1(a)所示。

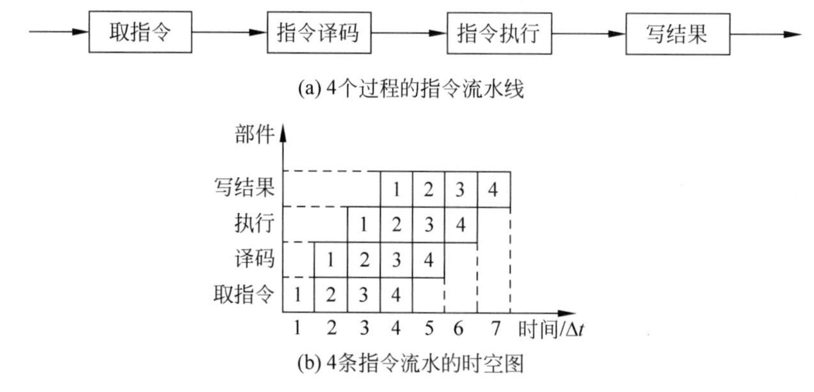

图8-1 时间重叠的并行技术

将这4个过程分别使用4个专用的部件实现，即取指令部件(IF)、指令译码部件(ID)、指令执行部件(EX)和写结果部件(WB)。多条指令在时间上相互错开，采用如图8-1(b)所示的方式工作，轮流重叠地使用同一个部件，通过加快指令周转来赢得速度。本例中，每个子过程需 Δt 时间完成，4条指令如果顺序串行执行需 $4\times4\Delta t=16\Delta t$；而采用时间重叠技术后，4条指令只需 $7\Delta t$。

时间重叠并行技术无须重复设置硬件，设备利用充分，因此是单机系统中并行性发展的重要手段。在发展高性能单处理机的过程中，起着主导作用的也是时间重叠这个途径。

(2) 资源重复。资源重复指的是根据“以数量取胜”的原则来实现并行，其付出的代价是在空间上通过重复地设置资源，尤其是硬件资源，来提高计算机系统的性能。

例如,图 8-2 中设置了 n 个相同的处理单元 $PE_1, PE_2, \cdots, PE_n$,在同一个控制单元 CU 的控制下,通过给各处理单元分配不同的数据来完成同一种运算或操作,以提高处理速度。

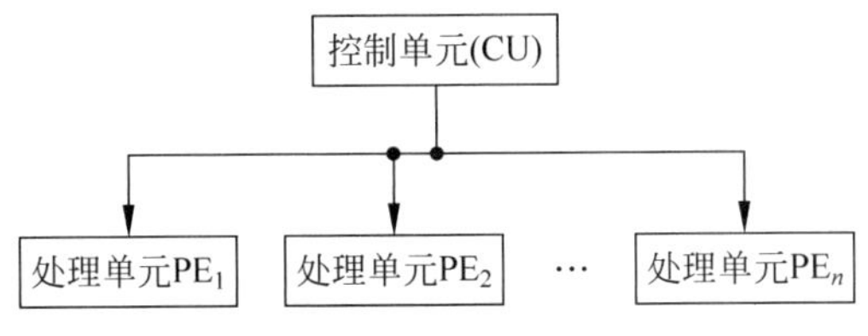

图 8-2　资源重复的并行技术

资源重复也是计算机系统中经常采用的并行技术,通过使用各种资源重复技术,如部件冗余、多操作部件、多存储体、并行处理机、相联处理机、多处理机系统等,可以有效提高计算机系统性能。

(3) 资源共享。资源共享是一种软件方法的并行,它使多个任务按一定时间顺序轮流使用同一套硬件设备。资源共享的实质就是用单处理机模拟多处理机的功能,形成所谓虚拟机的概念,体现在多道程序、分时系统、多终端、远程终端、智能终端、分布处理系统(把若干个具有独立功能的处理机或计算机相互连接起来,在操作系统的全盘控制下统一协调地工作,而最少依赖集中的程序、数据或硬件)等方面的应用上。

2. 多机系统的并行性

多机系统包括多处理机系统和多计算机系统。多机系统也遵循时间重叠、资源重复和资源共享这 3 种基本的技术途径,向着 3 种不同的多处理机方向发展。但在采取的技术措施上与单机系统有所不同。通常用耦合度来反映多机系统各机器之间物理连接的紧密程度和交互作用能力的强弱。多机系统分为最低耦合系统、松散耦合系统、紧密耦合系统等几类。

(1) 最低耦合系统。最低耦合系统是指耦合度最低的系统。除通过某种中间存储介质之外,各计算机之间没有物理连接,也无共享的连机硬件资源。

(2) 松散耦合系统或间接耦合系统。在松散耦合系统(也叫间接耦合系统)中,各处理机间通过共享 I/O 子系统、通道或通信线路实现处理机间的通信和互连,不共享主存,但可共享某些外围设备(如磁盘、磁带等),机间的相互作用是在文件或数据集一级进行。松散耦合系统的多处理机由多个处理机、一个通道、一个仲裁开关和消息传送系统组成。每个处理机带有一个局部存储器和一组 I/O 设备。仲裁开关的通道中有高速通信存储,用来缓冲传送的信息块。

(3) 紧密耦合系统或直接耦合系统。在紧密耦合系统(也叫直接耦合系统)多处理机系统中,其处理机间物理连接的频带较高,它们往往通过总线或高速开关实现互连,可以共享主存,各处理机之间是通过互连网络共享主存的。一般地,紧密耦合系统由 P 台处理机、m 个存储器模块、d 个 I/O 通道和 3 个互联网络构成。其中,处理机-存储器网络用于实现处理机与各存储模块的连接,处理机-中断信号网络用于实现多处理机之间的互连,处理机-I/O 互连网络用于实现处理机与外设的连接。每个处理机可自带局部存储器,也可自带 cache 存储器模块,可采用流水工作方式。紧密耦合系统多用于并行作业中的多任务,一般处理机是同构的。

8.2 流水线技术

计算机中的流水线技术来源于工业领域的流水线生产，属于并行处理技术中的一种时间重叠。流水线技术最早在大型计算机系统中采用，而现代计算机无论是小型还是微型计算机均在 CPU 中大量使用了该技术，以提高 CPU 执行指令的速度。

8.2.1 流水线的基本概念

4.3 节介绍了流水线技术。每当提起流水线技术，人们就容易将其与工业生产中的产品生产流水线联系起来。的确，计算机中的流水线概念正是由此而得来的。为了对计算机中的流水线概念有更深入的认识，先来看看产品生产流水线的情况。

假设在某工厂车间，生产某个产品需要 4 道工序。该产品生产车间以前只有一个工人和一套生产该产品的设备。该工人每天工作 8 小时，每 4 分钟可以生产该产品 1 件，这样一天可以生产该产品 120 件。现在工厂希望将该产品的日产量提高到 480 件，那么采取什么办法才能实现这一目标呢？一种很容易想到的办法就是增加 3 个工人和 3 套设备，采用传统的生产方式，即每个工人单独使用一套设备进行生产，每个工人日产量是 120 件，4 个工人就是 480 件。这种方法当然是可行的，但付出的代价是增加了 3 套设备。另一种办法就是只增加 3 个工人，不增加设备，同时对设备的生产流程进行改造：将 4 道工序分离开来，每道工序的生产时间一样(平均为 1 分钟)，每个工人只专做一道工序，每完成一道工序就将半成品交给下一道工序的工人，直至生产出完整的产品，如图 8-3 所示。经过这种改造以后，每隔 1 分钟就有 1 件产品生产出来。这样的话，一天 8 小时就同样可以生产 480 件该产品了。后一种方法与前一种方法相比，节省了 3 套设备，而实现的效果是相同的，具有更好的“性能价格比”。

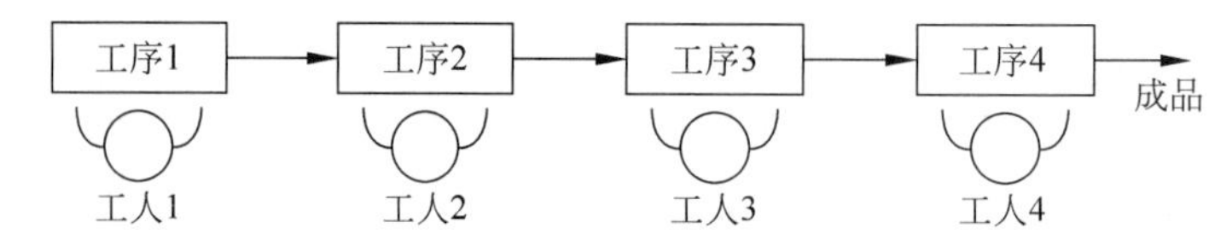

图 8-3 产品生产流水线

在早期的计算机系统中，无论是指令的执行还是数据的处理，都是严格地按照串行的方式来进行的。也就是指令或数据流入某个部件后，无论需要执行或处理的时间是长还是短，这时除了正在执行或处理的部件以外，其余的部件都处于闲置状态。这样的处理方式控制简单，但效率低下，因为这些闲置的部件完全可以在等待的时间里完成一定的工作。

后来，人们将工业生产中的流水线思想引入到计算机中。例如，可以将计算机中的指令部件划分成两个子部件：取指令部件和执行部件，取指令部件专门负责从存储器中取指令，而执行部件专门负责完成指令的译码和执行等操作。现假设这两个部件完成一次操作所需时间均为 Δt，按传统的串行方式工作的话，该指令部件完成一条指令从取指到执行的时间为 $2\Delta t$；而采用流水线工作方式的话，则每隔 Δt 的时间就可以完成一条指令的执行。显然，指令执行速度是原来的 2 倍。再如，对于浮点加法器而言，可以把浮点加法的全过程分解为求阶差、对阶、尾数加和规格化 4 个子过程，让每个子过程都在各自独立的部件上完成，同样假设这4个部件每个完成一次操作的时间均为Δt。按传统的串行方式工作的话，该浮点加法部件完成一次浮点加的时间为$4\Delta t$；而采用流水线工作方式的话，则每隔Δt的时间就可以完成一次浮点加。显然，一次浮点加的速度是原来的4倍。

实际上，计算机中的流水线技术是一种利用时间重叠技术提高机器性能的并行处理技术，它能在不增加机器硬部件的情况下，通过对某一部件功能进行合理的分解与设计，有效提高部件的处理速度。目前流水线技术大量应用在CPU内部，包括组成CPU各部件之间的流水和部件内部的流水等。流水线技术的应用对于提高处理机的性能起到了相当大的作用。

8.2.2 流水线的分类

流水线可以从不同的角度进行分类，一般来讲可以分为以下几种类型。

1. 部件级、指令级和处理机级流水线

按照计算机处理的级别来分类，流水线可以分为部件级流水线、指令级流水线和处理机级流水线。

部件级流水指的是构成部件内的各个子部件间的流水，比如运算器内浮点加减运算的流水。指令级流水指的是构成计算机系统的多个处理机之间的流水，又称为宏流水。处理机级流水指的是构成处理机的各部件之间的流水，比如一条指令分成“取指”“分析”“执行”后，这三者之间的流水。

2. 单功能流水线和多功能流水线

按照可以完成的动作数量来分类，流水线可以分为单功能流水线和多功能流水线。

单功能流水线指的是只能实现单一功能的流水，如只能实现浮点加减而不能实现浮点乘除的流水线。当然，如果要完成多种功能的流水，可以将多个单功能的流水线组合起来实现。多功能流水线指的是在同一流水线的各个段之间可以用多种不同的连接方式进行连接，以实现多种不同的功能或运算。

图8-4就是同一个流水线在不同连接方式下可以分别实现浮点加减运算时的连接和浮点乘除法运算时的连接。

3. 静态流水线和动态流水线

按照流水线各个段是否允许同时进行多种不同功能的连接流水，则可以把流水线分成静态流水线和动态流水线。

静态流水线指的是在某一段时间内各功能段只能按照一种功能连接形成流水线，只能等待该流水线上全部任务流空后，才能切换成另一种功能连接进行流水。显然，这种流水操作实现起来很简单，所需的控制方式也不复杂。就指令级的流水而言，如果进入的是一串相同的运算指令，静态流水性能还不错；但如果进入的是浮点加、定点乘、浮点加、定点乘……这样一连串功能相异的指令时，静态流水线的性能就降低得还不如指令顺序执行方式了。而动态流水线是指在同一时间内，当某些段正在实现某种运算时，另一些段却可以实现另一种运算。这样，就不是非得相同运算的指令才能进入流水线处理了。显然，这对提高流水线的效率很有好处。然而，这却会使流水线的控制变得很复杂。

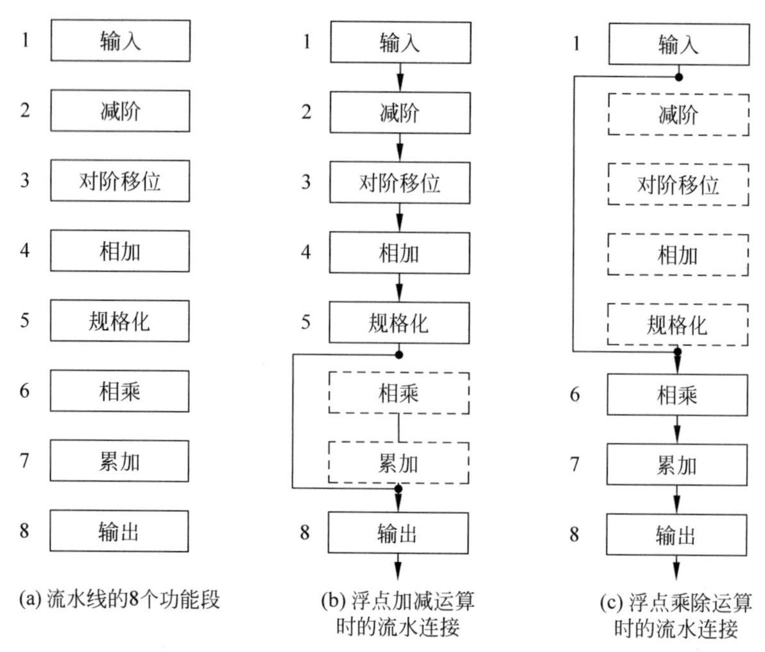

图 8-4 多功能流水线的实现

例如，假设先后有两批任务要完成，第一批是 n 个任务的浮点加减运算，第二批任务是 A～E 共 5 个任务的定点乘法运算，分别按照静、动态两种不同方式形成流水线，其流水线时空图如图 8-5 所示。

从软硬件功能分配的观点来看，静态流水线将功能负担较多地加在软件上了，以简化硬件控制；而动态流水线则将功能更多地由硬件来实现，以提高流水线的效能。目前高性能流水计算机大都采用多功能静态流水线，就是因为其控制和实现都比较简单。

4. 线性流水线和非线性流水线

如果按照内部功能部件的连接方式（如各功能段之间是否有反馈回路）来分类，流水线可分为线性流水线和非线性流水线。

流水线各段之间串行连接，各段只经过一次，且各功能段之间没有反馈回路的，就称为线性流水线。反之，如果流水线除了有串行连接的通路外还有反馈回路，并且往往使任务流经流水线时需多次经过某个段或越过某些段的，就称之为非线性流水线，如图 8-6 所示。

5. 标量流水线和向量流水线

如果按照机器可处理的对象来分类，流水线还可以分为标量流水线和向量流水线。

按照机器可处理的对象来分类，实质就是根据机器所具有的数据表示来分类，此时一般也意味着该机器所具有的这些数据表示会获得相应的硬件支持。所以标量流水机意味着该机器没有向量数据表示，只能用标量循环方式来处理向量和数组。向量流水机则意味着该机器有向量数据表示，并且硬件上有相应部件的支持，比如机器上一般都会设置有向量指令和向量运算硬件，能流水地处理向量和数组中的各个元素。显然，向量流水机是向量数据表示和流水技术相结合的产物。

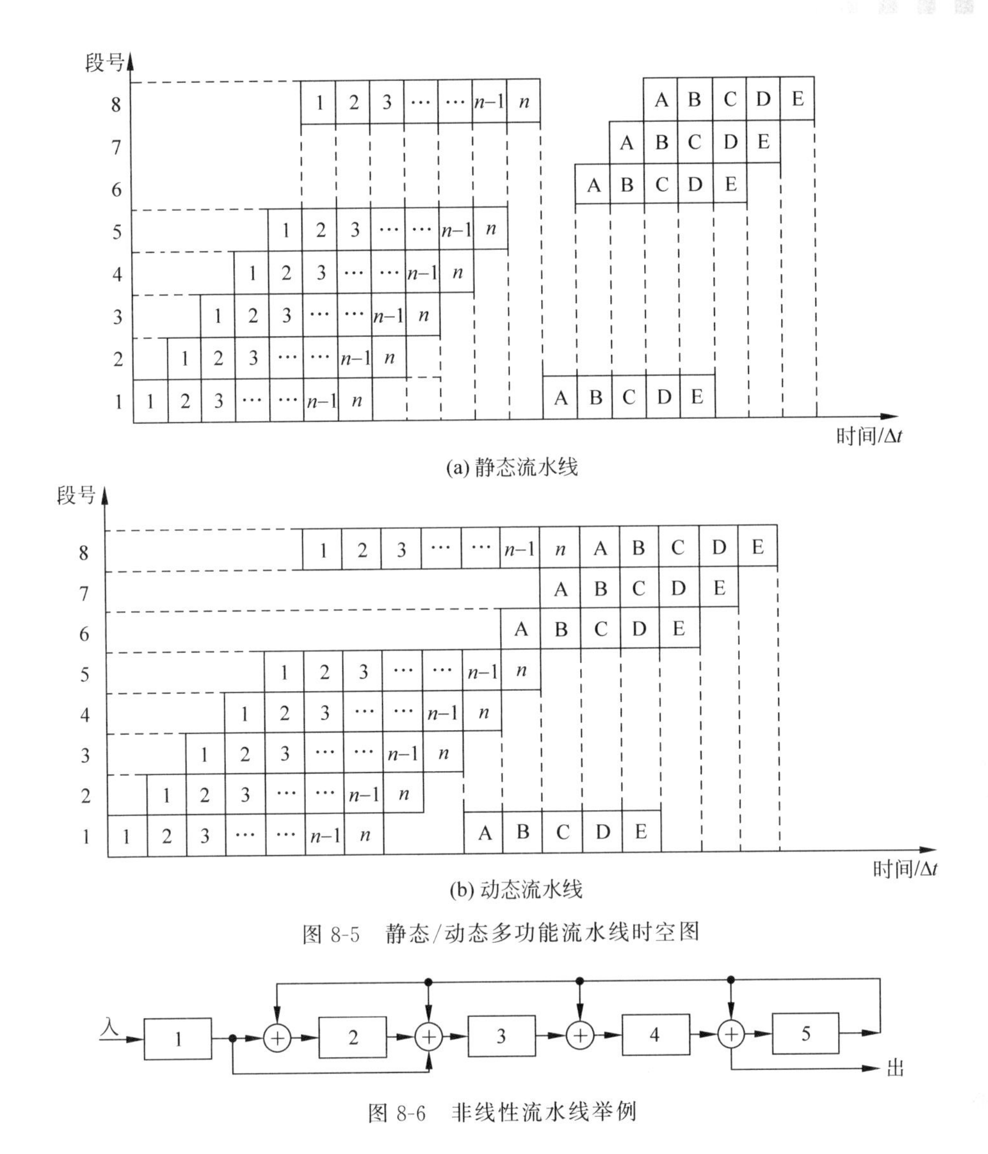

(a) 静态流水线

(b) 动态流水线

图 8-5 静态/动态多功能流水线时空图

图 8-6 非线性流水线举例

8.2.3 流水线的主要性能参数

衡量一种流水线处理方式性能高低的参数主要有吞吐率、加速比和效率。

吞吐率(throughput rate)指的是计算机中的流水线在单位时间内能流出的任务数或结果数。流水线的吞吐率可以进一步分为最大吞吐率和实际吞吐率。它们主要和流水段的处理时间、缓存寄存器的延迟时间有关,流水段的处理时间越长,缓存寄存器的延迟时间越大,这条流水线的吞吐量就越小。因为在线性流水线中,最大吞吐率 $TP_{max}=1/\Delta T=1/\max(\Delta T_1,\Delta T_2,\cdots,\Delta T_i,\cdots,\Delta T_m)$,其中,$m$ 是流水线的段数,ΔT_i 表示的是第 i 段的执行时间。显然,最大吞吐率受到了瓶颈段的约束。这里,瓶颈段指的是所有段中执行时间最长的那个段。为了提高流水线的最大吞吐率,就要找到瓶颈段,并设法消除此瓶颈。

例如,某流水线有 4 个段,其中 2 号段需用时 $3\Delta t$,所以 2 号段是瓶颈段,见图 8-7(a);

5 个任务流经该流水线时的流水效果的实际情况如图 8-7(b)所示，显然流水速度受到了 2 号瓶颈的限制。

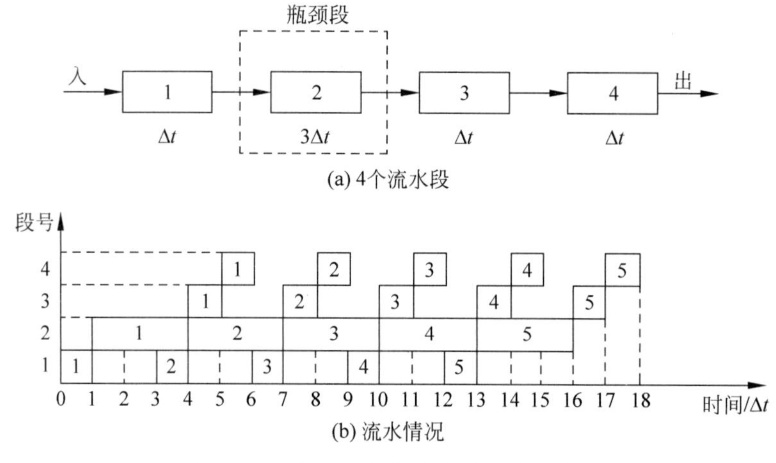

(a) 4个流水段

(b) 流水情况

图 8-7 最大吞吐率取决于瓶颈段的时间

消除瓶颈部分对流水线吞吐率的影响一般有两种方法。

(1) 把瓶颈部分的流水线进行分拆，以便任务可以充分流水处理。

流水段的处理时间过长，一般是由于任务堵塞造成的，而任务的堵塞会导致流水线不能在同一个时钟周期内启动另一个操作。可以将流水段进行分拆，在各小流水段中间设置缓存寄存器，缓冲上一个流水段的任务，使流水线能充分流水。例如，某流水线除 2 号流水段外，各功能段的处理时间都是 Δt。假如 2 号流水段的处理时间为 $3\Delta t$，那么可以把 2 号流水段再细分成 3 小段，使每小段的功能相同，但是处理时间已经变成 $3\Delta t/3=\Delta t$ 了，如图 8-8 所示。

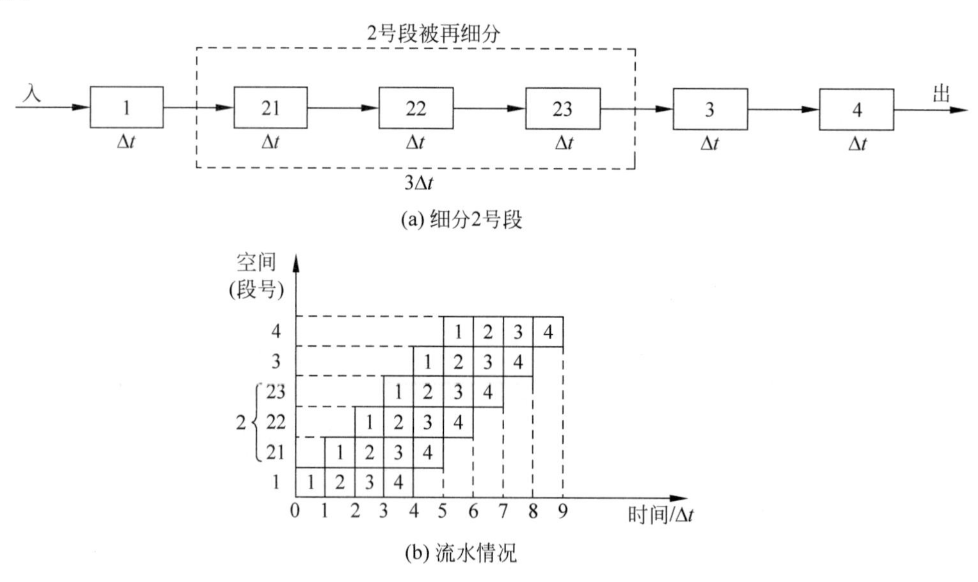

(a) 细分2号段

(b) 流水情况

图 8-8 瓶颈子过程再细分

(2) 在瓶颈部分设置多条相同流水段进行并行处理。

该例中，对付 2 号流水段的处理时间过长，还有另外一种方法，那就是把瓶颈流水段用多个相同的并连流水段代替，在前面设一个分派单元来对各条流水段的任务进行分派。仍然假设瓶颈流水段的处理时间是 $3\Delta t$，经过 3 条并连流水段的同时处理后，实际需要的时间只是 Δt，这样就达到了缩短流水段处理时间的目的。但这种方法因为要 3 段相同的流水段并连，设备成本较高，而且需要解决好在各并行子过程之间的任务分配和同步控制问题，比瓶颈子过程再细分的控制要复杂得多，如图 8-9 所示。

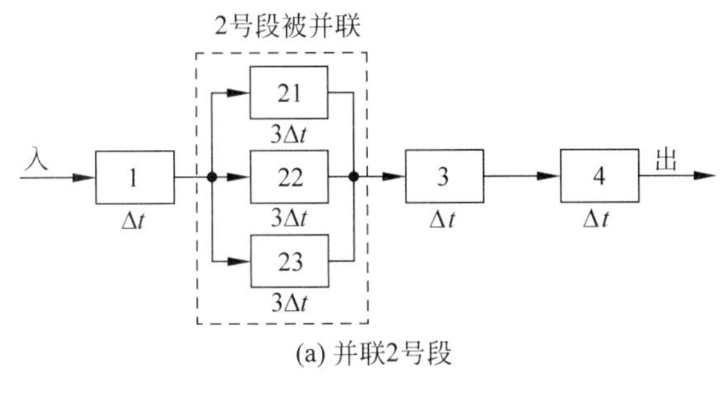

(a) 并联2号段

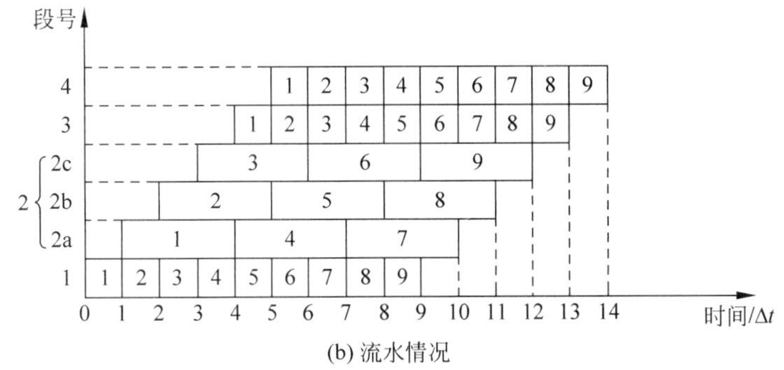

(b) 流水情况

图 8-9　瓶颈子过程并连

下面来介绍流水线实际效率的分析计算方法。

由于流水线在开始工作时存在建立时间，在结束时存在排空时间，加上各种原因使流水线不能连续流动，流水会出现断断续续的现象，所以流水线的实际吞吐率 TP 总比最大吞吐率 TP_{max} 要小。图 8-10 是个有 4 个段的静态流水线，假设每段所需时间为 Δt，n 个任务全部进入流水线所需时间 $T_0=n\Delta t$，流水线建立所需时间(就是 1 个任务全部进入流水线所需时间)为 $T_1=m\Delta t$，之后 $n-1$ 个任务流出流水线所需时间 $T_2=(n-1)\Delta t$，则 n 个任务全部从流水线流空所需时间为 $T=T_1+T_2=m\Delta t+(n-1)\Delta t$，$n$ 个任务的实际吞吐率 $TP=n/(T_1+T_2)=n/(m\Delta t+(n-1)\Delta t)$。

具体地，仍然见图 8-10，相隔 ΔT 时间后，有 5 个任务($n=5$)A、B、C、D、E 进入了流水线。在这 5 个任务的流水中，$T_0=n\Delta t=5\Delta t$，$T_1=m\Delta t=4\Delta t$，$T_2=(n-1)\Delta t=4\Delta t$，$T=T_1+T_2=m\Delta t+(n-1)\Delta t=4\Delta t+(5-1)\Delta t=8\Delta t$，实际吞吐率 $TP=5/(8\Delta t)$。

显然，一条流水线的段数越多，子过程执行时间越长，那么，这条流水线的实际吞吐率就越小。

加速比(speed ratio)表示流水方式相对于非流水顺序方式速度提高的比值，具体就是指某一流水线采用串行模式的工作速度和采用流水线模式的工作速度的比值。可以看出，数值越大，说明这条流水线的工作安排方式越好。假设该流水线各子功能段的执行时间均为 Δt，流水段有 m 个段，那么 n 个任务采用非流水顺序完成需要 $n\times m\times\Delta t$ 的时间，采用

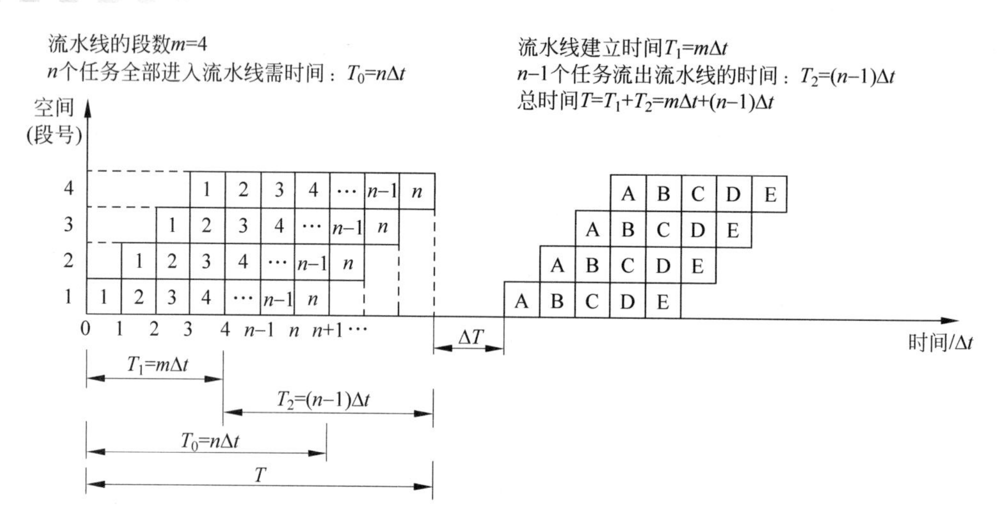

图 8-10 分析实际吞吐率的时空图

流水模式完成则需要 $m\Delta t+(n-1)\Delta t$ 的时间，因此，流水方式工作的加速比为：

$$S_p=\frac{n\cdot m\cdot\Delta t}{m\Delta t+(n-1)\Delta t}=\frac{m}{1+\frac{m-1}{n}}$$

所以在流水线各子功能段执行时间均相等的情况下，仅当 $n\gg m$ 时，其加速比才能趋近于最大值 m，即流水线的段数。

效率(efficiency)也称流水线设备的时间利用率，又称使用效率，它指的是流水线中各个部件的利用率，也就是设备的实际使用时间占整个运行时间的比值。显然，效率总是小于100%的，这是由于流水线在开始工作时存在建立时间，在结束时存在排空时间，各个部件也不可能一直在工作，总有某个部件在某一个时间处于闲置状态，这同时也意味着可以用处于工作状态的部件的数量和总部件的数量的比值来粗略地说明这条流水线的工作效率。

如果是线性流水线，任务间不相关且各段经过的时间相同，那么以图 8-10 为例，在 T 时间里流水线的各段效率都相同，均为 η_0，整个流水线的效率就是 η。

$$\eta_1=\eta_2=\cdots\eta_m=\frac{n\cdot\Delta t}{T}=\frac{n}{m+n-1}=\eta_0$$

$$\eta=\frac{\eta_1+\eta_2+\cdots+\eta_m}{m}=\frac{m\cdot\eta_0}{m}=\frac{m\cdot n\cdot\Delta t}{m\cdot T}$$

以上 η 的计算公式中，分母 $m\cdot T$ 正好是图 8-10 中 m 个段和流水总时间 T 所围成的面积，分子 $m\cdot n\cdot\Delta t$ 则是图 8-10 中 n 个任务实际使用的面积。这就是说，效率实际上就是 n 个任务占用的时空区面积与 m 个段的总时空区面积的比值。显然，只有当 $n\gg m$ 时，η 才趋近于 1。

8.2.4 流水线的相关问题

流水线只有连续不断地流动，不出现断流，才能获得高效率。如果处理不当，使流水线产生“断流”，将会使流水效率显著下降。流水过程中因为相关问题而产生冲突是导致流水线断流的主要原因。一般来讲，流水线的相关问题主要分为以下 3 种类型。

1. 结构相关

结构相关是指当指令在重叠执行过程中，硬件资源满足不了指令重叠执行的要求，两条或两条以上的指令争用同一资源而引起的冲突。因此，结构相关又称为资源相关。

例如，假设一条指令流水线由 5 段组成，分别为取指令(IF)、指令译码(ID)、取操作数(MEM)、执行运算(EX)和写寄存器(WR)，该流水线的时空图如图 8-11 所示。

从图 8-11 中可以看出，指令 I_2 的取操作数和指令 I_4 的取指令都需要访问存储器。若机器中只有一个单端口存储模块，那么 I_2 的取操作数和指令 I_4 的取指令就产生了访存冲突，两个操作无法同时进行，这就是一种典型的资源冲突。

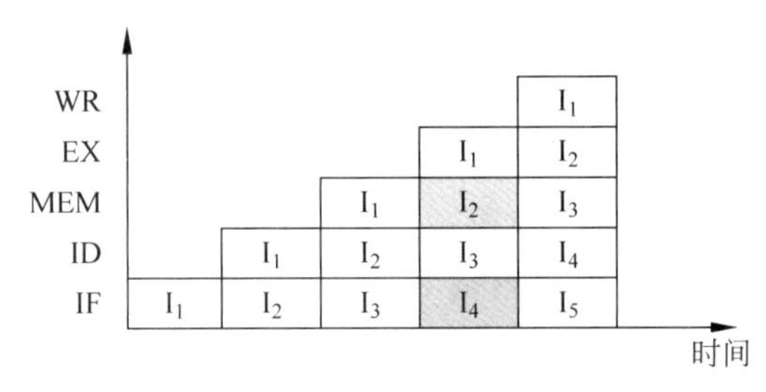

图 8-11 5 段指令流水线

解决这种冲突的一种方法是在机器中增加存储器模块，如使用双端口存储器，使指令和数据分别存放在不同的存储器模块中，这样，取操作数和取指令就不会发生冲突。另一种方法是当发生取操作数或取指令冲突时，将其中一个操作的执行时间推迟，如图 8-12 所示。当然，这样会导致流水线的断流，造成流水线的吞吐率下降。

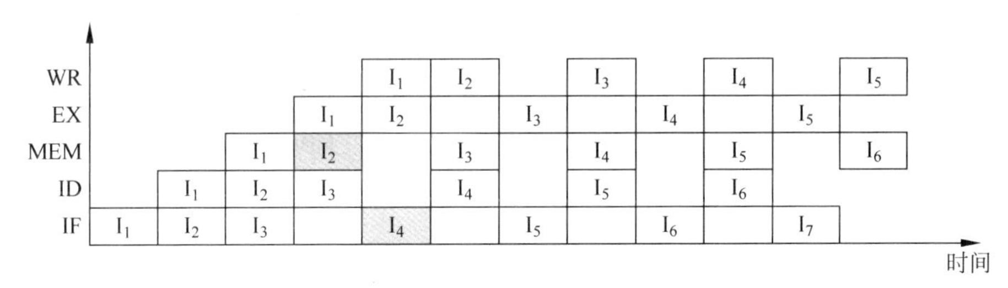

图 8-12 访存相关引起的流水线断流

2. 数据相关

当一条指令需要用到前面指令的执行结果，而这些指令均在流水线中重叠执行时，就有可能产生数据相关。

在流水计算机中，指令的处理是重叠进行的，前 1 条指令还没有结束，第 2、3 条指令就陆续地开始工作。由于多条指令的重叠处理，当后继指令所需的操作数刚好是前一指令的运算结果时，便发生数据相关冲突。例如，某一时间在图 8-12 所示的流水线中执行以下 3 条指令：

$$
\begin{array}{ll}
\text{ADD} & R_1, R_2, R_3; (R_2)+(R_3)\rightarrow R_1 \\
\text{SUB} & R_4, R_1, R_5; (R_1)-(R_5)\rightarrow R_4 \\
\text{AND} & R_6, R_1, R_7; (R_1)\wedge(R_7)\rightarrow R_6
\end{array}
$$

其中，SUB 指令的 EX 段需要执行 R_1 减 R_5；而同一时间，其上一条指令正在执行写结果到 R_1 的操作。这种情况下，有可能 SUB 指令的 R_1 并不是 ADD 指令最终形成的 R_1 结果，则程序的执行将发生错误。

数据相关包括的情况很多，如主存操作数相关、通用寄存器组的数相关及基址值或变址值相关等，它们都属于局部性相关，都是由于在机器同时解释多条指令时出现了对同一主存单元或寄存器要求"先写后读"的冲突而造成的。解决这种相关的一种方法是推后后续指令对相关单元的读，保证在先指令的写入先完成。例如，对于上面的例子，为了保证上述指令序列执行的正确性，流水线只能暂停 SUB 指令的执行，直到 ADD 指令将结果写入 R_1 寄存器后，再启动 SUB 指令的执行。

另外，任务在流水线中流动顺序的安排和控制可以有两种方式：一种是任务流入和流出的顺序一致，称为顺序流动方式或同步流动方式；另一种是任务流出和流入的顺序可以不同，称为异步流动方式。

比如，有一个 8 段的流水线，其中第 2 段是读段，第 7 段是写段，如图 8-13 所示。一串指令 h、i、j、k、l、m、n、…依次流入，当指令 j 的源操作数地址与指令 h 的目的操作数地址相同时，h 和 j 就发生了"先写后读"的数相关。解决的办法如图 8-13 所示，设置"相关直接通路"，让 h 的结果直接写入 j 所要访问的存储单元，这样就可以保证 j 读到的操作数是 h 写入的结果。当流水线采用异步流动方式时，会出现很多顺序流动不会发生的其他相关。比如，若指令 i、k 都有写操作且写入同一单元，可能由于指令 i 执行时间长或发生"先写后读"相关，就会出现指令 k 先于指令 i 到达"写"，结果错误地使得该单元的最后内容为指令 i 的写入结果。这种要求"在先的指令先写入、在后的指令才写入"的相关为"写-写相关"。此外，当指令 i 的读操作和指令 k 的写操作是对同一单元时，若指令 k 越过指令 i 向前流，且它的写操作先于指令 i 的读操作开始前完成，那指令 i 就会读到错误的数据。这种对同一单元要求"在先的指令先读出、在后的指令才写入"的相关称之为"先读后写"相关。这两类相关只有异步流动时才可能发生，同步(即顺序)流动是不可能发生的，解决它们的办法就是在控制机构上要保证写入与写入之间、读出与写入之间的先后顺序不变。

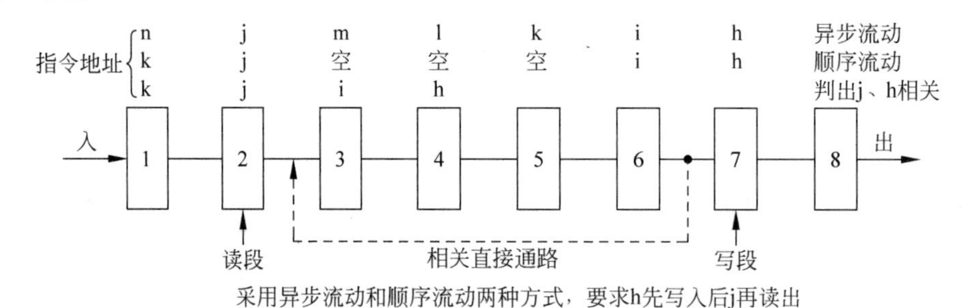

图 8-13 顺序流动和异步流动

3. 控制相关

控制相关冲突是由转移指令引起的。当执行转移指令时，依据转移条件的产生结果，可能为顺序取下条指令；也可能转移到新的目标地址取指令，从而使流水线发生断流。

为了减小转移指令对流水线性能的影响，常见的解决办法如下。

(1) 猜测法。顾名思义，猜测法就是当遇见转移指令 i 时，会形成两个分支，i+1、i+2、…，是转移不成功时继续执行的一路分支；另一路分支是转移成功时转向执行指令 p、p+1、…。流水意味着同时解释多条指令，i 进入流水线后，后面到底是执行 i+1 还是 p 指令那要等指令 i 的条件码建立以后才知道，而 i 的条件码建立一般要等到条件转移指令 i 快流出流水线时才行。那么在没有建立 i 的条件码之前，i 之后的指令停顿下来的话，流水就断流了，性能肯定下降。为了不断流，可采用猜测法提取 i+1 和 p 两个分支中的一个继续向前流动。

可是，猜哪个分支好呢？如果程序中这两个分支被执行的概率相近的话，应首选 i+1 分支，因为至少它已经进入指令缓存了，可以很快从中取出指令 i+1 进入流水线而不必等待。反之，因为 p 可能尚未进入指令缓存，需花时间访存取出，导致流水断流。如果两个分支被执行的概率不均等的话，当然还是选高概率的分支。那么怎样判断两者谁是高概率的分支呢？一种办法是静态地根据转移指令类型或程序执行期间转移的历史状况来预测，这种静态策略意味着需要事先对大量程序的转移类型和转移概率进行统计，且不一定能保证有较高的预测准确率。也可以采用动态策略，就是由编译程序根据执行过程中转移的历史记录来动态地预测未来可能的转移选择。

问题是，不管怎么猜选，猜对了倒好，可要是猜错了怎么办呢？尽快回到原分支点去转入执行另一分支，就这么简单么？当然不是，因为猜错了意味着分支点原先的现场很可能已被修改了。所以不管怎么猜选，都要能保证猜错时可恢复原先的现场信息。解决的办法是设置后援寄存器，把那些可能被破坏的原始状态信息都用后援寄存器保存起来，一旦猜错就取出后援寄存器保存的内容来恢复分支点的现场。

(2) 加快和提前形成条件码。尽快尽早地获得条件码，就可以提前知道流水线将流向哪个分支。

① 加快单条指令内部条件码的形成，尤其是某些反映运算结果的条件码完全可以不必等到指令执行完就可以提前形成。比如，根据运算规律来看，乘除运算的结果是正是负的条件码就完全可以在运算前形成。

② 在一段程序内提前形成条件码。比如循环程序，一般是根据循环条件判断是否继续转移。很多循环程序的循环次数都是通过在循环末端语句对循环次数减 1，然后再判断循环次数是否为 0 来决定是否结束循环的，但细想一下不难发现，循环次数减 1 和判断循环次数是否为 0 的操作完全可以提前完成，甚至可以提前到循环体开始时就进行。

(3) 采用延迟转移。延迟转移是用软件方法进行静态指令调度的技术，就是在编译生成目标指令程序时，将条件转移指令与它前面不相关的一条或多条指令交换位置，让成功转移总是延迟到在这一条或多条指令执行之后再进行。延迟转移方法因为思路简单，而且不必增加硬件，故比较实用。

(4) 加快短循环程序的处理。

① 为避免短循环程序进入指令缓存后，由于指令预取导致指令缓存中需循环执行的指令被冲掉，并减少访存次数，可将短循环程序一次性整个装入指令缓存内，以加快短循环程序的处理。

② 由于循环分支概率高，让循环出口端的条件转移指令恒猜循环分支，就可以降低因

为条件分支而造成的流水线断流的概率。

8.2.5 超流水线技术

1. 超标量流水线处理器

假设一条指令包含取指令、译码、执行和存结果4个子过程，每个子过程的时间为 Δt。常规标量单流水处理器是在每个 Δt 期间解释完一条指令，如图8-14所示，则完成9个任务需要 $12\Delta t$ 时间，称这种流水处理器的度 $m=1$。

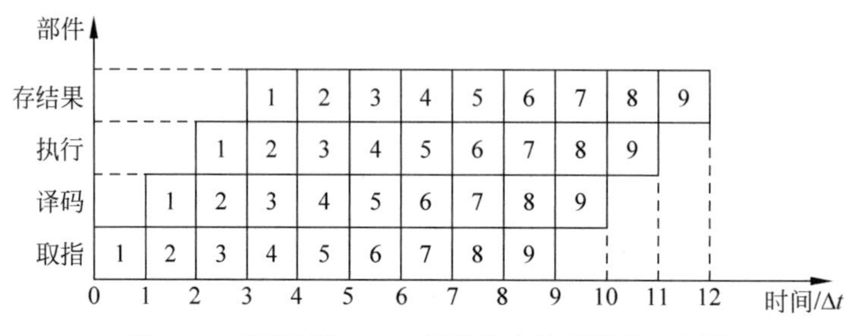

图8-14 常规(度 $m=1$)标量流水处理器的时空图

超标量流水线处理器则采用多指令流水线，每个 Δt 同时流出 m 条指令(m 就是度)。图8-15是度 $m=3$ 时的流水时空图，每3条指令为一组，执行完9条指令只需 $6\Delta t$。

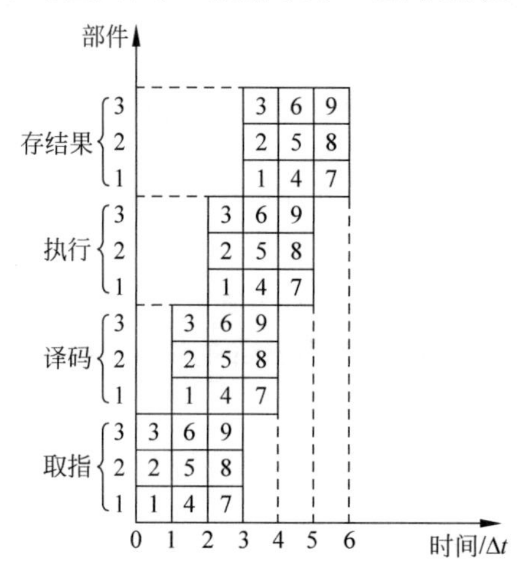

图8-15 度 $m=3$ 时的超标量流水处理器的时空图

超标量流水线处理器中配置多套功能部件、指令译码电路和多组总线，寄存器也备有多个端口和多组总线。程序运行时由指令译码部件检测顺序取出的指令之间是否存在数据相关和功能部件争用情况，将可以并行的相邻指令送往流水线。度 $m=1$ 是超标量流水线处理器的特例，并行度为1就逐条发射。超标量流水线处理器较容易实现，主要靠编译来优化编排指令的顺序，将可并行的指令搭配成组，硬件不再调整指令的顺序。

超标量流水线处理器的典型代表有Intel公司的i860、i960、Pentium处理器，Motolora公司的MC88110，IBM公司的Power 6000等。面向移动高性能领域的Cortex-A77采用ARMv8.2指令集架构，7nm工艺，其流水线结构的Decode级增加到了6条指令，同时拓宽了 Issue 宽度，执行单元有 4 个 ALU、2 个 BRU 和 2 条 Load-store pipe。

2. 超流水线处理器

如果超流水线处理器的度用 m 表示，一个机器周期为 Δt，把机器周期分为 m 个子周期，每个子周期表示为 $\Delta t'$，$\Delta t'=\Delta t/m$，那么每个 $\Delta t'$ 可以流出一条指令。用 k 表示一条指令所含的基本机器周期数，那么一条指令需花 $km\Delta t'$ 的时间，如图 8-16 所示。

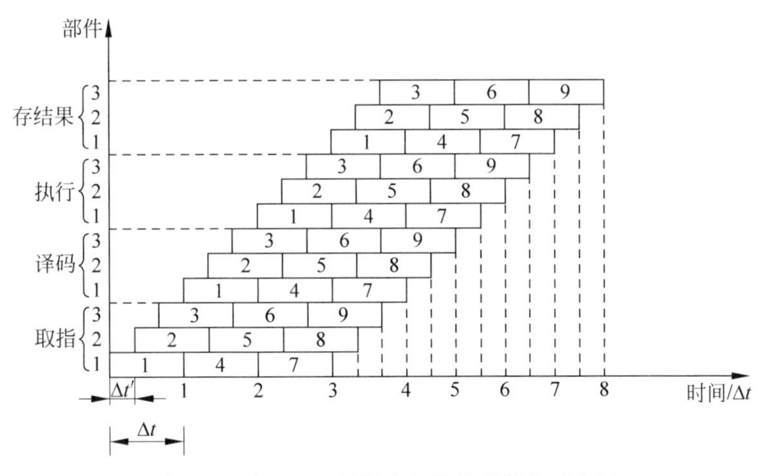

图 8-16　度 $m=3$ 的超流水线处理器的时空图

超流水线处理器与超标量流水线处理器相比，超标量流水线处理器着重利用重复资源，设置多个执行部件寄存器堆端口，而超流水线处理器则着重开发时间的并行性。

超流水线处理器的典型代表有 SGI 公司的 MIPS R4000、R5000、R10000 等。

3. 超标量超流水线处理器

将前面所讲的超标量流水线处理器与超流水线处理器相结合就形成了超标量超流水线处理器。超标量超流水线处理器在一个 $\Delta t'$ 时间内可发射 k 条指令(超标量)，每次发射时间错开 $\Delta t'$(超流水)，相当于每拍 Δt 流出了 nk 条任务，并行度为 $m=kn$。

例如，如图 8-17 所示，$k=3$，$n=3$，并行度 $m=9$，完成 12 个任务就需 $5\Delta t$，完成 21 个任务只需 $6\Delta t$。任务越多，超标量超流水线处理器的性能优势就越明显。

超标量超流水线处理器的典型代表有 DEC 公司的 Alpha 等。

超标量通过内置多条流水线来同时执行多个处理器，其实质是以空间换取时间；而超流水线通过细化流水，提高主频，以在一个机器周期内完成一个甚至多个操作，其实质是以时间换取空间。如 Pentium 4 的流水线就长达 20 级。流水线的步(级)越长，其完成一条指令的速度就越快，才能适应工作主频更高的 CPU。但是流水线过长也会带来一定的副作用，很可能会出现主频较高的 CPU 实际运算速度较低的现象，Intel 的 Pentium 4 就出现了这种情况，虽然它的主频可以高达 1.4GHz 以上，但其运算性能却远远比不上 AMD 1.2GHz 的速龙甚至 Pentium Ⅲ。

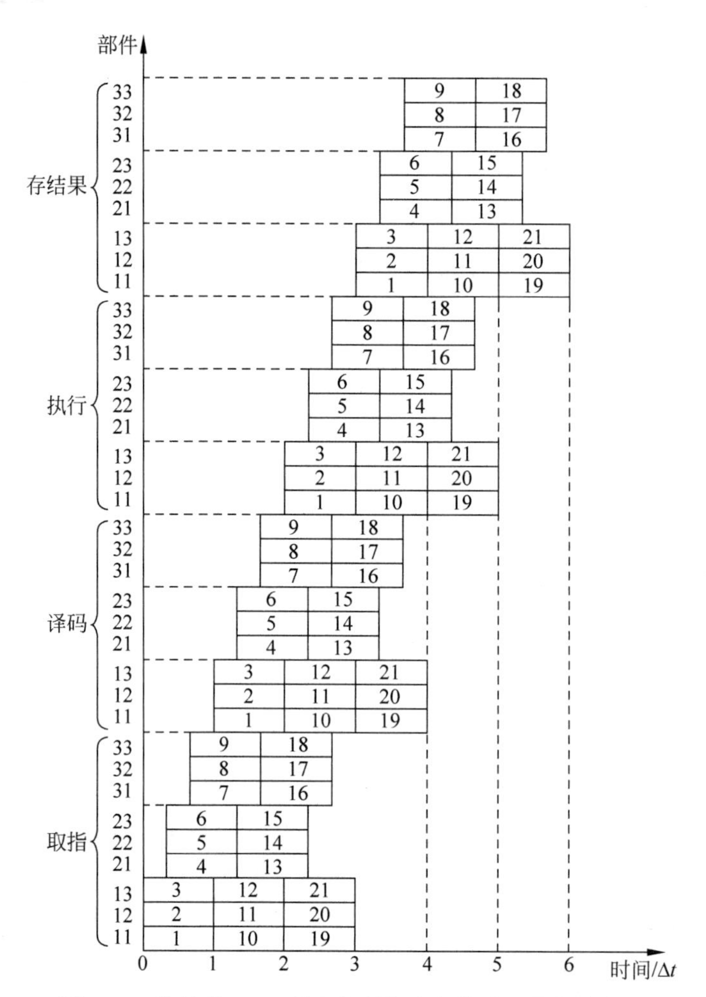

图 8-17 并行度 $m=9$ 的超标量超流水线处理器的时空图

4. 龙芯 3A5000 处理器的流水线

图 8-18 龙芯 3A5000 处理器

龙芯 3A5000 是基于 LoongArch 架构的第一款龙芯处理器，如图 8-18 所示。龙芯 3A5000 通过片上交叉开关集成 4 个 64 位的四发射超标量 LA464 处理器核、16MB 共享三级 cache、2 个 64 位 DDR4 内存接口、2 个 16 位 HyperTransport 3.0 接口。3A5000 使用 12nm 工艺实现，主频为 2.3～2.5GHz，内存控制器接口速率为 DDR4-3200，HyperTransport 接口速率为 6.4Gb/s。

LA464 处理器核采用四发射乱序执行结构，基本流水线包括 PC、取指、预译码、译码Ⅰ、译码Ⅱ、寄存器重命名、调度、发射、读寄存器、执行、提交Ⅰ和提交Ⅱ共 12 级；具有 4 个定点运算部件、2 个全功能浮点运算部件、2 个访存部件，重排序缓存为 128 项，定点、浮点、访存 3 个发射队列各为 32 项，定点和浮点物理寄存器堆各 128 项。一级指令 cache 和一级数据 cache 均为 4 路组相联，各 64KB；二级（Victim）cache 为 16 路组相联，共 256KB，cache 行均为 64 B。支持非阻塞存储访问的访存部件的 Load 队列为 64 项，Store 队列为

48 项,每个处理器核具有 16 项失效队列,用于处理核内 cache 失效访问的访存请求。

8.3 多处理机系统

多处理机系统属于并行处理技术中的一种空间并行,它通过使用多个处理机同时执行程序来提高系统的性能。本节首先介绍多处理机系统的分类,然后介绍多处理机系统的相关技术,如由多处理机引起的 cache 一致性、多处理机操作系统及多处理机系统的并行性实现等。

8.3.1 多处理机系统分类

能同时执行多个任务或多条指令或能同时对多个数据项进行处理的计算机系统通称为并行处理计算机系统,包括阵列计算机、向量计算机、多处理机系统和多计算机系统。

按照前面讲到的 Flynn 分类法,计算机系统可分成四类,即单指令流单数据流(SISD)系统、单指令流多数据流(SIMD)系统、多指令流单数据流(MISD)系统和多指令流多数据流(MIMD)系统。阵列计算机和向量计算机属于 SIMD 系统,它们通过使用多个处理器同时对多个数据进行处理来提高机器的数据处理能力,这类机器对于数组或向量运算具有较高的性能,常用于图像处理、具有向量化运算的科学计算领域等。

多处理机系统和多计算机系统都属于 MIMD 系统,但相比较而言,两者具有很大的不同。多处理机系统是指两个或两个以上处理机通过高速互联网络连接起来,在统一的操作系统管理下,实现指令以上级(任务级、作业级)并行。多计算机系统则由多个独立的计算机组成,它们通过某种方式连接起来,实现并行处理或计算。一般来讲,多计算机系统属于松散耦合系统,构成系统的可以是独立的计算机;而多处理机系统更多属于紧密耦合系统,各处理机既独立又联系紧密,如通过共享存储器互连等。

从目前的实际应用来看,MIMD 系统是并行处理计算机系统中的主流,而多处理机系统又在 MIMD 系统中占据了主导地位。

MIMD 之所以能成为现代高性能计算机系统的主流体系结构,主要是因为以下两点。

(1) 灵活性好。通过适当的软硬件支持,MIMD 可以用作单用户机器,针对一个应用程序发挥其高性能;也可以用作多程序机器,同时运行多个任务;还可以是这两种功能的组合。

(2) 性价比高。MIMD 可以充分利用商品化微处理器在性能价格比方面的优势。实际上,现有的多处理机系统几乎都采用与工作站和单处理机服务器相同的微处理器作为其处理器。

根据多处理机系统的组成结构来分,现有的多处理机系统主要包括对称式共享存储器结构多处理机(symmetric shared-memory multi-processor,SMP)系统、分布式共享存储器结构多处理机(distributed shared memory,DSM)系统和大规模并行处理机(massively parallel processor,MPP)系统等。

1. 对称式共享存储器多处理机

SMP 系统通常使用商用微处理器(具有片上或外置高速缓存)作为其处理机,它们经由互联网络与一个共享存储器互连。共享存储器可以被所有处理器通过互联网络进行访问，就如同一个单处理器访问它的存储器一样。所有处理器对任何存储单元都有相同的访问时间。互联网络可以是单总线、多总线或者是交叉开关。因为对共享存储器的访问是平衡的，每个处理器有相等的机会读/写存储器，也有相同的访问速度，故这类系统就称为对称多处理机。因为这种对称多处理器的存储器是共享的，所以又称为共享存储器多处理机系统。SMP 系统的体系结构如图 8-19 所示。

对称多处理器的优点是并行度高。因为系统是对称的，每个处理器可等同地访问共享存储器、I/O 设备和操作系统，使系统能开拓较高的并行度。但因为共享存储器，系统总线的带宽是有限的，就限制了系统中的处理器不能太多(一般少于 64 个)，同时总线和交叉开关互连一旦做成也难于扩展。

2. 分布式共享存储器多处理机

分布式共享存储器多处理机(DSM)具有分布式的物理存储器。为支持更多的处理机，存储器必须分布到各个处理机上，而非集中式，否则存储器系统将不能满足处理机带宽的要求。系统将物理上分散的各台处理机所拥有的局部存储器在逻辑上统一编址，形成一个统一的虚拟地址空间，以实现存储器的共享。其存储器采用 cache 目录表来支持分布高速 cache 的一致性。系统中每个结点均包含 CPU、存储器、I/O 以及互联网络接口。DSM 系统的体系结构如图 8-20 所示。

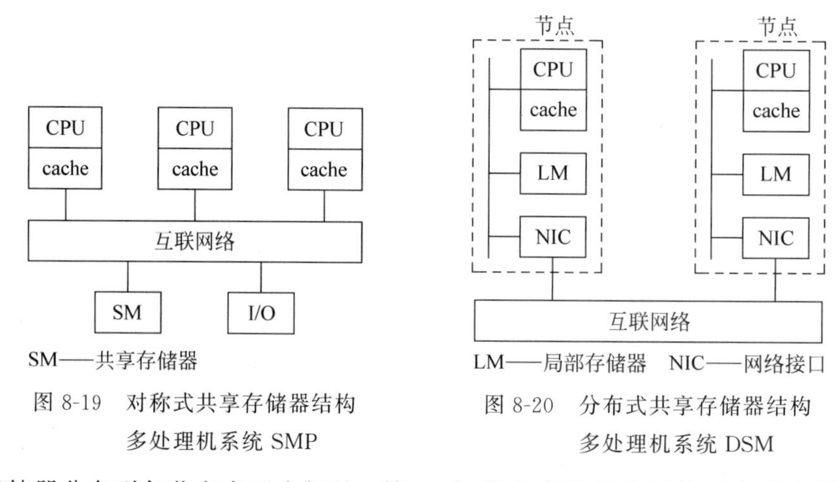

图 8-19 对称式共享存储器结构多处理机系统 SMP

图 8-20 分布式共享存储器结构多处理机系统 DSM

将存储器分布到各节点有两个好处：第一，如果大多数的访问针对本节点的局部存储器，则可降低对存储器和互联网络的带宽要求；第二，对局部存储器的访问延迟低。

DSM 和 SMP 的主要差别是：SMP 中的处理机没有自己的局部存储器，系统的存储器是由所有处理机所共享的；而 DSM 将存储器在物理上分布到各处理机中，并进行统一编址，形成一个共享的虚拟存储器。随着 CPU 性能的迅速提高和对存储器带宽要求的不断提高，甚至在较小规模的多处理机系统中，采用分布式存储器结构也优于采用对称式共享存储器结构。

3. 大规模并行处理机

庞大的数据量、异常复杂的运算、极不规则的数据结构和极高的处理速度是高科技应用领域对计算机和通信网络在计算、处理和通信性能上不断提出的更高的要求。尤其是科学计算中的重大课题都要求计算机系统能提供3T性能，即Teraflops计算能力、Terabyte主存储器和Terabyte/s输入输出频带宽度。因此，伴随着VLSI技术和微处理技术的发展，大规模并行处理机(MPP)就成了20世纪80年代中期计算机发展的热点。

MPP一般是指超大型并行计算机系统。大规模并行处理需要有新的计算方法、存储技术、处理手段和结构组织方式，实现的方法是将数百乃至数千个高性能、低成本的RISC微处理器用专门的互联网络互连，组成大规模并行处理机(MPP)。这种处理机可进行中粒度和细粒度的大规模并行处理，构成SIMD或MIMD系统，其优点是具有高性价比，并且可扩展性很好。

MPP一般具有如下特性。

(1) 处理节点采用商用微处理器；

(2) 系统中有物理上的分布存储器；

(3) 采用高通信带宽和低延迟的互联网络(专门设计和定制的)；

(4) 能扩放至成百上千个处理机；

(5) 它是一种异步的MIMD机器，程序由多个进程组成，每个都有其私有地址空间，进程间通过传递消息相互作用。

大规模并行处理机(MPP)系统主要采用VLSI、可扩展技术和共享虚拟存储技术，其适用的领域主要是科学计算、工程模拟和信号处理等以计算为主的一些重大课题和领域，比如全球气候预报、基因工程、飞行动力学、海洋环流、流体动力学、超导建模、半导体建模、量子染色动力学、视觉等。

8.3.2　多处理机的cache一致性

在单处理机系统中，cache一致性问题只存在于cache与主存之间。即使有I/O通道共享cache，也可通过全写法或回写法较好地加以解决。但在紧密耦合多处理机系统中，如果采用全写法，也只能维持一个cache和主存之间的一致性，不能自动更新其他处理机中的cache的相同副本，所以解决不了多处理机中cache之间的一致性。解决多处理机系统中cache的一致性问题是多处理机技术中的一个重要问题。

1. 实现cache一致性的基本方案

实现cache一致性的方法有多种，大体分为两类：一类是软件方法，另一类是硬件方法。软件解决方法的思路是在程序的编译阶段解决问题，即使用编译程序对程序代码进行cache一致性分析，确定什么样的数据项可能会造成cache的不一致性，然后相应地标记出这些项，最后由操作系统或硬件来防止这些数据项用于cache。

软件方法的优点是：cache一致性问题的解决在编译时实现，使复杂的机器硬件系统的设计变得简单；其缺点是：在编译时进行的保守判决会导致一些不会引起cache一致性问题的数据项可能也会禁止被cache引用，从而导致cache利用率的下降。一般来讲，硬件的方法比软件的方法效率更高，而且硬件的方法对于程序员和编译程序来说都是透明的，也减轻了软件研制的开销。因此，在多处理机系统中更多采用的是硬件的方法。

基于硬件的方法又称为cache一致性协议，通过对运行过程中共享数据块状态的跟踪和潜在的不一致条件的动态识别,来阻止相关数据对 cache 的使用。硬件方法又分成两大类:目录协议(directory protocol)和监听协议(snoopy protocol)。这些方法主要体现在具体实现上的不同,如数据块状态信息保存在何处、信息的组织方式、在何处实施一致性以及实施一致性机构的组织等。

目录协议是在主存中保存有一个目录,记录共享数据块的状态及相关信息,由一个集中控制器(主存控制器的一部分)对该目录进行集中管理和维护,通过该目录来跟踪运行过程中共享数据块的状态,并对潜在的不一致条件进行动态识别。

监听协议是指每个处理机 cache 除了包含主存储器中的数据拷贝之外,也保存着各个数据块的共享状态信息,各个处理机的 cache 控制器通过监听共享存储器的总线来判断是否有总线上请求的数据块,从而对这些数据块进行跟踪和处理。

在使用多个处理机且每个处理机的 cache 都与共享存储器相连组成的多处理机系统中,一般都采用以上基于写作废模式的监听协议。

2. 监听协议

可以使用两种方法来维持以上所讲的一致性要求:写作废协议和写更新协议。

写作废协议(write invalidate)是在一个处理机写某数据块后,若新写入主存储器中的数据与其他 cache 拷贝中的数据不一致,则使所有其他 cache 拷贝中的数据作废。这样的话,今后某个处理机对该数据进行读时会产生读失效,则从主存储器中将该块调入 cache,该处理机的 cache 又与主存储器保持一致了。

写更新协议是当一个处理机写某数据项时,通过广播使其他处理机的 cache 中所对应数据项拷贝也同时更新。为减少协议所需的带宽,应知道 cache 中该数据项是否为共享状态,也就是别的处理机 cache 中是否也存在该数据项拷贝。如果不是共享数据,则写时就无须进行广播。

在基于总线的多处理机中,总线和存储器带宽是最紧缺的资源,因此写作废协议成为绝大多数系统设计的选择。当然,在设计小数目处理机(2～4 个)的多处理机系统时,各个处理机紧密相连,更新所要求的带宽还可以接受。尽管如此,考虑到存储器性能和相关带宽要求的增长,更新模式很少采用。

对于监听协议,当某个处理机进行写数据时,必须先获得总线的控制权,然后将写入的数据块地址放到总线上,该地址也是其他处理机要作废的 cache 数据块地址。其他处理机一直监听总线,以检测该地址所对应的数据是否在它们的 cache 中。若在,则作废相应的数据块,否则不予理睬。

当某个处理机写 cache 未命中时,除了将其他处理机上相应的 cache 数据块作废外,还要从主存储器取出该数据块。对于采用全写法的 cache,因为所有写 cache 的数据同时被写回主存,所以从主存中总可以取到最新的数据值。而对于采用写回法的 cache,得到数据的最新值就会困难一些,因为最新值可能在某个处理机的 cache 中,也可能在主存中。在 cache 失效时可使用相同的监听机制,每个处理机都监听放在总线上的地址。如果发现某个处理机含有被请求数据块的一个已修改过的拷贝,它就将这个数据块送给发出读请求的处理机,并停止其对主存的访问请求。

进入 20 世纪 90 年代以后,几乎所有的通用微处理机芯片上都添加了支持监视 cache

协议的功能，采用最多的是一种基于监听协议的 MESI 协议。该协议用协议中用到的 4 种状态即 modified（修改）、exclusive（独占）、shared（共享）和 invalid（无效）的首字母来命名，其中每个 cache 项都处于下面 4 种状态之一。

（1）修改（modified）。该项的数据是有效的，但内存中的数据是无效的，而且在其他 cache 项中没有该项数据的拷贝。

（2）独占（exclusive）。没有其他的 cache 项包括这行数据，内存中的数据是最新的。

（3）共享（shared）。多个 cache 项中都有这行数据，内存中的数据才是最新的。

（4）无效（invalid）。该 cache 项包含的数据无效。

大多数 80x86 架构的 CPU 都采用 MESI 协议，比如 Power PC601、M88110，Intel 的 Pentium 和 i860，AMD K6 及以后的一些产品中。

8.4　集群系统

集群系统是利用高速网络将一些独立的机器系统以松散耦合方式连接起来，构成一个规模可以随着应用的需要而变化的集群。本节首先介绍集群的概念，然后介绍集群系统的组成及相关技术，最后举一个集群的应用实例。

8.4.1　集群系统的定义

随着微处理器性能的不断提升和高速网络技术的发展，传统的松散耦合系统的通信瓶颈逐步得到了缓解，同时并行编程环境的开发使新编并行程序或改写串行程序变得更为容易，这些技术成为集群系统得以发展的基础。

所谓集群系统（cluster），是指互相连接的多个独立计算机的集合，这些计算机可以是单机或多处理器系统。术语“完整计算机”，意指一台计算机离开集群系统后仍能独立运行。集群系统中的每台计算机一般称为节点。

根据定义，集群是一组独立的计算机节点的集合体，但集群对用户和应用来说只是一个单一的系统，节点间通过高性能的互联网络连接。各节点除了可以作为一个单一的计算资源供交互式用户使用外，还可以协同工作并表现为一个单一的、集中的计算资源供并行计算任务使用。

一般来讲，集群系统中主要包括下列组件。

（1）高性能的计算节点机。集群的节点可以是一个工作站，也可以是一台个人计算机，还可以是一台规模相当大的 SMP。

（2）高速交换网络。节点间的互连可以通过普通的商用网络（如以太网、FDDI、ATM 等）和使用标准的网络通信协议，也可以使用专门设计的网络。

（3）具有较强网络功能的操作系统。

（4）集群中间件，包括分布共享存储器及为用户提供单一系统映像的资源管理和调度软件等。

（5）并行程序设计环境与工具，如编译器、语言环境、并行虚拟机（PVM）和消息传递接口（MPI）等。

(6) 应用,包括串行和并行应用程序。

集群系统可以使用商用处理器和商用网络方便地构造,它比许多过去的并行系统有一些优势,主要体现在以下几个方面。

(1) 投资风险小。传统的大规模并行处理机比较昂贵,如果性能不好就等于浪费了大量资金。而集群系统即使作为并行系统效果不好,它的每个节点仍可以作为高性能微机使用,不会浪费资金。

(2) 性能价格比高。传统的并行机由于生产批量小,往往价格昂贵。而集群系统的节点和互联网络等可以使用商用计算机产品,无须专门单独设计和制造,这可以大大降低成本,因而集群系统的性能价格比好。在相同的性能峰值情况下,集群系统的价格比传统的多处理机系统可以低1~2个数量级。

(3) 可用性好。一方面系统的开发周期短,集群系统的硬件都是商用的,开发的重点在通信机制和并行编程环境上;另一方面编程方便,软件继承性好。在集群系统中,用户无须学习新的并行程序设计语言,只需在常规的C、C++、FORTRAN串行程序中插入少量通信原语,即可使其在集群系统上运行。

(4) 可靠性高。集群系统中有多个存储器、处理机和磁盘部件,有一个部件出现故障,其他部件仍能使用,从而保证集群系统能继续工作。集群系统中每个节点都有自己的操作系统,一个操作系统崩溃了,其他节点仍能工作。这一点显然比SMP好,因为SMP的存储器如有故障,将会使整个系统无法工作。SMP只有一套操作系统驻留在共享存储器中,一旦操作系统崩溃,整个系统也不能工作。

(5) 可扩展性好。集群系统的计算能力能随节点数量的增加而增加。集群系统中的处理机、存储器、磁盘甚至I/O设备都可增减。由于节点间是松散耦合的,集群系统的节点数有可能增加到几百个;而SMP只能增减处理机,处理机数最多也只能有几十个。因为SMP是紧密耦合的,存储器会成为系统的瓶颈。

(6) 体系结构灵活。不同结构、不同性能、不同操作系统的工作站都可以连接起来构成集群系统,这样用户就可以充分利用现有的设备以及闲散的计算机,用少量投资获得较大的计算能力。

但集群系统也有不足之处。由于集群系统是由多台完整的计算机组成的,因而它的维护工作量和费用较高,相当于要同时去管理多个计算机系统。这一点SMP比集群系统好,因为对于SMP,管理员要维护的只是一个计算机系统。正因为如此,现在很多集群系统采用SMP作为节点,这样可以减少节点数,也就减少了维护工作量和开支。

8.4.2 集群系统的组成

图8-21是一个典型的集群系统的组成结构图。首先,在硬件的组成上,各个节点(PC或工作站)通过高速网络或硬件开关互连;其次,每个独立的节点计算机都有自己的操作系统用于完成网络通信,并安装有中间件(middleware)以允许集群系统操作;最后,通过集群系统提供的并行程序设计环境为并行应用程序提供运行环境。

集群系统中的中间件能提供以下功能。

(1) 单一入口点。用户通过单一入口登录到集群系统上,而不是个别的计算机上。

(2) 单一文件层次。用户看到的是同一根目录下的单一文件目录系统。

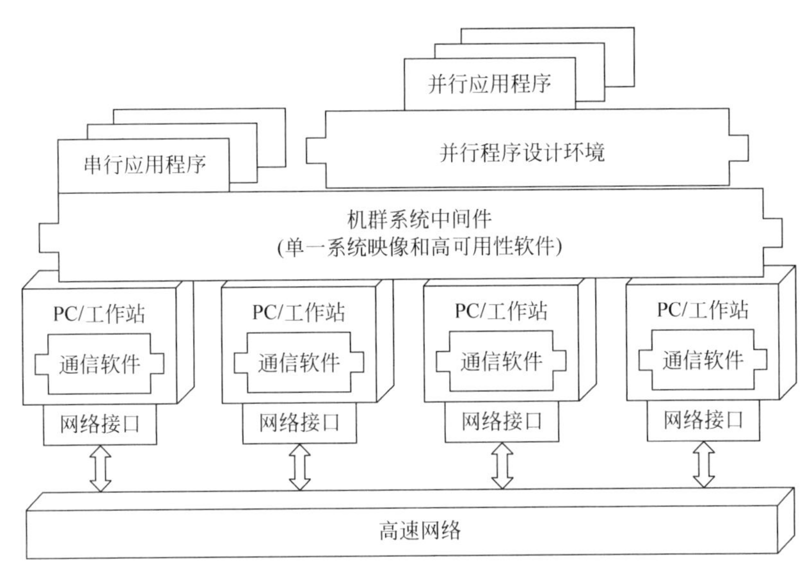

图 8-21　集群系统的组成结构图

(3) 单一控制点。系统使用一台默认的机器来管理和控制整个集群系统。

(4) 单一存储空间。集群系统为用户程序提供的是统一的共享存储器,虽然共享存储器可以分布在各个节点中,但对用户程序而言,它们所看到的是一个统一的、虚拟的存储空间。

(5) 单一作业管理系统。在集群系统的作业调度程序管理下,用户提交作业时无须指定执行此作业的宿主计算机。

(6) 单一用户接口。集群系统使用一个统一的公共图形接口支持所有用户,不管用户从哪台机器登录系统。

(7) 单一 I/O 空间。任一节点都能访问系统中的所有 I/O 设备或磁盘系统,而无须知晓其在系统中的具体位置。

(8) 进程迁移。这一功能可以使系统负载均衡。

集群系统中的关键技术主要包括通信技术、并行程序设计环境、单一系统映像(single system image,SSI)等。

随着商品处理器性能的不断提高,集群系统各节点的处理速度已相当高,制约集群系统性能的主要因素是节点间的通信速度。如果通信速度跟不上,各节点的处理能力就发挥不出来。提高通信速度目前从硬件、软件方面都采取了措施。硬件方面是尽量使用高速网络,如快速以太网、FDDI、ATM 等。在软件方面,提高网络传输速度的主要措施是努力减小通信在软件方面的开销,包括精简通信协议、设计新的通信机制等。为了便于用户使用,集群系统必须给用户提供一个方便易用的并行程序设计环境,例如 MPI。

SSI 的目的是将整个集群系统虚拟为一个统一的系统,使用户感觉不到各工作站的存在,好像就在使用一台普通的计算机。SSI 的作用是使分散的资源看起来是一个统一的更强大的资源。在集群系统中,SSI 可以用硬件实现,也可以用软件实现。用软件实现时,是通过中间件来实现的。中间件是介于操作系统和用户层之间的一层软件。中间件与操作系统联系在一起,支持 SSI、通信、并行度、负载平衡等,在所有的节点上提供对系统资源的统一访问。

8.4.3 集群系统举例

IBM SP2 是用集群方法构成的专用集群系统,是集群系统中有代表性的产品,它既可进行科学运算,也可供商业应用。1997 年战胜世界国际象棋冠军卡斯帕洛夫的“深蓝”,就是一个采用 30 个 IBM RS/6000 工作站节点(带有专门设计的 480 片国际象棋芯片)的 IBM SP2 集群系统。

SP2 集群系统采用的是一种分布式存储器 MIMD 体系结构,如图 8-22 所示。

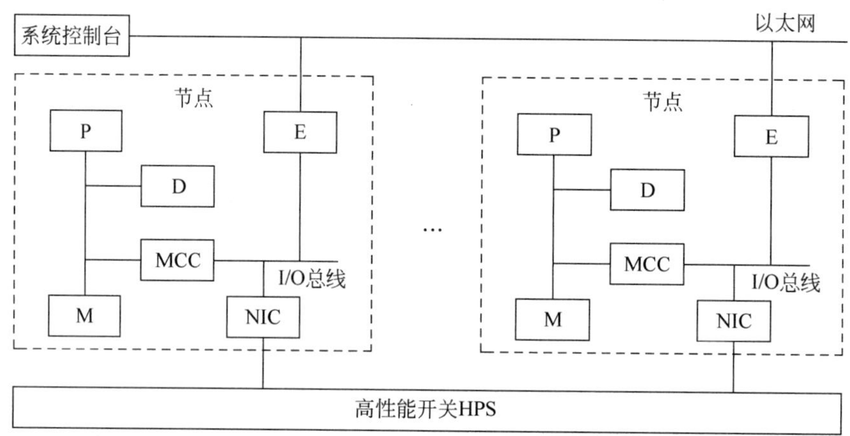

图 8-22 IBM SP2 结构

SP2 的每个节点是一台 RS/6000 工作站,带有自己的存储器和本地磁盘。每个节点配有一套完整的 AIX 操作系统(IBM 的类 UNIX 操作系统),节点间的互联网络接口是松散耦合的,通过节点本身的 I/O 微通道连接到网络上。节点的硬件和软件都能按不同用户应用和环境的需要而进行个性化配置。

SP2 的节点数可以为 2～512 个。除了每个节点采用 RS/6000 工作站外,整个 SP2 系统还另外配置了一台 RS/6000 工作站作为系统控制台之用。节点间使用了两个网络进行互联,一个是标准的以太网,另一个是专门设计的高性能开关 HPS(一种 Omega 多级开关网络)。以太网可以用于对通信速度要求不高的程序的开发工作,开发好的程序在正式运行时用 HPS。以太网还有备份的作用,当 HPS 有故障时可以通过以太网使系统维持工作。以太网还可以供系统监视、引导、加载、测试和其他系统管理用。

从图 8-22 中可以看到每个节点都有独立的存储器和本地磁盘,各个节点通过微通道控制器的 I/O 总线与外部网络连接,其中通过以太网适配器(E)连接到以太网上,通过网络接口开关(NIC)连接到 HPS。NIC 又称为开关适配器,它有一个 8MB 的 DRAM,用来存放各种不同协议所需的大量报文,并用一台 i860 微处理机进行控制。在 SP2 系统中,除 HPS 外,有的还采用 FDDI 环连接各节点。微通道是 IBM 公司的标准 I/O 总线,用于把外部设备连接到 RS/6000 工作站和 IBM PC 上。

SP2 的 I/O 子系统的结构如图 8-23 所示。SP2 的 I/O 系统基本上是围绕着 HPS 建立的，并可以用一个LAN网关同SP2系统外的其他计算机连接。SP2的节点有4种配置，分别是宿主节点、I/O节点、网关节点和计算节点。宿主节点用来处理各种用户的注册会话和进行交互处理；I/O节点主要用来实现I/O功能，如作为全局文件服务器；网关节点用于联网；计算节点专供计算。这4种节点也可能有重叠，例如，宿主节点也可以作为计算节点，I/O节点也可以作为网关节点。此外，SP2还可以有一台到几台外部服务器，它们是在SP2之外附加的其他机器，如可以附加文件服务器等。

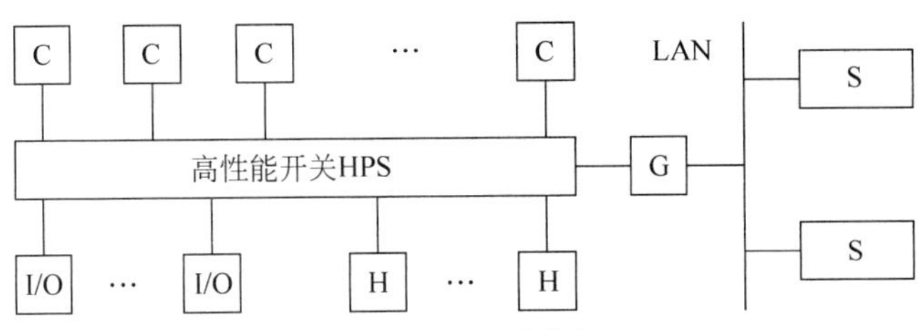

图8-23　SP2 I/O子系统的结构

SP2系统软件的核心是AIX操作系统。在SP2系统中，在RS/6000工作站原有环境下开发的软件大部分都能重用，包括各种串行的应用程序、数据库管理系统、连机事务处理监控程序、系统管理和作业管理软件、FORTRAN、C++编译程序及标准的AIX操作系统等。SP2系统只需添加一些可缩放并行系统所需的新软件或者对现成的软件做一些改进即可。

SP2有一个集中的系统控制台，用以管理整个系统。系统控制台用的是一台控制用的工作站，它可以使系统管理人员从单一地点对整个SP2系统进行管理。此外，在SP2硬件中，每个节点、每个开关和每个机架都有一个监视板，这种监视板能对环境条件进行检测，并对硬件部件进行控制。管理人员可以用这套设施来启动和切断电源，进行监控，把单个节点和开关部件置为初始状态。

集群系统可以充分利用现有的计算、内存、文件等资源，用较少的投资实现高性能计算，也适用于云计算等，但是，随着互联网的快速发展，集群系统和MPP系统的界限越来越模糊。

8.5　多核处理器

多核处理器以其高性能、低功耗优势正逐步取代传统的单处理器，成为市场的主流。本节介绍多核处理器产生的背景，几种典型的多核处理器的结构，重点讨论核心结构的选择、存储结构设计、片上通信、低功耗、平衡设计原则、软件应用开发6个影响当前多核处理器发展的关键技术，展望多核处理器的未来发展趋势，最后简介并行编程模型。

8.5.1　多核处理器产生的背景

随着微电子技术的发展，现代计算机的核心部件——CPU的晶体管数目和速度一直按照摩尔定律发展。2001年之前的30多年里，CPU设计者主要通过提高时钟频率、优化指令执行和增大片内高速缓存三个方面来提高CPU性能。

首先，提高时钟频率就是提升CPU工作的节拍，让CPU跑得更快，也就意味着让同样工作能够在更短的时间里完成。其次，优化指令执行效率，即尽量在同样的时间内完成更多工作。在现代CPU的设计中，一些指令的执行被不同程度地做了优化，如流水线设计、分支预测、同一时钟周期内执行更多指令，甚至指令流再排序、支持乱序执行等。最后，增大片内高速缓存(即cache)。由于内存一直比CPU慢很多，因此让数据尽可能靠近CPU，最好就是直接放在CPU片内了，故片内缓存容量持续飚升了很多年。

然而，CPU频率越高，所需能耗和发热量就越多。制造工艺的进步让晶体管更小了，虽然耗电和发热量可能减少了，但是造成了严重的电流泄漏问题，随之带来的就是大量的电能消耗和废热。允许并行执行的典型指令流也存在一定的数量限制。在大多数应用情形下，超标量CPU同时并发4条以上指令时只能使性能提升一点点。另外，增加更多的流水线寄存器以及一些旁路复用开关以及防止流水线差错导致的性能损失，在电路上所能够增加的措施已经快到极限了。

由于实际散热限制出现的"功耗墙"、超标量发射的指令并行机制以及实际流水线长度的限制，使CPU在传统的架构上按摩尔定律来进一步提升性能对CPU设计者而言已经越来越难了。这种限制导致主要的CPU生产厂家如Intel等调整了它们的策略，不再仅关注单CPU核的时钟频率与处理性能。CPU设计者必须找到新的办法，以便有效地提升晶体管数量，同时又降低功耗和设计的复杂性。一个可行的办法是CMP(Chip Multi-Processor)——多核处理器架构，即一颗芯片内集成多个处理器核。

另外，多处理机系统的长期发展为研制多核处理器打下了很好的技术基础，例如处理器内部的SIMD并行结构，SIMD是采用单指令同时处理一组数据的并行处理结构，目前的高性能处理器普遍通过SIMD结构的短向量部件来提高性能；Intel处理器的SSE(streaming SIMD extensions)一条指令可实现128位数据计算，AVX(advanced vector extensions)可实现256位或者512位数据计算；还有在多个处理机之间以及多个计算机节点之间的SMP结构、DSM结构、MPP系统和集群系统等多种并行结构。因此，可以把多处理机系统并行处理结构、编程模型等直接应用于多核处理器上。

SMP和DSM是共享存储系统，MPP系统和集群系统是消息传递系统。通用多核处理器主要由共享存储的多处理机结构演化而来。多核处理器与早期SMP多路服务器系统在结构上并没有本质的区别。例如，多路服务器共享内存，通过总线或者交叉开关实现处理器间通信；多核处理器共享最后一级cache和内存，通过片上总线、交叉开关或者Mesh网络等实现处理器核间通信。

通用多核处理器可用于移动终端、桌面电脑和服务器，是最常见、最典型的多核处理器类型，通常采用共享存储结构。它的每个处理器核都能够读取和执行指令，可以很好地加速多线程程序的执行。

8.5.2 多核处理器结构

多核处理器也称为片上多处理器(chip multi-processor，CMP)或单芯片多处理器。从1996年美国斯坦福大学首次提出CMP思想和首个多核结构原型，到2001年IBM推出第一个商用多核处理器POWER4，再到2005年Intel和AMD多核处理器的大规模应用，最后到现在多核成为市场主流，多核处理器经历了二十几年的发展。在这个过程中，多核处理器的应用范围已覆盖了多媒体计算、嵌入式设备、个人计算机、商用服务器和高性能计算机等众多领域,多核技术及其相关研究也迅速发展,比如多核结构设计方法、片上互连技术、可重构技术、下一代众核技术等。

多核处理器将多个完全功能的核心集成在同一个芯片内,整个芯片作为一个统一的结构对外提供服务和输出性能。多核处理器首先通过集成多个单线程处理核心或者集成多个同时多线程处理核心,使整个处理器可同时执行的线程数或任务数是单处理器的数倍,这极大地提升了处理器的并行性能。其次,多个核集成在片内极大地缩短了核间的互连线,核间通信延迟变小,提高了通信效率,数据传输带宽也得到了提高。第三,多核结构可有效共享资源,片上资源的利用率得到了提高,功耗也随着器件的减少得到了降低。最后,多核结构简单,易于优化设计,扩展性强。这些优势最终推动了多核的发展并逐渐取代单处理器成为主流。

在整体结构设计上,多核处理器的内部结构没有固定的组织形式,可以有很多种实现方式。各个研究机构和厂商可根据自己的应用目标设计出结构完全不同的多核结构。下面介绍几种典型的多核处理器。

1. Hydra 处理器

Hydra 处理器是 1996 年美国斯坦福大学研制的多核处理器,这在当时是一种新型的处理器结构。

Hydra 在一个芯片上集成了 4 个核心,核心间通过总线结构共享片上二级缓存、存储器端口和 I/O 访问端口,整体结构如图 8-24 所示。4 个核心采用了通用的百万指令级处理器,每个独立的处理核心有私有的一级缓存,其中指令缓存和数据缓存相互分离;4 个核心共享的二级缓存采用 DRAM 存储,核心之间、核心到二级缓存、主存与片内以及 I/O 设备与片内的通信都是由总线结构来实现的。Hydra 被认为是一种典型的多核结构,不仅在于它是第一个多核处理器的设计原型,还因为它采用了共享二级缓存的同构对称设计和基于

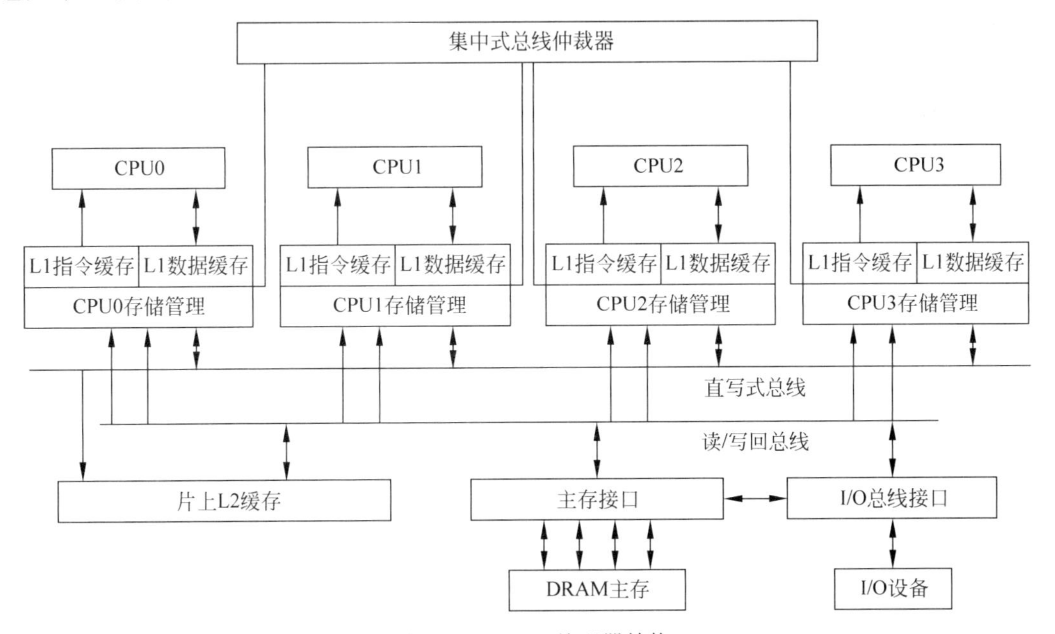

图 8-24 Hydra 处理器结构

高速总线的核间通信方式。

2. Cell 处理器

2001 年 3 月,IBM 与 Sony、Toshiba 合作,着手开发了一种全新的微处理器结构——Cell 处理器,旨在以高效率、低功耗来处理下一代宽带多媒体与图形应用。Cell 处理器的内部结构如图 8-25 所示。Cell 处理器主要包含 9 个核心、一个存储器控制器和一个 I/O 控制器,片上的部件互连总线将它们连接在一起。核间通信和访问外部端口均是通过内部总线进行的,而且为了便于核间通信,整个 Cell 内部采用统一编址。这 9 个核心由一个 PowerPC 通用处理器(power processing element, PPE)和 8 个协处理器(synergistic processing element, SPE)组成,其中 PPE 是一个有二级缓存结构的 64 位 PowerPC 处理核心;SPE 是一个使用本地存储器的 32 位微处理器,它没有采用缓存结构。PPE 与 SPE 除了在结构上不同外,功能也有差别:PPE 是通用微处理器,拥有完整的功能,主要职能是负责运行基本程序和协调 SPE 间任务的运行;SPE 则结构较简单,只用来处理浮点运算。Cell 的这种不对称结构被认为是一种典型的异构多核结构。

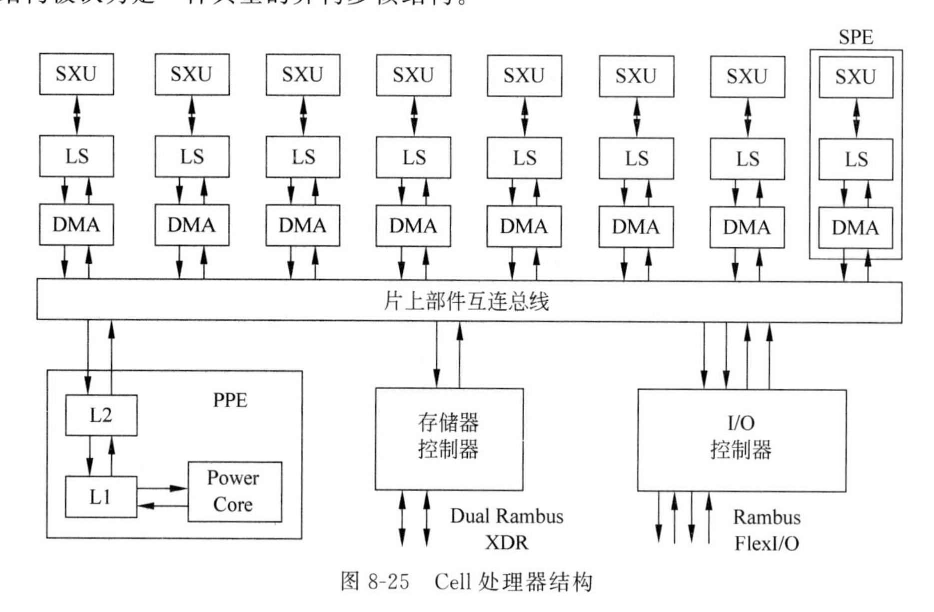

图 8-25 Cell 处理器结构

Cell 处理器可在 4GHz 频率下工作,峰值浮点运算速度为 256GFLOPS,理论访存带宽为 25.6GB/s。由于存在编程及推广困难等原因,目前 Cell 处理器已经停止研发。

3. Fermi GPU

GPU(graphics proessing unit)是进行快速图形处理的硬件单元。现代 GPU 包括数百个并行浮点运算单元,是典型的多核处理器架构。本小节主要介绍 NVIDIA 公司的 Fermi GPU 体系结构。

(1) Fermi 的结构。第一个基于 Fermi 体系结构的 GPU 芯片有 30 亿个晶体管,支持 512 个 CUDA 核心,组织成 16 个流多处理器(stream multi-processor, SM)。每个 SM 包含 32 个 CUDA 核心(core)、16 个 Load/Store 单元、4 个特殊处理单元(special function unit, SFU)、64KB 的片上高速存储。每个 CUDA 核心支持一个全流水的定点算术逻辑单元

(ALU)和浮点单元(FPU),每个时钟周期可以执行一条定点或者浮点指令。ALU 支持所有指令的 32 位精度运算;FPU 实现了 IEEE 754 浮点标准,支持单精度和双精度浮点的融合乘加指令(Fused Multiply-Add,FMA)。16 个 Load/Store 单元可以每个时钟周期为 16 个线程计算源地址和目标地址,实现对这些地址数据的读写。SFU 支持超越函数的指令,如 sin、cos、平方根等。64KB 片上高速存储是可配置的,可配成 48KB 的共享存储和 16KB 的一级 cache 或者 16KB 共享存储和 48KB 的一级 cache。片上共享存储使同一个线程块的线程之间能进行高效通信,可以减少片外通信,提高性能。

(2) Fermi 的线程调度。Fermi 体系结构使用两层分布式线程调度器。块调度器将线程块(thread block)调度 SM 上,SM 以线程组 Warp 为单位进行调度执行,每个 Warp 包含 32 个并行线程,这些线程以单指令多线程(single instruction multi thread,SIMT)的方式执行。SIMT 类似于 SIMD,表示指令相同但处理的数据不同。每个 SM 有两个 Warp 调度器和两个指令分派单元,允许两个 Warp 被同时发射和并发执行。双 Warp 调度器(dual warp scheduler)选择两个 Warp,从每个 Warp 中发射一条指令到一个由 16 个核构成的组、16 个 load/store 单元或者 4 个特殊处理单元。大多数指令是能够双发射的,例如两条定点指令、两条浮点指令或者定点、浮点、Load、Store、SPU 指令的混合。双精度浮点指令不支持与其他指令的双发射。

(3) Fermi 的存储层次。Fermi 体系结构的存储层次由每个 SM 的寄存器堆、每个 SM 的一级 cache、统一的二级 cache 和全局存储组成,具体如下。

寄存器:每个 SM 有 32K 个 32 位寄存器,每个线程可以访问自己的私有寄存器。随线程数目的不同,每个线程可访问的私有寄存器数目在 21~63 间变化。

一级 cache 和共享存储:每个 SM 有片上高速存储,主要用来缓存单线程的数据或者用于多线程间的共享数据,可以在一级 cache 和共享存储之间进行配置。

二级 cache:768KB 统一的二级 cache 在 16 个 SM 间共享,服务于所有到全局内存中的 load/store 操作。

全局存储:所有线程共享的片外存储。

Fermi 体系结构采用 CUDA(compute unified device architecture,统一计算设备架构)编程环境,可以采用类 C 语言开发应用程序。NVIDIA 将所有形式的并行都定义为 CUDA 线程,将这种最底层的并行作为编程原语,编译器和硬件可以在 GPU 上将上千个 CUDA 线程聚集起来并行执行。这些线程被组织成线程块,以 32 个为一组(Warp)来执行。Fermi 体系结构可以看作 GPU 与 CPU 融合的架构,具有强大的浮点计算能力,除了用于图像处理外,也可作为加速器用于高性能计算领域。采用 Fermi 体系结构的 GeForce GTX 480 包含 480 个核,主频为 700MHz,单精度浮点峰值性能为 1.536TFLOPS,访存带宽为 177.4GB/s。

4. 龙芯 3A5000 处理器

龙芯 3A5000 于 2020 年研制成功,是龙芯中科技术股份有限公司研发的首款支持龙芯自主指令集(loongArch)的通用多核处理器,主要面向桌面计算机和服务器应用。

龙芯 3A5000 片内集成了 4 个 64 位 LA464 高性能处理器核、16MB 的分体共享三级 cache、2 个 DDR4 内存控制器(支持 DDR4-3200)、2 个 16 位 HT(hypertransport)控制器、2 个 I2C、1 个 UART、1 个 SPI、16 路 GPIO(general purpose input output,通用输入输出口)

接口等。龙芯 3A5000 中的多个 LA464 核及共享三级 cache 模块通过 AXI 互联网络形成一个分布式共享片上末级 cache 的多核结构。采用基于目录的 cache 一致性协议来维护 cache 一致性。另外，龙芯 3A5000 还支持多片扩展，将多个芯片的 HT 总线直接互连便可形成更大规模的共享存储系统，最多可支持 16 片互连。

LA464 是支持 LoongArch 指令集的四发射 64 位高性能处理器核，具有 256 位向量部件。LA464 核的主要特点如下：四发射超标量结构，具有 4 个定点、2 个向量、2 个访存部件，支持寄存器重命名、动态调度、转移预测等乱序执行技术。每个向量部件宽度为 256 位，可支持 8 个双 32 位浮点乘加运算或 4 个 64 位浮点运算。一级指令 cache 和数据 cache 均为 64KB，均为 4 路组相联；牺牲者 cache(victim cache)作为私有二级 cache，容量为 256KB，采用 16 路组相连。支持非阻塞(non-blocking)访问及装入猜测(load speculation)等访存优化技术，支持标准的 JTAG 调试接口，方便软硬件调试。

龙芯 3A5000 芯片整体架构基于多级互连实现，其结构如图 8-26 所示。第一级互连采用 5×5 的交叉开关，用于连接 4 个 LA464 核(作为主设备)、4 个共享 cache 模块(作为从设备)以及 1 个 I/O 端口连接 I/O-RING，其中 I/O 端口使用 1 个 Master 和 1 个 Slave。第二级互连采用 5×3 的交叉开关，连接 4 个共享 cache 模块(作为主设备)、2 个 DDR3/4 内存控制器以及 1 个端口连接 I/O-RING，I/O-RINC 连接包括 4 个 HT 控制器、MISC 模块、SE 模块与两级交叉开关。两个 HT 控制器(Lo/Hi)共用 16 位 HT 总线，作为两个 8 位的 HT 总线使用，也可以由 Lo 独占 16 位 HT 总线。HT 控制器内集成了一个 DMA 控制器，负责 I/O 的 DMA 控制并负责片间一致性的维护。上述互连结构都采用读写分离的数据通道，数据通道宽度为 128 位，与处理器核同频，用以提供高速的片上数据传输。此外，一级交叉开关连接 4 个处理器核，与 Scache 的读数据通道为 256 位，以提高片内处理器核访问 Scache 的读带宽。龙芯 3A5000 主频可达 2.5GHz，峰值浮点运算能力达到 160GFLOPS。

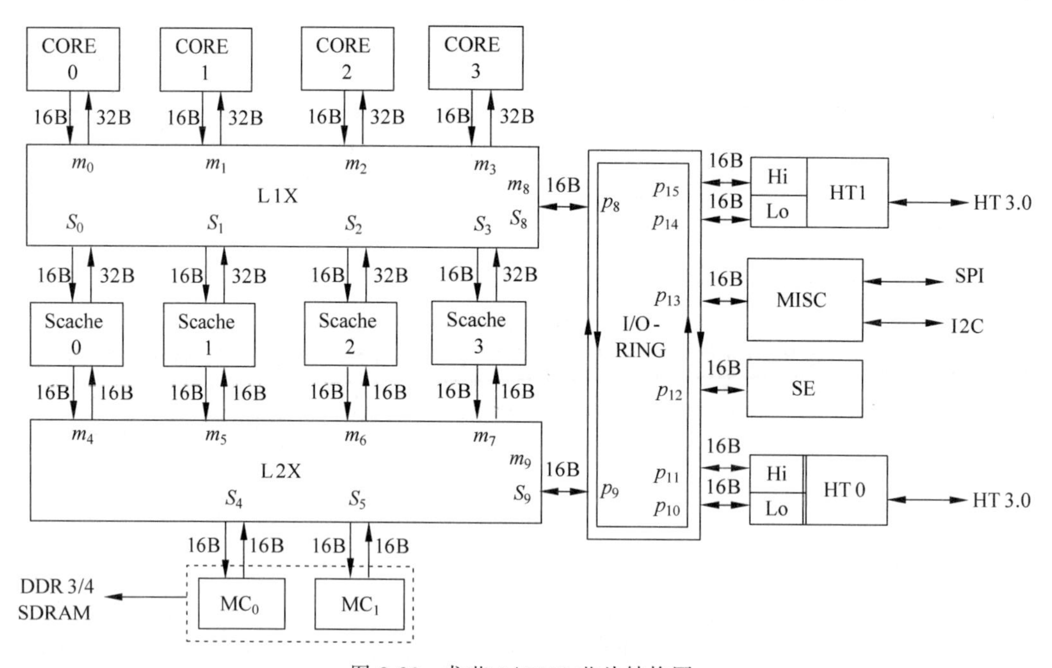

图 8-26 龙芯 3A5000 芯片结构图

8.5.3　多核发展的关键技术

多核处理器结构不仅有性能潜力大、集成度高、并行度高、结构简单和设计验证方便等诸多优势，而且还继承了传统单处理器研究中的某些成果，例如同时多线程、宽发射指令、降压低功耗技术等。因此，在多核结构设计和应用开发中应注意下列关键技术问题。

1. 核心结构的选择

多核处理器的核心结构主要有同构和异构两种。同构结构采用对称设计，原理简单，硬件上较易实现。当前主流的双核和四核处理器基本上都采用同构结构。同构设计的问题在于：随着核心数量的不断增多，如何保持各个核心的数据一致，如何满足核心的存储访问和I/O访问需求，如何选择一个各方面性能均衡、面积较小以及功耗较低的处理器，如何平衡若干处理器的负载和任务协调等。

与同构结构相比，异构的优势是通过组织不同特点的核心来优化处理器内部结构，实现处理器性能的最佳化，而且能有效地降低功耗。但是异构结构也存在着一些难点：首先，应搭配哪几种不同的核，核间任务如何分工以及如何实现；其次，结构是否具有良好的扩展性，是否受到核心数量的限制。

再者，处理器指令系统的设计和实现也是问题。因为不同核所用的指令系统对系统的实现也是很重要的，那么采用这些不同的核，是采用相同的指令系统还是不同的指令系统，能否运行操作系统等，也是需要考虑的内容。

2. 存储结构设计

在多核处理器时代，核心和主存之间因速度差距而带来的问题变得严重了。由于处理器内部核心数目增多，对主存的访问需求增加，而单处理器时代的缓存层次和访问带宽已经不能跟上多核处理器的访问需求，必须针对多核处理器进行相应的存储结构设计，并解决好存储系统的效率问题。

对于存储系统设计，所有多核处理器都采用缓存设计。缓存结构设计的优点是硬件设计与实现容易，易于应用开发与编程，缺点是需要保证缓存数据的一致，而且结构扩展不易。针对缓存数据一致性问题，其解决策略主要有总线侦听协议和目录协议。总线侦听协议是指每块缓存通过缓存侦听器侦听总线，以接收一致性命令，不足的是它只适合核心数目较少的情况。目录协议是指通过目录表记录自身存储块在其他缓存中的状态，以便维持一致性时使用点对点的通信，缺点是实现代价太大，并发访问目录时存在性能瓶颈。除了上述的硬件一致性算法，还有基于多处理机的软件一致性算法，但能否作为多核结构的缓存一致性机制，还需要进一步的探讨研究。目前大多数多核处理器采用总线侦听协议。

3. 片上通信

多核芯片上的多个核心虽然各自执行自己的代码，但是不同核间可能需要进行数据的共享和同步，因此片上通信结构的性能将直接影响处理器的性能。当前，片上通信主要有总线共享、交叉开关互连和片上网络(network on chip，NOC)三种方式。

总线共享结构是指片上核心、输入输出端口以及存储器通过共享二级或三级cache，或者通过连接核心的总线进行通信。总线结构的长处是较为简单，易于设计实现，当前多数双核和四核处理器基本上都采用该结构，缺点是总线结构的可扩展性较差，适用于核心数较少的情况。比较典型的总线共享结构处理器有 Hydra、Intel 的 Core、IBM 的 Power 4/5 等。

交叉开关互连结构由交叉开关以及接口逻辑构成。交叉开关与总线结构相比，优势是数据通道多，访问带宽更大；不足是交叉开关结构占用的片上面积较大，而且随着核心数的增加，性能也会下降，因此它也只适用于核心数较少的情况。例如 AMD 公司的 Athlonx2 双核处理器用交叉开关来控制核心与外部的通信。

片上网络是把互联网络用于片上系统设计，解决片上组件之间的通信问题，它借鉴了并行计算机的互联网络。片上网络与并行计算机的互联相比有很多相同点：支持包通信、可扩展、提供透明的通信服务等；但也有不同之处：片上网络技术支持同时访问，而且有可靠性高以及可重用性高等特点。与总线结构、交叉开关结构相比，片上网络可以连接更多 IP 组件，可靠性高，可扩展性强，功耗也较低，因此片上网络被认为是更加理想的大规模 CMP 互联技术。当前片上网络主要有二维网格网络、3KTours 等互联结构。

4. 低功耗

降低动态消耗一直以来都是人们研究的重点，现在主要有多元功能电压技术、动态电压调节技术、时钟屏蔽技术等。静态消耗技术是指来自漏电流的功率消耗，特点是即使元件处在空闲状态也会消耗电能，包括亚阈值漏电流和门漏电流。降低静态消耗的主要技术有通道长度调整、寄存器锁存技术、能量选通技术等。

由于多核处理器在结构和实现上有了新的特点，所以研究人员又发现了新的降低功耗的方法，例如异构结构设计、动态线程分派与转移技术等。异构结构设计就是利用异构结构对片上资源的最佳化配置提升处理器的执行效率，使处理器不仅具有高性能，也降低了功耗。动态线程分派与转移技术是利用多核心处理能力，将某个核心上的过多负载转移到负载小的核心上，从而使处理器在不降低处理性能的情况下，降低处理器功耗。

研究人员还通过对操作系统的设计和优化来降低多核处理器的运行功耗。例如，当任务较少时，操作系统会关闭一个核心或降低处理器频率，并降低封锁转速，来降低整个系统的消耗。因此，低功耗设计包含电路级、结构级、算法级和操作系统级等多个方面的内容，是一个需要从多方面进行综合考虑的问题。

5. 平衡设计原则

平衡设计原则是指在芯片的复杂度、内部结构、性能、功耗、扩展性、部件成本等各个方面做一定的权衡，即不能为了单纯地获得某一方面的性能而导致其他方面的问题，在设计过程中要坚持从整体结构的角度去权衡各个具体的结构问题。

在多核处理器设计工程中，需要坚持平衡设计的原则。因为往往在减少一个方面问题的同时就增加了另一个方面的问题，所以在设计过程中要仔细权衡对某些问题的解决方法，尽量采用简单、易于实现、成本低廉而且对整体性能影响不大的设计。微处理结构设计的重点不在于其中某一个细节采用什么复杂或性能表现较好的设计，而是在于整体的设计目标。也就是说，要得到在一个通常情况下逻辑结构简单和对大多数应用程序有良好性能的微处理器结构，在适当的时候为了整体目标就不得不牺牲某一方面。当然在具体的设计中，不能只是简单的选择,应该是建立在科学实验和模拟分析基础上的选择或平衡。因此在多核处理器设计中,要以科学分析的数据结果为基础,坚持合理平衡的设计原则。

6. 软件应用开发

多核处理器在利用多个核心的并行执行能力来提高处理器运算性能的同时,也给软件开发者带来了麻烦。并行编程困难的问题从并行计算机产生以来就存在,只是随着多核的主流化,问题更加突出了。多核处理器系统的并行编程主要是开发多核的线程级并行性,但是已有的并行编程模式、编程语言不能完全适合多核环境,不能将多核的多线程并行潜力完全发挥出来,例如 OpenMP、MPI、并行 C 等。因此,针对多核环境下对并行编程应用的要求,许多研究机构和公司正在积极研制开发新的并行编程模型和并行编程语言。有关并行编程模型的内容请阅读 8.6 节。

8.5.4 多核发展趋势

多核处理器经过二十几年的发展,使用已经非常广泛。多核处理器平台早已经成为所有芯片供应商的开发重点,包括 Intel、AMD、NVIDIA、恩智浦半导体等公司。当前,设计者已经有效地将多核性能提高到了一个新的水平,可是人们对提升性能的渴望并未停顿。

多核处理器可分为同构多核处理器和异构多核处理器。同构多核处理器由相同结构的处理器核构成,每个核心的功能完全相同,没有层级之分。异构多核处理器通常由一个或多个通用处理器核和多个针对特定领域的专用处理器核构成,以实现处理器性能的最优化组合,同时有效地降低功耗。设计异构多核处理器系统时,主要考虑的因素有处理器核的功耗、性能和可编程性等。

同构多核处理器的发展受制于 Amdahl 定律:不断增加同种类型处理器核的数目虽然可以增强并行处理器的能力,但程序中必须串行执行的部分却会制约整个系统处理性能的提升。因此,在同构多核处理器内部核心数目达到某一数量后,将无法再通过增加处理器核心的数目来提升其性能。由于异构多核处理器集成了多个功能、结构与运算性能都不相同的处理器核心,每个处理器核心分别负责各自的任务,因此可以更加灵活高效地均衡资源配置,提升系统性能,有效降低系统功耗。异构多核处理器的诸多优点都符合未来计算机系统发展的要求,所以异构多核处理器将成为未来多核处理器发展的趋势。

(1) 指令集相同、能效不同的异构多核。典型的代表有 ARM 推出的 big. LITTLE,由两个执行相同指令集的处理器——高性能的大型超标量处理器(ARM Cortex-A15)和高能效的小型顺序处理器(ARM Cortex-A7)构成。在某些应用中,两个核可能不是同时保持着运行态,应用程序可以透明地在两个核之间切换,或使用 Cortex-A15 以获得高性能,或使用 Cortex-A7 以降低功耗。如果有多个应用程序需要运行,则两个核都将保持运行态。一般而言,应用程序都是预先静态地映射到它们最适合的核上,以获取性能最大化,又可有效降低系统功耗。

(2) 混合架构、优化性能的异构多核。例如,Intel 采用 Golden Cove 和 Gracemont 两种架构的混合设计,这是 Intel 最近 10 年最大的架构变革。Intel 将 Golden Cove 核心称做 P-Core,意指 Performance Core(性能核),专为单线程和轻度多线程而优化,提高了游戏性能和生产力性能;Gracemont 核心则被称作 E-Core,意指 Efficient Core(能效核),为提高多线程性能而优化，降低了后台任务对前台应用的影响。P-Core(性能核)支持超线程设计，一个核心有两个线程；E-Core(能效核)不支持超线程设计，一个核心仅有一个线程。

两者之间的混合搭配具有更强的灵活性，可灵活的使用在移动平台甚至低功耗移动平台。在桌面平台，混合架构的搭配同样灵活，产品有第12代Core处理器Core i9 12900K(8P+8E)和Core i7 12700K(8P+4E)。E-Core的存在是一种为性能而优化的取舍，强调能效比的同时最大化单核性能和多线程性能。

(3) 多种功能核心、专芯专用的异构多核。苹果仿生芯片核心的部分包括CPU、GPU和NPU。其中CPU负责通用计算，能够完成各种复杂的任务，具有非常强的适应性；GPU负责处理图形任务，包括图像、模型的渲染等工作；NPU则负责人工智能计算，包括语音、图片识别、人脸识别等。独立的NPU芯片具有体积小、功耗低、可靠性高、保密性强等优势，相比单纯依靠CPU或GPU进行一些算法处理，NPU芯片专芯专用更加符合当前的趋势。例如，苹果A15 Bionic包括6核CPU(2P+4E)、5核GPU、16核NPU，每秒可处理15.8万亿次运算，支持更高速的机器学习计算。

未来一个新的发展趋势也就是物联网(IoT)。这将会是一个处理器需求再度爆发的时代，但同时也会是一个需求碎片化的时代，不同的领域、不同行业对芯片的需求会有所不同，比如集成不同的传感器、不同的加速器等。对CPU的需求也极为多样，现有的处理器设计并不能有效应对。RISC-V架构的极致精简、灵活、模块化、开源就显得非常有意义了。

8.6 并行编程模型

本节主要介绍共享存储并行编程模型和多任务消息传递并行编程模型，并比较共享存储和消息传递并行编程模型的编程复杂度，简介典型的并行编程环境下共享存储的编程标准OpenMP、消息传递编程模型。

并行处理系统可以协同多个处理单元来解决同一个问题，从而大幅度提升性能。评价一个并行系统，主要看其执行程序的性能(即程序在其上的执行时间)，可以通过一些公认的并行测试程序集(如SPLASH、NAS)进行评测。在并行处理系统上如何编程是个难题，目前并没有很好地解决。并行编程模型的目标是方便编程人员开发出能在并行处理系统上高效运行的并行程序。并行编程模型(parallel programming model)是一种程序抽象的集合，它给程序员提供了一幅计算机硬件/软件系统的抽象简图，程序员利用这些模型就可以为多处理机、集群系统、多核处理器等并行计算系统设计并行程序。

1. 多任务共享存储并行编程模型

在共享存储并行编程模型中，运行在各处理器上的进程(或者线程)可以通过读/写共享存储器中的共享变量来相互通信。它与单任务数据并行模型的相似之处在于有一个单一的全局名字空间。由于数据是在一个单一的共享地址空间中，因此不需要显式地分配数据，而工作负载可以显式地分配，也可以隐式地分配。通信通过共享的读/写变量隐式地完成，而同步必须显式地完成，以保持进程执行的正确顺序。共享存储并行编程模型包括Pthreads和OpenMP等。

2. 多任务消息传递并行编程模型

在消息传递并行编程模型中，不同处理器节点上运行的进程均有独立的地址空间，通过网络传递消息而相互通信。在消息传递并行程序中，用户必须明确为进程分配数据和负载，消息传递并行编程模型比较适合开发大粒度的并行性，这些程序是多进程的和异步的，要求显式同步（如栅障等），以确保正确的执行顺序。

消息传递编程模型具有以下特点。

(1) 多进程(multi-process)。消息传递并行程序由多个进程组成，每个进程都有自己的控制流且可执行不同代码。多程序多数据(MPMD)并行和单程序多数据(SPMD)并行均可支持。

(2) 异步并行性(asynchronous parallelism)。消息传递并行程序的进程间彼此异步执行，使用诸如栅障和阻塞通信等方式来同步各个进程。

(3) 独立的地址空间(separate address space)。消息传递并行程序的进程具有各自独立的地址空间，一个进程的数据变量对其他进程是不可见的，进程的相互作用通过执行特殊的消息传递操作来实现。

(4) 显式相互作用(explicit interaction)。程序员必须解决包括数据映射、通信、同步和聚合等相互作用问题；计算任务分配通过拥有者计算(owner-compute)规则来完成，即进程只能在其拥有的数据上进行计算。

(5) 显式分配(explicit allocation)。计算任务和数据均由用户显式地分配给进程。为了减少设计和编程的复杂性，用户通常采用单一代码方法来编写 SPMD 程序。

典型的消息传递并行编程模型包括 MPI 和 PVM。

3. 共享存储与消息传递编程模型的编程复杂度

采用共享存储与消息传递并行编程模型编写的并行程序是在多处理机系统上运行的。消息传递和共享存储系统的结构如图 8-27 所示。可以看出，在消息传递系统中，每个处理器的存储器是单独编址的；而在共享存储系统中，所有存储器统一编址。典型的共享存储多处理器结构包括对称多处理器机(SMP)结构和分布式共享存储器多处理机(DSM)结构等。

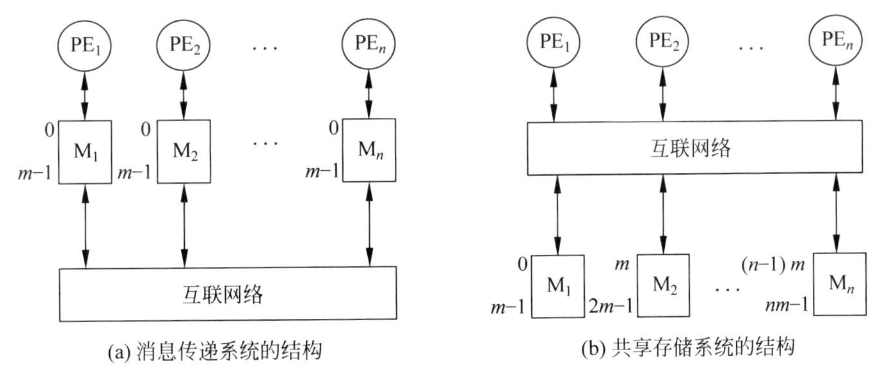

(a) 消息传递系统的结构　(b) 共享存储系统的结构

图 8-27　消息传递和共享存储系统的结构

在消息传递并行编程模型中，程序员需要对计算任务和数据进行划分，并安排并行程序执行过程中进程间的所有通信。在共享存储并行编程模型中，由于程序的多进程

(或者线程)之间存在一个统一编址的共享存储空间,程序员只需进行计算任务划分,不必进行数据划分,也不用确切地知道并行程序执行过程中进程间的通信。MPP 系统和集群系统是消息传递系统。消息传递系统的可伸缩性通常比共享存储系统要好,可支持更多处理器。

从进程(或者线程)间通信的角度看,消息传递并行程序比共享存储并行程序复杂一些,体现在时间管理和空间管理两方面。在时间管理方面,发送数据的进程通常需要在数据被接收后才能继续,而接收数据的进程通常需要等到接收到数据后才能继续;在空间管理方面,发送数据的进程需要关心自己产生的数据被谁用到,而接收数据的进程需要关心它用到了谁产生的数据。在共享存储并行程序中,各进程间的通信通过访问共享存储器完成,程序员只需考虑进程间同步,不用考虑进程间通信。尤其是比较复杂的数据结构的通信,如 struct{int * pa; int * pb; int * pc;},消息传递并行程序比共享存储并行程序复杂得多。此外,对于一些在编程时难以确切知道进程间通信的程序,用消息传递的方法很难进行并行化,如

```
{for(i,j){x = …;y = …;a[i][j] = b[x][y];}}
```

在这段代码中,通信内容在程序运行时才能确定,编写代码时难以确定,改写成消息传递程序就比较困难。

从数据划分的角度看,消息传递并行程序必须考虑数组名称以及下标变换等因素,在将一个串行程序改写成并行程序的过程中,需要修改大量的程序代码。而在共享存储编程模型中进行串行程序的并行化改写时,不用进行数组名称以及下标变换,对代码的修改量少。虽说共享存储程序无须考虑数据划分,但是在实际应用中,为了获得更高的系统性能,有时也需要考虑数据分布,使数据尽量分布在对其进行计算的处理机上,例如 OpenMP 中就有进行数据分布的扩展制导。不过,相对于消息传递程序中的数据划分,考虑数据分布还是要简单得多。

总的来说,共享存储并行编程像 BBS 应用,一个人向 BBS 上发帖子,其他人都看得见;消息传递并行编程则像电子邮件(E-mail),你要想好给谁发邮件,发什么内容。

4. OpenMP 标准简介

OpenMP 是由结构审议委员会(OpenMP Architecture Review Board,ARB)牵头提出的,是一种用于共享存储并行系统的编程标准。最初的 OpenMP 标准形成于 1997 年,2002 年发布了 OpenMP 2.0 标准,2008 年发布了 OpenMP 3.0 标准,2013 年发布了 OpenMP 4.0 标准。实际上,OpenMP 不是一种新语言,而是对基本编程语言进行编译制导(compiler directive)扩展,支持 C/C++ 和 Fortran。由于 OpenMP 制导嵌入到 C/C++、Fortran 语言中,所以具体语言不同会有所区别,下面介绍的内容主要参考支持 C/C++的 OpenMP 4.0 标准。

OpenMP 标准中定义了制导指令、运行库和环境变量,使用户可以按照标准逐步将已有串行程序并行化。制导语句是对程序设计语言的扩展,提供了对并行区域、工作共享、同步构造的支持;运行库和环境变量使用户可以调整并行程序的执行环境。程序员通过在程序源代码中加入专用 pragma 制导语句(以“#pragmaomp”字符串开头)来指明自己的意

图，支持 OpenMP 标准的编译器可以自动将程序进行并行化，并在必要之处加入同步互斥以及通信。当选择忽略这些 pragma 或者编译器不支持 OpenMP 时，程序又可退化为普通程序（一般为串行），代码仍然可以正常运行，只是不能利用多线程来加速程序执行。

由于 OpenMP 标准具有简单、移植性好和可扩展等优点，目前已被广泛接受，主流处理器平台均支持 OpenMP 编译器，如 Intel、AMD、IBM、龙芯等，开源编译器 GCC 也支持 OpenMP 标准。

OpenMP 是一个基于线程的并行编程模型，一个 OpenMP 进程由多个线程组成，使用 fork-join 并行执行模型。OpenMP 程序开始于一个单独的主线程（Master Thread），主线程串行执行，遇到一个并行域（Parallel Region）开始并行执行。

5. MPI

MPI 定义了一组消息传递函数库的编程接口标准。1994 年发布了 MPI 第 1 版 MPI-1，1997 年发布了扩充版 MPI-2，2012 年发布了 MPI-3 标准。有多种支持 MPI 标准的函数库实现，开源实现的有 MPICH、Open MPI 和 LAM/MPI 等，MPICH 由 Argonne National Laboratory（ANL）和 Mississippi State University 开发，LAM/MPI 由 Ohio 超算中心开发，商业实现来自 Intel、Microsoft、HP 公司等。MPI 编译器用于编译和链接 MPI 程序，支持 C、C++、FORTRAN 语言，如 mpicc 支持 C 语言、mpic++ 支持 C++ 语言、mpif90 支持 FORTRAN 90。MPI 具有高可移植性和易用性，对运行的硬件要求简单，是目前国际上最流行的并行编程环境之一。

在 MPI 编程模型中，计算由一个或多个通过调用库函数进行消息收/发通信的进程所组成。在绝大部分 MPI 实现中，一组固定的进程在程序初始化时生成，在一个处理器核上通常只生成一个进程。这些进程可以执行相同或不同的程序（相应地称为 SPMD 或 MPMD 模式）。进程间的通信可以是点到点的，也可以集合（Collective）的。MPI 只是为程序员提供了一个并行环境库，程序员用标准串行语言编写代码，并在其中调用 MPI 的库函数来实现消息通信，实现并行处理。

MPI 是个复杂的系统，1997 年修订的 MPI-2 标准中函数已超过 200 个，其中最常用的约有 30 个，但只需要 6 个最基本的函数就能编写 MPI 程序，求解许多问题。表 8-1 列出了 MPI 6 个最基本的函数，其他函数的内容请参考 MPI 标准库。

表 8-1　MPI 6 个最基本的函数

序　　号	函　数　名	用　　途
1	MPI_Init	初始化 MPI 执行环境
2	MPI_Finalize	结束 MPI 执行环境
3	MPI_Comm_size	确定进程数
4	MPI_Comm_rank	确定自己的进程标识符
5	MPI_Send	发送一条消息
6	MPI_Reev	接收一条信息

知识拓展

百亿亿次超级计算机 Frontier

2022年5月30日，在德国汉堡举行的ISC2022公布了第59届的全球超算TOP500榜单，位于美国橡树岭国家实验室（ORNL）的新型超级计算机Frontier超越日本的Fugaku，成为了全球最强超级计算机，同时也是全球首个真正的百亿亿次超级计算机。

1. 系统组成

Frontier占地372m^2，由74个Cray EX机柜组成，拥有9408个节点，每个节点配备1个AMD Milan"Trento"7A53 Epyc CPU和4个AMD Instinct MI250X GPU（GPU核心总数达到了37 632）。AMD Milan"Trento"7A53 Epyc CPU是AMD 2021年发布的第三代服务器处理器，为64核128线程，支持XGMI总线，是专门为超算定制的产品。每个节点通过Hewlett Packard Enterprise（HPE，慧与科技）的200Gb/s的Slingshot-11互连连接。每个节点在CPU上运行512GB的DDR4内存，在整个节点上运行了512GB的HMB2e（每个GPU为128GB）以及一致的内存。整个Frontier系统聚合了8 730 112个计算核心、9.2PB的内存（包括4.6PB的DDR4和4.6PB的HBM2e）和37PB的节点本地存储，并可访问716PB的中心范围存储。

2. 计算性能

Frontier的最大运算能力达到1102.00Pflop/s（110亿亿次），峰值运行达到1685.55Pflop/s，是第二名日本Fugaku 537.21Pflop/s的3倍多。

Frontier还在混合精度计算（mixed-prexision computing）类别中排名第一。该类别用于衡量人工智能常用计算格式的性能，Frontier的测试结果达到6.88exaflops。不仅如此，Frontier还以每瓦52.23gigaflops的能效比居于"Green 500"榜单首位，是世界上最节能的超级计算机，与之前的第一名相比，能效提高了32%。

3. 应用前景

Frontier可提供由计算、加速计算、软件、存储和网络组成的端到端功能，以支持百万兆级性能。它致力于开放科学，让来自各种公共和私人机构的研究人员、科学家和工程师能够享受便利。

高性能计算主要应用场景包括飞行器设计、核模拟实验、星云模拟、解密码等数值模拟场景，以及大数据分析、统计和人工智能等数据分析场景。随着高性能计算使用成本的不断下降，其应用领域也在向更广泛的国民经济主战场快速扩张，如生物医药、基因测序、动漫渲染、金融分析以及互联网服务等。目前，算力服务、高性能计算中心、人工智能、科学计算等领域是高性能计算的主要用户，互联网、大数据特别是AI领域增长强劲。

除了以更高的分辨率对生物、物理和化学科学领域的复杂科学研究进行建模和模拟之外，Frontier还将在人工智能方面取得重大突破。Frontier的用户能够以百万兆级的速度开发快4.5倍、大8倍的AI模型，从而可以训练更多数据，最终提高可预测性并加快发现时间。

本章小结

本章主要讲述了以下内容。

(1) 计算机系统的并行性。介绍了计算机体系结构的概念及体系结构中的并行性,介绍了时间重叠、资源重复和资源共享三种提高并行性的主要技术途径,并对并行计算机体系结构的 Flynn 分类法进行了讲述。

(2) 流水线技术。介绍了流水线的定义、分类、主要性能参数(吞吐率、加速比和效率)和流水线中产生的相关问题,结合例子分析了如何进行流水线调度及流水线调度方案的选取方法,并介绍了超流水线处理机和超标量超流水线处理机。

(3) 多处理机系统。介绍了多处理机的主流 SMP 和 DSM,讲述了多处理机的 cache 一致性问题、多处理机操作系统及多处理机并行性的实现。

(4) 集群系统。介绍了集群系统的定义、组成及其相关技术。

(5) 多核处理器。介绍了多核处理器的定义、典型结构、影响多核处理器发展的关键技术,展望了多核处理器的发展趋势。

(6) 并行编程模型。介绍了共享存储编程模型和多任务消息传递编程模型,并比较了共享存储和消息传递编程模型的编程复杂度。

习题

一、名词解释

1. 同时性　　2. 并发性　　3. 时间重叠
4. 资源重复　　5. 相关　　6. SISD

二、选择题

1. 从执行程序的角度来看,以下并行性等级最高的为(　　)。
A. 指令内部并行　　B. 指令级并行
C. 线程级并行　　D. 任务级或过程级并行

2. 从处理数据的角度来看,以下并行性等级最高的为(　　)。
A. 字串位串　　B. 字串位并
C. 字并位串　　D. 全并行

3. 按照 Flynn 分类法,以下哪一种计算机系统属于真正的单处理机系统?(　　)
A. SISD　　B. SIMD　　C. MISD　　D. MIMD

4. 流水线基于的是下列哪一种并行技术?(　　)
A. 时间重叠　　B. 资源重复　　C. 资源共享　　D. 都不是

5. 以下不属于流水线相关的是(　　)。
A. 结构相关　　B. 执行相关　　C. 数据相关　　D. 控制相关

三、综合题

1. 什么是计算机体系结构?

2. 计算机体系结构、计算机组成及计算机实现三者的定义以及相互的关系如何?

3. 并行性的概念及其包含的含义是什么?并行性开发的途径有哪些?

4. 简述紧密耦合和松散耦合的多机体系结构。

5. Flynn 分类法中的数据流指的是什么?多倍性指的是什么?具体的分类是什么样的?

6. 上网查询有关 Intel Core 的资料,简述 Core 微处理器的基本结构。

7. 简述动态流水线和静态流水线的区别。

8. 衡量流水线处理机性能的指标主要是什么?它们又是如何定义的?流水的最大吞吐率指的是什么?

9. 流水线的吞吐率受限于瓶颈过程,消除瓶颈过程对流水线吞吐率的影响的方法有哪些?

10. 延迟转移的思想是什么?

11. 分支转移预测功能的意义是什么?试举例说明。

12. 假设一条指令的执行过程分为取指令、取操作数和执行三段,每一段的时间分别为 Δt、$2\Delta t$ 和 $3\Delta t$。在下列各种情况下,分别写出连续执行 n 条指令所需要的时间表达式。

(1) 顺序执行方式;

(2) 仅“取指令”和“执行”重叠;

(3) “取指令”“取操作数”“执行”重叠;

(4) 比较前面 3 种情况,关于流水线技术你能得出什么结论?

13. 有一个由 5 个功能段组成的乘加双功能静态流水线,乘由 1→2→3→4 完成,加由 1→4→5 完成,各段延时均为 Δt,输出可直接返回输入或存入缓冲器缓冲。现要求计算长度均为 6 的 A、B 两个向量逐对元素求和的连乘积。

$$S=\prod_{i=1}^{6}(\boldsymbol{A}_i+\boldsymbol{B}_i)$$

(1) 画出流水线完成此运算的时空图;

(2) 计算顺序执行和采用流水方式执行两种情况下分别各需要多少个 Δt 时间;

(3) 计算该流水线的吞吐率、加速比和效率。

14. 流水线中有三类数据相关冲突:写后读相关(read after write,RAW)、读后写相关(write after read,WAR)和写后写相关(write after write,WAW)。判断下面三组指令各存在哪种类型的数据相关?

(1) I_1 SUB R1,R2,R3 ;(R2)-(R3)→R1

I_2 ADD R4,R5,R1 ;(R5)+(R1)→R4

(2) I_3 STA M,R2 ;(R2)→M,M 为存储单元

I_4 ADD R2,R4,R5 ;(R4)+(R5)→R2

(3) I_5 MUL R3,R2,R1 ;(R2)×(R1)→R4

I_6 SUB R3,R4,R5 ;(R4)-(R5)→R3

15. 某带双输入端的加乘双功能静态流水线有 1、2、3、4 四个子部件,延时分别为 Δt、Δt、$2\Delta t$、Δt,其中“加”功能由 1→2→4 组成,“乘”由 1→3→4 组成,输出可直接返回输入或

锁存。现欲执行 $\sum_{i=1}^{4}[(a_i+b_i)\times c_i]$,试求下列问题。

(1) 画出此流水时空图,并标出流水线入端数据变化的情况;

(2) 计算此运算全部完成所需的时间及在此期间流水的效率、吞吐率、加速比;

(3) 将瓶颈部分再细分,画出解此题的时空图;

(4) 计算按(3)解此题所需的时间及在此期间流水线的效率、吞吐率、加速比。

16. 简述什么是超流水线处理机和超标量超流水线处理机。

17. 简述什么是多处理机系统。

18. 简述多处理机系统中 cache 之间一致性问题的基本解决方案。

19. 举例说明多处理机操作系统有哪几种,并进行简单的比较。

20. 简述 MESI 协议 4 种状态的含义。

21. 多处理机系统相对于单处理机系统而言,两者在并行性的实现上有何区别与联系?

22. 多处理机系统中的并行性表现在哪些方面?开发多处理机的并行性有哪些途径?

23. 多核处理器与多处理机系统的主要差别是什么?多核处理器主要解决的技术问题是什么?

参考文献

[1] HENNESSY J L. Computer architecture a quantitiative approach[M]. 5th ed. New Jersey: Morgan Kaufmann,2011.

[2] STALLINGS W. Computer organization & architecture[M]. 9th ed. New Jersey: Person Education Inc. ,2013.

[3] NULL L. The essentials of computer organization and architecture[M]. Sudbury: Jones and Bartlett Publishers Inc. ,2006.

[4] CARPINELLI J D. Computer system organization and architecture [M]. New Jersey: Person Education Inc. ,2003.

[5] 王爱英. 计算机组成与结构[M]. 5 版. 北京：清华大学出版社,2013.

[6] 白中英. 计算机组成原理[M]. 6 版. 北京：科学出版社,2021.

[7] 张晨曦. 计算机系统结构[M]. 3 版. 北京：高等教育出版社,2022.

[8] 李学干. 计算机系统结构[M]. 5 版. 西安：西安电子科技大学出版社,2011.

[9] 汤小丹. 计算机操作系统[M]. 4 版. 西安：西安电子科技大学出版社,2014.

[10] 中国计算机科学与技术学科教程 2002 研究组. 中国计算机科学与技术学科教程 2002 [M]. 北京：清华大学出版社,2002.

[11] 中国计算机学会. 计算机科学与技术专业培养方案编制指南(修订版)[M]. 北京：清华大学出版社,2020.